U0298451

有 机 化 学

（第四版）

主　编：田　野　范望喜　代红卫
副主编：张爱东　李国平　王志勇　黄晓琴
编　者：秦中立　黄中梅　易海英　何幼鸾
　　　　何自强　陈　超　李名钢　张　舟
　　　　黄芳一　赵秀琴　王彩红

华中师范大学出版社

内 容 提 要

本书共十五章,内容包括烷烃、烯烃、炔烃、环烃、卤代烃、醇、酚、醚、醛、酮、醌、羧酸及其衍生物、含氮及含磷有机化合物、杂环化合物与生物碱、对映异构、脂类、碳水化合物、氨基酸、蛋白质、核酸和有机化合物波谱分析等。每章配有本章小结及学习要求、阅读材料和习题,书后附有习题参考答案、常用词汇中英文对照表等。

本书可作为应用化学、生物工程、生物技术、制药工程和环境工程等专业的有机化学课程的教材使用,亦可供相关技术岗位人员自学、参考。

新出图证(鄂)字 10 号

图书在版编目(CIP)数据

有机化学/田野,范望喜,代红卫主编. —4 版. —武汉:华中师范大学出版社,2019.6
(21 世纪高等教育规划教材·化学系列)
ISBN 978-7-5622-8718-6

Ⅰ.①有…　Ⅱ.①田…　②范…　③代…　Ⅲ.①有机化学—高等学校—教材
Ⅳ.①O62

中国版本图书馆 CIP 数据核字(2019)第 133986 号

书　　名:有机化学
主　　编:田　野　范望喜　代红卫ⓒ
选题策划:华中师范大学出版社第二编辑室　电话:027-67867362
出版发行:华中师范大学出版社
地　　址:武汉市洪山区珞喻路 152 号　邮编:430079
　　　　　销售电话:027-67861549
　　　　　邮购电话:027-67861321　传真:027-67863291
　　　　　网址:http://press.ccnu.edu.cn　电子信箱:press@mail.ccnu.edu.cn
印　　刷:武汉市籍缘印刷厂　　　　　　　　　　　　督　印:王兴平
责任编辑:张子文　鲁丽　　　责任校对:缪　玲　　封面设计:胡　灿
开本/规格:787 mm×1092 mm　1/16　印张:17.5　字　数:400 千字
版　　次:2019 年 8 月第 4 版　　　　　　　　印　次:2019 年 8 月第 1 次印刷
印　　数:1—3000　　　　　　　　　　　　　　定　价:43.50 元

第四版前言

为主动应对新一轮科技革命与产业变革,支撑服务创新驱动发展、"中国制造 2025"等一系列国家战略,教育部积极推进新工科建设,在 2017 年上半年组织多次研讨会,先后形成了"复旦共识""天大行动"和"北京指南",并发布了《关于开展新工科研究与实践的通知》《关于推进新工科研究与实践项目的通知》,全力探索形成领跑全球工程教育的中国模式、中国经验,助力高等教育强国建设。

有机化学作为工科类专业基础课程在各高校普遍开设。结合当前高等教育改革进入深水区,工程教育专业认证与国际接轨等重大时代特点,本书在第三版的基础上,按照工程教育认证标准与体系,延续"必须、够用"的原则进行了改版,同时也更正了某些表述有误的地方,增补了一些新知识,完善了课后习题答案。

此次改版,由武汉生物工程学院田野、江苏理工学院范望喜以及湖北生物科技职业学院代红卫担任主编,华中师范大学张爱东以及武汉生物工程学院黄晓琴、黄中梅、赵秀琴等老师参与了修订工作。

本书在改版及编写过程中,参考了大量相关教材和研究成果。在此,谨向这些文献和成果的作者表示感谢! 鉴于编者水平有限,书中难免存在谬误之处,敬请读者赐教指正。

编者
2019 年 5 月

第三版前言

本书第二版出版后使用至今,读者和同行在使用过程中提出了许多宝贵的意见和中肯的建议。结合目前教学改革和转型发展要求,我们再次对本书进行了改版修订。

本书结合当前高等教育向"应用型"转型的需要,在第二版内容的基础上仍以基础知识和基本原理为主,引入了一些基本技术,力求做到少而精,突出实用性,延续"必需、够用"的原则。在此前提下,更正了表述有误的地方,删除了一些陈旧内容,增补了一些新知识,完善了课后习题答案。

此次改版由武汉生物工程学院副教授范望喜、秦中立和华中师范大学化学学院教授张爱东担任主编。武汉生物工程学院的黄晓琴、黄中梅,湖北职业技术学院的张舟老师参与了修订工作。

本书在编写过程中,参考了一些相关教材、论文和研究成果。在此,向这些参考文献的作者表示感谢! 鉴于编者水平有限,书中肯定存在谬误之处,敬请读者赐教指正。

编 者

2015 年 5 月

第二版前言

本书第一版出版后,一些院校的师生在使用过程中提出了许多建设性的意见,鉴于有机化学的不断发展和教学改革的不断深入,不同学校、不同专业对本课程的要求也不完全相同,为了适应理工科学习的需要,我们对本书做了全面的改版、修订。

本书第二版的内容仍以基础知识和基本原理为主,力求做到少而精,突出实用性,体现"必需,够用"的原则。在此前提下,删除了一些陈旧内容并增补了重要的新知识,调整了部分内容的先后顺序,完善了课后习题答案。

本次的改版由武汉生物工程学院范望喜老师和华中师范大学化学学院博士生导师张爱东教授担任主编。参加此次改版的还有湖北生物科技职业学院、咸宁职业技术学院、湖北生态工程职业技术学院等院校。参加改编的老师有张爱东(第1章)、张启焕(第2章)、李国平(第3章)、范望喜(第4、9、10、15章)、覃宇(第5章)、易海英(第6、7章)、王志勇(第8章)、秦飞(第11章)、何自强(第12章)、张舟(第13章)、何幼鸾(第14章)。陈超、李名钢、杨志兰、李泽伟、秦中立、黄芳一、王彩红等老师参加了书稿的编写及整理工作。书稿由范望喜老师和张爱东教授负责统稿。

本书第二版由华中师范大学化学学院汪焱钢教授在百忙之中抽空审阅,并提出了许多宝贵的修正意见,特此致谢。本书第二版的编写也得到了武汉生物工程学院应用化学系主任万家亮教授的大力支持,得到了应用化学系有机化学教研室及全体教师的帮助,在此一并致谢。

我们希望通过这次的改版,使这本教材变得更加完善,适用性和针对性更强。但限于编者水平,错误与不妥之处在所难免,恳切希望读者批评指正。

编　者

第一版前言

进入 21 世纪,科学技术日新月异,人类已从工业经济时代步入知识经济时代,这种转变对高等教育提出了新的要求。为了培养适应新世纪经济发展需要的优秀人才,教育部组织实施了"高等教育面向 21 世纪教学内容和课程体系改革计划"。根据该计划的要求,我们对有机化学教学体系和教学内容进行了改革。在经过教学实践的基础上,编写了这本适用于应用化学、生物工程、制药工程和环境工程等专业的有机化学新教材。

有机化学是研究有机化合物来源、制备、结构、性质、应用及有关理论的科学,是关于碳氢化合物及其衍生物的化学。它包括有机合成化学、天然有机化学、生物有机化学、材料有机化学、元素有机化学、金属有机化学、物理有机化学、有机分析化学及应用有机化学等分支。

自 1806 年柏则里首次使用"有机化学"名称以来,有机化学发展异常迅猛。据中国化学会 2002 年报道:"截至 1999 年 12 月 31 日,人类已知的化合物数量已达 2 340 多万种。"其中绝大多数是有机化合物。诺贝尔化学奖自 1901 年首次颁发以来,有近 70 届与有机化学有关,世界化学工业中有 70% 以上为有机化工。今天的有机化学正处于富有活力的发展时期,其趋势和特点是与生命科学、材料科学及环境科学密切结合。分子识别与分子设计正渗透到有机化学的各个领域;选择性的反应,尤其是不对称合成,已成为有机化学的热点和前沿领域。有机化学作为理工科大学的重要基础课,将为深入学习生物、材料、环保、医药卫生、食品、交通、航天等专业课程打下坚实的基础。"千里之行始于足下",扎实的基础知识是思维能力的源泉。有机化学中的每个反应、每一种实验现象的获得,几乎都浸透了前人辛勤劳动的汗水。有的人为之奋斗一生,甚至献出了生命,这些通过实践总结出来的经验是人类的宝贵财富。一些基本知识至今仍具有十分重要的价值,选择性地学习继承这些宝贵的知识和经验是非常必要的,这些基础知识是创新思维的基础和源泉。只有熟练掌握化学式、化合物的基本性质和反应,并在脑中形成有效的积累,才有可能利用这些总结出来的规律去分析问题、解决问题。

本书编写主要突出以下两点:

1. 突出实用性,体现"必需,够用"原则。本书编写的内容紧密结合生物工程专业要求,强化与后续课程的衔接及专业需要。适当淡化了一些理论性较深和适用性不强的内容,降低了起点和难度,使学生容易理解和掌握。比如有机分子的构象异构,基本上只是稍微提及,使学生有一点这方面的常识;又如一些化学反应的机理,我们也没有去深入地讨论。但对常识性的基础知识、与专业密切相关的内容则浓墨重彩,真正体现"实用为主,够用为度,应用为本"的要求。

2. 条理性比较强,便于教学。本书在内容编排上符合教学规律,力求做到条理清晰、层次分明,使教师便于组织教学,学生便于巩固复习。并且每章有小结,也编写了适量的练习题,在书后还附有部分习题的参考答案,以方便学生复习与自学。

书中标有"＊"的章节,是本科教学中应系统讲授的内容,在专科教学中则不作要求,仅供参考或学生自学。

本教材由武汉生物工程学院、湖北生物科技职业学院、咸宁职业技术学院和湖北生态工程职业技术学院的教师联合编写。参加编写的有何幼鸾(第 1、3、8、11 章)、王彩红(第 2、5、6、7 章)、范望喜(第 4、9、10、15 章)、李国平(第 12 章)和黄芳一(第 13、14 章)。王志勇、秦中立、李名钢和陈超等老师参加了全书的编写及书稿整理工作。全书由何幼鸾统稿。

鉴于编者水平,书中肯定存在谬误之处,敬请读者赐教指正。

编　者

目　　录

有机化学

第1章 绪 论

1.1 有机化学的产生和发展

自然界的物质一般被划分为无机化合物和有机化合物两大类。历史上人们将那些从动植物体(有机体)内获得的物质称为有机化合物(简称有机物),即在一种神秘的"生命力"支配下才能产生的、与无机化合物截然不同的一类物质,如酒、醋、酒石酸、尿素、吗啡等。在19世纪初以前,人们一直认为有机物不可能用人工合成的方法制备出来。这种"生命力"学说使有机化学的发展受到了巨大的阻碍。

1828年德国化学家维勒(Wöhler)在实验室用无机物氰酸铵合成了当时公认的有机物——尿素,冲破了"生命力"学说对有机化学发展的束缚。

$$NH_4CNO \xrightarrow{\triangle} NH_2CONH_2$$

这一事实证明了有机物与无机物之间没有不可逾越的鸿沟。随后,其他科学家相继合成了醋酸、油脂等许多有机物,从此"生命力"学说被彻底否定,有机化学得到了迅速发展。1894年德国化学家葛美林(Gmelin)和凯库勒(Kekulé)等都认为碳是有机物的基本元素,将含碳化合物(除碳氧化物、碳酸盐、碳酸氢盐、氰化物、硫氰酸盐等外)统称为有机化合物。其后,德国化学家薛勒迈尔(Schörlemmer)等人在前人研究的基础上指出,有机化合物就是碳氢化合物及其衍生物。碳氢化合物简称烃,故有机化学就是研究烃及其衍生物的化学。

有机化学的发展促进了石油化学、基本有机合成、高分子科学、生物学、环境科学和医学等众多学科领域的发展,从而使人类拥有现代的物质文明。

有机化学是生命科学的基础,有机化合物是构成生物体的主要物质。例如,构成植物细胞壁的纤维素、半纤维素和木质素,动物结构组织中的蛋白质、核酸、酶,动植物体内储藏的油脂、糖类,植物内形成花、果实的颜色和气味的物质,中草药的药用成分,昆虫信息素等。生命现象中的遗传、新陈代谢、能量转换和神经活动等是生物体内一系列有目的的有机化学反应。分子生物学是从分子水平上解释生命现象,揭示生命运动的规律,它必须从有机化合物分子的结构、性质和相互转换上来研究探索,所以有机化学更是分子生物学的基础。

1.2 有机化合物的特点

1.2.1 有机化合物的基本特点

有机化合物与无机化合物相比,有着明显不同的特点,这些特点是由有机化合物自身的结构和性质所决定的。

（1）数量庞大，结构复杂

构成有机化合物的主要元素种类不多，但是有机化合物的数量却非常庞大。据估计，现在世界上有机化合物的数量已超过两千万种，而且这个数量还在与日俱增。另一方面，虽然构成无机化合物的元素种类超过一百种，但是迄今所知道的无机化合物仅有十几万种。有机化合物的数量如此庞大与其结构的复杂性有密切的关系。构成有机化合物主体的碳原子不但数目可以很多，而且相互结合能力很强，可以连接成不同形式的链或环。此外，在各类有机化合物中还普遍存在着同分异构现象。

（2）容易燃烧

几乎所有的有机化合物都能燃烧，而大多数无机化合物则不能。人们常利用这个性质来初步区别有机化合物和无机化合物。

（3）熔点和沸点低

在室温下，绝大多数无机化合物是高熔点的固体，而有机化合物通常为气体、液体或低熔点的固体。例如，氯化钠和丙酮相对分子质量相近，但两者的熔点和沸点相差很大：

	NaCl（氯化钠）	CH_3COCH_3（丙酮）
相对分子质量	58.44	58.08
熔点 / ℃	801	−95.35
沸点 / ℃	1 413	56.2

这是因为绝大多数无机化合物是由正、负离子构成的，正、负离子之间存在着较强的静电作用力，破坏这种作用力需要较大的能量，因此无机化合物的熔点和沸点都较高；而大多数有机化合物分子间只存在着微弱的范德华（van der Waals）力，所以熔点和沸点就比较低。大多数有机化合物的熔点在400 ℃以下，它们的熔点和沸点随着相对分子质量增加而逐渐升高。一般来说，纯净的有机化合物有一定的熔点和沸点。因此，熔点和沸点是有机化合物非常重要的物理常数。

（4）难溶于水，易溶于有机溶剂

水分子是极性分子，所以以离子键结合的无机化合物大部分易溶于水。大多数有机化合物分子的极性很小，有的甚至等于零，因此，大多数有机化合物在水中的溶解度很小（或不溶于水），但易溶于与它们的分子极性或结构相似的有机溶剂（如乙醚、苯、低分子烷烃类或油脂等）中。这就是所谓的"相似相溶"规律。

（5）不导电

大多数水溶液或熔融状态的无机化合物或多或少地能导电，但是大多数有机化合物是非电解质，不能导电。

（6）反应速率慢，且副反应多

无机化合物之间的反应一般是离子反应，反应速率非常快，几乎无法测定，例如，下列反应可以在瞬间完成：

$$NaCl + AgNO_3 \Longrightarrow AgCl\downarrow + NaNO_3$$

大多数有机化合物之间的反应要经历共价键断裂和新共价键形成的过程，所以反应速率通常很慢，有的甚至需要几十小时或几十天才能完成。因此，常常采用催化剂、光照射和加热等措施以加速反应。

有机化合物的分子大多是由多个原子组成的,所以在有机化学反应中,反应中心往往不局限于分子的某一固定部位,常常可以几个部位同时发生反应,得到多种产物,并且生成的初级产物还可能继续发生反应,得到进一步的产物。因此,在有机化学反应中,除了生成主要产物外,通常还有多种副产物生成。

1.2.2 同系列与同分异构现象

同系列与同分异构现象是有机化学中的普遍现象,也是造成有机化合物数量庞大的主要原因之一。

具有同一个分子结构通式,结构相似,化学性质也相似,物理性质随着碳原子数的增加而有规律地变化的化合物系列叫同系列。同系列中的化合物互称为同系物。例如,甲烷(CH_4)、乙烷(CH_3CH_3)、丙烷($CH_3CH_2CH_3$)互为同系物。在同系列中,相邻两个同系物之间的结构式相差一个结构单元(例如,在烷烃中,结构单元是 CH_2),而不相邻的同系物之间,结构式相差该结构单元的整数(大于 1)倍,这个结构单元叫系列差。

分子式相同而结构不同(注:一般性质也不同)的有机化合物,互称为同分异构体。这种现象叫同分异构现象,同分异构现象在有机化学中普遍存在。一个分子式可以代表多种不同的有机分子,例如,分子式 C_2H_6O 可代表乙醇(CH_3CH_2OH)或二甲醚(CH_3OCH_3)。

$$
\begin{array}{ccc}
& H\ \ H & \\
| & | \\
H-C-C-O-H & \\
| & | \\
& H\ \ H & \\
\text{乙醇}
\end{array}
\qquad
\begin{array}{ccc}
H & & H \\
| & & | \\
H-C-O-C-H & \\
| & & | \\
H & & H \\
\text{二甲醚}
\end{array}
$$

显然,一个有机化合物含有的碳原子数和原子种类越多,分子中原子间可能的排列方式就越多,它的同分异构体也越多。例如,分子式为 C_4H_{10} 的烷烃的同分异构体数只有 2 个,而分子式为 $C_{10}H_{22}$ 的同分异构体数则多达 75 个。丁烷和异丁烷的异构现象,只是由分子中各原子间相互结合的顺序不同而引起的,即只是构造不同而导致的异构现象。这种由于原子间结合顺序或方式不同而导致的异构现象叫作构造异构。除此之外,还有构型异构和构象异构,这些都将在以后章节中陆续讨论。

1.3 有机分子构造式的表示方法

表示有机化合物分子中原子的排列次序和成键方式的结构表达式称为有机化合物的构造式。除特别说明或需表示立体结构外,一般用构造式表示有机物的结构。有机物构造式有下面三种表示方式:

(1) 路易斯(Lewis)式

指将化合物中原子之间共用的价电子和未共用电子对(又称为孤对电子或成对电子)用·或×表示的式子,又称为 Lewis 电子式(简称电子式)。例如正丁烷和甲醇可用电子式分别表示为

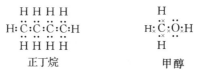

电子式的优点是比较直观地反映了分子中各成键原子的外层电子情况,缺点是书写起来比较麻烦。

（2）短线式及其缩写式

指将化合物中原子之间共用的一对价电子用一条短线表示的式子。这是有机化学中最常用的表达有机化合物构造式的方法,这条短线有时可省略,成为短线式的缩写式。例如,丙烷可表示为

$$H-\overset{\overset{\displaystyle H}{|}}{\underset{\underset{\displaystyle H}{|}}{C}}-\overset{\overset{\displaystyle H}{|}}{\underset{\underset{\displaystyle H}{|}}{C}}-\overset{\overset{\displaystyle H}{|}}{\underset{\underset{\displaystyle H}{|}}{C}}-H \quad 或 \quad CH_3-CH_2-CH_3 \quad 或 \quad CH_3CH_2CH_3$$

乙醇可表示为

$$H-\overset{\overset{\displaystyle H}{|}}{\underset{\underset{\displaystyle H}{|}}{C}}-\overset{\overset{\displaystyle H}{|}}{\underset{\underset{\displaystyle H}{|}}{C}}-O-H \quad 或 \quad CH_3-CH_2-OH \quad 或 \quad CH_3CH_2OH$$

（3）键线式

指将化合物中碳原子和氢原子及碳氢键省略不写,仅用短线表示碳碳键的式子。例如,正丁烷和异丙醇用键线式可分别表示为

正丁烷   异丙醇

从上述例子可以看出,用键线式或较简单的短线式表示有机化合物的构造式比较直观、方便。

1.4 有机化合物的分类

有机化合物分子结构复杂,种类繁多,一般可按以下两种方式分类。

（1）按碳链分类

按碳链分类,有机化合物可分为开链化合物和环状化合物两类。

① 开链化合物

开链化合物指碳原子或杂原子间互相结合形成的链状化合物。例如,

丙烷   丙烯   丙醇

② 环状化合物

环状化合物指碳原子或杂原子间互相结合形成的闭合链状化合物。若环上含除碳以外的其他原子,则称为杂环化合物。

a. 脂环化合物

环己烷   环戊烷   环戊烯

b. 芳香族化合物

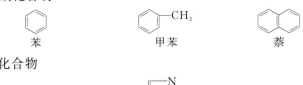

苯　　　　　　　甲苯　　　　　　　萘

c. 杂环化合物

噻吩　　　　　　咪唑　　　　　　　呋喃

这种分类方法是从有机化合物的母体(或碳骨架)结构形式出发,即按链状和环状来分,并不能反映化合物的性质特征。

(2) 按官能团分类

官能团也称功能团(functional group),是指有机化合物分子中主要发生化学反应的原子或原子团。含有相同官能团的化合物具有相似的化学性质。一些常见官能团及对应的有机化合物类别见表1-1。

表 1-1　有机化合物的类别及官能团

有机化合物类别	官能团		有机化合物类别	官能团	
烯烃	$\diagup C = C \diagdown$	双键	羧酸酯	$-\overset{O}{\overset{\|}{C}}-OR$	酯基
炔烃	$-C \equiv C-$	叁键	胺	$-NH_2$	氨基
卤代烃	$-X(F,Cl,Br,I)$	卤素	硝基化合物	$-NO_2$	硝基
醇和酚	$-OH$	羟基	腈	$-CN$	氰基
醚	$-O-$	醚键	偶氮化合物	$-N=N-$	偶氮基
醛和酮	$\diagup C = O$	羰基	硫醇和硫酚	$-SH$	巯基/氢硫基
羧酸	$-\overset{O}{\overset{\|}{C}}-OH$	羧基	磺酸	$-SO_3H$	磺酸基

1.5　共价键的一些基本理论

有机化合物分子中的原子都是以共价键结合起来的,从本质上讲,有机化学是研究共价键化合物的化学。因此,要研究有机化学应先了解有机化学中普遍存在的共价键。对共价键本质的解释,最常用的是价键理论、分子轨道理论和杂化轨道理论。

(1) 价键理论(valence-bond theory)

① 共价键的形成

共价键的形成是成键原子轨道的重叠或电子配对的结果,如果2个原子都有未成对电子(即单电子),并且自旋方向相反,就能配对形成共价键。

例如,1个氯原子可与1个氢原子形成1个共价键而生成氯化氢。

$$H\times + \cdot \overset{\cdot\cdot}{\underset{\cdot\cdot}{Cl}}: \longrightarrow H \overset{\cdot\cdot}{\underset{\cdot\cdot}{\times}} \overset{\cdot\cdot}{\underset{\cdot\cdot}{Cl}}:$$

由 1 对电子形成的共价键叫作单键,用 1 条短直线表示;如果 2 个原子各用 2 个或 3 个单电子构成共价键,则构成的共价键分别称为双键与叁键。

② 共价键形成的基本要点

a. 成键电子必须是自旋方向相反的单电子

价键理论认为,如果 2 个原子都有单电子并且自旋方向相反,则可组成同属两原子的"共用电子对",形成共价键。

b. 共价键的饱和性

在形成共价键时,一个电子和另一个电子配对之后就不能再与其他电子配对,这种性质称为共价键的饱和性。

c. 共价键的方向性

成键时,2 个电子的原子轨道发生重叠,而原子轨道具有一定的空间取向,只有当它从某一方向互相接近时才能使原子轨道得到最大的重叠,形成牢固的共价键,从而形成稳定的分子,如图 1-1 所示。

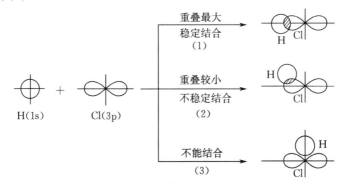

图 1-1　s 和 p 电子原子轨道的三种重叠情况

(2) 分子轨道理论(molecular orbital theory,MO 理论)

分子轨道理论是 1932 年提出来的,它从分子的整体出发,研究分子中每一个电子的运动状态,认为形成化学键的电子是在整个分子中运动的。通过解薛定谔方程,可以求出描述分子中的电子运动状态的波函数 ψ,ψ 称为分子轨道,每一个分子轨道 ψ 都有一个相应的能量 E,E 近似地表示在这个轨道上的电子的电离能。

分子轨道理论认为,当任何数目的原子轨道重叠时,就可形成同样数目的分子轨道。例如,2 个原子轨道可以线性组合成 2 个分子轨道,其中一个是由相符相同的 2 个原子轨道的波函数相加而成,其能量比原来的 2 个原子轨道的能量低,叫作成键轨道;另一个是由相符不同的 2 个原子轨道的波函数相减而成,其能量比原来的 2 个原子轨道的能量高,叫作反键轨道,如图 1-2 所示。

和原子轨道一样,每一个分子轨道最多只能容纳 2 个自旋方向相反的电子,电子总是优先进入能量低的分子轨道,再依次进入能量较高的分子轨道。

由原子轨道组成分子轨道时,必须符合三个条件:

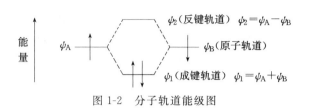

图 1-2　分子轨道能级图

① 对称匹配

组成成键轨道的原子轨道的相符必须相同,而组成反键轨道的原子轨道的相符必须相反,如图 1-3 所示。

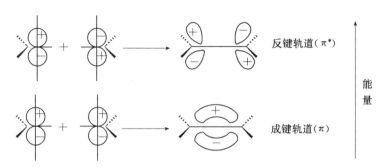

图 1-3　分子轨道的示意图

② 原子轨道的重叠具有方向性

原子轨道相互重叠总是朝着重叠程度大的方向进行,重叠程度越大,形成的共价键越稳定。

③ 能量相近

只有能量相近的原子轨道才能组成分子轨道。

（3）杂化轨道理论(hybrid orbital theory)

基态碳原子的电子构型为 $1s^2 2s^2 2p^2$,如图 1-4 所示。碳原子的价电子层上有 2 个单电子,所以按照价键理论,一个碳原子与其他原子,例如,氢原子只能形成 2 个共价键,即分子式为 CH_2,而甲烷的分子式为 CH_4。为了解决这一矛盾,鲍林(Pauling)于 1931 年提出了杂化轨道理论。

杂化就是在原子形成分子的过程中,成键原子的几种能量相近的原子轨道相互影响、混合后重新组合为新的原子轨道的过程。形成的新原子轨道就叫杂化轨道。几个原子轨道参加杂化就可以形成几个杂化轨道。

轨道的杂化一般先是基态原子的外层电子吸收能量后跃迁到能量稍高的空轨道,形成激发态,然后能量相近的原子轨道重新组合形成杂化轨道。现以碳原子为例来说明具体的杂化过程。

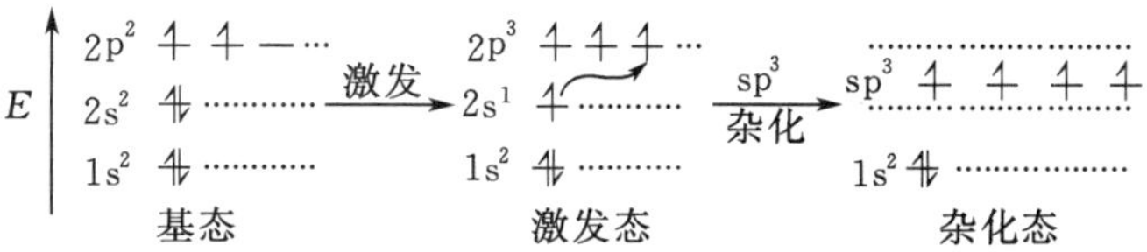

图 1-4　碳原子的 sp^3 杂化过程

由图 1-4 可知,基态碳原子的一个 2s 电子在吸收能量后跃迁到空的 2p 轨道,形成激发态。激发态能量较高,具有单电子的 1 个 2s 轨道和 3 个 2p 轨道很容易混合后重新组合成 4 个新的完全相同的杂化轨道。由图中的能量线(即虚线)可以看出,形成的杂化轨道能量比 2p 轨道低而比 2s 轨道高。由于此杂化轨道是由 1 个 s 轨道和 3 个 p 轨道杂化而来,故称为 sp^3 杂化轨道。

从电子云的形状来看,球形的 s 轨道与哑铃形的 p 轨道杂化后形成了"一头较大,一头较小"的杂化轨道,它与其他原子成键时可有更大的重叠度。sp^3 杂化可用式子简单表示如下:

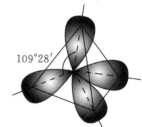

4 个 sp^3 杂化轨道由于相互之间的排斥力自然地形成了稳定的正四面体结构,碳原子核位于体心位置,每两个轨道间的夹角都是 109°28′。其空间构型如图 1-5 所示。甲烷分子中的碳原子就是 sp^3 杂化类型。

图 1-5　碳原子的 sp^3 杂化

激发态中的 1 个 2s 轨道可以和任意 2 个 2p 轨道进行杂化形成 3 个杂化轨道,称为 sp^2 杂化,可用下式简单表示:

3 个 sp^2 杂化轨道由于相互之间的排斥力自然地形成了平面正三角形结构,碳原子核位于中心位置,每两个轨道夹角均为 120°。碳原子中没有参加杂化的 p 轨道垂直于 3 个 sp^2 杂化轨道所在的平面。其空间构型如图 1-6 所示。乙烯分子中的 2 个碳原子都是 sp^2 杂化类型。

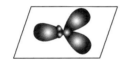

(a) 三个 sp^2 杂化轨道　　(b) 未杂化的 p 轨道

图 1-6　碳原子的 sp^2 杂化

激发态中的一个 2s 轨道可以和任意一个 2p 轨道进行杂化,形成 2 个杂化轨道,称为 sp 杂化,可用下式简单表示:

2 个 sp 杂化轨道由于相互之间的排斥力,自然地形成了直线型结构,故 2 个轨道夹角为 180°。碳原子没有参加杂化的 2 个 p 轨道与 sp 杂化轨道两两垂直。其空间构型如图 1-7 所示。乙炔分子中的两个碳原子都是 sp 杂化类型。

(4) σ 键和 π 键

共价键按其共用电子对的数目不同可以分为单键和重键,按成键原子轨道的重叠方式不同又可分为 σ 键和 π 键。

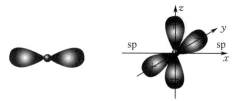

（a）两个 sp 杂化轨道　　（b）两个未杂化的 p 轨道

图 1-7　碳原子的 sp 杂化

① σ 键

2 个成键的原子轨道沿着其对称轴的方向以"头碰头"式相互重叠而形成的键,叫作 σ 键。构成 σ 键的电子称为 σ 电子。在 σ 键中,成键电子云沿键轴成近似圆柱形分布,因此用这种键连接的 2 个原子或基团,可以绕键轴自由旋转。同时,由于成键原子轨道是在轴线上相互重叠,且重叠程度较大,因此 σ 键较牢固,在化学反应中不易断裂。例如,甲烷分子中的碳氢键和乙烷分子中的碳氢键及碳碳单键都属于 σ 键(如图 1-8 所示)。

（a）s 轨道和 sp³ 杂化轨道形成的 σ 键　　（b）两个 sp³ 杂化轨道形成的 σ 键

图 1-8　σ 键示意图

② π 键

如果成键原子轨道除了以 σ 键相互结合外,其 p 轨道相互平行以"肩并肩"式重叠形成化学键,这种键称为 π 键。构成 π 键的电子叫 π 电子。在 π 键中,成键电子云分布在键轴的上下方,而且有一个对称平面,在该平面上的电子云密度为零。与 σ 键相比,2 个 p 轨道重叠程度较小,π 电子具有流动性,π 电子云容易变形,因此 π 键的强度一般不如 σ 键,在化学反应中容易断裂。同时碳原子有形成较牢固 σ 键的倾向,因此有 π 键的化合物容易发生加成反应。例如,在乙烯中的碳碳双键就是由 1 个 σ 键和 1 个 π 键组成的(如图 1-9 所示)。

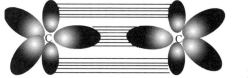
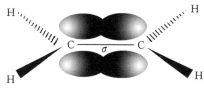

（a）σ 键和 π 键分布　　（b）π 电子云的形状和分布

图 1-9　乙烯中碳碳双键示意图

（5）共价键的键参数

共价键的性质常通过键长、键角、键能来描述,统称为键参数。

① 键长

成键两原子的平均核间距称为键长。一定的共价键的键长是一定的。例如,C—C 0.154 nm, C=C 0.134 nm, C≡C 0.120 nm, C—H 0.109 nm。

同一类型的共价键的键长在不同的化合物中可能稍有差异。例如,C—C: sp—sp³ 0.146 nm, sp²—sp³ 0.151 nm, sp³—sp³ 0.154 nm。一般来说,键长越短,共价键越牢固。常见共价键的键长见表 1-2。

表 1-2　常见共价键的键长

共价键	键长/nm	共价键	键长/nm
C—H	0.109	C=C（烯烃）	0.134
C—C　（烷烃）	0.154	C=O（酮）	0.122
C—O（醇）	0.143	C=N（肟）	0.129
C—N　（胺）	0.147	C=C（苯）	0.139
C—Cl（氯代烷）	0.176	C≡C（炔烃）	0.120
C—Br（溴代烷）	0.194	C≡N（腈）	0.116
C—I　（碘代烷）	0.214	H—N	0.109
H—O	0.096		

②　键角

2 个共价键之间夹角的平均值称为键角。由于发生剪切、摇摆、扭曲等形式的振动，共价键之间的夹角并不是固定不变的。因此，键角是上述运动的综合结果。分子结构不同，键角会有所不同。例如，

键长和键角决定了分子的空间构型。

③　键能

使 1 mol 气态双原子分子的共价键断裂生成基态中性原子所需要的能量（离解能），称为键能，其单位为 kJ·mol^{-1}。

$$Cl_2 \longrightarrow Cl·+Cl· \quad \Delta H=242.5 \text{ kJ·mol}^{-1}$$

对于多原子组成的分子，键能是一个平均值。例如，

$$CH_4 \longrightarrow ·CH_3+·H \quad \Delta H_1=435.1 \text{ kJ·mol}^{-1}$$

$$·CH_3 \longrightarrow ·\overset{·}{C}H_2+·H \quad \Delta H_2=439.3 \text{ kJ·mol}^{-1}$$

$$·\overset{·}{C}H_2 \longrightarrow ·\overset{·}{C}H+·H \quad \Delta H_3=447.7 \text{ kJ·mol}^{-1}$$

$$·\overset{·}{C}H \longrightarrow ·\overset{·}{C}·+·H \quad \Delta H_4=338.9 \text{ kJ·mol}^{-1}$$

$$\Delta H = \frac{\Delta H_1+\Delta H_2+\Delta H_3+\Delta H_4}{4}$$

$$=\frac{435.1+439.3+447.7+338.9}{4}\text{ kJ·mol}^{-1}=415.3 \text{ kJ·mol}^{-1}$$

应注意键能与离解能在概念上的区别，多原子分子中共价键的键能是指同一类的共价键的离解能的平均值。如甲烷的 4 个 C—H 的离解能是不同的。键能是从能量角度衡量共价键稳定性的物理量。

④ 键的极性

2 个不同原子结合成共价键时,由于 2 个原子的电负性不同而使得形成的共价键的一端带正电荷多些,而另一端带负电荷多些,这种由于电子云不完全对称分布而呈极性的共价键叫作极性共价键,可用箭头表示这种极性键,也可以用 δ^+,δ^- 标出极性共价键的带电情况。例如,

$$\overset{\delta^+}{H} \longrightarrow \overset{\delta^-}{Cl} \qquad\qquad \overset{\delta^+}{CH_3} \longrightarrow \overset{\delta^-}{Cl}$$

一个共价键或分子的极性的大小用偶极矩 μ 表示:

$$\mu = q \times d$$

式中,q 为正电中心或负电中心的电荷;d 为 2 个电荷中心之间的距离。μ 的单位为 C·m,也常用 D(Debye,德拜)表示。偶极矩有方向性,通常规定其方向由正电荷到负电荷,用箭头 $\longmapsto$ 表示。例如,

$$H \xrightarrow{\hspace{1.5cm}} Cl \qquad\qquad CH_3 \xrightarrow{\hspace{1.5cm}} Cl$$
$$\mu = 1.03\ D \qquad\qquad \mu = 1.94\ D$$

常见共价键的偶极矩见表 1-3。

表 1-3　常见共价键的偶极矩

共价键	偶极矩/D	共价键	偶极矩/D
+ −		+ −	
H—C	0.30	H—I	0.38
H—N	1.31	C—N	0.40
H—O	1.53	C—O	0.86
H—S	0.68	C—Cl	1.56
H—Cl	1.03	C—Br	1.48
H—Br	0.78	C—I	1.29

在分子结构中,正电荷中心与负电荷中心重合的分子称为非极性分子,正电荷中心与负电荷中心不重合的分子称为极性分子。例如,H_2,CH_4,CO_2 等是非极性分子,而 H_2O,CH_3OH,NH_3 等则是极性分子。分子的空间构型和分子中的未共用电子对都直接影响着分子的极性。

1.6　有机化学反应类型

(1) 按共价键断裂方式分类

有机化合物发生化学反应时,总是伴随着某些化学键的断裂和新化学键的形成,共价键的断裂有两种方式。

共价键的成键电子对在断键时平均分给 2 个原子或原子团,生成 2 个自由基(游离基),这种断裂方式称为均裂。

$$A:B \longrightarrow A\cdot\ +\ \cdot B$$
$$\text{自由基}\qquad\text{自由基}$$

共价键的成键电子对在断键时全部分给某一原子和原子团,生成正、负离子,这种断裂

方式称为异裂。

$$A::B \xrightarrow{\begin{array}{c}(1)\\(2)\end{array}} \begin{array}{l}(1)\ \to A^+ + :B^-\\(2)\ \to A:^- + B^+\end{array}$$

有机化学反应可按共价键断裂方式分为自由基反应、离子型反应和协同反应。

通过共价键均裂产生自由基的反应称为自由基反应，又叫链反应。例如，在光照条件下甲烷与氯气的反应就是自由基反应。

通过共价键异裂产生的正、负离子之间进行的反应称为离子型反应。异裂产生的正、负离子称为离子型活性中间体，化学性质非常活泼。严格来说，这种离子型活性中间体不具备无机化学中正、负离子的真正含义。

反应中两个或多个键同时断裂和形成，不形成活性中间体，只形成环状过渡态，这类反应称为协同反应，周环反应是协同反应中的一种。例如，

过渡态

（2）按反应试剂类型分类

根据在反应中对电子的接受情况将可反应试剂分为亲电试剂、亲核试剂两类。

在反应中能接受电子的物质叫亲电试剂。它本身缺电子或具有空轨道，容易进攻反应物分子中带负电荷（或带部分负电荷）的部位。例如，H^+，$AlCl_3$ 都是亲电试剂。亲电试剂具有的向带负电物质亲近的性质叫亲电性。

在反应中能提供电子的物质叫亲核试剂。它本身带负电荷或具有孤对电子，容易进攻反应物分子中带正电荷（或带部分正电荷）的部位。例如，OH^-，NH_3 都是亲核试剂。亲核试剂具有的向带正电原子核亲近的性质叫亲核性。

由亲电试剂进攻反应物而引起的反应叫亲电反应。

$$\bigcirc + \overset{\delta+}{R}-\overset{\delta-}{X} \xrightarrow{AlCl_3} \bigcirc\!\!-R + HX$$

由亲核试剂进攻反应物而引起的反应叫亲核反应。

$$\overset{\delta+}{R}-\overset{\delta-}{X} + OH^- \longrightarrow R-OH + X^-$$

（3）按反应物和产物之间的相互关系分类

① 取代反应

指反应物分子中的一个原子（或基团）被另一个原子（或基团）所取代的反应。取代反应包括亲核取代、亲电取代和自由基取代三种。

② 加成反应

指反应物分子中的不饱和键（π 键）断开，生成饱和单键的反应。加成反应包括亲电加成、亲核加成、自由基加成和环加成四种。例如，

$$\text{C}=\text{C} + X_2 \longrightarrow -\overset{|}{\underset{X}{C}}-\overset{|}{\underset{X}{C}}-$$

③ 消除反应

指反应物分子中脱去一个或几个小分子而生成含不饱和键的化合物的反应。

④ 重排反应

指反应物分子中碳链结构发生重新组合或官能团位置发生变化的反应。

⑤ 氧化还原反应

指反应物被氧化或还原的反应。

*1.7　有机化学中的酸碱概念

有机化学中的酸碱理论是理解有机反应的最基本的概念之一,目前广泛应用于有机化学的是布朗斯特(Brönsted J N)酸碱理论和路易斯(Lewis G N)酸碱理论。

(1) 布朗斯特酸碱理论

布朗斯特认为,在化学反应中凡是能给出质子的分子或离子都是酸,凡是能与质子结合的分子或离子都是碱。酸失去质子,剩余的基团就是它的共轭碱;碱得到质子,生成的物质就是它的共轭酸。例如,醋酸溶于水的反应可表示如下:

$$CH_3COOH + H_2O \rightleftharpoons CH_3COO^- + H_3^+O$$

在正反应中,CH_3COOH 是酸,CH_3COO^- 是它的共轭碱;H_2O 是碱,H_3^+O 是它的共轭酸。对逆反应来说,H_3^+O 是酸,H_2O 是它的共轭碱;CH_3COO^- 是碱,CH_3COOH 是它的共轭酸。

在共轭酸碱中,一种酸的酸性越强,其共轭碱的碱性就越弱。因此,酸碱的概念是相对的,某一物质在一个反应中是酸,而在另一反应中可以是碱。例如,下列反应中 H_2O 对 CH_3COO^- 来说是酸,而对 NH_4^+ 来说则是碱:

$$\underset{(酸)}{H_2O} + \underset{(碱)}{CH_3COO^-} \rightleftharpoons \underset{(共轭酸)}{CH_3COOH} + \underset{(共轭碱)}{OH^-}$$

$$\underset{(碱)}{H_2O} + \underset{(酸)}{NH_4^+} \rightleftharpoons \underset{(共轭碱)}{NH_3} + \underset{(共轭酸)}{H_3^+O}$$

酸的强度,通常用离解平衡常数 K_a 或 pK_a 表示,碱的强度则用 K_b 或 pK_b 表示。在水溶液中,酸的 pK_a 与其共轭碱的 pK_b 之和为 14,即

$$\underset{(碱)}{pK_b} = 14 - \underset{(共轭酸)}{pK_a}$$

在酸碱反应中,总是较强的酸把质子传递给较强的碱。例如,

$$\underset{(较强碱)}{RONa} + \underset{(较强酸)}{H_2O} \rightleftharpoons \underset{(较弱酸)}{ROH} + \underset{(较弱碱)}{NaOH}$$

(2) 路易斯酸碱理论

布朗斯特酸碱理论仅限于得失质子,而路易斯酸碱理论着眼于电子对,认为酸是能接受外来电子对的电子接受体,碱是能给出电子对的电子给予体。因此,酸和碱的反应可用下式表示:

$$A + :B \rightleftharpoons A:B$$

上式中,A 是路易斯酸,它至少有一个原子具有空轨道,具有接受电子对的能力,是亲电试剂;B 是路易斯碱,它至少含有一对未共用电子对,具有给予电子对的能力,是亲核试剂。酸和碱反应生成的产物 AB 叫作酸碱加合物。

路易斯碱与布朗斯特碱两者没有多大区别,但路易斯酸要比布朗斯特酸的概念广泛得多。例如,在 $AlCl_3$ 分子中,Al 的外层电子只有 6 个,它可以接受另一对电子而体现酸性:

$$AlCl_3 + Cl^- \rightleftharpoons AlCl_4^-$$

1.8 研究有机化合物的一般步骤

研究一种新的有机化合物一般要经过下列步骤:

(1)分离提纯

对于一种新有机化合物的研究,首先必须将它进行分离提纯,以保证达到应有的纯度。分离提纯的方法很多,常用的有重结晶、升华、蒸馏、萃取、色谱及离子交换等方法。

(2)纯度的检定

纯有机化合物具有固定的物理常数,如沸点、熔点、密度、折光率等,利用这些物理常数的测定可以检定有机物的纯度。也可以采用薄层层析、气相色谱、高效液相色谱等色谱方法测定有机化合物的纯度。

(3)实验式和分子式的确定

利用元素分析可以确定该化合物由哪些元素组成,根据分析结果求出各元素的质量比,得出它的实验式,然后测定相对分子质量,确定分子式。

(4)确定构造式和结构式

利用化学方法和现代物理方法确定它的构造式和结构式。

化学方法是通过各种化学反应来确定分子中可能存在的基团,即常把分子打成"碎片",然后再把"碎片"拼凑起来。

物理方法包括紫外光谱、红外光谱、核磁共振谱、质谱、X-衍射等。

分子的结构包括分子的构造、构型和构象。构造是指分子中原子成键的顺序和键性;构型是指具有一定构造的分子中原子在空间的排列情况;构象则是指具有一定构造的分子通过单键的旋转或环的扭曲而产生的分子中原子或原子团在空间的不同排列方式。

本章小结及学习要求

有机化合物有同分异构现象、易燃易爆等众多特性,其构造式有多种表示方法。常用来解释共价键的理论有价键理论、分子轨道理论、杂化轨道理论等。共价键可分为 σ 键和 π 键两类,其参数有键长、键角、键能、键的极性等,其断裂方式有均裂和异裂。均裂产生自由基,发生自由基反应;异裂产生离子型活性中间体,发生离子型反应。有机化学中应用较广的有布朗斯特酸碱理论和路易斯酸碱理论。路易斯酸一般是亲电试剂,缺电子;路易斯碱一般是亲核试剂,有富余电子对。有机化合物有多种分类方法,研究有机化合物一般有一定的步骤和方法。

学习本章时,应达到以下要求:了解有机化学发展简史,掌握有机化合物的一般特性,理解价键理论、杂化轨道理论和路易斯酸碱理论,理解 σ 键和 π 键的异同点,掌握亲电试剂和亲核试剂的特点,了解有机化合物的分类及研究方法。

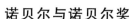

【阅读材料】

诺贝尔与诺贝尔奖

诺贝尔出生于瑞典一个贫穷的家庭,没有机会接受正规的学校教育,只在学校读过一年书,受过几年家庭教育。诺贝尔童年时,在父亲劳作的工厂里打杂,接触到一点化学知识。16岁时,父亲送他到美国一家工厂当学徒,在那里他艰苦学习了5年。

诺贝尔目睹了劳工开山凿矿、修筑公路和铁路都是用手工进行的,体力劳动强度大,效率低。年轻的诺贝尔想:"要是有一种威力很大的东西,一下子能劈开山岭,减轻工人们繁重的体力劳动,那该多好啊!"于是他开始研究炸药了。

起先,一切研究较顺利,他和父亲、弟弟一起发明了"诺贝尔爆发油"。他们带着它的样品,打算到欧洲继续研究。可人们都认为危险,没有人愿意出资合作。后来,法国皇帝——拿破仑三世路易·波拿巴出钱办了一个实验所,他们父子才得到新的实验机会。不料在一次实验中,不幸的事件发生了,实验室和工厂全部被炸毁,还炸死了5个人,诺贝尔的弟弟当场被炸死,父亲被炸成重伤,从此半身不遂,再也不能陪伴诺贝尔进行实验。在沉重的打击下,他并未灰心丧气,决心制服"爆发油"的易爆性,造福人类。为了避免伤害周围的人,他把个人的生死置之度外,在朋友的资助下租了一艘大船,在梅拉伦湖上经过4年几百次的艰苦而危险的实验,就在硅藻甘油炸药试爆的最后一次,他亲自点燃导火剂,仔细观察各种变化,当炸药爆炸发出巨响时,人们惊呼:"诺贝尔完了!"……可他顽强地从弥漫的烟雾中爬起来,满身鲜血淋淋,他忘掉了疼痛,振臂高呼:"我成功了! 我成功了!"在1867年的秋天,他终于成功地研制出了硅藻甘油炸药。之后,诺贝尔经过13年的研究,又在1880年发明了无烟炸药——三硝基甲苯(又名TNT),对工业、交通运输做出了巨大的贡献。

诺贝尔的一生是光荣而伟大的一生,是不知疲倦、勇于奉献、努力学习和工作的一生。他终身未娶,把毕生的精力献给了科学事业。他不仅因在化学方面研究发明了硝化甘油引爆剂、雷管、硝化甘油固体炸药和胶水炸药而被世人誉为"炸药大王",而且对光学、电学、枪炮学、机械学、生物学和生理学等方面也都很有研究。他一生共获得200多项技术发明专利,在欧洲、北美洲和南美洲等五大洲的20多个国家建立了100多个公司和工厂,积累了3 500万瑞典克朗的资金,是个赫赫有名的大工业家。

诺贝尔研制炸药本来的目的是为和平建设服务,为民造福。可是,在战争中它却被用作屠杀人民的武器,加重了人类的灾难。因此,诺贝尔感到很痛心,在他去世的前一年,即1895年11月27日,他本着科学造福人类的思想立下遗嘱,将他的所有财产存入银行,把每年得来的利息平均分成5份,奖励世界上在物理学、化学、生理学或医学、文学与和平事业"给人类造福最大的个人和机构",不管这些人属于哪个国家、哪个民族。他还注明,物理学和化学由瑞典皇家学院颁发,文学奖由瑞典文学院颁发,生理学或医学奖由瑞典斯德哥尔摩卡罗琳医学院颁发,和平奖委托挪威议会选出5人委员会负责颁发。

诺贝尔奖的基金和评选全部由瑞典皇家科学院诺贝尔基金会负责管理,下设5个诺贝尔委员会,负责5个诺贝尔奖的具体事宜。每年9月—10月,各个诺贝尔委员会开始为筛选下一年度诺贝尔奖获得者做准备工作。此时,他们向世界各地有名望的学者、教授及前诺贝尔奖获得者发出几千封信函,请他们推荐诺贝尔奖候选人。推荐信不得迟于来年1月31日收到。如迟于这个日子,只能把被推荐者列入再下一年的候选人名单。

接着对候选人进行筛选。获奖者往往连续多年同时受到很多专家的提名,最后被列入候选人名单时已经过了好几年了,这是因为需要时间来调查和检验候选人的成就。经诺贝尔委员会筛选出的候选人名单再递交给诺贝尔奖评议委员会审定,最后的决定一般在 10 月份作出。诺贝尔奖从提名、筛选到最后评议表决,都是秘密进行的,任何人不得擅自公布或私下向候选人透露消息,一旦决定获奖者就立即宣布,并在当年诺贝尔逝世的日子(12 月 10 日)举行隆重的颁奖仪式。可以说,在科学领域内,没有一种奖能像诺贝尔奖这样得到全世界的高度重视和广泛赞誉。

习　题

1-1 将下列化合物中互为同分异构体的物质用直线连接起来。

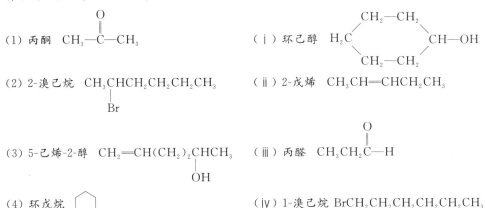

(1) 丙酮　$CH_3-\overset{\overset{\textstyle O}{\|}}{C}-CH_3$

(ⅰ) 环己醇

(2) 2-溴己烷　$CH_3\overset{\overset{\textstyle}{|}}{\underset{\overset{\textstyle}{Br}}{CH}}CH_2CH_2CH_2CH_3$

(ⅱ) 2-戊烯　$CH_3CH=CHCH_2CH_3$

(3) 5-己烯-2-醇　$CH_2=CH(CH_2)_2\underset{\overset{\textstyle}{OH}}{CH}CH_3$

(ⅲ) 丙醛　$CH_3CH_2\overset{\overset{\textstyle O}{\|}}{C}-H$

(4) 环戊烷

(ⅳ) 1-溴己烷　$BrCH_2CH_2CH_2CH_2CH_2CH_3$

1-2 价键理论的基本要点是什么?

1-3 下列化合物各属于哪一类化合物?

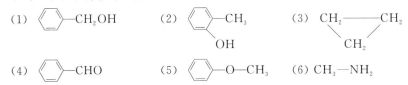

(1) ⬡—CH_2OH　　(2) ⬡—CH_3 (邻OH)　　(3) $\underset{\overset{\textstyle}{CH_2}}{\overset{\textstyle CH_2—CH_2}{}}$

(4) ⬡—CHO　　(5) ⬡—$O—CH_3$　　(6) $CH_3—NH_2$

1-4 π 键是怎样构成的? 它与 σ 键有何区别?

1-5 某化合物的实验式为 CH,其相对分子质量为 78。试推算出它的分子式。

1-6 某化合物的相对分子质量为 80,其元素组成为:C 45%,H 7.5%,F 47.5%。试推算出它的分子式。

*1-7 下列物质中可作为亲电试剂的有(　　　　),可作为亲核试剂的有(　　　　)。

(1) Br_2　　(2) Br^-　　(3) NH_3　　(4) H^+　　(5) CH_3O^-

(6) H_2O　　(7) $AlCl_3$　　(8) BH_3　　(9) CN^-　　(10) $^+CH_3$

*1-8 判断下列化合物中标"＊"的原子的杂化类型。

(1) $CH_3\overset{*}{C}H=CH_2$　　(2) $CH_3\overset{*}{C}\equiv CH$　　(3) $CH_3\overset{+}{\underset{\overset{\textstyle}{*}}{C}}HCH_3$

(4) ⬡＊　　(5) $HC\equiv \overset{*}{N}$　　(6) $CH_3\overset{\cdot}{\underset{\overset{\textstyle}{*}}{C}}H_2$

1-9 根据生活实际,列举几类有机化合物的重要用途。

第2章 烷 烃

只含有碳和氢两种元素的有机化合物叫作碳氢化合物，又称为烃。烃是有机化合物中组成最简单的一类化合物。一般认为烃是有机物的母体，其他有机化合物可以看作烃的衍生物。根据分子中碳原子的连接方式，可以把烃大体分类如下：

- 烃
  - 脂肪烃
    - 饱和烃
      - 烷烃
      - 环烷烃
    - 不饱和烃
      - 烯烃
      - 炔烃
  - 芳香烃

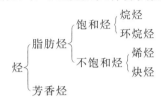

烷烃是一类只含有碳、氢两种元素的饱和开链化合物，通式为 C_nH_{2n+2}。烷烃的天然来源主要为石油和天然气。从油田开采出来的原油是黄褐色、暗绿色或棕黑色的黏稠液体，其主要成分是各类烷烃的复杂混合物，也含有一些环烷烃和芳香烃。天然气是蕴藏在地层内的可燃气体，其主要成分是甲烷。

2.1 烷烃的同系列和同分异构现象

(1) 烷烃的同系列

烷烃的分子式都符合通式 C_nH_{2n+2}。从甲烷开始，每增加一个碳原子就增加两个氢原子，因此两个烷烃分子式之间总是相差一个或多个 CH_2。在组成上相差一个或多个 CH_2，且结构和性质相似的一系列化合物称为同系列。同系列中的各化合物互称为同系物。同系列中，相邻的两个分子式的 CH_2 差值称为系列差。

(2) 烷烃的同分异构现象

烷烃的同分异构现象比较简单，通常是由于分子中原子的连接顺序和连接方式不同而引起的构造异构。甲烷、乙烷、丙烷没有异构体，从丁烷开始就出现同分异构现象，C_4H_{10} 有正丁烷和异丁烷 2 种异构体，C_5H_{12} 有 3 种异构体，C_6H_{14} 有 5 种异构体。例如，

$$CH_3CH_2CH_2CH_3 \qquad\qquad \begin{array}{l} CH_3\underset{\displaystyle |}{C}HCH_3 \\ \quad\; CH_3 \end{array}$$

正丁烷　　　　异丁烷

随着分子中碳原子数的增加，异构体数目也迅速地增加，例如，$C_{10}H_{22}$ 有 75 种异构体。烷烃的异构现象是由分子中碳原子的连接方式与次序不同而引起的，这种构造异构称为碳链异构，属于构造异构的一种。

(3) 烷烃碳原子的类型

烷烃分子中的碳原子，按照它们所连的碳原子数目的不同，可分为四类：仅与一个碳原

子直接相连的碳原子称为伯碳原子(或称 1°碳原子);与两个碳原子直接相连的碳原子称为仲碳原子(或称 2°碳原子);依此类推,分别称为叔碳原子(或称 3°碳原子)、季碳原子(或称4°碳原子)。与伯、仲、叔碳原子相连的氢原子分别称为伯氢($1°H$)、仲氢($2°H$)、叔氢($3°H$)。例如,

$$
\begin{array}{cccccc}
& & 1°CH_3 & & 1°CH_3 & \\
& & | & & | & \\
1°CH_3 - 2°CH_2 - {\underset{3°}{CH}} - 2°CH_2 - {\underset{|}{\overset{4°}{C}}} - 1°CH_3 \\
& & & & 1°CH_3 &
\end{array}
$$

2.2 烷烃的命名法

2.2.1 烷基

为了便于命名或说明有机物的结构,在有机化学中,常需要给一些基团冠以一定的名称。例如,比甲烷少一个氢原子的原子团—CH_3 叫作甲基,比乙烷少一个氢原子的原子团—CH_2CH_3 叫作乙基。总的来说,烷烃去掉一个氢原子后的原子团叫作烷基,常用 R—表示,常见的烷基见表 2-1。

表 2-1 某些烷基的名称

烷 基	名 称	英文缩写	烷 基	名 称	英文缩写
CH_3-	甲基	Me	$CH_3CH_2CHCH_3$	仲丁基	s-Bu
CH_3CH_2-	乙基	Et	CH_3CHCH_2-	异丁基	i-Bu
$CH_3CH_2CH_2-$	丙基	n-Pr	$\quad\;\; | \atop CH_3$		
CH_3CH- $\quad | \atop CH_3$	异丙基	i-Pr	$CH_3\underset{\underset{CH_3}{|}}{\overset{\overset{CH_3}{|}}{C}}-$	叔丁基	t-Bu
$CH_3CH_2CH_2CH_2-$	丁基	n-Bu			

烷烃分子去掉两个氢原子所剩下的基团叫作亚烷基。例如,

$$
\begin{array}{cccc}
{\underset{}{\overset{}{>}}}CH_2 & >C(CH_3)_2 & -CH_2CH_2- & -CH_2CH_2CH_2CH_2CH_2CH_2- \\
\text{亚甲基} & \text{亚异丙基} & \text{1,2-亚乙基} & \text{1,6-亚己基}
\end{array}
$$

2.2.2 烷烃的命名法

(1) 普通命名法(又称习惯命名法)

普通命名法适用于结构比较简单的烷烃的命名,其基本原则是,根据碳原子的数目称为某烷,10 个碳原子以下用甲、乙、丙、丁、戊、己、庚、辛、壬、癸加“烷”字命名,11 个碳原子以上用汉字数字十一、十二……加“烷”字命名。

没有支链的烷烃(直链烷烃),在名称前冠以“正”字;链端第二个碳原子有一个甲基支链的,在名称前冠以“异”字;链端第二个碳原子有两个甲基支链的,在名称前冠以“新”字。

有机化学

例如,

$$CH_3CH_2CH_2CH_3$$
正丁烷

$$CH_3CH_2CH_2CH_2CH_3$$
正戊烷

$$CH_3CHCH_3 \atop CH_3$$
异丁烷

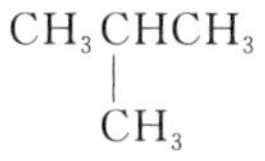

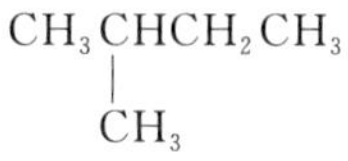

$$CH_3CHCH_2CH_3 \atop CH_3$$
异戊烷

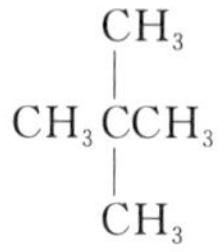

$$CH_3CCH_3$$
新戊烷

普通命名法虽然比较简单,但对结构较为复杂的化合物就不适用,此时需要采用系统命名法。

（2）系统命名法

系统命名法是根据国际纯粹化学和应用化学联合会（International Union of Pure and Applied Chemistry,简写为 IUPAC)制定的命名原则,结合我国文字特点对有机物进行命名。

在系统命名法中,直链烷烃的命名与普通命名法相同,但不加"正"字。例如,

$$CH_3CH_2CH_2CH_3 \quad 丁烷$$
$$CH_3(CH_2)_{10}CH_3 \quad 十二烷$$

对带有支链的烷烃可按下列步骤命名:

① 选择主链

在分子中选择含有最多碳原子的碳链作为主链,根据主链上碳原子的数目命名为"某烷",主链以外的支链作为取代基。当有几个等长碳链可供选择时,应选择支链较多的碳链作为主链。

② 主链碳原子编号

从靠近支链最近的一端开始给主链碳原子编号。当支链距主链两端相等时,把两种不同的编号系列逐项比较,最先遇到位次最小者为"最低序列",即是应选取的正确编号。

③ 写名称

写名称时按取代基的位置,短横线,取代基的数目、名称,主链名称的顺序书写。相同的取代基的数目合并,位置序号之间用逗号分开,不同的取代基小的在前、大的在后。例如,

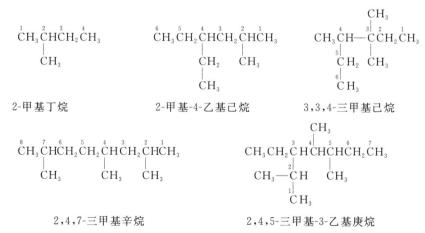

2-甲基丁烷   2-甲基-4-乙基己烷   3,3,4-三甲基己烷

2,4,7-三甲基辛烷   2,4,5-三甲基-3-乙基庚烷

（3）衍生物命名法

除直链烷烃之外,对支链烷烃的命名可以采用衍生物命名法,即以甲烷作为母体,将支链烷烃都看作甲烷的烷基衍生物。选择连有烷基最多的碳原子作为甲烷的母体原子,所连接的烷基按支链结构的相对分子质量和复杂程度由小至大、由简单至复杂的顺序列出。例如,

CH_3CHCH_3
$|$
CH_3
三甲基甲烷

$CH_3CHCH_2CH_3$
$|$
CH_3
二甲基乙基甲烷

CH_3
$|$
CH_3CCH_3
$|$
CH_3
四甲基甲烷

2.3　烷烃的结构

甲烷分子是碳原子经 sp^3 杂化后形成的。由于这种杂化的空间构型类似于正四面体,故又称为正四面体杂化。其分子构型可用凯库勒(Kekulé)模型(又叫球棍模型)和斯陶特(Stuart)模型(又叫比例模型)表示,如图 2-1 所示。

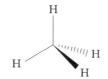

（a）球棍模型　　　　（b）比例模型

图 2-1　甲烷分子的球棍模型和比例模型

球棍模型制作容易,使用方便,观察直观,但与真实分子结构差别较大,不能准确地表示出原子的大小和键长。比例模型是参照分子的真实结构按比例放大制作而成,符合分子结构,但不直观,故常用平面的透视式来表示烷烃的空间构型。例如,

上式中,细实线表示的两个 C—H 键位于纸平面上,而实楔形线表示的 C—H 键在纸平面的前方,虚楔形线表示的 C—H 键则在纸平面的后方。

烷烃分子中的碳原子都是 sp^3 杂化,其键角为 $109.5°$,故烷烃的碳链不是直线形的。例如,戊烷在气态时呈曲折形:

固态时呈锯齿形:

*2.4 烷烃的构象

构象是指在具有一定构造的分子中,通过单键的旋转形成的分子中各原子或基团的空间排布。下面以乙烷和正丁烷为例来具体说明。

(1) 乙烷的构象

乙烷分子中 C—C σ 键可以自由旋转。在旋转过程中,由于两个甲基上的氢原子的相对位置不断发生变化,这就形成了许多不同的空间排列方式。每一种排列方式都是一种构象,所以乙烷的构象有无数种。其中一种是一个甲基上的氢原子正好处在另一个甲基的两个氢原子之间的中线上,这种排布方式叫作交叉式构象,另一种是两个碳原子上的各个氢原子正好处在相互对映的位置上,这种排布方式叫作重叠式构象。交叉式构象和重叠式构象是乙烷无数构象中的两种特殊情况。用球棍模型很容易看清楚乙烷分子中各原子在空间的不同排布,如图 2-2 所示。像交叉式与重叠式这样,仅仅用于 σ 单键绕键轴自由旋转而形成的不同构象,互称构象异构。

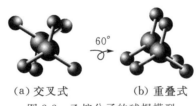

(a) 交叉式　　　　(b) 重叠式

图 2-2　乙烷分子的球棍模型

① 构象的表示方法

简单分子的构象可以用透析式(又叫锯架式)和纽曼(Newman)投影式表示,如图 2-3 所示。

透析式是从斜侧面观察烷烃分子球棍模型而得到的表示式,它可以让我们清晰地看到分子中所有的键,但氢原子间的相对位置不能很好地表示出来。

纽曼投影式是从 C—C σ 键键轴的延长线上观察烷烃分子模型而得到的表示式。投影时以圆圈表示碳碳单键上的碳原子。由于前后两个碳原子重叠,纸面上只能画出一个圆圈,所以前面碳上的三个碳氢键可以用从圆心出发(即以圆心代表前面的碳原子),彼此以 120°夹角向外伸展的三条线代表;后面碳上的三个碳氢键,则用从圆周出发(即以圆周代表后面的碳原子),彼此以 120°夹角向外伸展的三条线来表示。

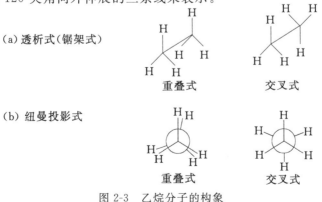

(a) 透析式(锯架式)

　　　　　　重叠式　　　　　　交叉式

(b) 纽曼投影式

　　　　　　重叠式　　　　　　交叉式

图 2-3　乙烷分子的构象

② 乙烷构象的稳定性

由图 2-3 可知,重叠式构象中,前后两个碳原子上的氢原子相互重叠,彼此之间距离最近,排斥力最大,所以内能最高,最不稳定;交叉式构象中,前后两个碳原子上的氢原子处于交叉位置,彼此之间距离最远,排斥力最小,所以内能最低,最稳定,称之为优势构象。

乙烷分子在通常情况下是交叉式、重叠式及介于两者之间的无数构象的动态平衡体系。室温下,分子的动能为 $84 \ kJ \cdot mol^{-1}$,若降低温度,则分子的动能减少,能量较低的交叉式构象增多。当温度接近乙烷的熔点($-172 \ ℃$)时,可得到单一的交叉式构象。

③ 乙烷构象的能量曲线图

以能量为纵坐标,C—C σ 键的旋转角度为横坐标作图,随着乙烷碳碳单键旋转角度的改变,乙烷构象的能量变化如图 2-4 所示。

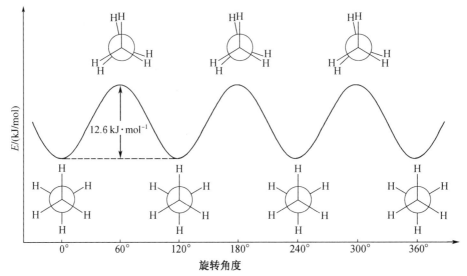

图 2-4　乙烷构象的能量曲线图

从一个交叉式构象通过碳碳单键旋转到另一个交叉式构象,中间必须经过能量比交叉式高 $12.6 \ kJ \cdot mol^{-1}$ 的重叠式构象,也就是说,它必须获得 $12.6 \ kJ \cdot mol^{-1}$ 的能量才能完成这种旋转,这种能量称为扭转能。由此可见,乙烷单键的旋转也并不是完全自由的。

(2) 正丁烷的构象

将正丁烷看作乙烷分子中的两个碳原子上各有一个氢原子被一个甲基取代后的产物时,其构象也可以用透析式和纽曼投影式来表示。丁烷分子的透析式如图 2-5 所示。

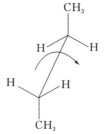

图 2-5　丁烷分子的透析式

如图 2-5 所示丁烷的透析式中,把分子沿 C(2)—C(3)键轴旋转一定的角度,就会形成丁烷的几种最典型构象,其能量曲线如图 2-6 所示。

在丁烷的无数个构象中,能量最低、最稳定的是对位交叉式(反叠式),因为此构象中两个体积最大的基团(甲基)离得最远,其排斥力最小,所以是丁烷的优势构象,如图 2-6 中的Ⅰ式;能量最高的构象是全重叠式(顺叠式),由于此构象中两个甲基相距最近,氢原子也相互重叠,所以排斥力最大,是最不稳定的构象,如图 2-6 中的Ⅳ式;部分重叠式(反错式,见图 2-6 中的Ⅱ式)和邻位交叉式(顺错式,见图 2-6 中的Ⅲ式)的能量介于全重叠式和对位交叉式。

丁烷各构象之间的能量差也不是很大(最大约为 22.2 kJ·mol^{-1}),所以它们也能相互转变,但在常温下大多数丁烷分子以对位交叉式构象存在,全重叠式构象实际上是不存在的。

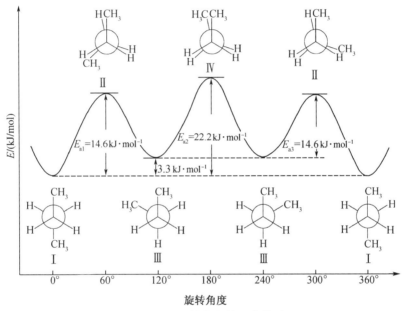

图 2-6　丁烷构象的能量曲线图

从以上讨论可以看出,结构更复杂的烷烃,其构象也主要以对位交叉式构象存在。所有碳原子都处于对位交叉式,而相邻碳原子上的氢原子都处于交叉式位置——这就是烷烃的优势构象。这就说明了固态时烷烃中碳链为何呈平面锯齿形。

2.5　烷烃的物理性质

烷烃的物理性质随着分子中碳原子数的增加而呈现规律性的变化。在常温常压(25 ℃,101 325 Pa)下,含 1 个～4 个碳原子的直链烷烃是气体,含 5 个～17 个碳原子的直链烷烃是液体,含 18 个碳原子以上的直链烷烃是固体,但直到含 60 个碳原子的直链烷烃熔点都不超过 100 ℃。从表 2-2 可看出,直链烷烃的沸点随着分子中碳原子数的增加而逐渐升高,碳原子数少的烷烃之间的沸点差较大;随着碳原子数的增加,沸点差逐渐减小。

烷烃的分子间力主要是色散力。色散力随着相对分子质量增加而增加,因此,烷烃的沸点随相对分子质量增大而升高。相对分子质量相同的烷烃,如戊烷、2-甲基丁烷和 2,2-二甲基丙烷的沸点,随支链的增多而逐渐降低,这是由于支链多,则分子间距离大、分子间力减弱的缘故。

$$CH_3-CH_2-CH_2-CH_2-CH_3 \qquad H_3C-\underset{\underset{CH_3}{|}}{CH}-CH_2-CH_3 \qquad H_3C-\underset{\underset{CH_3}{|}}{\overset{\overset{CH_3}{|}}{C}}-CH_3$$

| 沸点 | 36℃ | 28℃ | 9.5℃ |

表 2-2 一些直链烷烃的物理常数

名称	分子式	沸点/℃	熔点/℃	相对密度(d_4^{20})
甲烷	CH_4	−161.7	−182.7	0.424
乙烷	C_2H_6	−88.6	−172.0	0.456
丙烷	C_3H_8	−42.1	−187.1	0.501
丁烷	C_4H_{10}	−0.5	−138.5	0.579
戊烷	C_5H_{12}	36.1	−129.8	0.626
己烷	C_6H_{14}	68.1	−95.3	0.695
庚烷	C_7H_{16}	98.4	−90.6	0.684
辛烷	C_8H_{18}	125.7	−59.0	0.703
壬烷	C_9H_{20}	150.8	−53.7	0.718
癸烷	$C_{10}H_{22}$	174.0	−29.7	0.730
十一烷	$C_{11}H_{24}$	195.8	−25.6	0.740
十二烷	$C_{12}H_{26}$	216.3	−9.6	0.749
十三烷	$C_{13}H_{28}$	235.4	−5.5	0.756
十四烷	$C_{14}H_{30}$	252.0	5.9	0.763
十五烷	$C_{15}H_{32}$	266.0	10.0	0.769
十六烷	$C_{16}H_{34}$	280.0	18.2	0.773
十七烷	$C_{17}H_{36}$	292.0	22.0	0.778
十八烷	$C_{18}H_{38}$	308.0	28.2	0.777
十九烷	$C_{19}H_{40}$	320.0	32.1	0.777
二十烷	$C_{20}H_{42}$	343.0	36.8	0.786

烷烃的熔点也随相对分子质量的增加而升高。但与沸点不同,偶数碳原子的烷烃熔点比奇数碳原子的烷烃升高更多。可见,熔点的高低除与相对分子质量有关外,还与分子的对称性有关。偶数碳原子烷烃分子对称性高,晶体中分子排列紧密,分子间距离小,分子间力大,因此熔点高。

烷烃的密度也随碳原子数增加、分子间力的增大而增加,但随碳原子数增多密度增加的量逐渐变小。

烷烃是非极性或弱极性化合物,根据“相似相溶”原理,烷烃易溶于非极性或弱极性的有机溶剂中,而难溶于水。

2.6　烷烃的化学性质

烷烃分子中的共价键都是比较牢固的 σ 键,因此,烷烃的化学性质比较稳定。一般情况下其不与强酸、强碱、氧化剂等发生反应。但在一定温度、压力和催化剂作用下,σ 键可以断裂而发生某些化学反应。

（1）卤代反应

烷烃分子中的氢原子被其他原子或原子团所取代的反应叫作取代反应,若被卤原子取代则称为卤代反应。

在室温黑暗处,烷烃与氯气混合并不发生反应,但在光照、紫外线或加热的条件下,氯气与烷烃可发生剧烈反应,甚至引起爆炸而生成氯化氢和氯代烷。例如,

$$CH_4+2Cl_2 \xrightarrow{强光} C+4HCl \qquad\qquad CH_4+Cl_2 \xrightarrow{光} CH_3Cl+HCl$$

$$CH_3Cl+Cl_2 \xrightarrow{光} CH_2Cl_2+HCl \qquad\qquad CH_2Cl_2+Cl_2 \xrightarrow{光} CHCl_3+HCl$$

$$CHCl_3+Cl_2 \xrightarrow{光} CCl_4+HCl$$

反应中甲烷分子中的氢原子逐步被氯原子取代,直至生成 CCl_4。反应很难控制在某一步,反应产物是各种氯甲烷的混合物。

（2）氧化反应

烷烃在常温和大气压下,不与氧化剂反应,也不与空气中的氧气反应,但可在氧气或空气中燃烧,生成二氧化碳和水,并放出大量的热量。因此,烷烃是重要的能源物质。

$$CH_4+2O_2 \xrightarrow{点燃} CO_2+2H_2O+890\ kJ \cdot mol^{-1}$$

在特定条件下,烷烃也可以被氧化为醇、醛、羧酸等有机物。例如,

$$CH_4+O_2 \xrightarrow[600\ ℃]{V_2O_5} HCHO+H_2O$$

$$R—CH_2—CH_2—R'+O_2 \xrightarrow[107\ ℃～110\ ℃]{MnO_2} RCOOH+R'COOH+其他羧酸$$

（3）裂化与裂解

在高温高压下,使烷烃分子发生共价键的断裂而生成小分子的过程称为裂化。裂化反应是一个相当复杂的过程,碳原子数目越多、结构越复杂,裂化的产物就越复杂;反应条件不同,产物也就不同。在裂化反应中,发生了 C—H 键和 C—C 键的断裂,生成相对分子质量较小的烷烃、烯烃等。例如,

$$CH_3CH_2CH_2CH_3 \longrightarrow \begin{cases} CH_3CH=CH_2+CH_4 \\ CH_2=CH_2+CH_3CH_3 \\ CH_3CH_2CH=CH_2+H_2 \end{cases}$$

将烷烃隔绝空气加热到 400 ℃ 以上进行裂化叫热裂化（简称热裂）,通常的条件是5.0 MPa,500 ℃～700 ℃。在催化剂作用下的裂化叫催化裂化,反应条件如 450 ℃～500 ℃,常压,硅酸铝催化。在催化裂化过程中,除发生了 C—H 键和 C—C 键的断裂外,还发生异构化、环化、脱氢等反应,生成带支链的烷烃、烯烃、芳香烃等。裂化反应主要用于提高汽油的产量和质量。

温度高于 700 ℃ 的裂化反应又称为裂解,主要是高温有利于提高烯烃(如乙烯)的产量。

(4)异构化反应

异构化反应是指将化合物转变成它的同分异构体的反应。例如,

$$CH_3CH_2CH_2CH_3 \xrightarrow[95℃\sim150℃,1\ MPa\sim2\ MPa]{AlCl_3,HCl} \underset{80\%}{CH_3\overset{\overset{\displaystyle CH_3}{|}}{C}HCH_3}$$

通过烷烃的异构化反应可提高汽油的质量。

2.7 卤代反应的机理

反应机理又叫反应历程,是根据大量反应事实,对反应的具体过程作出的理论推导。对某一个反应可能提出不同的机理,其中能够最恰当地说明实验事实的,被认为是最可信的,而那些与实验事实不太相符的机理则需要进行修正或补充。因此,反应机理是在不断发展的。此外,到目前为止,并不是对所有的反应都能提出明确的反应机理,但烷烃的卤代反应机理是比较清楚的。研究反应机理的目的是认清反应的本质,掌握反应的规律,从而达到控制和利用反应的目的。

(1)甲烷的氯代——自由基取代历程(链反应)

① 链引发:氯分子在光照或加热的条件下吸收能量均裂生成自由基。

$$Cl:Cl \longrightarrow Cl\cdot + \cdot Cl$$

氯原子(氯自由基)

② 链增长:$Cl\cdot$ 与 CH_4 发生有效碰撞而夺得 H 原子,同时生成 $\cdot CH_3$,$\cdot CH_3$ 又与 Cl_2 发生有效碰撞而夺得 Cl 原子生成 CH_3Cl 和 $Cl\cdot$。反应反复进行直至生成 CCl_4。

$$CH_4 + Cl\cdot \longrightarrow \cdot CH_3 + HCl$$
$$\cdot CH_3 + Cl_2 \longrightarrow CH_3Cl + Cl\cdot$$
$$\begin{cases} CH_3Cl + Cl\cdot \longrightarrow \cdot CH_2Cl + HCl \\ \cdot CH_2Cl + Cl_2 \longrightarrow CH_2Cl_2 + Cl\cdot \end{cases}$$
$$\begin{cases} CH_2Cl_2 + Cl\cdot \longrightarrow \cdot CHCl_2 + HCl \\ \cdot CHCl_2 + Cl_2 \longrightarrow CHCl_3 + Cl\cdot \end{cases}$$
$$\begin{cases} CHCl_3 + Cl\cdot \longrightarrow \cdot CCl_3 + HCl \\ \cdot CCl_3 + Cl_2 \longrightarrow CCl_4 + Cl\cdot \end{cases}$$

③ 链终止:自由基相互结合而消失,因而反应终止。

$$Cl\cdot + Cl\cdot \longrightarrow Cl_2$$
$$\cdot CH_3 + \cdot CH_3 \longrightarrow CH_3CH_3$$
$$Cl\cdot + \cdot CH_3 \longrightarrow CH_3Cl$$

(2)卤素对甲烷的相对反应活性:$F_2 > Cl_2 > Br_2 > I_2$

在光、热、催化剂的影响下,烷烃除了能与氯发生取代反应外,也能与氟、溴发生卤代反应。烷烃与氟剧烈反应生成炭黑和氟化氢,并有大量热放出,反应不易控制,有时会引起爆炸,所以烷烃氟代并无实际价值。烷烃与溴的反应比较缓慢,活性比氯小,但溴更具有选择性,溴总是尽量取代烷烃分子中的叔氢原子或仲氢原子,因此溴代反应在有机合成中更有用。

这可用卤原子的活泼性来解释。因为氟原子最活泼,所以反应很剧烈;氯原子较活泼,所以它有能力夺取烷烃中的各种氢原子而成为 HCl;而溴原子不活泼,它只能夺取烷烃中较活泼的氢原子(叔氢原子或仲氢原子)。

烷烃与碘作用不能得到碘代烷,碘代烷必须用其他方法来制备。因此,有实际价值的卤代反应只是氯代和溴代反应。

(3) 烷烃分子中氢原子的活性

乙烷中的氢原子都是伯氢,属于同种氢原子,一元取代后只能生成一种一元取代产物。但自丙烷开始分子中存在不同种氢原子,一元取代产物就不止一种。烷烃的结构不同,卤代反应的难易就不同,分子中氢原子被卤素取代的难易也就不同。

丙烷($CH_3CH_2CH_3$)分子中有六个 $1°H$,两个 $2°H$。理论上说 $1°H$ 被取代的产物与 $2°H$ 被取代的产物的比例应为 $3:1$,但实际产物比约为 $1:1$。

$$CH_3CH_2CH_3 + Cl_2 \xrightarrow{\text{光}} CH_3CH_2CH_2Cl \ + \ \underset{\underset{Cl}{|}}{CH_3CHCH_3}$$

$$45\% \qquad : \qquad 55\%$$

异丁烷 $CH_3CH(CH_3)CH_3$ 中,$1°H$ 与 $3°H$ 之比为 $9:1$,而 $1°H$ 与 $3°H$ 被取代的产物比约为 $2:1$。

$$\underset{\underset{CH_3}{|}}{CH_3CHCH_3} + Cl_2 \xrightarrow{\text{光}} \underset{\underset{CH_3}{|}}{CH_3CHCH_2Cl} \ + \ \underset{\underset{CH_3}{|}}{\overset{\overset{Cl}{|}}{CH_3CCH_3}}$$

$$64\% \qquad : \qquad 36\%$$

由此说明,$3°H$ 被取代的速率最快,$1°H$ 最慢,即三种氢原子的活泼性顺序:$3°H > 2°H > 1°H$。这和反应中产生的自由基的稳定性有关,含单电子的碳即自由基碳上连接的烷基越多,这样的自由基越稳定。几种自由基的稳定性顺序为

$$\underset{\underset{CH_3}{|}}{CH_3 - \overset{\bullet}{C} - CH_3} > \underset{\underset{CH_3}{|}}{CH_3 - \overset{\bullet}{C}H} > CH_3 - \overset{\bullet}{C}H_2 > \overset{\bullet}{C}H_3$$

烷烃分子中伯、仲、叔氢原子活泼性的不同,也可用 C—H 键离解能的不同来解释。

		C—H 键离解能/$(kJ \cdot mol^{-1})$
伯氢	$CH_3CH_2CH_2$—H	410
仲氢	$(CH_3)_2CH$—H	395
叔氢	$(CH_3)_3C$—H	380

$3°$ C—H 键的离解能最小,说明这个键最易断裂,所以叔氢原子的活泼性最强。

2.8 烷烃的来源

石油是古代的动植物受细菌、地热、压力、无机化合物等长期作用而生成的物质,其主要成分是各种烷烃的复杂混合物,也有某些产区的石油是以环烷烃或芳香烃为主的。

石油的初步加工是分级蒸馏,将烷烃混合物按不同沸程分成若干馏分,便可得到各种石

油产品。根据性质不同,它们有不同的用途。

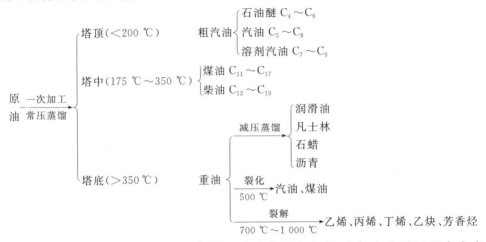

近年来发现一些微生物能在石油或某些石油成分中生存,它们在生活过程中会产生一些有机酸、糖、蛋白质、维生素等有机物。以石油产品为原料,通过微生物发酵法制取这些有机化合物,是一项颇为诱人的研究课题。

2.9 重要的烷烃

(1) 甲烷

甲烷又称沼气,是腐烂的植物体在厌氧性细菌的作用下分解而生成的气体,是天然气的主要成分。在动物体内,大肠杆菌作用于纤维质时会产生甲烷。煤井中由于甲烷的存在,有时会发生爆炸。

甲烷是无色、无味、无臭的气体,易溶于有机溶剂,微溶于水。它易燃烧并放出大量的热,因此被广泛作为家庭、汽车和工业燃料使用。甲烷还是重要的化工原料。

我国许多农村地区利用作物秸秆、牲畜粪便等进行沼气发酵,生成的沼气中甲烷含量在50%以上,可用于照明、做饭和发电。发酵后的残液有较高的肥效。

实验室中用下列反应制备少量甲烷:

$$CH_3COONa + NaOH \xrightarrow[\triangle]{CaO} CH_4\uparrow + Na_2CO_3$$

自然界中存在着如下的甲烷循环:

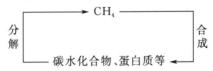

(2) 生物体中的烷烃

动植物体内也有某些特殊烷烃存在,并以含奇数碳原子的烷烃为主。有些植物的叶面、果皮上的蜡中含有少量高级烷烃,如卷心菜的蜡质中含有 $C_{29}H_{60}$,苹果皮蜡质中含有 $C_{27}H_{56}$ 和 $C_{29}H_{60}$ 等。某些昆虫的分泌物中也含有烷烃,如蜂蜡中含有 $C_{27}H_{56}$ 及 $C_{31}H_{64}$。有的昆虫能分泌出传递信息的化学物质,称"昆虫外激素",如某种蚂蚁的信息素中含有十一烷和十三烷;虎蛾的性激素被证实为 2 甲基十七烷;雌蘑菇蝇分泌出可引诱雄蝇的物质,起主要作用的是十七烷。据此,我们可以人工合成某些高级烷烃来影响害虫嗅觉中枢的变化,以达到诱杀的目的,这是新兴的第三代农药,有着广阔的发展前景。

本章小结及学习要求

烷烃是分子中只含有碳碳单键的开链烃,其同系列可用通式 C_nH_{2n+2} 表示。烷烃命名时,选取最长、支链最多的碳链作主链,依据最低系列规则将主链碳原子编号;按支链的位置、短横线、数目、名称、最后主链名称的顺序书写烷烃的名称。在烷烃分子中,碳原子以 sp^3 杂化轨道形成稳定的 C—C σ 键,所以烷烃一般不与强酸、强碱等发生反应,在一定条件下可以发生氧化反应和自由基取代反应。烷烃的异构现象包括由碳链不同引起的碳链异构和由 C—C σ 键自由旋转引起的构象异构。

学习本章时,应达到以下要求:了解烃的分类,掌握烷烃的系统命名法,理解烷烃碳原子的杂化及空间构型,理解构象异构及其稳定性,了解烷烃的物理性质及其变化规律,了解烷烃的自由基取代反应历程及化学性质。

【阅读材料】

液化天然气——天然气的工业革命

天然气的液化是指将含90%以上甲烷的天然气,经过脱水、脱烃和脱酸性气体等净化处理后,再采用先进的膨胀制冷工艺,使甲烷在 $-162\ ^\circ\text{C}$ 变为液体的过程。

国外的液化天然气产业发展很快,技术装备也比较先进。其中阿尔及利亚、印度尼西亚、马来西亚、文莱、澳大利亚等国液化天然气的出口量已占国际天然气贸易量的25%以上。许多专家认为,液化天然气工业的发展是当代天然气的工业革命,具有左右国际燃料贸易的能力。目前,我国的液化天然气产业正处于起步阶段,但是发展的潜力很大。

作为优质的化工原料及工业、民用燃料,液化天然气具有下列优点。

1. 便于储存

天然气液化后,其体积是气态时的1/625,储存时占地少,投资省。

2. 便于运输

液化天然气便于远距离运输,可利用专用槽车、轮船运送,在相同条件下,往往比地下管道输送气体节省开支,而且方便可靠,容易适应运输量变化的需要,风险性较低。

3. 辛烷值高

与汽油相比,液化天然气的辛烷值(衡量汽油质量的重要指标)较高,抗爆性好,燃烧完全,体积小,行程远,可延长发动机的使用寿命,是优质的车用燃料。

4. 使用安全

液化天然气汽化后的燃点为 $650\ ^\circ\text{C}$,比汽油高 $230\ ^\circ\text{C}$;爆炸极限为 $4.7\%\sim15\%$[①],其范围比汽油小;相对密度为0.47,比空气轻,少量泄漏时可随即挥发扩散,不致引起爆炸,因此安全性较高。

5. 节能环保

根据美国的一份测试资料,汽车使用液化天然气与使用汽油相比,尾气排放物中,按质量分数(%)计,一氧化碳由8.35降为0.03,氧化氮由1.92降为1.23,氧化硫由0.71降为0,铅由0.08降为0。

我国如果按800万辆汽车计算,每天要排放一氧化碳 2 550 t,氧化氮 1 275 t,苯、铅、粉尘等

---

① 本书中以百分数表示浓度时,如无特别说明均指质量分数。

0.225 t,甲醇碳化物 711.6 t,平均每辆汽车年排放有害物质为 325 kg,会造成严重的空气污染。但若采用液化天然气,则污染状况就会大有改观。我国已于近年开始在北京、上海、重庆等大城市逐步推广用液化天然气代替汽油的交通车改装工程。

习　　题

2-1 用系统命名法命名下列化合物,并指出这些化合物的伯碳、仲碳、叔碳、季碳原子。

(1) $(CH_3)_3CCH_2C(CH_3)_3$ 　　　　　(2) $(CH_3)_2CHC(C_2H_5)_2CH_2CH_2CH_3$

(3) $CH_3\overset{\displaystyle CH_2CH_3}{\underset{\displaystyle CH_2CH_3}{|}}CCH_2CH_2CH_2CH_3$ 　　　(4)

2-2 写出下列化合物的构造式。

(1) 2,2,3,3-四甲基戊烷　　　　　(2) 2,4-二甲基-4-乙基庚烷

(3) 2,3,4-三甲基-3-乙基戊烷　　　(4) 2-甲基-3-乙基庚烷

2-3 不看物理常数表,把下列化合物按沸点降低的次序排列,并简单说明理由。

(1) 正庚烷　　(2) 正己烷　　(3) 2-甲基戊烷　　(4) 正癸烷　　(5) 2,2-二甲基丁烷

2-4 写出符合下列要求的各化合物的构造式。

(1) 含有季碳、叔碳且相对分子质量最小的烷烃

(2) 含有仲碳、叔碳、季碳且相对分子质量最小的烷烃

2-5 写出分子式为 C_5H_{12} 并满足下列条件的各种烷烃的构造式。

(1) 一氯代物只有一种　　　(2) 一氯代物可有三种　　　(3) 一氯代物可有四种

2-6 下列哪一对化合物是等同的(假定式中所表示的 C—C σ键可旋转)?

(1)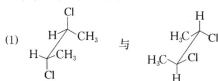

(2)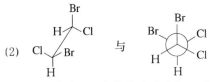

2-7 下列烷烃中属于同分异构体的是(　　　),属于同种物质的是(　　　)。

(1) $CH_3CH_2CH_2CH_3$ 　　　　　(2) $CH_3CH(CH_3)CH_2CH_3$

(3) $CH_3CH(CH_3)CH_2CH_2CH_3$ 　　　(4) $CH_3CH_2CH(CH_3)CH_2CH_3$

(5) $(CH_3)_2CHCH_2CH_2CH_3$

*2-8 试将下列烷基自由基按稳定性由强到弱的顺序排列。

(1) $\overset{\displaystyle \cdot}{C}H_3$ 　　　　　(2) $CH_3CH_2\overset{\displaystyle \cdot}{C}HCH_3$

(3) $\overset{\displaystyle \cdot}{C}H_2CH_2CH_2CH_3$ 　　　(4) $CH_3\overset{\displaystyle \cdot}{C}CH_3$
$$\underset{\displaystyle CH_3}{|}$$

第 3 章 烯烃和炔烃

3.1 烯烃

分子中含有碳碳双键（C＝C）的烃叫作烯烃。分子中只含有一个碳碳双键的烯烃叫作单烯烃，其通式为 $C_nH_{2n}(n \geqslant 2)$。与碳原子数相同的烷烃相比，烯烃的氢原子数较少，所以属于不饱和烃。

3.1.1 烯烃的结构

碳碳双键是烯烃的官能团，也是烯烃的特征结构。现以乙烯为例来说明烯烃的结构。

乙烯分子中的碳原子的杂化类型为 sp^2。由 sp^2 杂化的空间构型特点可知，乙烯分子中的两个碳原子和四个氢原子是共面的，且每个碳原子上均有一个未参与杂化的 p 轨道与该平面垂直，故两个 p 轨道以"肩并肩"式相互重叠形成 π 键，如图 3-1 所示。

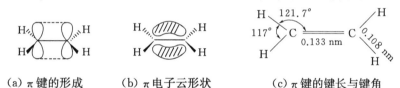

（a）π 键的形成　　（b）π 电子云形状　　（c）π 键的键长与键角

图 3-1　乙烯分子的结构

3.1.2 烯烃的同分异构

烯烃的同分异构现象比烷烃的要复杂，除碳链异构外，还有由于双键的位置不同引起的位置异构和双键两侧的基团在空间的位置不同引起的顺反异构。

（1）构造异构

以四个碳的烯烃为例，它可以写成以下三种物质：

$$CH_3CH_2CH{=}CH_2 \qquad CH_3CH{=}CHCH_3 \qquad CH_3\underset{\overset{|}{CH_3}}{C}{=}CH_2$$

　　　　1-丁烯　　　　　　　　　2-丁烯　　　　　　2-甲基丙烯

其中，1-丁烯与 2-丁烯是由于官能团位置不同而引起的异构，称为位置异构，而它们与 2-甲基丙烯则属于碳链异构。这两种异构均属于构造异构。

（2）顺反异构

如前所述，双键不能绕键轴自由旋转，并且双键碳上所连接的四个原子或原子团是处在同一平面上的。所以当双键的两个碳原子各连接两个不同的原子或原子团时，就能产生顺反异构体。例如，

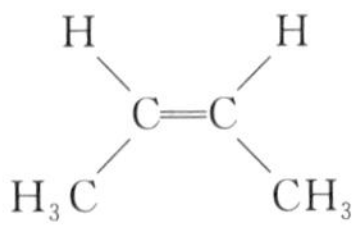

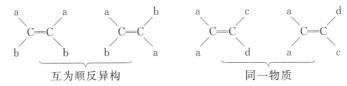

顺-2-丁烯   反-2-丁烯

沸点 3.7 ℃   沸点 0.9 ℃

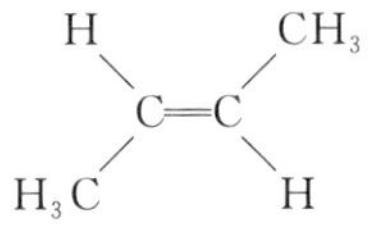

这种由于双键的两个碳原子上连接的基团在空间的位置不同而形成的异构称为顺反异构。并不是所有的烯烃都有顺反异构,只有双键上的任何一个碳原子上所连的两个基团不相同的烯烃才有顺反异构。

互为顺反异构   同一物质

3.1.3 烯烃的命名

烯烃的命名主要有习惯命名法和系统命名法。其中习惯命名法适用于简单烯烃,对于碳原子数较多和结构较为复杂的烯烃,多用系统命名法命名。

（1）烯烃的系统命名法

烯烃系统命名法和烷烃的基本相似,主要步骤如下。

① 选主链:命名时,选择含有碳碳双键的最长碳链为主链,根据主链上碳原子的总数称为某烯。当碳原子数在十个以上时称为某碳烯。

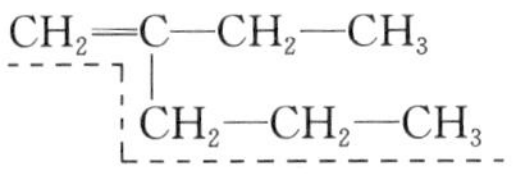

$$CH_2=C-CH_2-CH_3$$
$$CH_2-CH_2-CH_3$$
2-乙基-1-戊烯

② 编碳号:从最靠近双键的一端开始将主链碳原子依次编号,即依据"最低系列"原则进行编号。

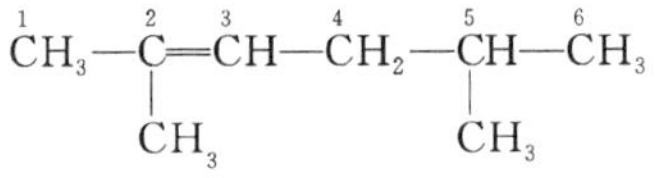

$$\overset{1}{CH_3}-\overset{2}{C}=\overset{3}{CH}-\overset{4}{CH_2}-\overset{5}{CH}-\overset{6}{CH_3}$$
$$CH_3 \qquad CH_3$$
2,5-二甲基-2-己烯

③ 写名称:把双键碳原子的较小位次写在烯烃名称前面,将取代基由小到大依次从左向右写在前面,并指明取代基的位次。例如,

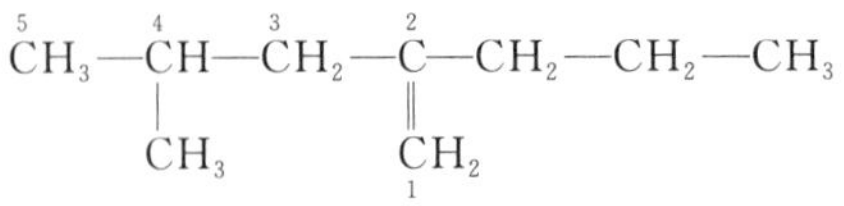

$$\overset{5}{CH_3}-\overset{4}{CH}-\overset{3}{CH_2}-\overset{2}{C}=CH_2-CH_2-CH_3$$
$$CH_3 \qquad CH_2$$
$$CH_3$$
4-甲基-2-丙基-1-戊烯

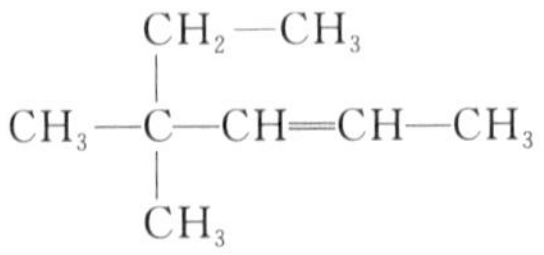

$$CH_2-CH_3$$
$$CH_3-C=CH-CH-CH_3$$
$$CH_3$$
4,4-二甲基-2-己烯

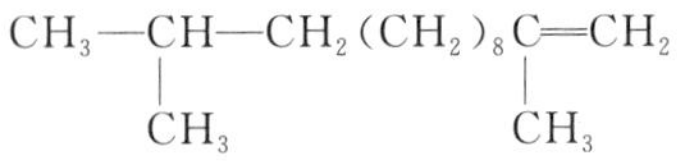

$$CH_3-CH-CH_2(CH_2)_8-C=CH_2$$
$$CH_3 \qquad CH_3$$
2,12-二甲基-1-十三碳烯

（2）几个重要的烯基

烯基是指烯烃分子失去一个氢原子后剩下的基团。例如,

$$CH_2{=}CH— \qquad\qquad 乙烯基$$

$$CH_3CH{=}CH— \qquad\qquad 丙烯基$$

$$CH_2{=}CH—CH_2— \qquad\qquad 烯丙基$$

$$CH_2{=}\underset{\underset{CH_3}{|}}{C}— \qquad\qquad 异丙烯基$$

（3）顺反异构体的命名

① 顺反命名法：在顺反异构体中，将相同基团在双键键轴同侧的构型称为顺式，否则称为反式。命名时，在异构体名称前加"顺"或"反"字。例如，

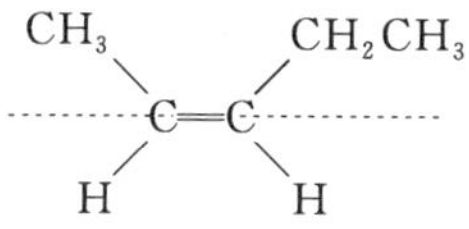

顺-2-戊烯 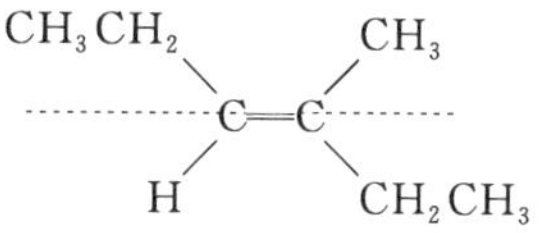　　　　　　　　反-3-甲基-3-己烯

顺反命名法有其局限性，只适用于两个双键碳上连有相同基团的顺反异构体。彼此无相同基团时，则无法判断其顺反。例如，

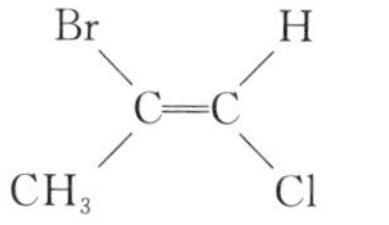

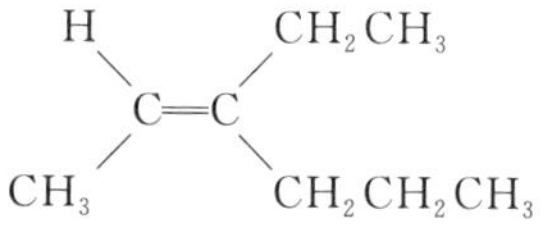

为解决上述问题，IUPAC 引入了 *Z-E* 标记法来标记顺反异构体的构型。

② *Z-E* 标记法（次序规则法）：首先按照次序规则，比较同一个双键碳原子上取代基团的优先次序，再判断四个取代基团的相对位置。若两个双键碳原子上的较优基团都在双键键轴的同侧，则称为 *Z* 型（德文 Zusammen 的首字母），否则称为 *E* 型（德文 Entgegen 的首字母）。

比较基团的次序所用到的次序规则主要包括以下几点：

a. 首先比较与双键碳原子直接连接的原子的原子序数，按大的在前、小的在后排序。
例如，

$$I>Br>Cl>S>P>F>O>N>C>D>H$$
$$—Br>—OH>—NH_2>—CH_3>H$$

b. 如果与双键碳原子直接连接的基团的第一个原子相同，则要通过依次比较第二、第三次序原子的原子序数，来决定基团的大小顺序。

例如，比较 $CH_3CH_2—$ 与 $CH_3—$（因第一顺序原子均为 C，故必须比较与碳相连基团的大小）。

$CH_3—$ 中与碳相连的是 H，H，H，$CH_3CH_2—$ 中与碳相连的是 C，H，H，所以 $CH_3CH_2—$ 排在 $CH_3—$ 前。

同理有$(CH_3)_3C—>CH_3CH_2(CH_3)CH—>CH_3CH_2CH_2CH_2—$。

c. 当取代基为不饱和基团时，则把双键、叁键原子看成是它与多个原子相连。
例如，

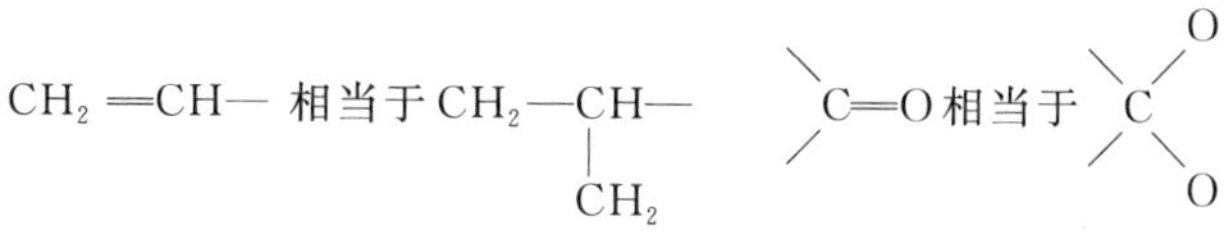

$$CH_2{=}CH— \ 相当于 \ CH_2{-}\underset{\underset{CH_2}{|}}{CH}— \qquad\qquad C{=}O\ 相当于\ \underset{\underset{O}{|}}{\overset{\overset{O}{|}}{C}}$$

Z,E 标记法举例如下：

Ⅰ．

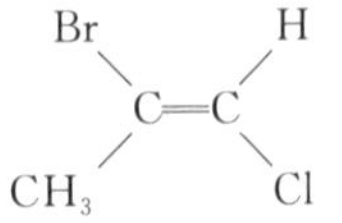

$$CH_3CH_2CH_2 > CH_3-$$

（图中结构：Br、H、CH₃、Cl 连在 C=C 上）

Br>CH₃—

Cl>H

(E)-1-氯-2-溴丙烯

Ⅱ．

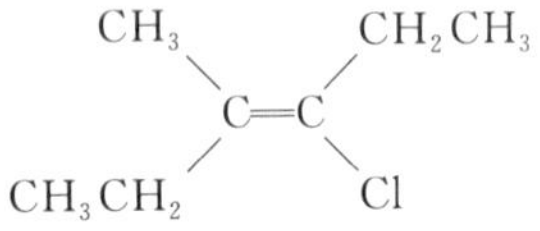

（图中结构：CH₃、CH₂CH₃、CH₃CH₂、Cl 连在 C=C 上）

CH₃CH₂—>CH₃—

Cl>CH₃CH₂—

(Z)-3-甲基-4-氯-3-己烯

Ⅲ．

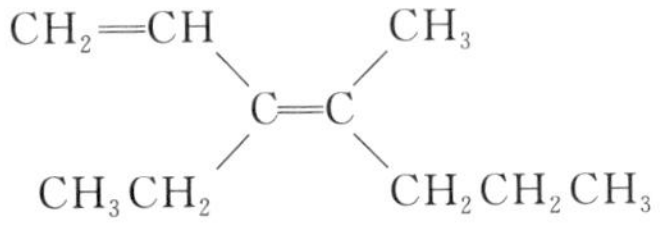

（图中结构：CH₂=CH、CH₃、CH₃CH₂、CH₂CH₂CH₃ 连在 C=C 上）

CH₂=CH—>CH₃CH₂—

CH₃CH₂CH₂—>CH₃—

(E)-4-甲基-3-乙基-1,3-庚二烯

从上例可以看出，顺反命名法与 Z-E 标记法之间没有必然联系，应引起注意。

3.1.4 烯烃的物理性质

纯净的烯烃都是无色的，乙烯略带甜味。常温下，含 2 个～4 个碳原子的低级烯烃为气体，含 5 个～8 个碳原子的烯烃为液体，含 19 个碳原子以上的烯烃为固体。液态烯烃具有汽油的气味。烯烃的熔点、沸点与烷烃相似，随分子中碳原子数目的增加而升高。在顺反异构体中，顺式异构体的沸点高于反式异构体，这是因为顺式异构体分子的极性较大些，分子间作用力较强些。但反式异构体的熔点比顺式异构体高。这是因为反式异构体的对称性较大，在晶格中的排列较为紧密。烯烃相对密度都小于 1，比水轻，难溶于水，易溶于有机溶剂。

常见烯烃的物理常数见表 3-1。

表 3-1　一些常见烯烃的物理常数

名　称	分子式	熔点/℃	沸点/℃	相对密度(d_4^{20})
乙烯	C_2H_4	−169.5	−103.9	0.579
丙烯	C_3H_6	−185.1	−47.7	0.519 3
1-丁烯	C_4H_8	−185.4	−6.5	0.595 1
顺-2-丁烯	C_4H_8	−139.5	3.7	0.604 2
反-2-丁烯	C_4H_8	−105.5	0.9	0.621 3
异丁烯	C_4H_8	−140.8	−0.9	0.613
1-戊烯	C_5H_{10}	−165.2	30.1	0.641 0
反-2-戊烯	C_5H_{10}	−140.2	36.4	0.648
顺-2-戊烯	C_5H_{10}	−151.4	37.1	0.656
1-己烯	C_6H_{12}	−139.8	63.4	0.673 1
1-庚烯	C_7H_{14}	−119	93.6	0.697 0
1-辛烯	C_8H_{16}	−101.7	121.3	0.714 9
1-壬烯	C_9H_{18}	—	146	0.730
1-癸烯	$C_{10}H_{20}$	—	172.6	0.740

3.1.5 烯烃的化学性质

烯烃虽然也是碳氢化合物,但与烷烃的化学性质大不相同,是非常活泼的有机物。这主要由于烯烃含有碳碳双键官能团。

碳碳双键中含有一个 σ 键和一个 π 键。由于 π 键的重叠度较小,所以容易断裂;又由于 π 电子具有流动性,所以易极化。因此,在反应中 π 键常常是烯烃的反应中心,其最典型的反应是双键中 π 键断裂,随后形成两个更强的 σ 键而生成稳定的加成产物。

（1）加成反应

在化学反应中,我们将 π 键断裂,两个双键碳原子和其他原子或基团结合,形成两个 σ 键的反应称为加成反应。加成反应是烯烃的特征反应之一。通过加成反应,可以由烯烃合成许多有用的化工产品。

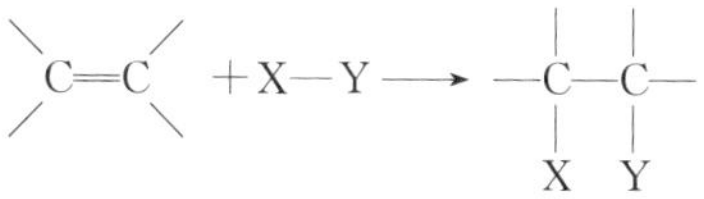

$$\ce{>C=C< + X-Y -> -\overset{|}{C}-\overset{|}{C}- \atop X\ Y}$$

① 与氢气加成

烯烃在催化剂的存在下,低温低压即可与氢气加成生成烷烃,此反应常称为催化加氢反应。

$$\ce{RCH=CHR + H2 ->[\text{Pd,Pt}][\text{或 Ni}] RCH2CH2R}$$

烯烃的催化加氢反应无论是在工业上还是在研究上都有重要的意义。催化加氢反应能定量地进行,在分析时可根据吸收氢气的体积,计算出混合物中不饱和化合物的含量。汽油中含少量烯烃,性能不稳定,可通过催化加氢使烯烃转变为烷烃,从而提高汽油质量。液态油脂中含有少量烯烃,容易变质,可通过催化加氢,将液态油脂转变为固态油脂,便于运输和保存。

② 与卤素加成

烯烃很容易与卤素发生加成反应,生成邻二卤代物。

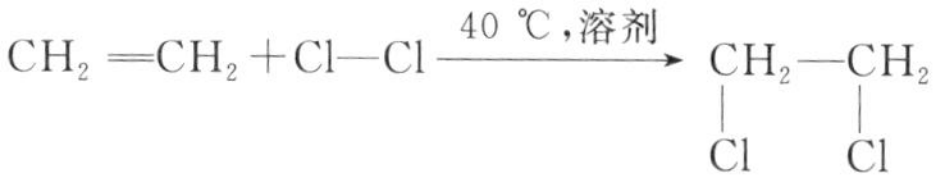

$$\ce{CH2=CH2 + Cl-Cl ->[\text{40℃,溶剂}] CH2-CH2 \atop Cl\ \ Cl}$$

1,2-二氯乙烷

为避免反应过于剧烈,须加入溶剂进行稀释。所加溶剂就是1,2-二氯乙烷,这样可省去分离和回收溶剂这一工序。

在常温、常压、不需加催化剂的情况下,烯烃与溴可迅速发生加成反应,生成1,2-二溴乙烷(可用作林木的杀虫剂以及谷类和水果的熏蒸剂)。

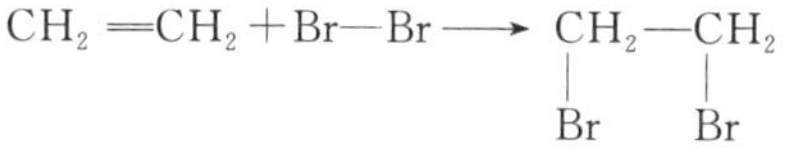

$$\ce{CH2=CH2 + Br-Br -> CH2-CH2 \atop Br\ \ Br}$$

红棕色　　1,2-二溴乙烷(无色)

烯烃与溴的加成可用于烯烃的定性和定量分析,因为反应所用溴的四氯化碳溶液是红色的,而加成产物是无色的,从化合物与溴作用时溶液是否迅速褪色即可知道该化合物中是否存在不饱和键。

卤素与烯烃发生加成反应的活性次序：$F_2 > Cl_2 > Br_2 > I_2$。

氟与烯烃的反应太剧烈,往往使碳链断裂;碘与烯烃难以起反应。故烯烃与卤素的加成实际上是指加氯或加溴。

③ 与 HX 加成

烯烃可与卤化氢加成生成相应的卤代烷。

$$CH_2 \!=\! CH_2 + HX \longrightarrow CH_3CH_2\!-\!X$$

$$CH_2 \!=\! CH_2 + HCl \xrightarrow[130\ ℃\sim250\ ℃]{AlCl_3} CH_3CH_2\!-\!Cl$$

实验结果表明,不同卤化氢在这一反应中的活性次序:$HI > HBr > HCl$。

乙烯是对称分子,所以它与卤化氢加成时,无论氢加到哪个碳原子上,都得到同样的产物。但是对于不对称烯烃,例如丙烯与卤化氢加成时,就可能得到两种不同的产物:

$$CH_3CH\!=\!CH_2 + HBr \longrightarrow \underset{\underset{Br}{|}}{CH_3\!-\!CH\!-\!CH_3} + \underset{\underset{Br}{|}}{CH_3\!-\!CH_2\!-\!CH_2}$$
$$\quad\quad\quad\quad\quad\quad\quad\quad\quad 80\% \quad\quad\quad\quad\quad\quad 20\%$$

上述例子说明不对称烯烃与 HX 加成时有一定的取向。1869 年,俄国化学家马尔科夫尼科夫(Markovnikov)根据大量的实验总结出一条规律:当不对称烯烃和卤化氢加成时,氢原子主要加到含氢较多的碳原子上。我们把这个经验规则称为马尔科夫尼科夫规则,简称马氏加成规则。

当有过氧化物(如 H_2O_2,$R\!-\!O\!-\!O\!-\!R$ 等)存在时,不对称烯烃与 HBr 的加成产物不符合马氏加成规则的现象称为过氧化物效应,又称为反马氏加成。例如,

$$CH_3\!-\!CH\!=\!CH_2 + HBr \xrightarrow{H_2O_2} CH_3\!-\!CH_2\!-\!CH_2\!-\!Br$$
$$\text{反马氏加成产物}$$

过氧化物的存在,只对不对称烯烃与溴化氢的加成有影响,而对与氯化氢、碘化氢等的加成没有影响。

④ 与 H_2SO_4 加成

烯烃可与冷的浓硫酸发生反应,生成硫酸氢酯。例如,

$$CH_2\!=\!CH_2 + H\!-\!O\!-\!SO_3H \xrightarrow[98\%\ H_2SO_4]{0\ ℃\sim15\ ℃} CH_3\!-\!CH_2\!-\!OSO_3H$$
$$\text{硫酸氢乙酯}$$

硫酸氢乙酯水解生成乙醇,加热则分解成乙烯。

$$CH_3\!-\!CH_2\!-\!OSO_3H \xrightarrow[90\ ℃]{H_2O} CH_3CH_2OH \xrightarrow[98\%\ H_2SO_4]{170\ ℃} CH_2\!=\!CH_2\!\uparrow + H_2O$$
$$\text{硫酸氢乙酯}$$

利用这一过程可由烯烃制得醇,称为烯烃间接水合法。由于生成的硫酸氢乙酯可溶于浓硫酸,故实验中也常利用这一性质用硫酸除去烷烃等一些不活泼有机化合物中少量的烯烃杂质。

不对称烯烃与硫酸加成的反应取向符合马氏加成规则。例如,

$$CH_3CH\!=\!CH_2 + H_2SO_4 \xrightarrow{\text{约 1 MPa}} CH_3\!-\!\underset{\underset{OSO_3H}{|}}{CH}\!-\!CH_3$$

硫酸氢异丙酯

⑤ 与水加成

烯烃在一般情况下与水不发生反应,但在催化剂的存在下可与水发生加成,反应产物是醇。

$$CH_2\!=\!CH_2 + H_2O \xrightarrow[100\ ℃,5\ MPa]{H_3PO_4/硅藻土} CH_3CH_2OH$$

这一方法称为烯烃直接水合法。

⑥ 与次卤酸加成

烯烃与次卤酸加成,生成卤代醇,由于次卤酸不稳定,常用烯烃与卤素的水溶液反应。例如,

$$CH_2\!=\!CH_2 + HOCl \longrightarrow \underset{\underset{OH\quad Cl}{|\qquad|}}{CH_2\!-\!CH_2}$$

氯乙醇

反应遵守马氏加成规则,因卤素与水作用生成次卤酸(H—O—Cl),在次卤酸分子中氧原子的电负性较强,氯成为带部分正电荷的基团,故加在含氢较多的碳原子上。

$$CH_3CH\!=\!CH_2 + HOCl \longrightarrow \underset{\underset{OH\quad Cl}{|\qquad|}}{CH_3\!-\!CH\!-\!CH_2}$$

(2) 氧化反应

① 用 $KMnO_4$ 氧化

烯烃可被 $KMnO_4$ 氧化,产物随反应的条件的不同而不相同。

a. 用稀的碱性或中性的 $KMnO_4$ 氧化,可将烯烃氧化成邻二醇。

$$3RCH\!=\!CH_2 + 2KMnO_4 + 4H_2O \xrightarrow[\text{或中性}]{\text{碱性}} 3R\!-\!\underset{\underset{OH\quad OH}{|\qquad|}}{CH\!-\!CH_2} + 2MnO_2\!\downarrow + 2KOH$$

反应中 $KMnO_4$ 溶液褪色,且有 MnO_2 沉淀生成,故此反应可用来鉴定不饱和烃。但必须注意,某些有机化合物如醇、醛等,也能被 $KMnO_4$ 氧化。

b. 用酸性 $KMnO_4$ 氧化。在加热条件下,烯烃与酸性 $KMnO_4$ 的反应进行得更快,得到碳链断裂的氧化产物(低级酮或羧酸)。

$$R\!-\!CH\!=\!CH_2 \xrightarrow[H_2SO_4]{KMnO_4} R\!-\!COOH + \underset{\text{羧酸}}{HCOOH}$$
$$\longrightarrow CO_2\!\uparrow + H_2O$$

$$\underset{R}{\overset{R'}{\diagdown}}C\!=\!CHR'' \xrightarrow[H_2SO_4]{KMnO_4} \underset{R}{\overset{R'}{\diagdown}}C\!=\!O + R''\!-\!COOH$$

酮　　　羧酸

该反应也可以用来鉴别不饱和键的存在,还可以用来推测被氧化的烯烃的结构。

② 臭氧化反应

将含有臭氧(6%～8%)的氧气通入液态烯烃或烯烃的四氯化碳溶液,臭氧迅速而定量地与烯烃作用,生成臭氧化物的反应,称为臭氧化反应。

$$\underset{R'}{\overset{R}{}}\!\!C\!=\!\!C\underset{H}{\overset{R''}{}} + O_3 \longrightarrow \begin{array}{c} R \\ C \\ R' \end{array}\!\!\!\underset{O}{\overset{O}{\underset{}{}}}\!\!\!\begin{array}{c} R'' \\ C \\ H \end{array} \xrightarrow{H_2O} \underset{R'}{\overset{R}{}}C\!=\!O + O\!=\!C\underset{H}{\overset{R''}{}} + H_2O_2$$

臭氧化物

$$R'' \!-\! COOH + H_2O$$

为了防止生成的过氧化物继续氧化醛、酮,通常是在加入还原剂(如 Zn/H_2O)或催化氢化下进行臭氧化物的水解反应。例如,

$$CH_3\!-\!\underset{CH_3}{\overset{|}{C}}\!=\!CHCH_3 \xrightarrow[\text{2) } Zn/H_2O]{\text{1) } O_3} \underset{CH_3}{\overset{CH_3}{}}C\!=\!O + CH_3CHO$$

丙酮　乙醛

也可通过臭氧化物还原水解的产物来推测被氧化的烯烃的结构。

③ 催化氧化

在催化剂存在下,烯烃可被空气氧化。例如乙烯与空气混合后,用银作催化剂,在 200 ℃～300 ℃条件下,生成环氧乙烷。

$$CH_2\!=\!CH_2 + \frac{1}{2}O_2 \xrightarrow[200\,℃\sim300\,℃]{Ag} H_2C\!\!\underset{O}{\overset{}{\diagdown\!\!\!\diagup}}\!\!CH_2$$

环氧乙烷

(3) 聚合反应

烯烃在少量引发剂或催化剂作用下,π 键断裂而互相加成,形成高分子化合物的反应称为聚合反应。能发生聚合反应的相对分子质量较小的化合物叫作单体,聚合后得到的相对分子质量较大的化合物叫作聚合物,如聚乙烯。

$$n\,CH_2\!=\!CH_2 \xrightarrow[150\text{ MPa}\sim300\text{ MPa}]{\text{少量引发剂,}150\,℃\sim250\,℃} \cancel{+}CH_2\!-\!CH_2\cancel{\vphantom{+}}_n$$

乙烯　　　　　　　　　　　　　　聚乙烯

(单体)　　　　　　　　　　　　　(高分子)

上述反应是在高压下进行的,制得的乙烯叫作高压聚乙烯,聚乙烯用 $\cancel{+}CH_2\!-\!CH_2\cancel{\vphantom{+}}_n$ 表示,其中—CH_2—CH_2—叫作链节,n 叫作聚合度,一般很大。聚乙烯的相对分子质量约为 5 万。

如果采用齐格勒-纳塔(Ziegler-Natta)催化剂即 $TiCl_4$-$Al(C_2H_5)_3$,聚合反应可在较低压力下进行。

$$n\,CH_2\!=\!CH_2 \xrightarrow[60\,℃\sim75\,℃,\,0.1\text{ MPa}\sim1\text{ MPa}]{TiCl_4\text{-}Al(C_2H_5)_3} \cancel{+}CH_2\!-\!CH_2\cancel{\vphantom{+}}_n$$

这种在常压或略高于常压下聚合得到的聚乙烯叫作低压聚乙烯,相对分子质量约为 30 000。

聚乙烯是电绝缘性能好、耐酸碱、抗腐蚀、用途广的高分子材料(塑料)。

(4) α-H 的卤代反应

双键是烯烃的官能团,与官能团直接相连的碳原子称为 α-C,与 α-C 连接的氢原子称为 α-H。烯烃中,α-H 由于受 C=C 的影响而比较活泼,容易发生和烷烃一样的取代反应。

有 α-H 的烯烃与氯或溴在高温(500 ℃~600 ℃)下发生的是 α-H 被卤原子取代的反应,而不是加成反应。例如,

$$CH_3—CH=CH_2+Cl_2 \xrightarrow{>500\ ℃} Cl—CH_2CH=CH_2 \ +HCl$$

*3.1.6 烯烃的亲电加成反应历程和马氏加成规则

(1) 烯烃的亲电加成反应历程

一般认为,烯烃的亲电加成反应历程属于共价键异裂的离子型反应,反应分两步进行。例如,乙烯与溴的反应过程如下:

第一步,非极性的溴分子向乙烯的 π 电子云靠近,由于受 π 电子的影响而发生极化(离 π 电子远些的溴原子带部分负电荷,而靠近 π 电子的溴原子带部分正电荷),进一步极化的结果使溴溴键发生异裂,一个溴原子带负电荷离去,同时形成一个环状中间体——溴鎓离子:

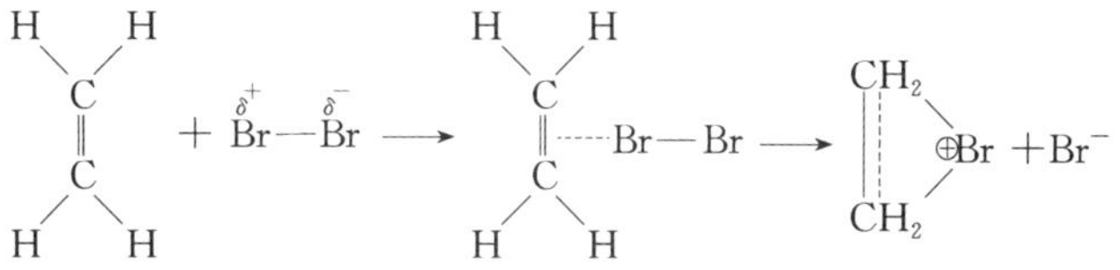

第二步,反应中生成的溴负离子从反面进攻溴鎓离子中的一个碳原子,得到加成产物:

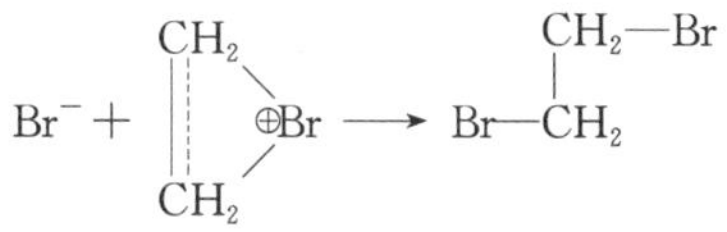

这种反应历程可由下面这个实验证明。

让溴与乙烯的加成反应在中性氯化钠水溶液中进行,则有下面混杂加成发生:

$$CH_2=CH_2+Br_2 \xrightarrow{NaCl(水溶液)} \underset{Br}{CH_2}—\underset{Br}{CH_2} \ + \ \underset{Br}{CH_2}—\underset{Cl}{CH_2}$$

产物中无 1,2-二氯乙烷且乙烯与单纯的氯化钠水溶液不反应。

以上实验说明:

① 与溴的加成不是一步,而是分两步进行的。因为若是一步进行,则两个溴原子应同时加到双键上去,那么 Cl^- 就不可能加进去,产物应仅为 1,2-二溴乙烷,而不可能有 1-氯-2-溴乙烷。但实际产物中有 1-氯-2-溴乙烷,没有 1,2-二氯乙烷。因而可以肯定 Cl^- 是在第二步才加上去的,没有参加第一步反应。

② 反应为亲电加成反应历程。溴在接近碳碳双键时极化成 $\overset{\delta^+}{Br}—\overset{\delta^-}{Br}$,由于带微正电荷的溴原子较带微负电荷的溴原子更不稳定,所以,第一步反应是 $\overset{\delta^+}{Br}$ 首先进攻双键碳中带微负电荷的碳原子,形成溴鎓离子,第二步 $\overset{\delta^-}{Br}$ 从反面进攻溴鎓离子生成加成产物。

在第一步反应时体系中有 Na^+, $\overset{\delta^+}{Br}$, 但 Na^+ 具饱和电子结构,很稳定,故第一步只有 $\overset{\delta^+}{Br}$ 参与反应,因而无 1,2-二氯乙烷生成。

烯烃与各种酸的加成也是亲电加成。加成时,第一步是 H^+ 首先加到碳碳双键中的一个碳原子上,从而使碳碳双键中的另一个碳原子带有正电荷,形成碳正离子中间体,第二步再加上负性基团形成加成产物。

$$\begin{array}{c}\diagdown\\ \diagup\end{array}\!C\!=\!C\!\begin{array}{c}\diagup\\ \diagdown\end{array}+H^+ \longrightarrow -\!\overset{|}{\underset{H}{C}}\!-\!\overset{+}{\underset{}{C}}\!\diagup \quad \xrightarrow{X^-} \quad -\!\overset{|}{\underset{H}{C}}\!-\!\overset{|}{\underset{X}{C}}\!-$$

对于亲电加成反应历程要注意两点:

a. 亲电加成反应历程有两种,都是分两步进行的,第一步都是形成带正电荷的中间体(一种是碳正离子,另一种是𬭩离子)。

b. 由于形成的中间体的结构不同,第二步加负性基团时,进攻的方向不一样。中间体为𬭩离子时,负性基团只能从反面进攻形成反式加成产物;中间体为碳正离子时,负性基团可从正、反两面进攻,既可以生成反式加成产物,也可以生成顺式加成产物。

$$\begin{array}{ccc}\text{(第一步)} & \text{(第二步)} & \end{array}$$

一般来说,Br_2,I_2 通过𬭩离子历程,HX 等通过碳正离子历程进行亲电加成反应。

(2)马氏加成规则的解释和碳正离子的稳定性

马氏加成规则是由实验总结出来的经验规则,它的理论解释可以从结构和反应历程两方面来理解。

由于分子内引入电负性不同的原子或基团,引起分子中原子间共用电子对偏向电负性较强的原子而使共价键产生极性,在多原子分子中,一个键的极性可以通过静电作用力沿着与其相邻的原子间的 σ 键继续传递下去。这种现象就叫作诱导效应。例如,在1-氯丙烷分子中,由于氯原子的电负性较碳强,所以碳氯键中的电子对偏向于氯原子,而使氯原子带有部分负电荷,碳原子带部分正电荷,分别以 δ^-,δ^+ 表示。

$$H\!-\!\overset{H}{\underset{H}{\overset{|}{\gamma C}}}\!-\!\overset{H}{\underset{H}{\overset{|}{\beta C}}}\!-\!\overset{H}{\underset{H}{\overset{|}{\alpha C^{\delta^+}}}}\!-\!Cl^{\delta^-}$$

1-氯丙烷中,由于 α-C 带有部分正电荷,所以它便要吸引 α-C 与 β-C 间的共用电子对(当然也吸引 α-C 与 α-H 间的共用电子对),使其偏向于 α-C,致使 β-C 带有部分正电荷。同理,这种静电作用力可以继续沿着相邻原子间的 σ 键传递下去,但随距离的加大而迅速减弱,一般至 γ-C 就已经很弱了。

诱导效应的强弱决定于原子或基团电负性的大小。原子或基团的电负性与氢原子相差越大,诱导效应越强。比氢原子电负性大的原子或基团称为吸电子基,所产生的诱导效应为吸电子诱导效应;反之,为斥电子基,所产生的诱导效应为斥电子诱导效应。

常见原子或基团的吸电子能力强弱次序为

$$F > Cl > Br > I > -COOH > -OCH_3 > -OH > -C_6H_5 > -C\equiv C- > \underset{\diagup}{\overset{\diagdown}{C}} = \underset{\diagdown}{\overset{\diagup}{C}}$$

$$> H > -CH_3 > -CH_2CH_3 > -CH(CH_3)_2 > -C(CH_3)_3$$

① 可用诱导效应解释马氏加成规则。如丙烯分子中,由于甲基的斥电子诱导效应,双键中 π 键电子云发生偏移,使得离甲基较远的双键碳原子带部分负电荷。用弯箭头表示 π 电子云偏移的方向。

$$H-\underset{\underset{H}{|}}{\overset{\overset{H}{|}}{C}}\rightarrow CH \overset{\delta^+}{\underset{}{\frown}} \overset{\delta^-}{CH_2} \qquad H^+ 亲电试剂$$

因此,亲电试剂与烯烃加成时,首先加到带部分负电荷的双键碳原子上,得到符合马氏加成规则的主要加成产物。

② 可用碳正离子中间体的稳定性来解释马氏加成规则。

碳正离子中碳原子是 sp^2 杂化的,故其结构如图 3-2 所示。

图 3-2　碳正离子中碳原子杂化示意图

根据静电学原理,一个带电体系的稳定性取决于所带电荷的分布情况,电荷越分散,体系越稳定。所以碳正离子的稳定性顺序为

$$\underset{\underset{CH_3}{|}}{\overset{\overset{CH_3}{|}}{CH_3-C^+}} > \underset{\underset{H}{|}}{\overset{\overset{CH_3}{|}}{CH_3-C^+}} > \underset{\underset{H}{|}}{\overset{\overset{H}{|}}{CH_3-C^+}} > \overset{+}{CH_3}$$

$$\quad\ \ 叔(3°) \qquad\qquad 仲(2°) \qquad\qquad 伯(1°)$$

因为烷基是斥电子基,有供电子作用,故烷基上的电荷向 C^+ 转移,分散了 C^+ 的电荷,烷基越多,分散作用越大,碳正离子越稳定。

碳正离子的稳定性越大,在反应中就越易生成。当有两种碳正离子可能生成时,则优先生成较稳定的碳正离子。例如,

$$CH_3-CH=CH_2+HBr \longrightarrow \begin{array}{l} \overset{I}{\longrightarrow} CH_3-\overset{+}{CH}-CH_3 \overset{Br^-}{\longrightarrow} \underset{\underset{Br}{|}}{CH_3-CH-CH_3} \\ \qquad\qquad\qquad 2° \\[2mm] \overset{II}{\longrightarrow} CH_3-CH_2-\overset{+}{CH_2} \overset{Br^-}{\longrightarrow} \underset{\underset{Br}{|}}{CH_3-CH_2-CH_2} \\ \qquad\qquad\qquad 1° \end{array}$$

因碳正离子 $CH_3-\overset{+}{CH}-CH_3$ 的稳定性大于 $CH_3-CH_2-\overset{+}{CH_2}$,故 I 的产物为主要产物,即符合马氏加成规则。

3.2 二烯烃

分子中含有两个碳碳双键的不饱和烃叫作二烯烃,通式是 C_nH_{2n-2},它比含有相同碳原子数的烯烃少两个氢原子。

3.2.1 二烯烃的分类和命名法

(1) 二烯烃的分类

根据分子中两个双键的相对位置,二烯烃可分为以下几类。

① 累积二烯烃:两个双键连在同一个碳原子上,即具有 C=C=C 结构的二烯烃。例如丙二烯($H_2C=C=CH_2$),由于其性质不稳定而在自然界中不存在。

② 共轭二烯烃:单、双键交替出现,即具有 C=C—C=C 结构的二烯烃。例如1,3-丁二烯($H_2C=CH—CH=CH_2$),由于两个双键相互影响而表现出一定的特性。

③ 孤立二烯烃:两个双键间隔了一个或多个饱和碳原子,即具有 C=C—$(CH_2)_n$—C=C ($n \geqslant 1$) 结构的二烯烃。例如 1,4-庚二烯 ($CH_2=CH—CH_2—CH=CH—CH_2—CH_3$),由于两个双键相距较远,其性质类似于单烯烃。

(2) 二烯烃的命名

二烯烃的命名与烯烃相似,不同之处在于因分子中含有两个双键应叫二烯,而主链必须包括两个双键在内,同时应标明两个双键的位次。例如,

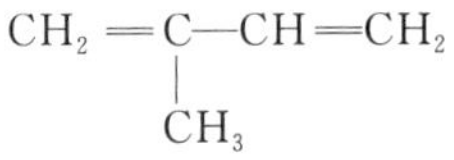

$$CH_2=C—CH=CH_2 \qquad CH_2=CH—CH—C=CH_2$$
$$\quad | \qquad\qquad\qquad\qquad\quad | \quad |$$
$$\quad CH_3 \qquad\qquad\qquad\qquad CH_3 \ CH_3$$

2-甲基-1,3-丁二烯 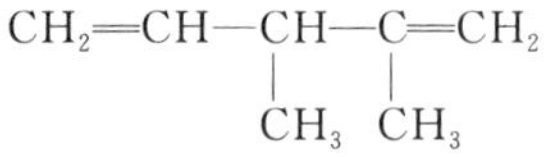 　　　　　　2,3-二甲基-1,4-戊二烯

当双键碳原子连有不同原子或基团时存在顺反异构,命名时应逐个标明构型。例如,

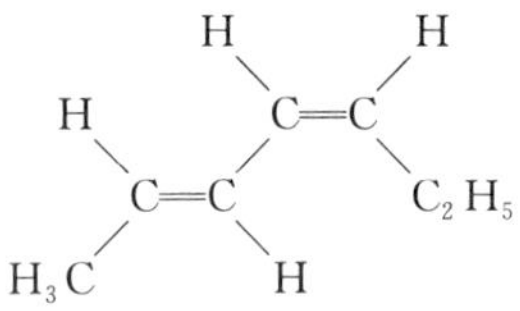

(2E,4Z)-2,4-庚二烯

3.2.2 共轭二烯烃的结构

在1,3-丁二烯分子中,碳原子都以 sp^2 杂化轨道相互重叠或与氢原子的 1 s 轨道重叠,形成三个 C—C σ键和六个 C—H σ键。如图 3-3 所示,这些σ键都处于同一个平面上,即四个碳原子和六个氢原子都在同一个平面上,它们之间的夹角都接近120°。此外,每个碳原子还剩下一个未参与杂化的与这个平面垂直的 p 轨道,四个 p 轨道的对称轴互相平行,"肩并肩"重叠。我们将这种相邻的 p 轨道"肩并肩"重叠的现象称为共轭现象。具有共轭现象的体系称为共轭体系。1,3-丁二烯就是典型的共轭体系。该分子中,由于C(2)和C(3)上的 p 轨道也相互平行重叠,所以四个 p 电子的运动范围不再两两局限于 C(1)—C(2)或 C(3)—C(4)间,

而是运动于四个碳原子上,形成了一个四原子四电子的大 π 键 Π_4^4 ,使 1,3-丁二烯分子中双键的 π 电子云扩展到整个共轭双键的所有碳原子周围,这种现象叫作电子的离域,形成的大 π 键是种离域键。

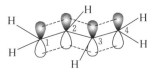

图 3-3 1,3-丁二烯分子的平面结构

经测定,1,3-丁二烯分子中 C(1)—C(2),C(3)—C(4) 的键长为 0.137 nm,与乙烯的双键键长 0.134 nm 相近;而 C(2)—C(3) 的键长为 0.147 nm,比乙烷分子中的 C—C 单键键长 0.154 nm 短,显示了 C(2)—C(3) 键具有某些"双键"的性质,这种现象称为键长平均化。

同样,由于电子离域的结果,共轭体系中的电子云密度也趋于平均化且整个体系的能量显著降低,稳定性明显增加。这可以从氢化热的数据中看出。例如,1,3-戊二烯和 1,4-戊二烯分别加氢时,它们的氢化热是明显不同的:

$$CH_2\!=\!CHCH\!=\!CHCH_3 + 2H_2 \longrightarrow CH_3CH_2CH_2CH_2CH_3 \qquad 氢化热为 226 \text{ kJ·mol}^{-1}$$

$$CH_2\!=\!CHCH_2CH\!=\!CH_2 + 2H_2 \longrightarrow CH_3CH_2CH_2CH_2CH_3 \qquad 氢化热为 254 \text{ kJ·mol}^{-1}$$

以上两个反应的产物相同,1,3-戊二烯的氢化热比 1,4-戊二烯的低 28 kJ/mol,说明 1,3-戊二烯的能量比 1,4-戊二烯的低。这种能量差值是由于共轭体系内电子离域引起的,故称为离域能或共轭能。共轭体系越长,离域能越大,体系的能量越低,化合物越稳定。

像 1,3-丁二烯这样,由于共轭体系内原子 p 轨道的相互平行重叠,引起键长和电子云密度趋于平均化,体系能量降低,分子更稳定的现象,称为共轭效应。共轭效应是共轭体系的内在性质,与诱导效应不同,共轭效应只存在于共轭体系中,沿共轭链传递,其强度不因共轭链的增长而减弱;当共轭体系的一端受到电场的影响时,这种影响将一直传递到共轭体系的另一端,同时在共轭链上产生电荷正负交替的现象,称为交替极化。

$$A^+ \longrightarrow \underset{\delta^-}{CH_2}\!=\!\underset{\delta^+}{CH}\!-\!\underset{\delta^-}{CH}\!=\!\underset{\delta^+}{CH_2}$$

共轭体系有多种类型,最常见且最重要的共轭体系除了上面讲到的 1,3-丁二烯中的 π-π 共轭体系外,还有 p-π 共轭体系。p-π 共轭体系的结构特征是,单键的一侧是 π 键,另一侧原子上有与 π 键平行的 p 轨道。例如,

$$CH_2\!=\!CH\!-\!\overset{..}{\underset{..}{Cl}} \qquad CH_2\!=\!CH\!-\!\overset{+}{CH_2} \qquad CH_2\!=\!CH\!-\!\overset{..}{CH_2} \qquad CH_2\!=\!CH\!-\!\overset{\cdot}{CH_2}$$

氯乙烯　　　　　烯丙基正离子　　　　　烯丙基负离子　　　　　烯丙基自由基

*3.2.3　超共轭效应

电子的离域不仅存在于 π-π 共轭体系和 p-π 共轭体系中,分子中的 C—H σ 键也能与处于共轭位置的 π 键、p 轨道发生侧面部分重叠,产生类似的电子离域现象。例如 CH_3—$CH\!=\!CH_2$ 中,CH_3— 的 C—H σ 键与 —$CH\!=\!CH_2$ 的 π 键能发生 σ-π 共轭;$(CH_3)_3C^+$ 中,CH_3— 的 C—H σ 键与碳正离子的 p 轨道能发生 σ-p 共轭,如图 3-4 所示。σ-π 共轭和 σ-p 共轭统称为超共轭效应。超共轭效应比 π-π 和 p-π 共轭效应弱得多,一般不予考虑。

在前面讨论碳正离子的稳定性时,提到丙烯的甲基具有供电子性,其实这种供电子性主

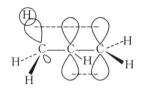 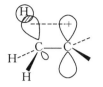

丙烯分子中的超共轭　　　　　　　　　碳正离子的超共轭

图 3-4　σ键与共轭 π 键、p 轨道的超共轭效应

要是 σ-π 超共轭效应的结果。碳正离子中带正电的碳具有三个 sp^2 杂化轨道,此外还有一个空的 p 轨道。与碳正离子相连的烷基的 C—H σ键可以与此空 p 轨道有一定程度的重叠,这就使 σ 电子离域并扩展到空 p 轨道上。这种超共轭效应使碳正离子的正电荷有所分散,增加了碳正离子的稳定性。和碳正离子相连的 C—H 键越多,能起超共轭效应的 C—H σ键就越多,越有利于碳正离子上正电荷的分散,使碳正离子更趋于稳定。比较伯、仲、叔碳正离子,叔碳正离子的 C—H σ键最多,仲次之,伯更次,而 $^+CH_3$ 则不存在 C—H σ键,因而也不存在超共轭效应。所以碳正离子的稳定性次序为 $3° > 2° > 1° > CH_3^+$。

超共轭效应、共轭效应和诱导效应都是分子内原子间相互影响的电子效应。它们常同时存在,利用它们可以解释有机化学中的许多现象。

3.2.4　1,3-丁二烯的性质

1,3-丁二烯属于不饱和烃,在性质上与一般的烯烃有相似之处,但由于其分子结构的特殊性,在性质上也表现出一定的特性。

（1）1,2-加成和 1,4-加成

共轭二烯烃可以与卤素、卤化氢等进行 1,2-加成和 1,4-加成。例如,

$$CH_2=CH-CH=CH_2 + HCl \longrightarrow CH_2=CH-\underset{Cl}{\underset{|}{CH}}-\underset{H}{\underset{|}{CH_2}} + CH_2-CH=CH-\underset{H}{\underset{|}{CH_2}}$$

　　　　　　　　　　　　　　　　　　　　1,2-加成产物　　　　　　1,4-加成产物

1,2-加成与 1,4-加成总是伴随进行,同时得到两种产物。实验证明,1,2-加成产物和 1,4-加成产物的比例取决于反应条件,如反应温度、溶剂性质等。例如,1,3-丁二烯与溴的加成,在 $-15\ ℃$ 下进行时,1,4-加成产物的质量分数随溶剂极性的增加而增大,即极性溶剂有利于 1,4-加成。

$$CH_2=CH-CH=CH_2 + Br_2 \longrightarrow CH_2=CH-\underset{Br}{\underset{|}{CH}}-\underset{Br}{\underset{|}{CH_2}} + CH_2-CH=CH-\underset{Br}{\underset{|}{CH_2}}$$

极性溶剂,40 ℃时	30%	70%
非极性溶剂,−15 ℃时	54%	46%

（2）双烯合成——狄尔斯-阿德尔(Diels-Alder)反应

狄尔斯-阿德尔反应指共轭二烯烃与含有双键或叁键的不饱和化合物发生的 1,4-加成反应,反应生成环状产物。

乙炔

一般称共轭二烯烃为双烯体,与双烯体进行合成反应的不饱和化合物称为亲双烯体。

如上反应中,1,3-丁二烯为双烯体,乙炔为亲双烯体。实践证明,当亲双烯体双键碳原子上连有吸电子基(如—CHO,—COOR,—COR,—CN,—NO$_2$)时,反应能顺利进行,反应产率也较高。例如,

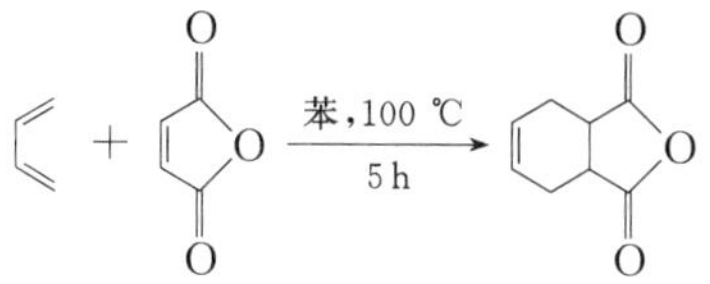

双烯合成是制备六元环状化合物的重要途径。

（3）聚合反应

共轭二烯烃可以发生聚合反应,并且容易以 1,4-加成方式聚合。

$$n\ CH_2=CH-CH=CH_2 \xrightarrow[60\ ℃]{Na} \ \unicode{xFE37}CH_2-CH=CH-CH_2\unicode{xFE38}_n$$

聚丁二烯

3.2.5 天然橡胶

橡胶是具有高弹性的高分子化合物,用途极为广泛。20 世纪初,世界上只有天然橡胶,它主要来源于野生的或人工种植的橡胶树。它的化学成分是顺式或反式 1,4-聚异戊二烯。人们通常说的天然橡胶主要是指顺式 1,4-聚异戊二烯,它具有优良的弹性、机械性能、抗曲挠性、气密性和绝缘性。

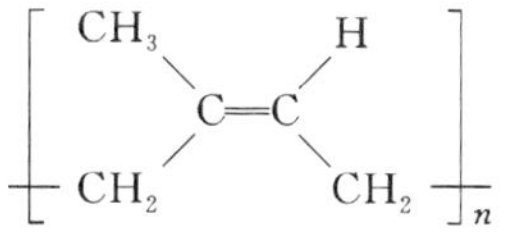

顺-1,4-聚异戊二烯 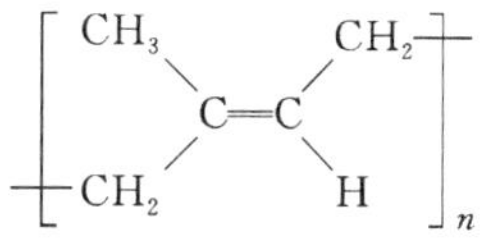   反-1,4-聚异戊二烯

3.3 炔烃

分子中含有碳碳叁键(C≡C)的烃,叫作炔烃,C≡C 是炔烃的官能团。由于 C≡C 比 C=C 多一个 π 键,故炔烃比烯烃少两个氢原子,通式为 C_nH_{2n-2}($n \geqslant 2$)。此通式与二烯烃的通式相同,因此含有相同碳原子数的炔烃与二烯烃互为同分异构体。

3.3.1 炔烃的结构

乙炔是最简单的炔烃,分子式为 C_2H_2,现以乙炔为例讨论炔烃的结构。

乙炔分子中的碳原子的杂化类型为 sp。由 sp 杂化的空间特点可知,乙炔分子中的两个碳碳键和碳氢键夹角为 180°,即乙炔是直线型分子。乙炔分子中,每个碳原子上均有两个未参与杂化的相互垂直的 p 轨道。故两个碳原子上的 p 轨道可"肩并肩"重叠形成两个相互垂直的 π 键,如图 3-5 所示。

作为线型分子的炔烃,不存在顺反异构现象,其异构体主要是由叁键的位置异构和碳链异构而产生的。例如,分子式为 C_5H_8 的炔烃可以写为

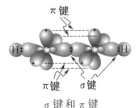

σ 键和 π 键 　　　　　　电子云形状 　　　　　键长与键角

图 3-5　乙炔分子结构

$$HC{\equiv}C{-}CH_2{-}CH_2{-}CH_3 \qquad 1\text{-}戊炔$$

$$CH_3{-}C{\equiv}C{-}CH_2{-}CH_3 \qquad 2\text{-}戊炔$$

$$HC{\equiv}C{-}CH{-}CH_3 \qquad 3\text{-}甲基\text{-}1\text{-}丁炔$$
$$\qquad\qquad\quad CH_3$$

其中 1-戊炔与 2-戊炔属于官能团位置异构,而它们与 3-甲基-1-丁炔则属于碳链异构。

3.3.2　炔烃的命名

（1）衍生物命名法

简单的炔烃常用衍生物命名法,以乙炔为母体。例如,

$$CH_3CH_2C{\equiv}CCH_3 \qquad CH_2{=}CH{-}C{\equiv}CH \qquad CH_3{-}CH{-}C{\equiv}CH$$
$$\qquad\qquad\qquad\qquad\qquad\qquad\qquad\qquad\qquad CH_3$$

甲基乙基乙炔 　　　　　　乙烯基乙炔 　　　　　异丙基乙炔

（2）系统命名法

炔烃和烯烃相似,即选择包含叁键的最长碳链为主链,碳原子的编号从距叁键最近的一端开始,书写名称时只需将"烯"改为"炔"。例如,

$$CH_3C{\equiv}CH \qquad\qquad 丙炔$$

$$CH_3CH_2CH_2C{\equiv}CH \qquad 1\text{-}戊炔$$

$$CH_3CH_2CH_2C{\equiv}C{-}CH_3 \qquad 2\text{-}己炔$$

$$CH_3{-}CH{-}C{\equiv}C{-}CH_3 \qquad 4\text{-}甲基\text{-}2\text{-}戊炔$$
$$\qquad\quad CH_3$$

分子中同时具有碳碳叁键和碳碳双键时,在系统命名法中一般以"烯炔"命名,选取含有叁键和双键在内的最长碳链为主链,把"炔"字放在名称最后并指出其位次。碳链的编号应使双键、叁键所在位次和最小,若有选择余地则优先考虑双键,使其尽可能具有最小的位次,而主链的碳原子数目通常在"烯"前面标明。例如,

$$CH_3CH{=}CH{-}C{\equiv}CH \qquad\qquad 3\text{-}戊烯\text{-}1\text{-}炔$$

$$HC{\equiv}C{-}CH_2{-}HC{=}CH_2 \qquad\qquad 1\text{-}戊烯\text{-}4\text{-}炔$$

3.3.3　炔烃的物理性质

通常情况下,含 2 个~4 个碳原子的炔烃是气体,含 5 个~17 个碳原子的炔烃是液体,含 18 个以上碳原子的炔烃是固体。炔烃的熔点、沸点都随分子中碳原子数目的增加而升高,一般比相同数目碳原子的烷烃和烯烃要高。这是因为烃炔分子较短小、细长,在液态和

固态中,分子容易彼此靠近,以致分子间的作用力增大。炔烃的相对密度都小于1,比水轻。炔烃难溶于水,但易溶于石油醚、苯、四氯化碳等有机溶剂。

常见炔烃的物理常数见表 3-2。

表 3-2　常见炔烃的物理常数

名　　称	分子式	熔点/℃	沸点/℃	相对密度(d_4^{20})
乙炔	C_2H_2	−80.8	−48.0	0.618 1
丙炔	C_3H_4	−101.5	−23.2	0.706 2
1-丁炔	C_4H_6	−125.7	8.1	0.678 4
2-丁炔	C_4H_6	−32.3	27.0	0.691 0
1-戊炔	C_5H_8	−90.0	40.2	0.690 1
2-戊炔	C_5H_8	−101.0	56.1	0.710 7
3-甲基-1-丁炔	C_5H_8	−89.7	29.3	0.666 0
1-己炔	C_6H_{10}	−132.0	71.3	0.715 5
1-庚炔	C_7H_{12}	−81.0	99.7	0.732 8
1-辛炔	C_8H_{14}	−79.3	125.2	0.747 0
1-壬炔	C_9H_{16}	−50.0	150.8	0.760 0
1-癸炔	$C_{10}H_{18}$	−36.0	174.0	0.765 0

3.3.4　炔烃的化学性质

炔烃的化学性质与烷烃不同,由于炔烃含有 C≡C 官能团,因此它的化学性质主要表现在 C≡C 和与叁键碳原子直接相连的氢原子上。由于 C≡C 与 C≡C 都含有 π 键,因此炔烃的化学性质与烯烃相似,也容易进行加成、氧化和聚合反应。

(1) 加成反应

① 与氢气加成

在催化剂存在下,炔烃和氢气加成可以生成相应的烯烃并可进一步反应生成相应的烷烃。例如,在铂(Pt)或钯(Pd)等催化剂存在时,炔烃与氢气加成最终可得到烷烃,反应难以得到烯烃。

$$RC≡CH + H_2 \xrightarrow{Pt} RCH=CH_2 \xrightarrow[Pt]{H_2} RCH_2—CH_3$$

若选用低活性的催化剂,如林德拉(Lindlar)催化剂(Pd-CaCO$_3$ 或 Pd-BaSO$_4$/喹啉),可使加成反应停留在烯烃阶段。

$$CH_3C≡CCH_3 + H_2 \xrightarrow{Pd-BaSO_4/喹啉} \underset{H}{\overset{H_3C}{C}}=\underset{H}{\overset{CH_3}{C}} \quad (顺式产物)$$

某些高分子化合物的合成中需要高纯度的乙烯,而从石油裂解气中得到的乙烯中经常含有少量乙炔,可用控制加氢的方法将其转化为乙烯,以提高乙烯的纯度。

② 与卤素加成

炔烃在室温下就可以与卤素单质发生加成反应,最终可生成四卤代物。例如,

有机化学

$$CH\equiv CH + Br_2 \longrightarrow \underset{\underset{Br}{|}}{CH}=\underset{\underset{Br}{|}}{CH} \xrightarrow{Br_2} \underset{\underset{Br}{|}}{\overset{\overset{Br}{|}}{CH}}-\underset{\underset{Br}{|}}{\overset{\overset{Br}{|}}{CH}}$$

③ 与卤化氢加成

炔烃也能与卤化氢加成,但比烯烃困难,通常须在催化剂催化下进行。例如,在氯化汞-活性炭存在下,加热至 180 ℃,乙炔与氯化氢反应可生成氯乙烯:

$$HC\equiv CH + HCl \xrightarrow[180\,℃]{HgCl_2-C} CH_2=CHCl$$
$$\text{氯乙烯}$$

此反应是工业上早期生产氯乙烯的方法。它具有工艺简单、投资少、产率高的优点,但能耗大,原料成本高,催化剂汞盐毒性大,故已逐渐被以乙烯为原料的方法所代替。

不对称炔烃与卤化氢的加成,也符合马氏加成规则。例如,

$$CH_3C\equiv CH \xrightarrow{HBr} \underset{\underset{Br}{|}}{CH_3C}=CH_2 \xrightarrow{HBr} CH_3-\underset{\underset{Br}{|}}{\overset{\overset{Br}{|}}{C}}-CH_3$$
$$\qquad\qquad\quad \text{2-溴丙烯} \qquad\qquad\quad \text{2,2-二溴丙烷}$$

④ 与水加成

炔烃在酸催化下直接水合一般是很困难的,但如果在硫酸汞的硫酸溶液中,乙炔可以比较顺利地与水进行加成反应,并符合马氏加成规则。反应首先生成烯醇,烯醇不稳定,很快转变为醛或酮,称之为烯醇-醛酮互变异构。

$$HC\equiv CH(R) + H_2O \xrightarrow[H_2SO_4]{HgSO_4} \underset{\underset{H}{|}}{\overset{\overset{H}{|}}{HC}}=\underset{\underset{}{}}{\overset{\overset{OH}{|}}{CH}}(R) \Longleftrightarrow CH_3-\overset{\overset{O}{\|}}{C}-H(R)$$
$$\qquad\qquad\qquad\qquad\qquad\quad \text{烯醇} \qquad\qquad\quad \text{醛或酮}$$

⑤ 与氢氰酸加成

乙炔在氯化亚铜及氯化铵溶液中,可与氢氰酸加成而生成丙烯腈,这是一般碳碳双键不能进行的反应。

$$HC\equiv CH + HCN \xrightarrow{NH_4Cl-Cu_2Cl_2} CH_2=CHCN$$
$$\qquad\quad \text{氢氰酸} \qquad\qquad\qquad\quad \text{丙烯腈}$$

含有—CN(氰基)的有机化合物叫作腈,丙烯腈是合成腈纶(人造毛)的单体。

(2)氧化反应

炔烃也能被高锰酸钾等氧化剂氧化,但较烯烃难。例如,

$$RC\equiv CH \xrightarrow[\triangle]{KMnO_4,H^+} R-COOH$$

与烯烃相似,由于反应过程中高锰酸钾的紫色逐渐消失,同时有褐色的二氧化锰沉淀生成,因此,可以利用此反应检验炔烃及含有C≡C叁键的化合物的存在。另外,还可以通过鉴定氧化产物羧酸的结构来确定炔烃的结构,这也是测定C≡C叁键位置和炔烃结构的方法之一。

(3)聚合反应

乙炔在一定条件下,可以自身加成而生成链状或环状的聚合物。例如,

$$2HC\equiv CH \xrightarrow{\text{NH}_4\text{Cl-Cu}_2\text{Cl}_2} CH_2=CH-C\equiv CH$$
乙烯基乙炔

$$3HC\equiv CH \xrightarrow{\text{NH}_4\text{Cl-Cu}_2\text{Cl}_2} CH_2=CH-C\equiv C-CH=CH_2$$
二乙烯基乙炔

$$3HC\equiv CH \xrightarrow[\text{C}_2\text{H}_5\text{OC}_2\text{H}_5]{\text{Ni(CN)}_2}$$
苯

（4）炔氢原子的反应

$C\equiv C$ 在链端的炔烃称为端炔,与叁键碳原子直接相连的氢原子叫作炔氢原子。炔氢原子具有微弱的酸性,比较活泼,可以被某些金属原子取代,生成金属炔化物。例如,将端炔通入硝酸银的氨溶液,可析出白色的乙炔银沉淀;将端炔通入氯化亚铜的氨溶液,可析出红棕色的乙炔亚铜沉淀。

$$HC\equiv CH + 2Ag(NH_3)_2NO_3 \longrightarrow AgC\equiv CAg\downarrow + 2NH_4NO_3 + 2NH_3$$
（白色沉淀）

$$RC\equiv CH + Cu(NH_3)_2Cl \longrightarrow RC\equiv CCu\downarrow + NH_4Cl + NH_3$$
（红棕色沉淀）

反应进行得非常迅速,并且很灵敏,现象也较明显,可以用来鉴定乙炔等端炔的存在。重金属炔化物在干燥状态下受热和震动易发生爆炸,所以要用稀硝酸及时处理,以防危险。

端炔在液氨中与氨基钠作用可生成炔化钠。例如,

$$HC\equiv CH + NaNH_2 \xrightarrow{\text{液 NH}_3} HC\equiv CNa + NH_3$$

$$RC\equiv CH + NaNH_2 \xrightarrow{\text{液 NH}_3} RC\equiv CNa + NH_3$$

本章小结及学习要求

烯烃中碳原子的 sp^2 杂化决定了烯烃的平面结构。烯烃顺反异构的命名可采用顺反命名法和 Z-E 标记法。烯烃可发生加成、氧化、α-H 的取代等反应。烯烃的加成反应除了催化加氢外均属于亲电加成反应历程,如加卤素、加卤化氢、加水等,符合马氏加成规则,可以用诱导效应和碳正离子的稳定性来解释。共轭二烯烃结构中存在的共轭现象,可导致键长和电子云密度的平均化,使分子能量降低。共轭二烯烃可发生 1,2-加成和 1,4-加成反应。

炔烃中碳原子的 sp 杂化决定了烃炔的直线型结构。烃炔可发生加成、氧化、炔氢原子的取代等反应。炔烃的水合过程中存在着烯醇-醛酮互变异构,炔氢原子的取代反应可以用来鉴别端炔的存在。

学习本章时,应达到以下要求:掌握烯烃、炔烃的命名,理解烯烃、炔烃的结构,理解并能简单应用诱导效应、共轭效应、马氏加成规则、碳正离子的稳定性等基本理论,掌握烯烃、二烯烃、炔烃的化学性质。

【阅读材料】

富勒烯 C_{60} 及其应用

众所周知,碳元素有两种同素异形体——金刚石、石墨。1970 年,日本科学家小泽预言,自然界中

碳元素还应该有第三种同素异形体存在。经过世界上各国科学家 15 年的不懈努力和艰苦探索,终于在 1985 年由美国 Rice 大学的 Kroto 等人在激光气化石墨实验中首次发现含有 60 个碳原子的原子簇(命名为 C_{60})及含有 70 个碳原子的原子簇(命名为 C_{70}),C_{60} 及 C_{70} 均具有笼型结构,在物理及化学性质上可看作三维的芳香化合物,分子立体构型属于 D_{5h} 点群对称性。C_{60} 中 20 个正六边形和 12 个正五边形构成圆球形结构,共有 60 个顶点,分别由 60 个碳原子所占有,经证实它们属于碳的第三种同素异形体,命名为富勒烯(fullerene)。以后又相继发现了 C_{44},C_{50},C_{76},C_{80},C_{84},C_{90},C_{94},C_{120},C_{180},C_{540} 等纯碳组成的分子,它们均属于富勒烯家族,其中 C_{60} 的丰度约为 50%。由于具有特殊的结构和性质,C_{60} 在超导、磁性、光学、催化、材料及生物等方面表现出优异的性能,得到广泛的应用。特别是 1990 年以来,Kratschmer 和 Huffman 等人制备出克量级的 C_{60},使 C_{60} 的应用研究更加全面、活跃。

1. 超导体

C_{60} 分子本身是不导电的绝缘体,但当碱金属嵌入 C_{60} 分子之间的空隙后,C_{60} 与碱金属的系列化合物将转变为超导体,如 K_3C_{60} 即为超导体,且具有很高的超导临界温度。与氧化物超导体比较,C_{60} 系列超导体具有完美的三维超导性,电流密度大,稳定性高,易于展成线材等优点,是一类极具价值的新型超导材料。

2. 有机软铁磁体

与超导性一样,铁磁性是物质世界的另一种奇特性质。Allemand 等人在 C_{60} 的甲苯溶液中加入过量的强供电子有机物四(二甲氨基)乙烯(TDAE),得到了 $C_{60}(TDAE)_{0.86}$ 的黑色微晶沉淀,经磁性研究后表明 $C_{60}(TDAE)_{0.86}$ 是一种不含金属的软铁磁性材料。居里温度为 16.1 K,高于迄今报道的其他有机分子铁磁体的居里温度。由于有机铁磁体在磁性记忆材料中有重要应用价值,因此研究和开发 C_{60} 有机铁磁体,特别是以廉价的碳材料制成磁铁替代价格昂贵的金属憨铁具有非常重要的意义。

3. 光学材料

C_{60} 分子中存在的三维高度非定域(共轭的 π 键结构)使得它具有良好的光学及非线性光学性能。如它的光学限制性在实际应用中可作为光学限幅器。C_{60} 还具有较大的非线性光学系数和高稳定性等特点,使其作为新型非线性光学材料具有重要的研究价值,有望在光计算、光记忆、光信号处理及控制等方面有所应用。还有人研究了 C_{60} 化合物的倍频响应及荧光现象,基于 C_{60} 光电导性能的光电开关和光学玻璃已研制成功。C_{60} 与花生酸混合制得的 C_{60}-花生酸多层 LB 膜具有光学累积和记录效应。

4. 功能高分子材料

由于 C_{60} 的特殊笼型结构及功能,将 C_{60} 作为新型功能基团引入高分子体系,得到具有优异导电、光学性能的新型功能高分子材料。从原则上讲,C_{60} 可以引入高分子的主链、侧链或与其他高分子进行共混,Nagashima 等人报道了首例 C_{60} 的有机高分子 $C_{60}Pd_n$,并从实验和理论上研究了它具有的催化二苯乙炔加氢的性能,Wany Y 报道将 C_{60},C_{70} 的混合物掺入发光高分子材料聚乙烯咔唑(PVK)中,得到新型高分子光电导体,其光导性能可与某些最好的光导材料相媲美。这种光电导材料在静电复印、静电成像以及光探测等技术中有广泛应用。C_{60} 掺入聚甲基丙烯酸甲酯(PMMA)可成为很有前途的光学限幅材料。另外,C_{60} 掺杂的聚苯乙烯的光学双稳态行为也有报道。

5. 生物活性材料

Nelson 等人报道 C_{60} 对田鼠表皮具有潜在的肿瘤毒性。Baier 等人认为 C_{60} 与超氧阴离子之间存在相互作用。1993 年 Friedman 等人从理论上预测某些 C_{60} 衍生物将具有抑制人体免疫缺损蛋白酶 HIVP 活性的功效,而艾滋病研究的关键是有效抑制 HIVP 的活性。日本科学家报道一种水溶性 C_{60} 衍生物在可见光照射下具有抑制毒性细胞生长和使 DNA 开裂的性能,为 C_{60} 衍生物应用于光动力疗法开辟了广阔的前景。1994 年 Toniolo 等人报道一种水溶性 C_{60}-多肽衍生物,可能在人类单核白血球趋药性和抑制 HIV-1 蛋白酶两方面具有潜在的应用,黄文栋等人制得水溶性 C_{60}-脂质体,发现其对癌细胞具有很强的杀伤效应。中国台湾科学家报道多羟基 C_{60} 衍生物-富勒醇具有吞噬黄嘌呤/黄嘌呤氧化酶产生的超氧阴离子自由基的功效,还对破坏能力很强的羟基自由基具有优良的清除作用。利用 C_{60} 分子的抗辐射性能,将放射性元素置于碳笼内注射到癌变部位,能提高放射治疗的效力并减少副作用。

6．其他应用

C_{60} 的衍生物 $C_{60}F_{60}$ 俗称"特氟隆",可作为"分子滚珠"和"分子润滑剂",在高技术发展中起重要作用。将锂原子嵌入碳笼内有望制成高效能锂电池。碳笼内嵌入稀土元素铕可望成为新型稀土发光材料。水溶性钆的 C_{60} 衍生物有望作为新型核磁造影剂。高压下 C_{60} 可转变为金刚石,开辟了金刚石的新来源。C_{60} 及其衍生物可能成为新型催化剂和新型纳米级的分子导体线、分子吸管和晶须增强复合材料。C_{60} 与环糊精、环芳烃形成的水溶性主客体复合物将在超分子化学、仿生化学领域发挥重要作用。

习　　题

3-1 用系统命名法命名下面的化合物。

(1) $(CH_3)_2CH-CH=CHCH_3$

(2) $(CH_3)_2CHC≡CC(CH_3)_3$

(3)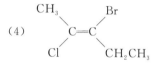

(4)

(5) $CH_3CH=CHCH_2C≡CH$

(6) $CH_3CH_2C≡CAg$

3-2 写出分子式为 C_5H_{10} 的烯烃的所有异构体(包括顺反异构),并用系统命名法命名。

3-3 写出异丁烯与下列试剂反应的主要产物。

(1) Br_2/CCl_4　　　(2) $KMnO_4(5\%)$ 碱性溶液　　(3) $HBr(H_2O_2)$

(4) HBr　　　(5) 与浓 H_2SO_4 作用后加热水解　(6) H_2，Ni

3-4 用化学方法区别下列各组化合物。

(1) 2-甲基丁烷、3-甲基-1-丁炔和3-甲基-1-丁烯

(2) 1-庚炔、1,3-庚二烯和庚烷

3-5 完成下列反应。

(1) $C_6H_5CH=CH_2 + HBr \xrightarrow{H_2O_2}$

(2) $Cl-CH=CH_2 + HCl \longrightarrow$

(3) $CH_3CH_2\underset{\underset{CH_3}{|}}{C}=CH_2 \xrightarrow{HBr}$

(4) $CH_3CH=CH_2 + HOCl \longrightarrow$

(5) $CH_3-\underset{\underset{CH_3}{|}}{C}=CH_2 \xrightarrow{O_3} \xrightarrow[Zn]{H_2O}$

(6) $CH_3CH_2C≡CH + H_2O \xrightarrow[H_2SO_4]{HgSO_4}$

(7) $CH_2=CH-CH=CH_2 + CH_2=CHCHO \longrightarrow$

3-6 指出由给定的原料制备下列化合物所需要的试剂和反应。

(1) 乙炔制备1,1-二碘乙烷　　　(2) 丙炔制备异丙基溴

3-7 于1 g化合物A中加入1.9 g溴,恰好使溴完全褪色。A与$KMnO_4$溶液一起回流,在反应液中的有机产物为2-戊酮 $CH_3\overset{\overset{O}{\|}}{C}CH_2CH_2CH_3$。写出化合物A的结构式。

3-8 有一化合物分子式为$C_{15}H_{24}$,催化氢化1 mol该化合物可吸收4 mol H_2,得:

$$CH_3\underset{}{\overset{\overset{CH_3}{|}}{C}}H(CH_2)_3\overset{\overset{CH_3}{|}}{C}H(CH_2)_3\overset{\overset{CH_3}{|}}{C}HCH_2CH_3$$

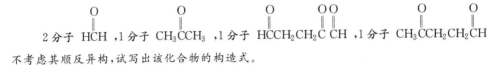

$C_{15}H_{24}$用臭氧氧化,然后用Zn,H_2O处理,得:

$$2\text{分子}\ H\overset{\overset{O}{\|}}{C}H\ ,1\text{分子}\ CH_3\overset{\overset{O}{\|}}{C}CH_3\ ,1\text{分子}\ H\overset{\overset{O}{\|}}{C}CH_2CH_2\overset{\overset{O}{\|}}{C}\,\overset{\overset{O}{\|}}{C}H\ ,1\text{分子}\ CH_3\overset{\overset{O}{\|}}{C}CH_2CH_2\overset{\overset{O}{\|}}{C}H$$

不考虑其顺反异构,试写出该化合物的构造式。

3-9 某分子式为C_6H_{10}的化合物,加2 mol H_2生成2-甲基戊烷,在H_2SO_4-$HgSO_4$的水溶液中生成羰基化合物,但和$AgNO_3$的氨溶液不发生反应。试推测该化合物的结构式。

3-10 化合物A和B都含碳88.89%,氢11.11%,且都能使溴的四氯化碳溶液褪色。A与硝酸银的氨溶液作用生成沉淀,氧化A得CO_2和CH_3CH_2COOH;B不与硝酸银的氨溶液作用,氧化B得CO_2和HOOC—COOH。写出A和B的构造式和各步反应式。

第4章 环 烃

分子中的碳原子相互连接成环状结构的烃称为环烃。按照环烃分子中碳原子与氢原子的比例和碳环结构的不同,又可将环烃分为脂环烃和芳香烃两大类。

结构上具有碳原子组成的环状骨架,而化学性质和物理性质以及其反应性能均与相应的脂肪族化合物相似的烃类,总称为脂环烃。脂环烃可分为环烷烃、环烯烃和环炔烃。脂环烃及其衍生物广泛存在于自然界中。石油中含有环己烷、甲基环己烷以及少量环烷酸;植物香精油中含有大量不饱和脂环烃及其含氧衍生物。

芳香烃简称芳烃,是指具有特定环状结构和特定化学性质的有机化合物。芳烃是芳香族化合物的母体。大多数芳烃含有苯的六碳环结构,少数虽然不含苯环,但都含有结构、性质与苯环相似的芳环。芳环的特殊结构使芳香族化合物的性质比较特殊。一般情况下,芳环上不易发生加成反应,不易氧化,而容易发生取代反应。根据芳香烃分子结构中是否含有苯环,可将芳香烃分为苯系芳烃和非苯系芳烃两大类。苯系芳烃又可以根据分子中苯环的数目分为单环芳烃和多环芳烃。多环芳烃包括联苯、多苯代脂肪烃、稠环芳烃等。

4.1 脂环烃

4.1.1 脂环烃的命名

饱和的脂环烃叫作环烷烃,其通式与烯烃一样,也是 C_nH_{2n}($n\geqslant3$)。最简单的环烷烃是环丙烷。

对于简单的环烷烃,可根据环中碳原子的个数称为环某烷。例如,

△ □ ⬠ ⬡
环丙烷 环丁烷 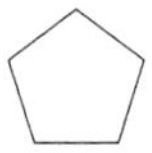 环戊烷 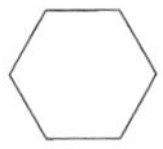 环己烷

含简单支链的环烷烃命名时将环作为母体,支链为取代基,编号时依据最低系列原则。当环上连有两个或两个以上取代基时,则根据次序规则,较优基团给以较大的编号,写名称时与烷烃类似。

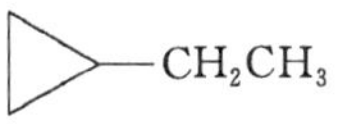

▷—CH₂CH₃   H₃C CH₃   H₃C—⬡—CH₂CH₃
乙基环丙烷    Z-1,2-二甲基环丙烷 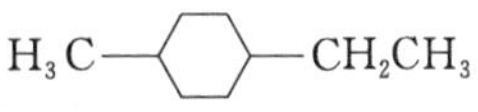   1-甲基-4-乙基环己烷

在某些情况下,当简单的环上连有较长的碳链时,也可将环当作取代基,例如,

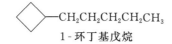
1-环丁基戊烷

环烯烃和环炔烃的命名也与相应的开链烃相似,将不饱和碳环作为母体,侧链作为取代基。给环上碳原子编号时应以不饱和键得号最小为原则。

环戊烯 　　1,3-环己二烯 　　3-甲基环己烯 　　2,3-二甲基环己烯

含有三个以上碳原子的环烷烃,除与碳原子数相同的烯烃互为同分异构体外,还有环状的同分异构体,甚至可能还有构型不同的顺反异构体。

在环状化合物中,以五元及六元环为最普遍,五、六、七元环属于一般环,三、四元环叫作小环,八元至十一元环为中环,十二元以上的环为大环。

4.1.2 环烷烃的结构与构象

（1）环烷烃的结构

在烷烃分子中,碳原子是 sp^3 杂化的。成键时,碳原子的 sp^3 杂化轨道沿着轨道对称轴与其他原子的轨道重叠,形成 $109.5°$ 的键角。环烷烃的碳原子也是 sp^3 杂化,但是为了成环,所形成的键角就不一定是 $109.5°$。环的大小不同,键角不同。

在环丙烷分子中,三个碳原子形成一个平面正三角形,其内角是 $60°$,而 sp^3 杂化轨道的夹角是 $109.5°$。因此,环丙烷分子中的碳原子形成 C—C $σ$ 键时,sp^3 杂化轨道不可能沿轨道对称轴实现最大的重叠(见图 4-1),原子轨道间只能"弯曲"重叠,形成弯曲的 C—C $σ$ 键(也可称为弯曲键或香蕉键),此时 sp^3 杂化轨道的夹角由 $109.5°$ 被压到了 $105.5°$,C—C $σ$ 键的夹角变小,如图 4-2 所示。

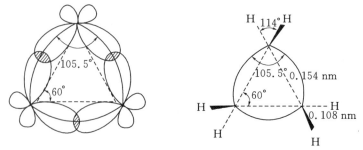

（a）重叠度最大 　　　　（b）重叠度较小

图 4-1 　σ键轨道的重叠

夹角变小的 C—C $σ$ 键有恢复正常键角的倾向。这种由于键角偏离正常键角而引起的力叫作角张力。弯曲键与正常的 $σ$ 键相比,其电子云分布在一条曲线上,轨道的重叠度较小,具有 $π$ 键的性质,故比一般 $σ$ 键的稳定性差,如图 4-2 所示。正因为如此,环丙烷分子不稳定,容易开环,发生与烯烃类似的加成反应。

图 4-2 　环丙烷中 C—C σ键的原子轨道的重叠情况

环丁烷的结构与环丙烷相似,但是其角张力比环丙烷小,所以稳定性比环丙烷强。环戊烷的环状结构中环的角张力很小,故较稳定,不易发生开环反应。在室温下,与卤素只发生取代反应。

六元环以上的环烷烃成环碳原子不在同一平面上,因而成键时,杂化轨道沿轨道对称轴方向重叠而不再弯曲重叠,张力很小或等于零。所以,大环烷烃比较稳定,性质与烷烃类似,即使在比较剧烈的反应条件下也难以发生开环反应。

(2)环己烷的构象

环己烷不是平面结构,它有两种比较特殊的构象,即椅式构象和船式构象。这两种构象的球棍模型与透析式如图 4-3 所示。

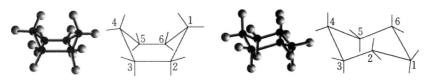

(a)船式　　　　　　　　　(b)椅式

图 4-3　环己烷的船式构象和椅式构象

根据 C—C 键及 C—H 键的键长可以计算出分子中氢原子间的距离。在船式构象中,C(1)及 C(4)上的两个氢原子相距最近,相互之间的斥力最大,分子能量最高,而在椅式构象中则不存在这种情况。另外,从球棍模型考察椅式构象中每一个 C—C 键上基团的构象,就像考察乙烷的构象那样,发现它们都呈邻位交叉式,而在船式构象中,C(2)—C(3)及 C(5)—C(6)上连接的基团为全重叠式,因而船式构象不如椅式构象稳定。椅式构象是环己烷的优势构象。

椅式构象中的六个碳原子在空间分布在两个平行的平面上,如图 4-4 所示。C(1),C(3),C(5)在平面 P 上,C(2),C(4),C(6)在平面 P' 上。图中平面 P 与 P' 平行,线 A 垂直于平面 P,是椅式构象的对称轴。环己烷的 12 个 C—H 键在椅式构象中可分为两种:一种与对称轴平行,叫作直立键或 a 键(axial bond);另一种与直立键成 109°28′ 的角度,叫作平伏键或 e 键(equatorial bond),如图 4-4 所示。

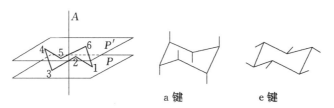

a 键　　　　　　　　e 键

图 4-4　椅式构象中碳原子的空间分布及 a、e 键

经物理方法证实,在常温下,环己烷的椅式和船式构象是互相转化的。在平衡混合物中,椅式占绝大多数(99.9% 以上)。同时,椅式构象也可通过 C—C 键不断扭动,由一种椅式翻转为另一种椅式,原来的 a 键变成 e 键,原来的 e 键变成 a 键,如图 4-5 所示。

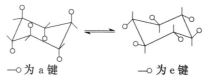

—○为 a 键　　　　　　　—○为 e 键

图 4-5　环己烷椅式构象的翻转

环己烷的衍生物在一般情况下都以椅式存在,且大都可以进行构象翻转。但是翻转前后的两种构象可能是不同的。因为原来连在 a 键上的基团经翻转后连在 e 键上了,即构象翻转前后是两种结构不同的分子,所以能量上也有差异。

环己烷的各种一元取代物中,由于 a 键上的取代基与 C(3),C(5) 上的 a 键氢原子相距较近,有排斥作用,所以取代基连在 e 键上的构象与连在 a 键上的相比具有较低的能量,比较稳定。当取代基的体积很大时(如叔丁基、苯基),平衡体系中 a 键取代物极少。环己烷的多元取代产物中,往往是 e 键取代基最多的构象最稳定。如果环上有不同的取代基,则体积大的取代基在 e 键上的构象最稳定。例如,1,2-二甲基环己烷的构象稳定性顺序为

$$
\begin{array}{ccccc}
\text{ee} & > & \text{ea} & > & \text{aa(少)}
\end{array}
$$

4.1.3　环烷烃的性质

环烷烃不易溶于水,熔点和沸点都比相应的烷烃高,相对密度也比相应烷烃大,但环烷烃仍比水轻。

五、六元环及以上的环烷烃的化学性质与烷烃相似,主要发生游离基取代反应。环丙烷和环丁烷由于弯曲键和角张力的存在,容易发生开环加成反应。

(1) 加成反应

① 加氢气:环烷烃在适当条件下可以和氢气发生加成反应。根据环的大小不同,催化加氢的难度也不同。

$$\triangle + H_2 \xrightarrow[80\ ℃]{Ni} CH_3CH_2CH_3$$

$$\square + H_2 \xrightarrow[120\ ℃]{Ni} CH_3CH_2CH_2CH_3$$

$$\bigcirc + H_2 \xrightarrow[300\ ℃]{Pt} CH_3CH_2CH_2CH_2CH_2CH_3$$

② 加卤素:环丙烷在常温下就可以与卤素发生加成反应,环丁烷要在加热的情况下才能反应。

$$\triangle + Br_2 \xrightarrow{CCl_4} BrCH_2CH_2CH_2Br$$

$$\square + Br_2 \xrightarrow{50\ ℃} BrCH_2CH_2CH_2CH_2Br$$

③ 加卤化氢:环丙烷在常温下就可以与卤化氢发生加成反应,生成相应的卤代烃。环丙烷的烷基衍生物与卤化氢发生加成反应时,符合马氏加成规则。

$$\triangleright + HBr \xrightarrow{H_2O} CH_3CH_2CH_2Br$$

$$\triangleright\!\!-CH_3 + HBr \longrightarrow CH_3CH_2\underset{\underset{Br}{|}}{C}HCH_3$$

四碳环不像三碳环那么容易开环,在常温下与卤素、卤化氢等不发生反应。

（2）取代反应

环烷烃和烷烃一样，在光和热的条件下，可以发生游离基取代反应。

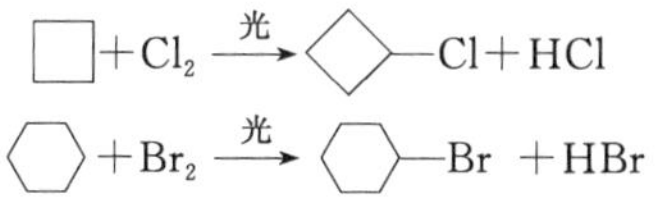

$$\square + Cl_2 \xrightarrow{\text{光}} \diamondsuit\!-Cl + HCl$$

$$\hexagon + Br_2 \xrightarrow{\text{光}} \hexagon\!-Br + HBr$$

（3）氧化反应

在常温下，环烷烃与一般的氧化剂不发生反应，即使是环丙烷在常温下也不能使高锰酸钾溶液褪色，利用此性质可以区分环烷烃和烯烃。但是在加热时与强氧化剂作用，或在催化剂作用下用空气氧化，环烷烃可以被氧化成各种氧化产物。例如，

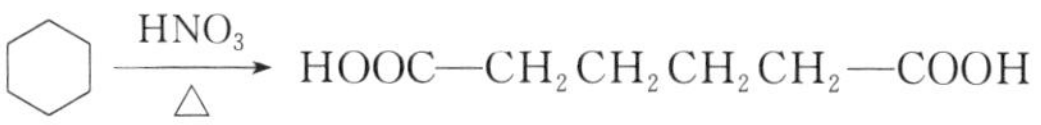

$$\hexagon \xrightarrow[\triangle]{HNO_3} HOOC\!-CH_2CH_2CH_2CH_2\!-COOH$$

环烯烃的性质与烯烃相似，可以发生加成反应、氧化反应、α-H 的取代反应等。具有共轭双键的环烯烃也可以发生双烯合成反应。

4.2 芳烃及其衍生物的命名

苯环上连有简单烷基的芳香烃命名时，将苯作为母体，侧链作为取代基，称为"某烷基苯"，"烷基"二字常常省略。例如，

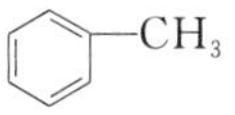

甲苯	乙苯	异丙苯

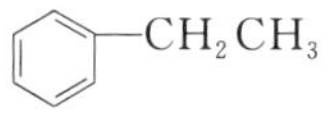

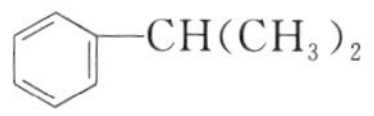

苯环上连有两个或两个以上相同的取代基时，应将苯环碳原子编号来确定取代基的位置。编号时依据最低系列原则，使取代基的位置号之和最小。或用习惯命名法以"邻、间、对、连、偏、均"等来表示取代基的相对位置。例如，

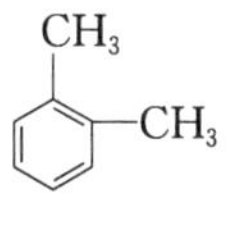

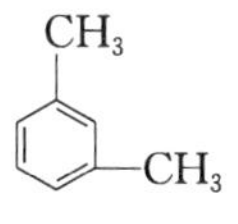

| 1,2-二甲苯 | 1,3-二甲苯 | 1,4-二甲苯 |
|（邻二甲苯）|（间二甲苯）|（对二甲苯）|

| 1,2,3-三甲苯 | 1,2,4-三甲苯 | 1,3,5-三甲苯 |
|（连三甲苯）|（偏三甲苯）|（均三甲苯）|

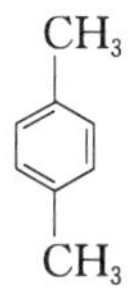

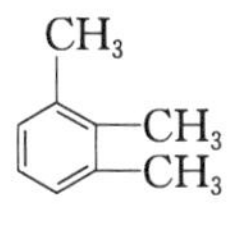

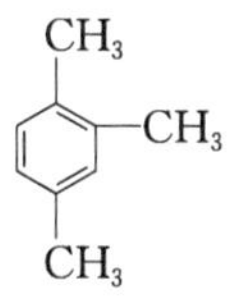

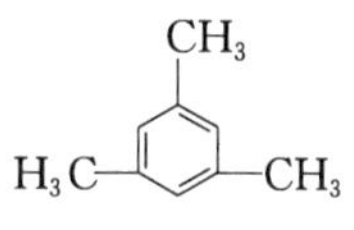

如果苯环上所连烷基不同，编号时依据次序规则选择与最小的支链相连的碳原子为 1 位，其余采用最低系列法编号。当支链上碳原子数多于 5 时，要将苯环作为取代基，以烷基

为母体,命名方法与烷烃相似。例如,

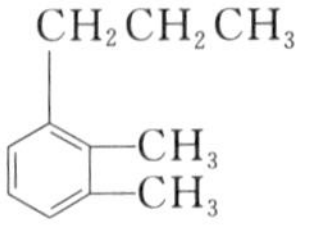

1,2-二甲基-3-丙基苯 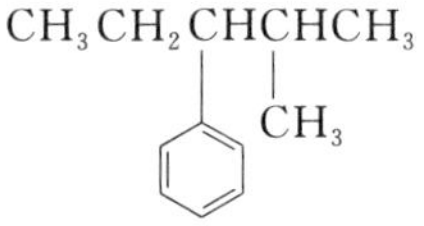　　　　　2-甲基-3-苯基戊烷

当分子结构中含有双键、叁键时,也应以苯环为取代基,以烯烃或炔烃为母体,命名原则与烯、炔相似。例如,

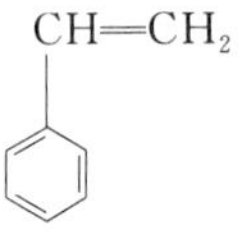

苯乙烯 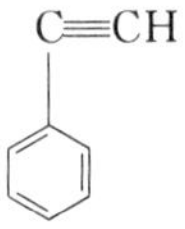　　　　苯乙炔 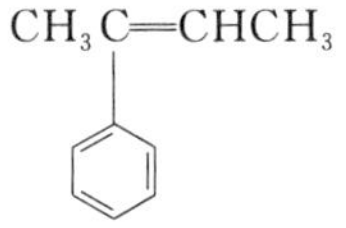　　　2-苯基-2-丁烯 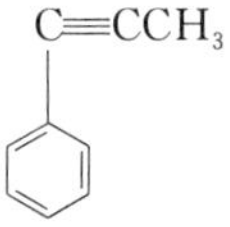　　　1-苯基丙炔

多环芳烃中多苯代脂肪烃采用衍生物命名法,即以链烃为母体,苯环为取代基;稠环芳烃则一般有特殊的名称。例如,

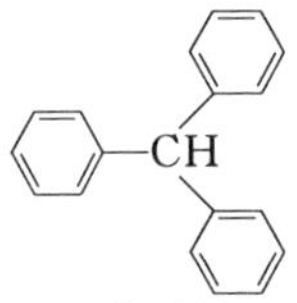

三苯甲烷 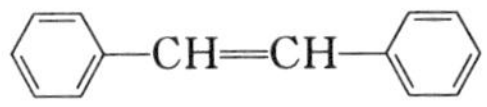　　　　1,2-二苯乙烯 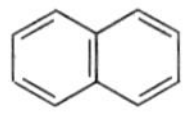　　　　　萘 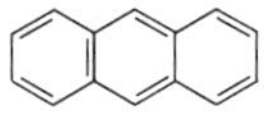　　　　蒽

芳香烃衍生物的命名一般采用系统命名法。首先选择恰当的母体。一般来说,常见的母体选择的优先次序为:—COOH＞—SO$_3$H＞—CN＞—CHO＞—OH(醇)＞—OH(酚)＞—NH$_2$＞—R(越靠前越宜选为母体,卤素原子和硝基一般不选为母体,故在此顺序中未列出)。再给苯环上的碳原子编号,与母体取代基相连的碳原子得号为1,其余取代基依据最低系列原则编号。例如,

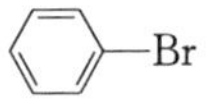

溴苯 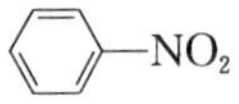　　　　硝基苯 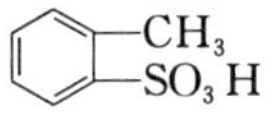　　　2-甲基苯磺酸 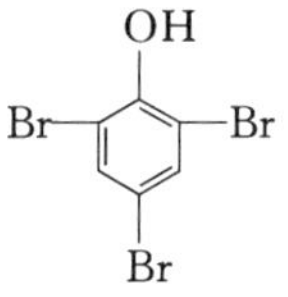　　　2,4,6-三溴苯酚(三溴苯酚)

4.3　芳香烃的结构

苯是芳香烃中最有代表性的化合物,它的结构相当稳定。早在 1825 年人们就得到了苯,但是认识苯的结构却经历了漫长的过程。苯的分子式是 C$_6$H$_6$,从分子式看,苯应具有高度的不饱和性。然而在一般条件下,苯不发生与烯烃类似的加成反应,也不能被高锰酸钾氧化。只有在加压下,苯催化加氢才能生成环己烷。

$$C_6H_6 + 3H_2 \xrightarrow[\text{压力}]{\text{催化剂}} \bigcirc$$

虽然苯不易加成,不易氧化,但是却容易发生取代反应。苯的不易加成、不易氧化、容易取代和碳环异常稳定的特性,不同于一般不饱和化合物,这些特性总称为芳香性。

苯加氢可以生成环己烷,说明苯具有六碳环的结构;苯的一元取代产物只有一种,这说明苯环上六个碳原子和六个氢原子的地位是等同的。因此,1865 年德国化学家凯库勒(Kekule)提出了苯的环状结构,并把苯的结构表示为

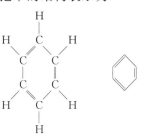

苯的凯库勒式

凯库勒式用环状、单双键交替的结构解释了一些实验事实,如苯只存在一种一元取代产物。但是按凯库勒式,苯分子中有交替的碳碳单键和碳碳双键,而单键和双键的键长是不相等的,那么苯分子应是一个不规则六边形的结构,但是,现代物理方法证明苯分子中碳碳键的键长完全等同。同时,苯分子中有碳碳双键,应该可发生烯烃的加成反应,而实际上苯环异常稳定,不易发生加成反应。由以上讨论可知,凯库勒式并不能代表苯分子的真实结构。

现代物理实验方法测得,苯分子是平面结构,所有的碳、氢原子都在一个平面上,键角为 $120°$,所有的碳碳键键长都相等,均为 0.139 nm。根据轨道杂化理论,苯分子中的碳原子是 sp^2 杂化,碳原子间通过 sp^2 杂化轨道形成六个 C—C σ 键和六个C—H σ 键,且苯分子中的所有原子都在同一平面内,键角为 $120°$。每个碳原子都有一个没有参加杂化的 p 轨道,都垂直于 σ 键所在的平面,互相平行重叠形成闭合的、共轭的大 π 键 Π_6^6,如图 4-6 所示。

由于苯分子中的共轭大 π 键是环状、闭合的共轭体系,使 π 电子离域形成 π-π 共轭,电子云密度完全平均化(见图 4-7),所以苯环中的六个 C—C σ 键键长完全相等,它比烷烃中的 C—C 单键短,而比孤立的 C=C 双键长,这种现象叫作键长完全平均化。所以实际上苯环并不是凯库勒式表示的那样一种单、双键交替的体系,而是形成了一个电子云密度完全平均化了的没有单、双键之分的大 π 键,这种结构称为芳香结构。

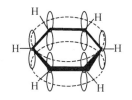

图 4-6　苯分子 p 轨道重叠

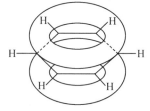

图 4-7　苯分子 p 电子云分布

由上面的讨论可以看出,苯环中并没有一般的碳碳单键和碳碳双键,凯库勒式并不能满意地表示苯的结构。因此近年来许多人采用了正六边形中画一个圆圈(⬡)作为苯结构的表示方式。圆圈代表大 π 键的特殊结构。但是这种表示方式不同于有机化学上习惯使用的价键结构式,因此也不能完全令人满意。

4.4　单环芳烃的物理性质

　　苯及其低级同系物都是无色液体,比水轻,不溶于水,而易溶于汽油、醇、醚、四氯化碳等有机溶剂,沸点随相对分子质量增加而升高,对位异构体的熔点一般比邻位和间位异构体的高。苯及其同系物有毒,长期吸入它们的蒸气会引起肝的损伤,损坏造血器官及神经系统,并能导致白血病、恶性淋巴瘤等疾病。常见芳香烃的物理常数见表 4-1。

表 4-1　一些常见芳香烃的物理常数

名　　称	分子式	沸点/℃	熔点/℃	相对密度(d_4^{20})
苯	C_6H_6	80.1	5.5	0.877
甲苯	C_7H_8	110.6	−95.0	0.866
乙苯	C_8H_{10}	136.2	−95.0	0.867
丙苯	C_9H_{12}	159.2	−99.5	0.862
异丙苯	C_9H_{12}	152.6	−96.0	0.862
邻二甲苯	C_8H_{10}	144.4	−25.2	0.880(10℃)
间二甲苯	C_8H_{10}	139.1	−47.9	0.864
对二甲苯	C_8H_{10}	138.2	13.3	0.861
萘	$C_{10}H_8$	218.0	80.5	0.963(100℃)
蒽	$C_{14}H_{10}$	340.0	216.0	1.283(25℃)
菲	$C_{14}H_{10}$	340.0	101.0	0.980(4℃)

4.5　单环芳烃的化学性质

　　苯的特殊结构已经说明了在苯环中不存在一般的 C═C 双键,所以它不具备烯烃的典型性质,如亲电加成等。单环芳烃容易发生取代反应,可以发生加成反应,很难发生氧化反应,碳环异常稳定。

4.5.1　取代反应

　　在一定条件下,芳环上的氢原子可以被卤素原子、硝基、磺酸基、烷基、酰基等原子或基团取代。

　　(1)卤代反应

　　在铁或者卤化铁等催化剂存在下,苯比较容易和 Cl_2 或 Br_2 作用,苯环上的氢原子被卤素原子取代,生成氯苯或溴苯,称为苯的卤代反应。

$$\text{苯} + Cl_2 \xrightarrow{FeCl_3} \text{苯—Cl} + HCl$$

$$\text{苯} + Br_2 \xrightarrow{FeBr_3} \text{苯—Br} + HBr$$

　　反应中也有少量的二卤代苯生成,主要产物是邻位和对位异构体。例如,

$$\text{C}_6\text{H}_5\text{Cl} + \text{Cl}_2 \xrightarrow{\text{FeCl}_3} \text{邻-C}_6\text{H}_4\text{Cl}_2 + \text{对-C}_6\text{H}_4\text{Cl}_2 + \text{HCl}$$

在三氯化铁存在下,甲苯在苯环上发生氯代反应,主要生成邻氯甲苯和对氯甲苯。若是在光照或加热条件下发生氯代反应,则不是发生在苯环上,而是发生在烷基侧链上,主要生成苯甲基氯(又称为苄氯或氯化苄)。在氯气足够时,甚至可以生成三元卤代产物。

$$\text{C}_6\text{H}_5\text{CH}_3 + \text{Cl}_2 \xrightarrow{\text{FeCl}_3} \text{邻-CH}_3\text{C}_6\text{H}_4\text{Cl} + \text{对-CH}_3\text{C}_6\text{H}_4\text{Cl} + \text{HCl}$$

$$\text{CH}_3 \xrightarrow[\text{光照或加热}]{\text{Cl}_2} \text{CH}_2\text{Cl} \xrightarrow[\text{光照或加热}]{\text{Cl}_2} \text{CHCl}_2 \xrightarrow[\text{光照或加热}]{\text{Cl}_2} \text{CCl}_3$$

甲苯在光照或加热条件下发生的卤代反应和烷烃的卤代一样,都是按自由基反应历程进行的。以上两反应也再次说明了反应条件对反应过程及产物的影响。在同样的条件下,甲苯以外的其他烷基苯主要是发生 α-H(即与苯环直接相连的碳原子上的氢)被卤素取代的反应。

(2)硝化反应

苯与浓硫酸和浓硝酸的混合物(也称混酸)作用,苯环上的氢原子被硝基取代,生成硝基苯,称为苯的硝化反应。

$$\text{C}_6\text{H}_6 + \text{HNO}_3(\text{浓}) \xrightarrow[50\,^\circ\text{C}\sim60\,^\circ\text{C}]{\text{H}_2\text{SO}_4(\text{浓})} \text{C}_6\text{H}_5-\text{NO}_2 + \text{H}_2\text{O}$$

硝基苯为黄色油状液体,有苦杏仁味。它还可以继续硝化,但是要在更高的温度下或用发烟硫酸和发烟硝酸作硝化剂,才能在间位上引入一个硝基,生成间二硝基苯。

$$\text{C}_6\text{H}_5\text{NO}_2 + \text{HNO}_3(\text{发烟}) \xrightarrow[95\,^\circ\text{C}]{\text{H}_2\text{SO}_4(\text{发烟})} \text{间-C}_6\text{H}_4(\text{NO}_2)_2 + \text{H}_2\text{O}$$

甲苯在混酸的作用下,也能发生硝化反应,在30℃时就可以反应生成甲基的邻位和对位的取代产物,还可以进一步硝化生成三硝基甲苯。

$$\text{CH}_3\text{C}_6\text{H}_5 + \text{HNO}_3 \xrightarrow[30\,^\circ\text{C}]{\text{H}_2\text{SO}_4} \text{邻} + \text{对} \xrightarrow[100\,^\circ\text{C}]{\text{HNO}_3\text{-H}_2\text{SO}_4} \text{2,4,6-三硝基甲苯}$$

2,4,6-三硝基甲苯

由此可以说明硝基苯比苯难以硝化,而甲苯比苯易于硝化。芳烃的硝化反应在工业上有重要的意义。如2,4,6-三硝基甲苯俗称 TNT,为黄色晶体,是一种常用的烈性炸药,有毒,味苦,不溶于水而溶于有机溶剂。

(3)磺化反应

苯与浓硫酸作用,反应速度很慢,但是与发烟硫酸在室温下即可反应,苯环上的氢原子被磺酸基取代,生成苯磺酸,称为磺化反应。磺化反应是可逆的,经常采用此法来分离苯和其他有机化合物。

$$\text{〇} + H_2SO_4(\text{浓}) \xrightleftharpoons{70\,℃\sim80\,℃} \text{〇}-SO_3H + H_2O$$
苯磺酸

(4)傅-克烷基化反应

在三氯化铝的催化下,芳烃与卤代烷可以发生反应,其结果是在苯环上引入了烷基,生成芳烃的烷基衍生物。这个反应叫作傅列德尔(Friedel)-克拉夫茨(Crafts)烷基化反应,简称傅-克烷基化反应。

$$\text{〇} + CH_3CH_2Cl \xrightarrow{AlCl_3} \text{〇}-CH_2CH_3 + HCl$$

反应中,提供烷基的卤代烷称为烷基化试剂。除卤代烷以外,烯烃或醇也可以作烷基化试剂。当烷基化试剂中含有的碳原子数超过 3 时,一般主要生成重排后(即异构化)的烷基衍生物。例如,

$$\text{〇} + CH_3CH=CH_2 \xrightarrow{AlCl_3} \text{〇}-\underset{\underset{CH_3}{|}}{CH}CH_3$$

傅-克烷基化反应容易生成多烷基卤代苯。当苯环上含有强的吸电子基(如—NO_2,—CHO 等)时,烷基化反应不易进行。

(5)傅-克酰基化反应

在三氯化铝的催化下,芳烃与酰卤可以发生作用,其结果是在苯环上引入了酰基,生成芳酮。这个反应叫作傅列德尔-克拉夫茨酰基化反应,简称傅-克酰基化反应。

$$\text{〇} + CH_3\overset{\overset{O}{\|}}{C}-Cl \xrightarrow{AlCl_3} \text{〇}-\overset{\overset{O}{\|}}{C}-CH_3 + HCl$$
乙酰氯　　　　　　　　　　苯乙酮

与傅-克烷基化反应不同的是,傅-克酰基化反应不会有重排产物生成。而相同的是当苯环上含有强的吸电子基(如—NO_2,—CHO 等)时,酰基化反应也不易进行,即傅-克酰基化反应不容易生成多元取代物。例如,

$$\text{〇} + CH_3CH_2CH_2CH_2\overset{\overset{O}{\|}}{C}-Cl \xrightarrow{AlCl_3} \text{〇}-\overset{\overset{O}{\|}}{C}CH_2CH_2CH_2CH_3 + HCl$$

4.5.2　加成反应

苯虽然很稳定,但是在高温和有适当催化剂存在的条件下,也可以和氢、卤素等发生加成反应。

(1)催化加氢

在较高温和 Ni 催化的条件下,苯也可以和氢气发生加成反应。

$$\text{〇} + 3H_2 \xrightarrow[180\,℃\sim250\,℃]{Ni} \text{〇}$$

(2)光照加氯

苯与氯气只有在紫外光照射下才能作用生成六氯化苯。

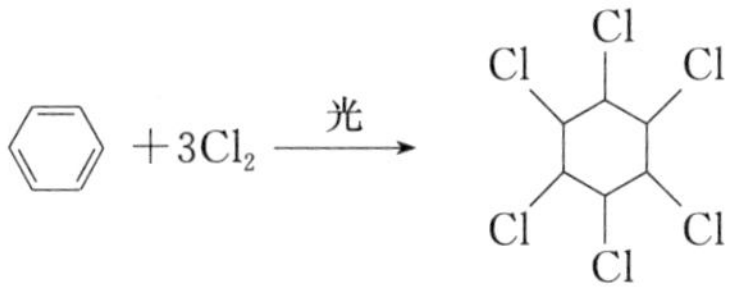

六氯化苯(俗称六六六)

4.5.3 氧化反应

一般条件下,苯环不能被高锰酸钾、重铬酸钾等氧化。烷基苯与此类氧化剂作用时,只要分子结构中有 α-氢原子,烷基就被氧化成羧基,生成苯甲酸。例如,

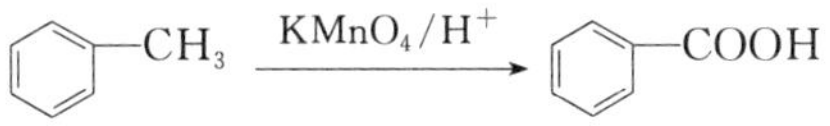

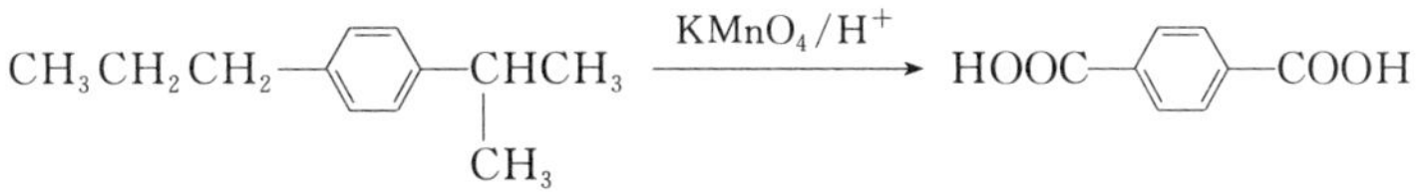

苯环在特殊情况下也可以被氧化。例如,

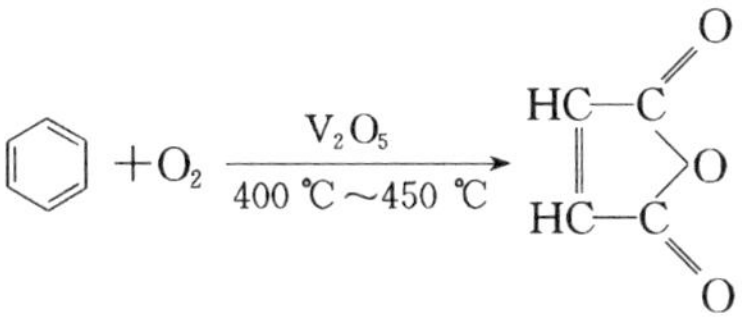

丁烯二酸酐

*4.6 亲电取代反应历程

苯环上的取代反应(如卤代、硝化、磺化、傅-克反应等)都是亲电取代反应历程。一般认为在亲电取代反应中,首先是亲电试剂在一定条件下离解为具有亲电性的正离子 E^+。接着 E^+ 进攻苯环,与苯环的 π 电子很快形成 π 络合物(可以理解为一种碳正离子), π 络合物仍然保持苯环的结构。

$$E:E \longrightarrow E^- + E^+$$

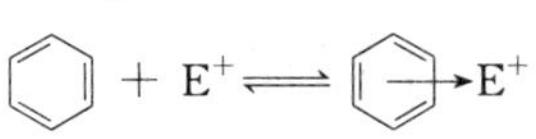

π 络合物

紧接着 π 络合物中的亲电试剂 E^+ 进一步与苯环的一个碳原子直接连接,形成 σ 络合物。 σ 络合物的形成是缺电子的亲电试剂 E^+ 从苯环获得两个电子而与苯环上的碳原子结合成 σ 键的结果。此时,与亲电试剂 E^+ 形成 σ 键的这个碳原子由 sp^2 杂化变成 sp^3 杂化,碳环上的 π 电子只剩下四个,即四个 π 电子分布在五个碳原子上形成 p-π 共轭体系 Π_5^4。所以碳环不再是原来的稳定的共轭体系,而是缺电子共轭体系。

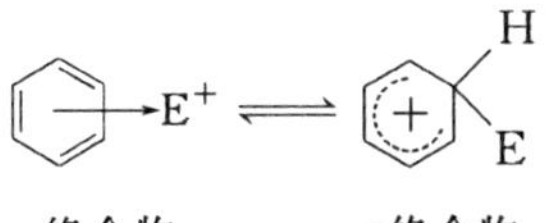

π 络合物 σ 络合物

这种缺电子共轭体系有失去氢质子而恢复原来稳定的共轭体系的趋势。所以 σ 络合物

很快失去氢质子,与亲电试剂 E^+ 形成 σ 键的碳原子又由 sp^3 杂化变成 sp^2 杂化,恢复到了原来的稳定的共轭体系。

$$\underset{\sigma \text{ 络合物}}{\boxed{} \overset{H}{\underset{E}{}}} - H^+ \Longleftrightarrow \boxed{}^E$$

综上所述,芳烃亲电取代反应历程可以表示如下:

$$\boxed{} + E^+ \xrightarrow{\text{快}} \underset{\pi \text{ 络合物}}{\boxed{} \cdot E^+} \xrightarrow{\text{慢}} \underset{\sigma \text{ 络合物}}{\boxed{} \overset{H}{\underset{E}{}}} \xrightarrow[-H^+]{\text{快}} \underset{\text{取代产物}}{\boxed{}^E}$$

现以苯的卤代为例分析亲电取代反应历程。

首先,在 Fe 或 $FeBr_3$ 存在下,Br_2 异裂为 Br^+:

$$Br : Br + FeBr_3 \longrightarrow Br^+ + FeBr_4^-$$

Br^+ 进攻苯环形成 π 络合物,继而转化为 σ 络合物:

$$\boxed{} + Br^+ \Longleftrightarrow \underset{\pi \text{ 络合物}}{\boxed{} \cdot Br^+} \Longleftrightarrow \underset{\sigma \text{ 络合物}}{\boxed{} \overset{H}{\underset{Br}{}}}$$

σ 络合物中苯环脱去一个氢质子又恢复原来的稳定结构:

$$\underset{\sigma \text{ 络合物}}{\boxed{} \overset{H}{\underset{Br}{}}} + FeBr_4^- \xrightarrow{-H^+} \boxed{}^{Br} + HBr + FeBr_3$$

硝化反应中的亲电试剂为硝基正离子(NO_2^+),磺化反应中则为 SO_3H^+,傅-克烷基化和酰基化反应中则为烷基正离子(R^+)和酰基正离子(ROC^+)。由于烷基正离子有异构化为更稳定的碳正离子的趋势,故当烷基化试剂中含有的碳原子数超过 3 时,一般主要生成重排后的烷基衍生物。

4.7　苯环上取代基的定位规律

4.7.1　取代基定位效应

从上面的讨论可知,甲苯发生苯环上的亲电取代时,比苯容易且主要得到邻位和对位取代物;硝基苯发生同样的取代反应时比苯难,主要得到间位的取代产物。这说明苯环上的第一个取代基可以影响第二个取代基进入环上的位置,这种现象称为定位效应,苯环上的第一个取代基称为定位基。根据定位效应可以把定位基分为两类:第一类定位基(邻对位定位基)和第二类定位基(间位定位基)。

第一类定位基(邻对位定位基)　常见的邻对位定位基及其定位强度为:

$-N(CH_3)_2 > -NH(CH_3) > -NH_2 > -OH > -OCH_3 > -NHCOCH_3 > -OCOCH_3 > -R > X(I, Br, Cl)$

这类取代基与苯环直接相连的原子一般只有单键或负电荷,使第二个取代基主要进入它们的邻位和对位,且使苯环活化,即反应比苯容易进行(卤素除外)。

第二类定位基(间位定位基)　常见的间位定位基及其定位强度为:

$$—NO_2 > —CN > —SO_3H > —CHO > —COCH_3 > —COOH > —COOCH_3 > —CONH_2$$

这类取代基与苯环直接相连的原子上一般有不饱和键或正电荷,使第二个取代基主要进入它们的间位,且使苯环钝化,即反应比苯难进行。

4.7.2　定位效应的理论依据

(1) 第一类定位基(邻对位定位基)

在发生亲电取代反应时,由于此类定位基的共轭效应与斥电子诱导效应将苯环上均匀的电子云推向远端,使苯环出现交替极化现象,邻对位的电子云密度增加(见图 4-8),所以反应比苯容易进行,且邻对位上的氢原子容易被取代。

(2) 第二类定位基(间位定位基)

在发生亲电取代反应时,此类定位基的吸电子诱导效应和共轭效应,将苯环上均匀的电子云吸向定位基,使苯环出现交替极化现象,邻对位的电子云密度明显降低(见图 4-9)。相对来说,间位的电子云密度有一定程度的增加。所以取代反应比苯难进行,且间位上的氢原子可以被取代。

图 4-8　甲基的供电子效应　　　　图 4-9　硝基的吸电子效应

取代基的定位效应是影响取代反应的主要因素。此外,苯环上的亲电取代反应还受试剂性质、反应温度、溶剂等因素的影响。

4.7.3　定位效应的应用

(1) 利用取代基的定位规律,可以选择合适的合成路线。例如,由苯制备邻氯苯甲酸和间氯苯甲酸,就采用了不同的合成路线。

由上面的合成路线可以看出,取代基定位效应是选择合成路线的决定性因素之一。

(2) 利用取代基的定位规律,还可以推测取代反应的主要产物。

当苯环上只有一个定位基时,直接根据其定位效应判断第二个取代基的位置;当苯环上有两个定位基并且定位效应一致时,产物也很容易确定。例如,下列苯的二元取代物发生取代反应时,第三个取代基进入的主要位置如箭头所示。

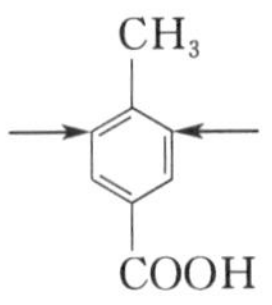

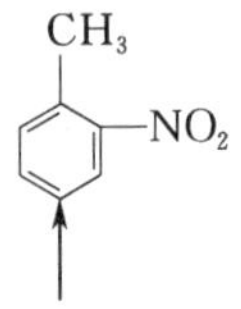

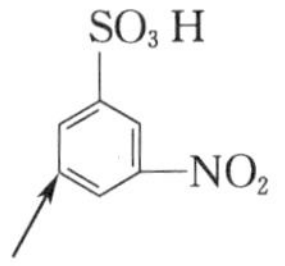

当苯环上有两个定位基而且定位效应不一致时,就要区分是否为同一类定位基。若两个定位基是同一类定位基,则新的基团进入苯环的位置由定位能力强的决定;若两个定位基不是同一类定位基,则一般由第一类定位基来决定。例如,

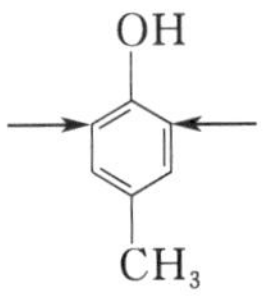

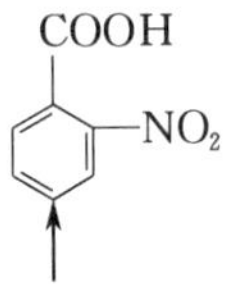

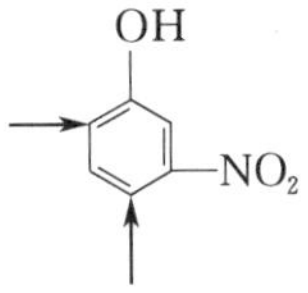

利用取代基的定位规律来推测取代反应主要产物时,还要考虑空间位阻等因素。例如,下列结构式中 2 号碳上的氢原子,理论上可以被取代而引入取代基。但是,其生成物中三个取代基分别连在依次相连的三个碳原子上,相互之间很拥挤,排斥力增大(即空间位阻大),很不稳定,所以这种取代产物很少。

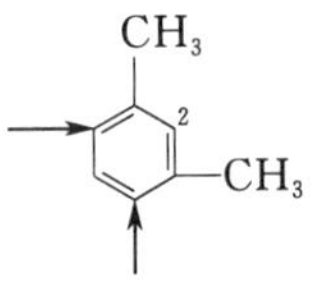

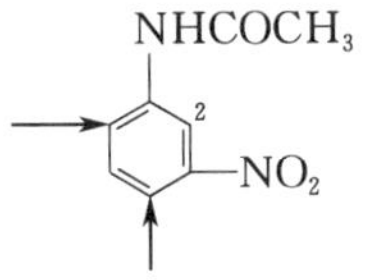

4.8　重要的单环芳烃

(1) 苯

苯是无色液体,熔点 5.5 ℃,沸点 80.1 ℃,具有特殊(芳香)的气味,易燃,不溶于水,易溶于有机溶剂,比水轻。苯是一种很好的有机溶剂,其蒸气有毒。

苯是 1825 年法拉第(Faraday M,1791—1867)从压缩煤气所得到的油中发现的。1845 年霍夫曼(Hofmann A W,1818—1892)首次从煤焦油中分离出苯,后来才从电石合成苯。现在苯的工业来源为煤的干馏和石油的高温裂解或重整。

苯早期作为发动机的燃料,后来才主要作为化工原料。苯的主要用途为:烷基化合成乙苯、乙烯苯、十二烷基苯、异丙苯,从而合成苯酚、丙酮、丁苯橡胶、聚苯乙烯橡胶、有机玻璃等;氢化成环己烷合成锦纶;氧化为顺丁烯二酸酐从而合成杀虫剂、涂料、树脂等;磺化成苯磺酸从而合成粘胶剂;硝化合成染料;氯代或氯化合成农药。此外,作为溶剂时的消耗量也不少。农药六六六(即六氯化苯)和滴滴涕[即 2,2-双(对氯苯基)-1,1,1-三氯乙烷]曾为我国主要使用的杀虫剂,但其残留毒性严重,已被淘汰。

(2) 甲苯

甲苯是无色、易燃、易挥发的液体。熔点 -95 ℃,沸点 110.6 ℃,相对密度 0.87,低毒,对皮肤、黏膜有刺激性,对中枢神经系统有麻醉作用。

甲苯一部分来自煤焦油,大部分是从石油芳构化而得。甲苯主要用来制造硝基甲苯、TNT、苯甲醛和苯甲酸等重要物质,也可用作溶剂。甲苯在催化剂(主要是钼、铬、铂等)、反

应温度 350 ℃～530 ℃、压力为 1 MPa～1.5 MPa 的条件下能发生歧化反应生成苯和二甲苯。苯、甲苯和二甲苯由于其重要的用途而被称为"工业三苯"。

（3）二甲苯

二甲苯是无色透明液体,熔点－25.2 ℃,沸点 144.4 ℃,有类似甲苯的气味。相对密度 0.88,易燃,低毒。

二甲苯对眼及上呼吸道有刺激作用,高浓度时对中枢神经系统有麻醉作用。短期内吸入较高浓度时,可出现眼睛及上呼吸道明显的刺激症状、眼结膜及咽充血、头晕、恶心、呕吐、胸闷、四肢无力、意识模糊、步态蹒跚。重者可有躁动、抽搐或昏迷症状。长期接触可产生神经衰弱综合征。

二甲苯主要用作溶剂和用于合成涤纶原料、涂料等。

（4）苯乙烯

苯乙烯是无色透明油状液体。熔点－30.6 ℃,沸点 146 ℃,相对密度 0.91,易燃,低毒。

苯乙烯对眼睛和上呼吸道有刺激和麻醉作用。高浓度时,立即引起眼及上呼吸道黏膜的刺激,出现眼痛、流泪、流涕、打喷嚏、咽痛、咳嗽等,继之头痛、头晕、恶心、呕吐、全身乏力等;严重者可有眩晕、步态蹒跚。眼部受苯乙烯液体污染时,可致灼伤。

苯乙烯用于制聚苯乙烯、合成橡胶、离子交换树脂等。

4.9 稠环芳烃

4.9.1 稠环芳烃概述

稠环芳烃是多环芳烃的一种,它是指苯环间共用两个或两个以上的碳原子相互合并而成的含有多个苯环的芳烃。命名一般以英文名称音译而来,并且芳环的碳原子有固定的编号。例如,

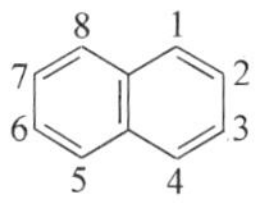

萘 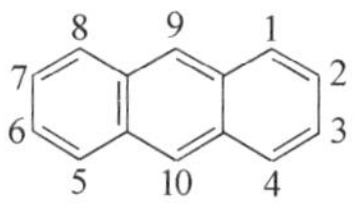　　　　蒽 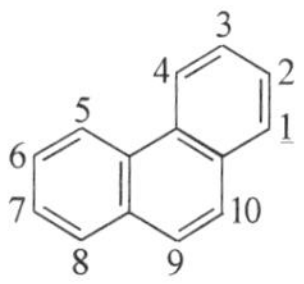　　　　菲

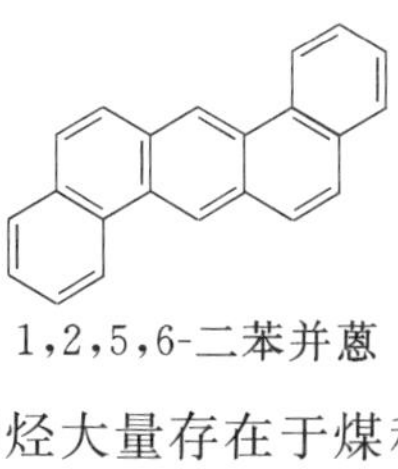

1,2,5,6-二苯并蒽 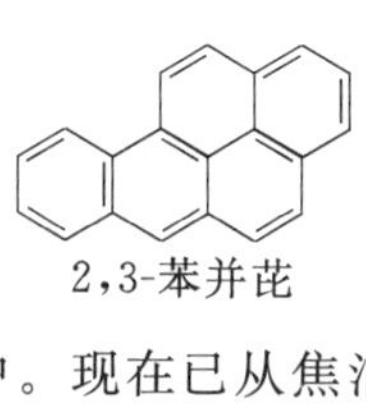　　　　2,3-苯并芘

有很多稠环芳烃大量存在于煤和石油的焦油中。现在已从焦油中分离出几百种稠环芳烃,大都具有致癌作用,例如 1,2,5,6-二苯并蒽、2,3-苯并芘等。在汽车、柴油机排放的废气以及烟气中均含有 2,3-苯并芘,因此吸烟对健康的危害应该引起人们足够的重视。最初发现煤焦油工作人员的皮肤较易生癌,后来从煤焦油中提出致癌物质,同时合成了某些致

癌烃。

　　稠环芳烃与苯相似,分子呈平面结构,形成闭合的共轭大 π 键。但是此共轭体系的电子云密度的分布不完全相等,键长也不全相等,所以没有苯稳定。由分子结构的对称性可知,在萘和蒽的结构式中,1,4,5,8 位相同,称为 α 位;2,3,6,7 位相同,称为 β 位;蒽分子的结构式中 9,10 位相同,称为 γ 位。

4.9.2　稠环芳烃的化学性质

　　稠环芳烃与苯的性质相似,亦即具有芳香性,容易发生亲电取代反应,可以发生加成反应,很难发生氧化反应。

　　(1) 取代反应

　　由于 α-H 原子的活泼性较大,稠环芳烃的取代容易生成 α 位的取代产物,且反应比苯容易得多。例如,

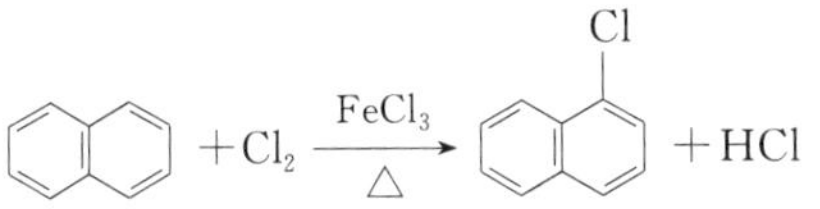

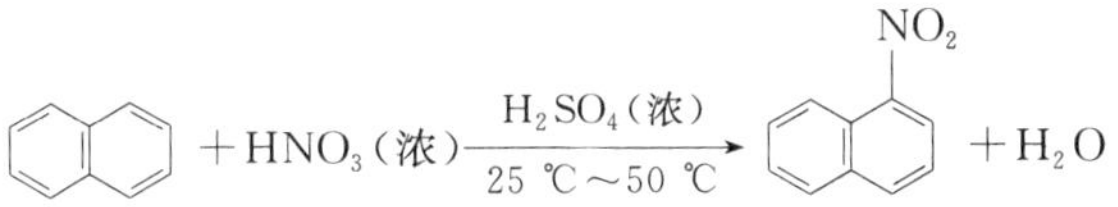

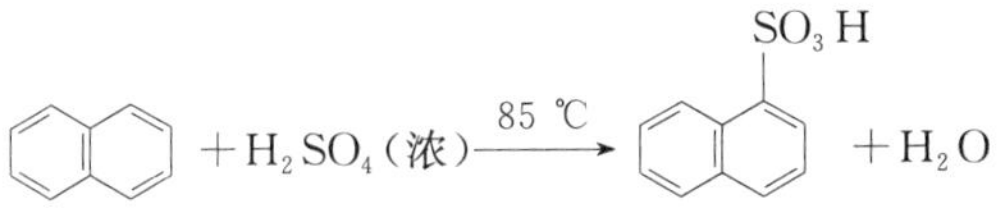

　　当萘中的一个环上有定位基时,若此定位基为邻对位定位基,则发生取代反应时由于邻对位定位基的致活作用主要发生同环的 α 位(即 1,4 位)取代;若此定位基为间位定位基,则由于间位定位基的致钝作用主要发生异环的 α 位(即 5,8 位)取代。

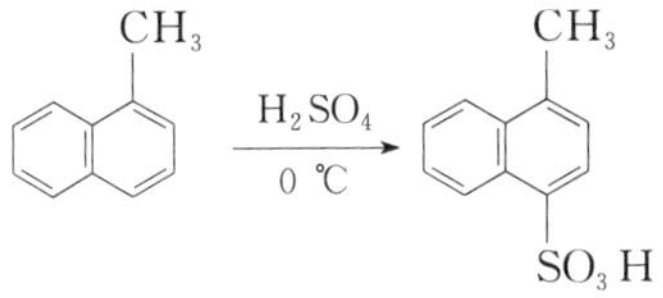

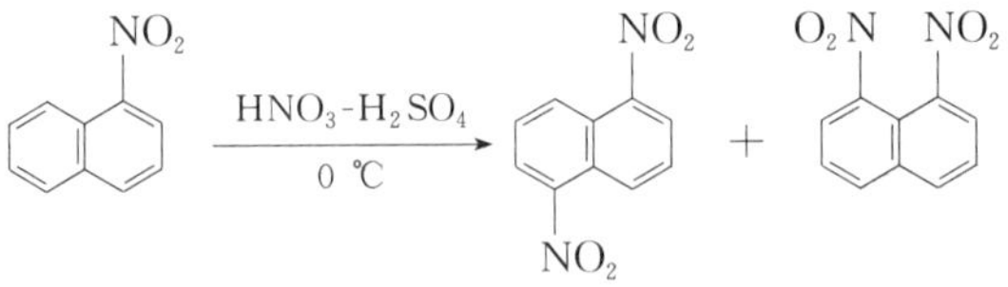

　　(2) 加成反应

　　萘比苯更容易发生加成反应,并且可以控制反应条件以便生成不同的产物。

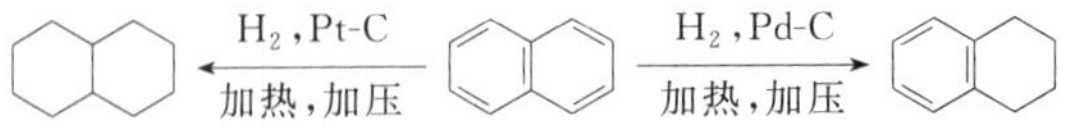

　　(3) 氧化反应

　　萘比苯更容易发生氧化反应,不同条件下得到不同的氧化产物。例如,在强烈氧化条件下,破裂一个苯环,得到邻苯二甲酸酐。

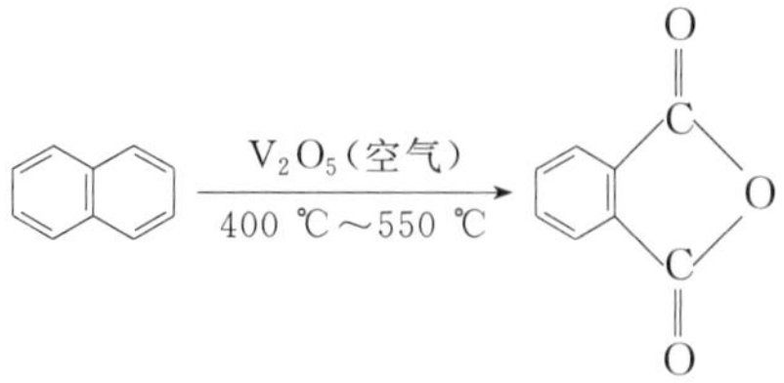

4.9.3　常见的稠环芳烃

（1）萘

萘为白色闪光状晶体，熔点 80.5 ℃，沸点 218 ℃，有特殊气味，能挥发并且容易升华，不溶于水。萘是煤焦油中含量最多的一种化合物，高温煤焦油中含萘约 10%，低毒，具有刺激作用，高浓度导致溶血性贫血及肝、肾损害。吸入高浓度萘蒸气或粉尘时，出现眼及呼吸道刺激、角膜混浊、头痛、恶心、呕吐、食欲减退、腰痛、尿频，亦可发生视神经炎和视网膜炎。重者可发生中毒性脑病和肝损伤。口服中毒者主要引起溶血和肝、肾损害，甚至发生急性肾功能衰竭和肝坏死。

萘是重要的化工原料，也常用作防蛀剂，市售卫生球的主要化学成分是萘及萘酚衍生物。目前萘大量用来制造邻苯二甲酸酐（一种重要的化工原料）。

（2）蒽

蒽为浅黄色针状晶体，有蓝色荧光，熔点 216 ℃，沸点 340 ℃，相对密度1.283，微毒，有高腐蚀性。纯品基本无毒，工业品因含有菲、咔唑等杂质，毒性明显增大。由于蒸气压很低，故经吸入中毒的可能性很小；对皮肤、黏膜有刺激性，易引起光感性皮炎。

蒽用于蒽醌生产，也用作杀虫剂、杀菌剂、汽油阻凝剂等。

（3）菲

菲为无色、有荧光、单斜形片状晶体，熔点 101 ℃，沸点 340 ℃。相对密度0.980，低毒。对动物有致癌作用，对皮肤有刺激作用和致敏作用。

菲可用于合成树脂、植物生长激素、还原染料、鞣料等方面。菲经氢化制得全氢菲，后者可用于生产喷气飞机的燃料。

本章小结及学习要求

环烃分为脂环烃和芳香烃两大类。环烷烃是指分子结构只含有碳碳单键的脂环烃。环丙烷和环丁烷等小环环烃由于分子中存在角张力，共价键不稳定，能发生开环加成反应，加成时符合马氏加成规则。含 5 个以上碳原子的环烷烃分子中基本没有角张力，比较稳定，性质与烷烃相似。环烷烃都不能被高锰酸钾、臭氧等氧化。

芳香烃是指具有芳香结构和芳香性的烃。苯是芳香烃的重要代表物。由于具有芳香结构，苯具有特殊的稳定性，容易发生卤代、硝化、磺化、傅-克烷基化、傅-克酰基化等亲电取代反应，可以发生加成反应，很难发生氧化反应。邻对位定位基使苯环活化，新基团取代定位基邻对位上的氢原子；间位定位基使苯环钝化，新基团取代定位基间位上的氢原子；当苯环上有多个定位基时，取代反应的产物可以根据定位规律来推断。萘、蒽、菲等稠环芳烃具有芳香结构，也具有芳香性，但是比苯弱。

在学习本章时，应该达到以下学习要求：熟练掌握脂环烃、芳香烃的命名方法，理解环烷烃结构、构象和稳定性的关系,理解芳香结构和芳香性,掌握环烷烃、芳香烃的性质及定位规律,了解亲电取代反应历程,了解常见的稠环芳烃及其性质。

【阅读材料 4.1】

金　刚　烷

金刚烷是由四个椅式六元环形成的一个空间网状结构(也可以称为笼型结构,如图4-10所示)的烃,其分子只比环己烷分子多四个碳和四个氢,分子式为 $C_{10}H_{16}$。

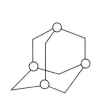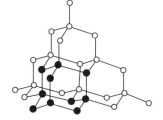

图 4-10　金刚烷和金刚石的结构

金刚烷中四个圈出的碳原子各为三个环所共用,其余六个碳原子各为两个六元环所共用。四个六元环形成一个对称的空间网状结构。它的结构是高度对称的,分子接近球形,有利于在晶格中紧密堆集,因此熔点特别高(270 ℃)。

金刚烷与金刚石在结构上有些相似。金刚石是碳元素的一种存在形式,碳原子都以 sp^3 杂化状态互相连接,形成空间网状结构的物质,就好像是把金刚烷中每一个六元环当作另一个"笼"的一个面,继续扩大下去而形成的物质。

金刚烷由于结构与金刚石晶体相似而得名,但它并不是由金刚石制得的,金刚烷存在于某些地区的石油中。金刚烷是医药工业的重要原料,可制备金刚烷胺盐酸盐——一种有效的退烧药。

【阅读材料 4.2】

休克尔规则与芳香性

一百多年前,凯库勒就预见到,除了苯以外,可能存在其他具有芳香性的环状共轭多烯烃。其中环丁二烯和环辛四烯最引人注意。

直到1948年,人们才从乙炔的四聚反应获得较多的环辛四烯:

$$4CH\equiv CH \xrightarrow[80\ ℃\sim120\ ℃]{Ni(CN)_2}$$

研究者很快就发现环辛四烯与苯极不一样,是个高度不饱和的环状多烯烃。进一步的实验证明,环辛四烯不是平面分子。环丁二烯的合成也是不容易的,研究者经过许多年的努力才在超低温(5 K)的条件下获得。但它在稍高于此温度时如在 35 K 就二聚成三环辛二烯。

1931 年,休克尔(Hückel E)根据理论计算,提出了判断芳香体系的原则,即具有平面或接近于平面、闭合共轭体系的分子,当共轭 π 键的电子数为 $4n+2$(n 为自然数,即 $0,1,2,\cdots$)时,分子就具有芳香性。这就是休克尔规则,也叫作休克尔 $4n+2$ 规则。休克尔规则简明扼要地归纳了大量的化学事实,而且有科学的理论基础。凡是符合休克尔规则的物质,就具有芳香性。根据休克尔规则,可以方便地判断环状多烯的芳香性。随着结构理论的发展,芳香性的概念还在不断深化发展。

习　题

4-1 命名下列化合物。

(1) 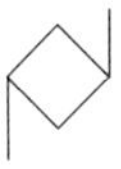

(2) 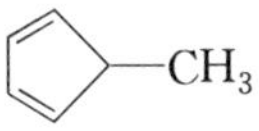

(3) 

(4) 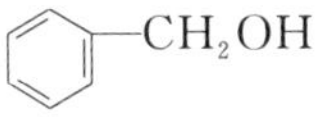

(5) 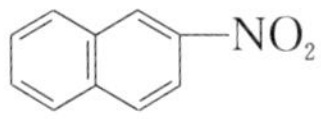

(6) 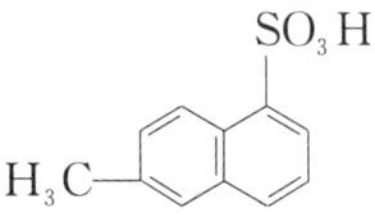

(7) 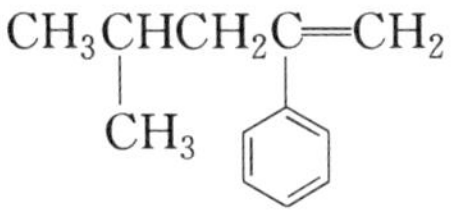

(8) 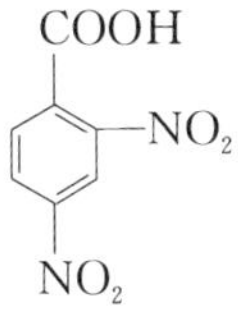

(9) 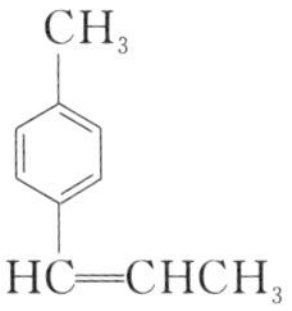

4-2 写出下列化合物的构造式。

(1) 2,3-二甲基环戊烯　(2) *Z*-1-氯-3-溴环丁烷　(3) 1,3,5-三乙苯

(4) 对氯苄氯　(5) 间碘苯酚　(6) 对羟基苯甲酸

(7) *α*-萘磺酸　(8) *β*-萘胺　(9) 1-羟基蒽

4-3 用化学方法鉴别下列物质。

(1) 苯、甲苯、环丙烷　(2) 乙苯、苯乙烯、苯乙炔

(3) 环己烷、环己烯、苯

4-4 写出下列反应的主要产物。

(1) 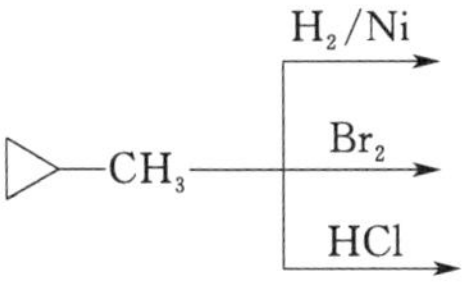

(2) 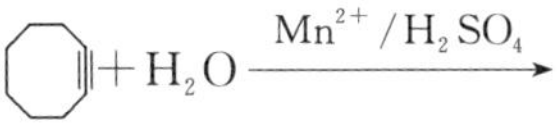

(3) 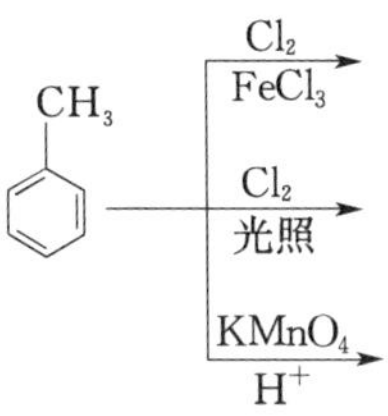

(4) 

(5) 

(6) 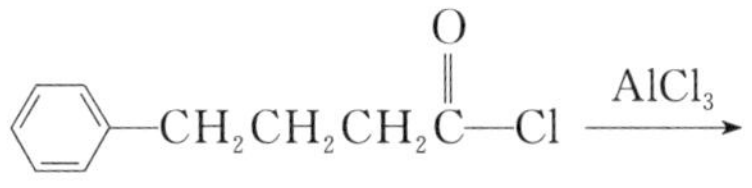

(7) 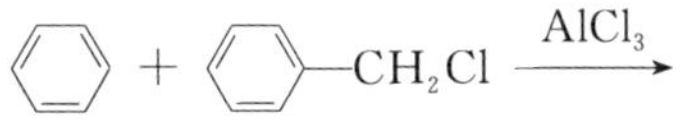

(8) 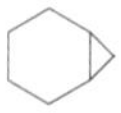 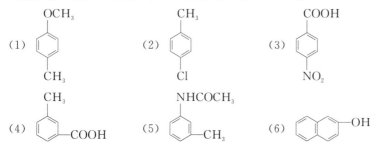 +Br₂ ⟶

4-5 用箭头表示发生取代反应时,新的基团进入芳环的位置。

(1) [结构式：对位 OCH₃ 和 CH₃ 取代的苯环]

(2) [结构式：对位 CH₃ 和 Cl 取代的苯环]

(3) [结构式：对位 COOH 和 NO₂ 取代的苯环]

(4) [结构式：间位 CH₃ 和 COOH 取代的苯环]

(5) [结构式：间位 NHCOCH₃ 和 CH₃ 取代的苯环]

(6) [结构式：萘环上带 OH]

4-6 有一分子式为 C_7H_{14} 的有机物,不能被高锰酸钾溶液氧化。经测定分子中只有一个 $1°$ 碳原子,试写出该化合物的结构。

4-7 有三种组成都是 $C_6H_3Br_3$ 的三溴苯,经硝化后分别得到一种、两种及三种一硝基化合物,试写出三种三溴苯的结构简式。

4-8 分子式为 C_8H_{14} 的化合物 A,能使溴的四氯化碳溶液褪色,能被高锰酸钾溶液氧化,经臭氧氧化再还原水解后,只得到一种分子式为 $C_8H_{14}O_2$ 的没有支链的开链化合物。试写出化合物 A 的结构简式。

*4-9 写出顺-1,3-二甲基环己烷的优势构象。

第 5 章　卤　代　烃

　　烃分子中的氢原子被卤素取代后所生成的化合物称为卤代烃。一般用通式 R—X 或 Ar—X 表示,卤原子为卤代烃的官能团。卤代烃分子中由于存在极性的碳卤键(C—X),其性质比较活泼,能发生多种反应,形成各种有机化合物,因此卤代烃在有机合成中起着桥梁作用。卤代烃在自然界存在很少,多数是由人工合成,在工农业及日常生活中非常重要,如可作为有机合成工业的中间体,也多用作溶剂、干洗剂、冷冻剂、灭火剂、杀虫剂、杀菌剂、麻醉剂等。

5.1　卤代烃的分类和命名

5.1.1　卤代烃的分类

　　根据分子中烃基的不同可以把卤代烃分为饱和卤代烃、不饱和卤代烃和卤代芳烃。

$$R—CH_2—X \qquad R—CH＝CH—X \qquad Ar—X$$

卤代烷烃　　　　　卤代烯烃　　　　　卤代芳烃

　　根据分子中所含卤原子数目不同可以把卤代烃分为一卤代烃和多卤代烃,如一氯甲烷(CH_3Cl)、二氯甲烷(CH_2Cl_2)、三氯甲烷($CHCl_3$)等。

　　根据卤原子所连碳原子的类型不同可将卤代烃分为伯卤代烃(1°卤代烃)、仲卤代烃(2°卤代烃)和叔卤代烃(3°卤代烃)。例如,

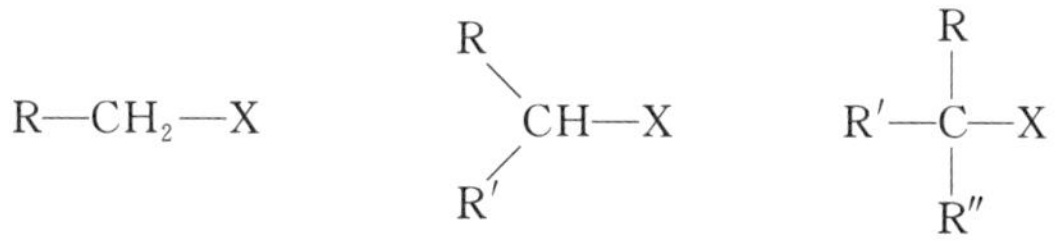

$$R—CH_2—X \qquad \underset{R'}{\overset{R}{\underset{|}{\overset{|}{C}}}}H—X \qquad \underset{R''}{\overset{R}{\underset{|}{\overset{|}{R'—C—X}}}}$$

伯卤代烃　　　　　仲卤代烃　　　　　叔卤代烃

　　根据分子中卤原子的不同可分为氟代烃、氯代烃、溴代烃、碘代烃。

5.1.2　卤代烃的命名

　　(1) 习惯命名法

　　对简单的卤代烃可用卤素加烃基的名称命名为"卤某烃"或"某基卤","烃"字常省略,例如,

$$CH_3Cl \qquad H_2C＝CHCl$$

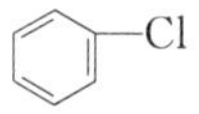

　　一氯甲烷(甲基氯)　　氯乙烯(乙烯基氯)　　　氯苯　　苯甲基氯(苄氯、氯化苄)

习惯命名法只适用于烃基结构较为简单的卤代烃。有些卤代烷用俗名,如三氯甲烷称为氯仿,三碘甲烷称为碘仿。

（2）系统命名法

构造复杂的卤代烃用系统命名法命名。命名原则与烃类基本相同，即选取含有卤原子的最长碳链为主链，根据主链所含碳原子数称为某烷，卤原子和其他支链作为取代基，链中编号同样遵循最低序列原则。例如，

$$\underset{\underset{Br}{|}}{H_2C}-CH_2-\underset{\underset{CH_3}{|}}{CH}-CH_3$$

3-甲基-1-溴丁烷

$$H_3C-\underset{\underset{Br}{|}}{CH}-\underset{\underset{Cl}{|}}{CH}-CH_3$$

2-氯-3-溴丁烷

$$CH_3-CH_2-\underset{\underset{Cl}{|}}{CH}-CH=CH-CH_3$$

4-氯-2-己烯

$$CH_3-C{\equiv}C-\underset{\underset{CH_3}{|}}{CH}-CH_2-Br$$

4-甲基-5-溴-2-戊炔

1,3-二氯环己烷

2-溴甲苯
（邻溴甲苯）

2-溴萘（β-溴萘）

5.2 卤代烃的性质

5.2.1 卤代烃的物理性质

在常温常压下，除氯甲烷、氯乙烷和溴甲烷是气体外，其他常见的一元卤代烷为液体，15个碳原子以上的卤代烷是固体。一卤代烃的熔点、沸点变化规律与烷烃相似，即随分子中碳原子数的增多，熔点、沸点升高。由于 C—X 键的极性使卤代烷分子具有极性（个别结构对称的分子除外，如四氯化碳），因此，卤代烷比相应的烷烃熔点、沸点高。

纯净的卤代烷多是无色的，但碘代烷易分解产生游离的碘，故久置后会逐渐变成棕红色。久置的溴代烃也因分解而带有一定的颜色。一卤代烷具有令人不愉快的气味，其蒸气有毒，尤其是含氯和含碘的化合物可通过皮肤吸收，使用时要注意。

卤代烷不溶于水，但能溶于醇、醚等大多数有机溶剂，它本身有很好的溶解性，是常用的有机溶剂。除少数卤代烷（如一氟代烷、一氯代烷）的相对密度比水小外，其他卤代烷的密度大于1。一些常见卤代烃的物理常数见表5-1。

表 5-1 卤代烃的物理常数

名 称	构造式	熔点/℃	沸点/℃	相对密度（d_4^{20}）
氯甲烷	CH_3Cl	−97	−24	0.920
溴甲烷	CH_3Br	−93	4	1.732
碘甲烷	CH_3I	−66	42	2.279
二氯甲烷	CH_2Cl_2	−96	40	1.326

名　称	构造式	熔点/℃	沸点/℃	相对密度(d_4^{20})
三氯甲烷	$CHCl_3$	-64	62	1.489
四氯化碳	CCl_4	-23	77	1.594
氯乙烷	CH_3CH_2Cl	-139	12	0.903
溴乙烷	CH_3CH_2Br	-119	38	1.461
碘乙烷	CH_3CH_2I	-111	72	1.936
1-氯丙烷	$CH_3CH_2CH_2Cl$	-123	47	0.890
2-氯丙烷	$CH_3CHClCH_3$	-177	36	0.860
氯乙烯	$CH_2{=}CHCl$	-154	-14	0.911
氯苯	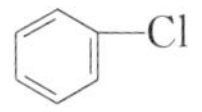 ⟨苯环⟩—Cl	-45	132	1.107
溴苯	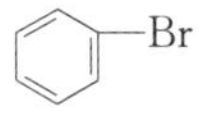 ⟨苯环⟩—Br	-31	155	1.499
碘苯	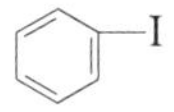 ⟨苯环⟩—I	-29	189	1.824
邻二氯苯	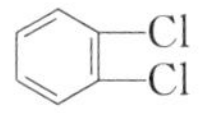 ⟨苯环⟩—Cl,Cl	-17	180	1.305
对二氯苯	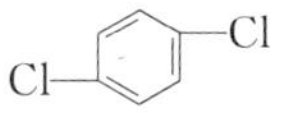 Cl—⟨苯环⟩—Cl	53	174	1.247

5.2.2　卤代烃的化学性质

卤代烃的官能团是卤原子,由于卤原子的电负性较大,使得与卤原子相连的α-C带部分正电荷,容易受到亲核试剂的进攻,所以卤原子很容易被其他原子或基团取代,且β-H受卤原子影响而比较活泼。

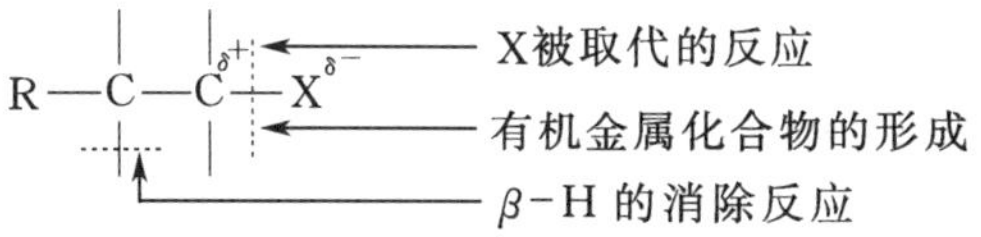

（1）取代反应

卤代烃能与许多试剂作用,分子中的卤原子被其他原子或基团如—OH,—CN,—NH$_2$,—OR,—ONO$_2$等取代,分别生成醇、腈、胺、醚、酯等化合物。

上述反应有一个共同的特点,即都是由带负电的基团（如 OH$^-$,CN$^-$,RO$^-$,ONO$_2^-$ 等）或具有孤对电子的分子（如 $\ddot{N}H_3$）进攻α-C而引起反应。像这样带负电的基团和具有孤对电子的分子都是亲核试剂。

由亲核试剂进攻带部分正电荷的碳原子所引起的取代反应称为亲核取代反应,以 S$_N$ 表示。S 表示取代（substitution）,N 表示亲核（nucleophilic）。亲核取代反应可用下列通式表示：

$$RX + Nu^- \longrightarrow RNu + X^-$$
$$\text{反应物} \quad \text{亲核试剂} \quad \text{产物} \quad \text{离去基团}$$

亲核取代反应速度与卤代烃结构有关。对于烃基相同的卤代烃,其反应速度为

$$\text{碘代烃} > \text{溴代烃} > \text{氯代烃}$$

① 水解

卤代烃水解可得到醇,例如,

$$CH_3CH_2-Br + H_2O \rightleftharpoons CH_3CH_2OH + HBr$$

卤代烃水解是可逆反应,而且反应速率很慢。为了提高产率和增加反应速率,常将卤代烃与氢氧化钠或氢氧化钾的水溶液共热,使水解能顺利进行。

$$CH_3CH_2-Br + NaOH \xrightarrow[\triangle]{H_2O} CH_3CH_2OH + NaBr$$

$$\text{⟨⟩}-Cl \xrightarrow[300\ ℃,20\ MPa]{NaOH,H_2O} \text{⟨⟩}-OH$$

② 氰解

卤代烃与氰化钠或氰化钾在醇溶液中反应生成腈(R—CN)。

$$CH_3CH_2-Br + NaCN \xrightarrow{C_2H_5OH} CH_3CH_2CN + NaBr$$

上述反应是有机合成中增长碳链的一种方法。氰基经水解可以转变为—COOH(羧基),通过卤代烃与 NaCN 的反应可以制备羧酸及其衍生物。

③ 氨解

卤代烃与过量的 NH_3 反应生成胺:

$$CH_3CH_2CH_2I + NH_3 \longrightarrow CH_3CH_2CH_2NH_2 + HI$$

$$HI + NH_3 \longrightarrow NH_4I$$

④ 醇解

卤代烃与醇钠或酚钠在加热条件下反应生成醚,这种制备醚的方法称为威廉森(Williamson)合成法。例如,

$$CH_3CH_2-Br + NaOCH_2CH_3 \xrightarrow{\triangle} CH_3CH_2OCH_2CH_3 + NaBr$$

$$CH_3-Cl + NaO-\text{⟨⟩} \longrightarrow \text{⟨⟩}-OCH_3 + NaCl$$

⑤ 与硝酸银反应

卤代烃与硝酸银的乙醇溶液作用生成硝酸酯和卤化银沉淀。例如,

$$CH_3CH_2CH_2Cl + AgNO_3 \xrightarrow{CH_3CH_2OH} CH_3CH_2CH_2ONO_2 + AgCl\downarrow$$
$$\text{硝酸丙酯}$$

不同的卤代烃与硝酸银反应的速率不同,烯丙型卤代烃、苄卤、叔卤代烃常温下可与硝酸银作用,伯卤代烃和仲卤代烃在加热条件下才能与硝酸银反应,而乙烯型卤代烃、卤苯不与硝酸银反应。不同卤代烃与硝酸银反应生成沉淀由易到难的顺序为

$$CH_2=CHCH_2X, ArCH_2X, (R)_3CX > (R)_2CHX > RX > RCH=CHX, \text{⟨⟩}-X$$

此类反应常用于卤代烃的检验。

卤代烃的亲核取代反应的活性不但与卤代烃的结构有关,而且受溶剂的极性、亲核试剂

的浓度等因素的影响。

（2）消除反应

有机物分子中脱去一个简单分子（一般是 HX，H_2O，NH_3，X_2 等）而生成不饱和化合物的反应称为消除反应，以 E(elimination)表示。卤代烃与氢氧化钠或氢氧化钾的醇溶液共热可发生消除反应生成不饱和化合物。例如，

$$CH_3—\underset{\underset{\boxed{H \quad Br}}{|}}{CH}—CH_2 \xrightarrow[\triangle]{KOH/乙醇} CH_3—CH{=}CH_2 + KBr + H_2O$$

在有机合成中，常利用以上反应在分子中引入 C=C 或 C≡C 结构。

消除反应的产物与卤代烃的结构有关。结构不对称的仲卤代烃和叔卤代烃发生消除反应可生成不同的产物。例如，

$$CH_3—\underset{\underset{Br}{|}}{CH}—CH_2—CH_3 \xrightarrow[\triangle]{NaOH,C_2H_5OH} \underset{81\%}{CH_3CH{=}CHCH_3} + \underset{19\%}{CH_2{=}CHCH_2CH_3}$$

$$CH_3—CH_2—\underset{\underset{Br}{|}}{\overset{\overset{CH_3}{|}}{C}}—CH_3 \xrightarrow[\triangle]{NaOH,C_2H_5OH} \underset{71\%}{CH_3CH{=}C(CH_3)_2} + \underset{29\%}{CH_3CH_2\overset{\overset{CH_3}{|}}{C}{=}CH_2}$$

显然，不对称的仲、叔卤代烃在发生消除反应时，主要是消去含氢较少的碳原子上的氢，产物主要是双键碳原子上连有较多烃基的烯烃（常称为扎烯），这一经验规律称为扎依切夫（Saytzeff）消除规律。消除反应中消除的是 β-氢原子，所以又称 β-消除。

当消除反应能生成比扎烯更稳定的烯烃时，消除反应也可以不符合扎依切夫消除规律。例如，

$$\text{⟨苯环⟩}—CH_2—\underset{\underset{Cl}{|}}{CH}—\overset{\overset{}{}}{CH}\overset{\overset{CH_3}{|}}{CH_3} \xrightarrow[\triangle]{NaOH,C_2H_5OH} \text{⟨苯环⟩}—CH{=}CH—\underset{\underset{CH_3}{|}}{CH}CH_3$$

邻二卤代物能发生脱卤代氢反应生成炔烃或较稳定的共轭二烯烃。例如，

$$CH_3\underset{\underset{Cl}{|}}{CH}\underset{\underset{Cl}{|}}{CH}CH_3 \xrightarrow[\triangle]{NaOH,C_2H_5OH} CH_2{=}CH—CH{=}CH_2 + CH_3C{\equiv}CCH_3$$

邻二卤代物在锌粉（或镍粉）的存在下，还可以脱去卤素单质生成烯烃。

$$CH_3\underset{\underset{Br}{|}}{CH}\underset{\underset{Br}{|}}{CH}_2 + Zn \xrightarrow[\triangle]{C_2H_5OH} CH_3CH{=}CH_2 + ZnBr_2$$

（3）与金属反应

卤代烃能与某些活泼金属直接反应，生成有机金属化合物。这些有机金属化合物性质活泼，碳原子和金属之间的键容易断裂而发生多种化学反应，在有机合成上具有重要的意义。

① 与金属镁反应

在卤代烃的无水乙醚溶液中加入镁条，反应立即发生，生成性质非常活泼的有机镁化合

物,叫格利雅(Grignard)试剂,简称格氏试剂。它是由 R_2Mg,MgX_2,$(RMgX)_n$ 等多种成分组成的平衡混合物,一般用 RMgX 表示,命名为烃基卤化镁。

$$R—X+Mg \xrightarrow{\text{无水乙醚}} RMgX$$

在制备格氏试剂时,卤代烃反应活性顺序是 RI>RBr>RCl。实验室常用溴代烃制取格氏试剂。格氏试剂在乙醚中稳定,但遇水、醇、卤化氢等含活泼氢的物质时,立即作用生成相应的烃。因此,在制备格氏试剂时不能与空气、水等接触,保存时应与氧气隔绝,以防氧化。

格氏试剂 R^-Mg^+Br 是碳负离子供给体,所以格氏试剂可作为亲核试剂,在有机合成中具有重要的用途。

$$RMgX + \begin{cases} \xrightarrow{H_2O} & RH + Mg(OH)X \\ \xrightarrow{HOR'} & RH + R'OMgX \\ \xrightarrow{NH_3} & RH + H_2NMgX \\ \xrightarrow{HX} & RH + MgX_2 \\ \xrightarrow{R—C\equiv CH} & RH + RC\equiv CMgX \\ \xrightarrow{CO_2} & RCOOMgX \xrightarrow{H_2O} RCOOH \\ \xrightarrow{O_2} & ROMgX \xrightarrow{H_2O} R—OH \end{cases}$$

② 与金属钠反应

卤代烃与金属钠反应可制备烷烃,此反应称为武兹(Wurtz)反应,有机合成中常用于成倍地增长碳链。

$$2CH_3CH_2Cl+2Na \longrightarrow CH_3CH_2—CH_2CH_3+2NaCl$$

若以不同的卤代烃作原料,因产物复杂又难于分离而无实用价值。

③ 与金属锂反应

卤代烃在苯、醚或环己烷等溶剂中与锂作用,得到有机锂化合物。有机锂化合物的性质与格氏试剂相似,且更为活泼。例如,

$$C_4H_9Cl+2Li \xrightarrow[-10\ ℃]{\text{苯}} C_4H_9Li+LiCl$$

*5.3　亲核取代反应历程

由于烃基结构的不同,卤代烃的亲核取代可按两种历程进行,即双分子历程和单分子历程,现以卤代烷烃的水解反应为例予以说明。

(1)双分子历程(S_N2)

研究表明,溴甲烷的碱性水解速率与溴甲烷和 OH^- 两种物质的浓度成正比。

$$CH_3—Br+OH^- \longrightarrow CH_3OH+Br^-$$

$$v=k[CH_3Br]\cdot[OH^-]$$

溴甲烷碱性水解反应历程可表示为

$$HO:^- + \underset{\substack{H \\ | \\ H}}{\overset{H}{\underset{|}{C}}} \overset{\delta^+ \quad \delta^-}{-Br} \longrightarrow \left[HO\cdots \underset{\substack{H \\ H}}{\overset{\delta^-}{\overset{H}{C}}}\cdots Br \right] \longrightarrow HO-\underset{\substack{H \\ H}}{\overset{H}{C}} + Br:^-$$

亲核试剂从溴的
背后进攻α-C   过渡态

在反应时,亲核试剂 OH⁻ 从溴原子的背面沿着 C—Br 键键轴的方向进攻 α-C。在逐渐接近的过程中,O—C 之间的键逐渐形成,C—Br 键逐渐伸长且变弱,此时甲基上的三个氢原子也向溴原子一方逐渐偏转。当偏转到三个氢原子与碳原子处于同一平面上,羟基和溴原子在平面两边,H—C—H 键角为 120° 时,此刻碳原子由 sp^3 杂化状态转变为 sp^2 杂化状态,形成一个"过渡态"。OH⁻ 继续接近碳原子而形成 O—C 键;溴原子则带着电子对继续远离碳原子,直至 C—Br 键断开形成 Br⁻,碳原子又恢复到 sp^3 杂化状态,位于同一平面的三个氢原子也完全偏转到溴原子一边。这样就完成了取代反应。整个偏转过程就像雨伞在大风中翻转一样,产物中的 —OH 不是连在原来溴原子占据的位置,而是其背面的位置,所得甲醇的构型与原来溴甲烷的构型相反,这个翻转过程称为瓦尔登(Walden)转化。

溴甲烷碱性水解反应的特点是反应一步进行到位而不分阶段,C—Br 键的断裂和 C—O 键的形成同时进行,反应速率取决于溴甲烷和 OH⁻ 的浓度,因此这种反应历程称为双分子亲核取代反应,用 S_N2 表示,2 代表双分子。瓦尔登转化是 S_N2 反应的重要标志之一。

伯卤代烷的水解主要按双分子历程进行。

(2)单分子历程(S_N1)

研究表明,叔丁基溴碱性水解的反应速率仅与叔丁基溴的浓度成正比,而与碱的浓度无关。

$$CH_3-\underset{\substack{| \\ CH_3}}{\overset{\substack{CH_3 \\ |}}{C}}-Br + OH^- \longrightarrow CH_3-\underset{\substack{| \\ CH_3}}{\overset{\substack{CH_3 \\ |}}{C}}-OH + Br^-$$

$$v = k\left[(CH_3)_3CBr\right]$$

反应是分两步进行的,第一步是叔丁基溴在溶剂中首先离解成平面结构的叔丁基碳正离子中间体:

$$(CH_3)_3CBr \xrightarrow{\text{慢}} \left[(CH_3)_3 \overset{\delta^+ \quad \delta^-}{C\cdots Br}\right] \longrightarrow \underset{\substack{CH_3 \quad CH_3}}{\overset{CH_3}{\overset{|}{C^+}}} + Br^-$$

过渡态

第二步是 OH⁻ 从平面结构的叔丁基碳正离子两边进攻碳正离子中间体,生成构型相反的两种产物:

$$HO^- + \underset{\substack{CH_3 \quad CH_3}}{\overset{CH_3}{\overset{|}{C^+}}} \longrightarrow \underset{\substack{H_3C \\ CH_3}}{\overset{H_3C}{C}}-OH + HO-\underset{\substack{CH_3 \quad CH_3}}{\overset{H_3C}{C}}$$

第一步离解速率慢,第二步反应速率较快。在多步反应中,整个反应的速率主要由速率最慢的一步来决定,所以整个反应速率仅与叔丁基溴的浓度有关,而与 OH⁻ 浓度无关。

叔丁基溴碱性水解反应的特点是反应分两步进行,反应速率仅取决于卤代烷的浓度。在决定反应速率的这一步骤中,发生共价键变化的只有一种分子,因此这种反应历程称为单分子亲核取代反应,用 S_N1 表示,1 表示单分子。由于反应历程中有碳正离子中间体生成,而碳正离子具有重排成更稳定的碳正离子的性质,所以,碳正离子重排是 S_N1 反应的重要标志之一。

叔卤代烷的水解主要按单分子历程进行。

应该指出的是:亲核取代反应的两种历程,在反应中是同时存在、相互竞争的,只是在某一特定条件下哪个占优势的问题。一个亲核取代反应究竟是 S_N1 占优势还是 S_N2 占优势,与卤代烃中 α-碳原子上烷基数目、烷基的大小、卤原子的性质、亲核试剂的亲核能力以及溶剂的极性等都有关系。

*5.4 消除反应历程

与亲核取代反应类似,卤代烃的消除反应也按两种不同的历程进行,即单分子消除反应和双分子消除反应,分别以 E1,E2 表示。

(1) 双分子历程(E2)

当亲核试剂 OH⁻ 接近卤代烃分子时,它既可以进攻卤代烃中的 α-碳原子(发生亲核取代反应),也可以进攻 β-氢原子(发生消除反应)。在 OH⁻ 逐渐接近 β-氢原子的同时,卤原子带着一对电子逐渐离去,形成过渡态。随着反应的进行,OH⁻ 与 β-氢原子结合形成水分子而脱去;与此同时,卤素带着共用电子对以负离子的形式离去,在 β-碳原子和 α-碳原子之间形成双键。

$$\underset{\substack{| \\ H \\ | \\ OH}}{CH_3-\overset{\beta}{C}H-\overset{\alpha}{C}H-X} \longrightarrow \left[\underset{\substack{\delta \\ HO}}{\overset{CH_3}{\underset{\substack{| \\ CH---CH_2---X}}{}}}\right]^{\overset{\delta}{}} \longrightarrow CH_3-CH=CH_2+X^-+H_2O$$

过渡态

上述消除反应是一步完成的,旧键的断裂和新键的生成同时进行,反应速率与卤代烃及亲核试剂的浓度都有关,因而称为双分子消除反应历程。

由此可见,E2 反应和 S_N2 反应历程很相似,不同的是 S_N2 反应中亲核试剂进攻 α-碳原子,而在 E2 反应中,亲核试剂进攻 β-氢原子。

(2) 单分子历程(E1)

E1 反应与 S_N1 反应有相似历程。E1 反应也是分两步进行,首先是卤代烃分子在溶剂中离解成碳正离子;在 S_N1 反应中,碳正离子与亲核试剂结合生成取代产物,而在 E1 反应中,碳正离子 β-碳原子上的氢原子以质子形式脱掉生成消除产物。反应的第一步进行缓慢,是决定反应速率的一步,整个反应的速率只与卤代烃浓度有关而与亲核试剂浓度无关,因此称为单分子消除反应历程。例如,

$$\text{第一步：} \quad CH_3-\overset{\overset{\displaystyle CH_3}{|}}{\underset{\underset{\displaystyle CH_3}{|}}{C}}-X \xrightarrow{\text{慢}} CH_3-\overset{\overset{\displaystyle CH_3}{|}}{\underset{\underset{\displaystyle CH_3}{|}}{C^+}} + X^-$$

$$\text{第二步：} \quad CH_3-\overset{\overset{\displaystyle CH_3}{|}}{\underset{\underset{\displaystyle CH_3}{|}}{C^+}} \xrightarrow[OH^-]{\text{快}} CH_3-\overset{\overset{\displaystyle CH_3}{|}}{C}=CH_2 + H^+$$

从以上分析可以看出,消除反应和取代反应是相伴发生的。消除产物和取代产物的比例受反应物的结构、亲核试剂的性质、温度、溶剂等多种因素影响,若控制反应条件可使反应以某一历程为主。一般来说,在烷基结构不同的卤代烷中,叔卤代烷较易发生消除反应,而伯卤代烷较易发生取代反应。若卤代烷的烷基结构相同,则当进攻试剂碱性较强、反应温度较高、溶剂极性较弱时,有利于发生消除反应。例如,卤代烷在氢氧化钠水溶液中加热时,主要产物是取代产物——醇;而在氢氧化钠-乙醇溶液中加热时,主要产物是消除产物——烯烃。

5.5 卤代烯烃的化学性质

卤原子取代不饱和烃或芳烃中的氢原子分别生成不饱和卤代烃和芳香族卤代烃。卤代烯烃含有两个官能团 C＝C 和—X,所以它的化学反应既可发生在双键上,又可发生在碳卤键上,影响其化学性质的主要因素是双键和卤原子的相对位置。

（1）双键位置对卤原子活泼性的影响

依据双键与卤素相对位置的不同,可以将卤代烯烃分为三类,即乙烯型卤代烯烃 $RCH＝CH-X$,烯丙型卤代烯烃 $RCH＝CH-CH_2X$ 和孤立型卤代烃 $RCH＝CH-CH_2(CH_2)_nX$。

双键位置对卤代烯烃中卤原子的活性有很大的影响。用硝酸银的醇溶液和不同双键位置的卤代烃作用,根据卤化银沉淀生成的快慢,可以测得这些卤代烃的活性次序。

$$\left. \begin{array}{l} CH_2＝CHCl \\ CH_3-CH_2Cl \\ CH_2＝CH-CH_2Cl \end{array} \right\} \xrightarrow{AgNO_3,\text{乙醇}} \begin{array}{l} \longrightarrow \text{不反应} \\ \longrightarrow \text{室温时不反应,加热后产生白色沉淀} \\ \longrightarrow \text{立即产生白色沉淀} \end{array}$$

为什么乙烯型分子中的卤原子不活泼,而烯丙型分子中的卤原子却显得特别活泼呢?我们分别从结构上找原因。

① 乙烯型卤代烯烃

乙烯型卤代烯烃中的卤原子与双键碳原子直接相连（ $\overset{\diagdown}{\diagup}C＝C\overset{\diagdown}{\underset{X}{\diagup}}$ ）。如在氯乙烯分子中,氯原子的未共用电子对所处的 p 轨道与双键中的 π 轨道相互平行而发生重叠,形成 p-π 共轭体系 Π_3^4,氯原子上的电子云向双键碳原子上分散,体现供电子的共轭效应,使得氯乙烯分子中发生了电子云密度平均化和键长平均化:

$$\overset{\frown}{CH_2}＝\overset{\frown}{CH}-\overset{\frown}{\ddot{Cl}}$$

结果是氯乙烯中双键键长(0.138 nm)比一般的 C＝C 双键键长(0.134 nm)长;而 C—Cl 键的键长(0.172 nm)比一般的 C—Cl 键长(0.177 nm)短,偶极矩也比相应的氯乙烷小。因而氯乙烯分子中的 C—Cl 键结合比较牢固,氯原子很不活泼,不易被取代。

氯苯分子中的氯原子直接连在苯环上,与氯乙烯有类似的结构,也形成了 p-π 共轭体系,使它的 C—Cl 键键长(0.170 nm)比一般的 C—Cl 键短,所以氯原子也不活泼。

② 烯丙型卤代烯烃

烯丙型卤代烯烃中的卤原子与双键相隔一个饱和碳原子($\diagdown$ C＝C—C—X),其卤原子是很活泼的,例如烯丙基氯在进行亲核取代时比正丙基氯约快 79 倍。

烯丙基氯在进行亲核取代时,主要按 S_N1 反应历程进行。即首先离解成烯丙基碳正离子,然后再与亲核试剂反应。以它的水解反应为例:

$$CH_2＝CH—CH_2Cl \longrightarrow \overset{\delta^+}{CH_2}＝CH—\overset{\delta^+}{CH_2} +Cl^-$$

$$\overset{\delta^+}{CH_2}＝CH—\overset{\delta^+}{CH_2} +OH^- \longrightarrow CH_2＝CH—CH_2OH$$

在生成的烯丙型碳正离子中,在与双键相邻的碳原子上有一个空的 p 轨道,它与双键的 π 轨道形成缺电子的 p-π 共轭体系,使 π 键上的电子云发生离域,扩展到三个碳原子周围,正电荷得到分散,能量降低,使碳正离子较为稳定。正因为离解出来的碳正离子很稳定,所以烯丙基氯很容易离解,因而表现出氯原子的强活泼性,也表明有利于 S_N1 反应进行。

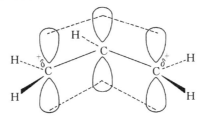

从烯丙基碳正离子的电子云分布来看,两端的碳原子上都带有部分正电荷,它与亲核试剂作用时有两种可能:

$$\underset{3}{\overset{\delta^+}{CH_2}}＝\underset{2}{CH}—\underset{1}{\overset{\delta^+}{CH_2}}+OH^- \begin{cases} \overset{OH^-进攻 C(1)}{\longrightarrow} CH_2＝CH—CH_2OH \\ \overset{OH^-进攻 C(3)}{\longrightarrow} HOCH_2—CH＝CH_2 \end{cases}$$

无论 OH^- 进攻哪个碳原子,所得到的都是烯丙醇。但是,其他烯丙型卤代烃如1-氯-2-丁烯水解将得到不同的产物,这种现象称为烯丙位重排。

$$\underset{4}{CH_3}—\underset{3}{CH}＝\underset{2}{CH}—\underset{1}{CH_2}Cl \longrightarrow \underset{4}{CH_3}—\underset{3}{\overset{\delta^+}{CH}}＝\underset{2}{CH}—\underset{1}{\overset{\delta^+}{CH_2}} +Cl^-$$

$$\underset{4}{CH_3}—\underset{3}{\overset{\delta^+}{CH}}＝\underset{2}{CH}—\underset{1}{\overset{\delta^+}{CH_2}}+OH^- \begin{cases} \overset{OH^-进攻 C(1)}{\longrightarrow} CH_3—CH＝CH—CH_2OH \\ \overset{OH^-进攻 C(3)}{\longrightarrow} CH_3—\underset{OH}{CH}—CH＝CH_2 \end{cases}$$

苄基卤($\langle\bigcirc\rangle$ —CH$_2$X)的情况与烯丙型卤相似,卤原子也是很活泼的。

③ 孤立型卤代烯烃

孤立型卤代烯烃的卤原子与双键相隔两个或多个饱和碳原子

$$\left(-\overset{|}{C}=\overset{|}{C}-\overset{|}{(C)_n}-X, n\geqslant2\right)。这类化合物如 4-氯-1-丁烯（CH_2=CH-CH_2CH_2Cl），由于卤原$$

子与双键相距较远,双键对卤原子活泼性的影响不显著,故卤原子的活泼性与卤代烷中卤原子的活泼性相似。

（2）卤原子对双键加成反应的影响

不同类型的烃基对卤原子活泼性产生影响的同时,卤原子对烃基也有一定的影响,这种影响在卤代烯烃加成时表现得十分明显。例如,

$$CH_2=\overset{\delta^+}{C}H\overset{\frown}{-}\overset{\delta^-}{C}Cl_3+\overset{\delta^+}{H}\overset{\delta^-}{Cl} \longrightarrow CH_2-CH_2-CCl_3 \qquad（不符合马氏规则） \tag{1}$$
$$\underset{Cl}{|}$$

$$\overset{\delta^-}{CH_2}=\overset{\delta^+}{C}H\overset{\delta^+}{-}\overset{\delta^-}{C}l+\overset{\delta^+}{H}\overset{\delta^-}{Cl} \longrightarrow CH_3-CHCl_2 \qquad（符合马氏规则） \tag{2}$$

显然,反应(1)是由于—CCl_3 强烈的吸电子诱导效应改变了 $CH_2=CHCl_3$ 中烯键电子云分布的结果;反应(2)则是氯乙烯中氯原子上的未共用的 p 电子与 π 键形成 p-π 共轭体现供电子共轭效应所致。也可以理解为氯乙烯与 H^+ 加成时,可以生成两个活性中间体(Ⅰ)和(Ⅱ):

$$CH_2=CHCl + H^+ \longrightarrow CH_3-\overset{+}{C}H-Cl + \overset{+}{C}H_2-CH_2Cl$$
$$（Ⅰ） \qquad\qquad （Ⅱ）$$

活性中间体(Ⅰ)中卤原子未共用的 p 电子与碳正离子空的 p 轨道形成 p-π 共轭,使(Ⅰ)比(Ⅱ)稳定,所以(Ⅰ)对应的产物为主要产物。

卤原子的吸电子诱导效应,使得卤代烯烃中双键电子云密度降低,故亲电加成反应比一般烯烃困难。卤代烯烃的加成反应一般要有催化剂才能进行。

5.6　重要的卤代烃

（1）溴甲烷

溴甲烷常态下是无色气体,一般加压液化后储存在耐压容器中。它有强烈的神经毒性,是一种熏蒸杀虫剂,能消灭棉铃虫、蚕虫象、谷蛀虫、米象等,可用于熏杀仓库、种子、温室的害虫。由于对人、畜有剧毒,一般由专业人员实施熏杀作业。

（2）三氯甲烷

三氯甲烷又称氯仿,是一种无色有甜味的液体,沸点 62 ℃,相对密度1.489,不溶于水,是一种不燃性有机溶剂。它可溶解许多高分子化合物,如有机玻璃、橡胶、油脂等。纯净的氯仿曾在医学上作为麻醉剂使用,因其对心脏、肝脏毒性大,目前临床已很少使用。氯仿在光照条件下,会逐渐被氧化为剧毒光气。光气毒性很强,能损伤肝脏,被列为危险品。所以氯仿应用棕色瓶避光保存。

$$CHCl_3+O_2 \xrightarrow{\text{光照}} \underset{Cl}{\overset{Cl}{\diagdown}}C=O + HCl$$

$$\text{光气}$$

用 1% 的乙醇可将光气破坏。

（3）四氯化碳

四氯化碳是一种无色液体，沸点 77 ℃，相对密度为 1.594，能溶解脂肪、油漆、树脂、橡胶等物质，在实验室和工业上都用作溶剂及萃取剂。四氯化碳不能燃烧，其蒸气比空气重，不导电。因此，当四氯化碳受热蒸发成为沉重的气体覆盖在燃烧着的物体上时，就能隔绝空气而灭火，所以常用作灭火剂，较适用于扑灭油类的燃烧和电源附近的火灾。由于四氯化碳在 500 ℃ 以上时可以与水作用，产生光气：

$$CCl_4 + H_2O \xrightarrow{>500℃} COCl_2 + HCl$$

所以，用它作灭火剂时，必须注意通风，以免中毒。

（4）聚四氟乙烯

聚四氟乙烯是由四氟乙烯在催化剂存在下加成聚合而成的高分子化合物。它是一种优良的合成树脂，耐低温和耐热性强，可在 −100 ℃ ～ +300 ℃ 的范围内使用，它的化学稳定性超过一切塑料，与强酸、强碱、强氧化剂都不起作用，所以被誉为"塑料王"，商品名为"特氟隆"。

（5）氟里昂

氟里昂是一类含氟的多卤代甲烷和乙烷的通称，如 CCl_3F，$CHClF_2$，$CFCl_2—CFCl_2$，CCl_2F_2 等。CCl_2F_2 的商品名为 F-12，是无色无臭的气体，沸点 −26.8 ℃，易压缩成液体。压缩成液体的氟里昂解除压力后立即气化并吸收大量的热，因此是一种优良的制冷剂。氟里昂毒性一般极小，且化学性质稳定，因而还用作灭火剂、发胶和卫生用品的喷雾剂。近年来研究发现它们对大气臭氧层有破坏作用，故人类正在积极研究和寻找氟里昂的代用品。

（6）有机氯杀虫剂

有机氯杀虫剂是含氯有机杀虫剂的通称。例如，DDT 和"六六六"曾经广泛用于农业生产和卫生杀虫。但长期大量使用后，人们发现它们对环境造成严重污染，由于属高残留农药，国际上已禁止生产和使用（我国已于 1982 年停止生产和使用）。一些毒性较小、具有可生物降解性的有机氯杀虫剂，如硫丹、毒杀芬、三氯杀螨醇仍在生产和使用。

（7）血妨 846

血妨 846 又叫六氯对二甲苯，其结构式如下：

$$Cl_3C—\!\!\!\bigcirc\!\!\!—CCl_3$$

血妨 846 为白色有光泽的结晶粉末，无味，易溶于氯仿，可溶于乙醇及植物油，不溶于水，熔点 107 ℃～112 ℃。它是广谱抗寄生虫病药，临床上用于治疗血吸虫病、肝吸虫病。

本章小结及学习要求

卤代烃可根据分子中卤原子所连碳原子的类型分为伯卤代烃（1°卤代烃）、仲卤代烃（2°卤代烃）和叔卤代烃（3°卤代烃），也可以根据分子中卤原子的种类和卤原子的数目分类。卤代烃的命名原则与各类烃相同，一般将卤原子看作取代基。

卤代烃能发生单分子亲核取代反应（S_N1）和双分子亲核取代反应（S_N2），其反应活性不但与卤代烃的结构有关，而且受溶剂的极性、亲核试剂的浓度等因素影响。

卤代烃能发生单分子消除反应（E1）和双分子消除反应（E2）。卤代烃发生消除反应时，消除的是 β-碳原子上的氢，因此又称为 β-消除。消除反应的难易与卤代烃的结构有关，结构不对称的仲卤代烃和叔卤代烃发生消除反应时一般符合扎依切夫（Saytzeff）规律。

由卤代烃制成的格氏试剂在有机合成中具有重要的用途。卤代烯烃的化学性质与双键和卤原子的相对位置有密切的关系。

学习本章时，应达到以下要求：了解卤代烃的分类，掌握卤代烃的系统命名法，了解卤代烃的 S_N1，S_N2，E1，E2 等反应历程，掌握卤代烷烃和卤代烯烃的化学性质。

【阅读材料】

氟里昂

20 世纪 30 年代以前，氨、二氧化硫和丙烷是工业和家用电冰箱常用的制冷剂，但由于氨和二氧化硫有毒，并有较强的腐蚀性，丙烷又是易燃的危险品，因此科学家们力图寻找一种性能优异、安全可靠的制冷剂。1925 年美国化学家托马斯·米得奇雷（Thoms Midgly）终于研制出一种理想的制冷剂——氟里昂。

氟里昂是含有一个或两个碳原子的氟氯烷烃的商品名称。常用代号 F-abc 表示，a，b，c 分别为阿拉伯数字。其中 a 为碳原子数减 1，b 为氢原子数加 1，c 为氟原子数。氯原子数不必标出，可以根据通式推出。一些常见氟里昂的构造及代号如下：

氟里昂	CCl_3F	CCl_2F_2	CCl_2FCClF_2	$CClF_2CClF_2$
代号	F-11	F-12	F-113	F-114

常温下，氟里昂为无色气体，容易压缩成液态，减压后立即气化，同时吸收大量热，因此可广泛用作制冷剂。氟里昂制冷剂的优点很多，如沸点低、易液化、无毒、无味、不腐蚀金属、热稳定性好、不易燃烧和爆炸等。氟里昂的这些优越性能，使其在制冷剂中出类拔萃，独占鳌头，主要用于电冰箱和空气调节器的制冷（一台家用冰箱约需 1 kg 的 F-12 制冷剂）。此外，氟里昂还可用作气雾剂（加入到发胶、摩丝中）、发泡剂（制造各种泡沫塑料）、清洗剂（干洗衣物，清洗电子元件、首饰等）及灭火剂。

随着科学技术的不断发展，20 世纪 70 年代人们发现逸入大气中的氟里昂受日光辐射分解出的活泼的氯自由基，能破坏大气臭氧层，导致紫外线大量照射到地球表面，使人体免疫系统失调，造成皮肤癌患者增多，农作物减产。为防止大气臭氧层被进一步破坏，国际协会组织已规定在 2010 年停止生产和使用氟里昂。

氟里昂产品受到极大限制后，人们开始寻找它们的替代品。现在已经研制出 F-32、F-125、F-134a 和 F-143a 等制冷剂，这些化合物分子中不含氯原子，对臭氧层无破坏作用。

习 题

5-1 用系统命名法命名下列化合物。

(1) $CH_2{=}CHCHCH_3$
　　　$|$
　　　Cl

(2) ⟨苯环⟩—$CHCH_2CH_3$
　　　　　　$|$
　　　　　　Br

(3) $CH_2{=}CHCH_2Br$

(4) ⟨环己烯⟩—Br

(5) ⟨环己烷⟩—CH_2Cl

(6) Br—⟨苯环，邻位 Br 和 CH_3⟩

5-2 写出下列化合物的结构式。

(1) 四氟乙烯

(2) 3-苯基-1-溴丁烷

(3) 2,4-二硝基氯苯

(4) 5-氯-1,3-环戊二烯

(5) 4-甲基-5-氯-2-戊炔

5-3 用化学方法鉴别下列各组化合物。

(1) 2-甲基-2-溴丙烷、1-溴丁烷、3-溴丙烯

(2) $CH_2{=}CHCH_2Br$, $CH_3CH{=}CHBr$, CH_3CH_2Br

(3) ⌬—Cl , ⌬—CH_2Cl , ⬡—Cl , ⬡—Cl

5-4 完成下列反应。

(1) O_2N—⌬—$CH(CH_3)_2 + Cl_2$ $\xrightarrow{FeCl_3}$ $\xrightarrow[\text{光}]{Cl_2}$

(2) CH_3—⌬—$Br + Mg$ $\xrightarrow{\text{无水乙醚}}$ $\xrightarrow{CO_2}$ $\xrightarrow{H_2O}$

(3) 邻位 CH=CHBr / CH_2Cl $+ AgNO_3$ $\xrightarrow{C_2H_5OH}$

(4) ⌬—CH_2Cl $\xrightarrow{NaCN}$ $\xrightarrow{H_3^+O}$

(5) ⬡ $+ Br_2$ $\longrightarrow$ $\xrightarrow{KOH-C_2H_5OH}$

(6) $CH_3CH_2CH_2I$ $\xrightarrow[\triangle]{NaOH/H_2O}$

5-5 由给定条件制备下列化合物。

(1) 由 1-碘丙烷分别制备 2-丙醇和 1,2-二氯丙烷

(2) 由 1-溴丁烷制备 2-溴丁烷、2-丁醇、2-丁烯

(3) 由甲苯合成对氯苯甲醇

(4) 以溴代环己烷与氯乙烯合成 ⬡—Cl

5-6 某卤代烃 C_4H_9Br(A)与氢氧化钾的醇溶液反应生成 C_4H_8(B),B 经氧化后得到含三个碳原子的羧酸(C)、二氧化碳和水,使 B 与溴化氢反应,则得到 A 和异构体 D。试推导 A 的构造式,并写出各步反应式。

5-7 卤代烃 A 的分子式为 $C_6H_{13}I$。用热、浓 NaOH 乙醇溶液处理后得产物 B,B 经高锰酸钾氧化生成 $(CH_3)_2CHCOOH$ 和 CH_3COOH,写出 A,B 的结构简式。

5-8 某化合物 C_6H_{12}(A)与溴水不发生反应,在光照下能和溴水反应,只生成一种一溴代物 $C_6H_{11}Br$(B),B 与氢氧化钾的醇溶液作用得到 C_6H_{10}(C),化合物 C 经酸性高锰酸钾氧化得到己二酸。写出 A,B,C 的构造式及各步反应式。

第6章 醇、酚、醚

醇、酚、醚都是烃的含氧衍生物，但其分子结构和性质却有很大的不同。醇和酚具有相同的官能团——羟基(—OH)，但醇分子中的羟基与脂肪烃基相连，而酚中的羟基与芳香烃基相连。醚的官能团是醚键(—O—)。含有相同碳原子数的醇、酚、醚互为同分异构体，属于官能团异构。

6.1 醇

6.1.1 醇的分类和命名

醇可以看作脂肪烃分子中的氢原子被羟基取代后的产物。

(1) 醇的分类

按醇分子中烃基不同可将醇分为脂肪醇、脂环醇和芳香醇，又可根据烃基是否含有不饱和键分为饱和醇和不饱和醇。

脂肪醇　CH_3CH_2OH　　$CH_2{=\!=}CH—CH_2OH$

乙醇(饱和醇)　　2-丙烯-1-醇(不饱和醇)

脂环醇

环己醇(饱和醇)　　3-环己烯-1-醇(不饱和醇)

芳香醇

苯甲醇或苄醇

醇也可以按羟基所连碳原子类型的不同，分为伯醇(1°醇)、仲醇(2°醇)和叔醇(3°醇)。

$$CH_3—CH_2—OH \qquad \begin{array}{c} CH_3—CH—CH_3 \\ | \\ OH \end{array} \qquad \begin{array}{c} CH_3 \\ | \\ CH_3—C—CH_3 \\ | \\ OH \end{array}$$

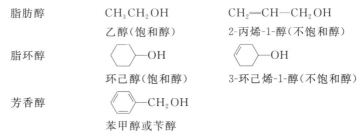

乙醇(伯醇)　　异丙醇(仲醇)　　叔丁醇(叔醇)

醇也可按羟基数目的多少，分为一元醇、二元醇、多元醇等。含三个或三个以上羟基的醇，总称为多元醇。

$$CH_3CH_2CH_2OH \qquad \begin{array}{cc} CH_2— & CH_2 \\ | & | \\ OH & OH \end{array} \qquad \begin{array}{ccc} CH_2— & CH— & CH_2 \\ | & | & | \\ OH & OH & OH \end{array}$$

丙醇(一元醇)　　乙二醇(二元醇)　　丙三醇(多元醇)

(2) 醇的命名

简单的一元醇可用普通命名法命名，即根据与羟基相连的烃基命名为“某醇”。对结构比较复杂的醇，采用系统命名法，命名原则如下：

① 选择连有羟基的最长碳链为主链(不饱和醇还应包含双键或叁键)。若为多元醇,主链应含有尽可能多的羟基。

② 从距羟基最近的一端开始给主链上的碳原子编号,以主链上碳原子的总数称为"某醇",再将取代基的位次、个数、名称及羟基的位次写在母体名称之前。例如,

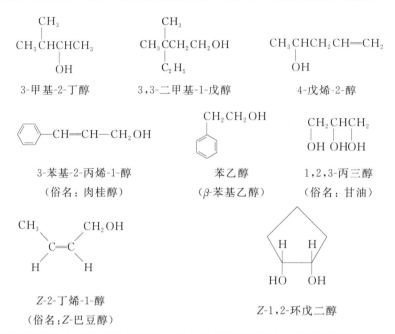

醇的异构除有碳链异构外,还有位置异构,不饱和醇还可能存在顺反异构。

6.1.2 醇的物理性质

在常温下,含有 4 个以下碳原子的直链饱和一元醇为无色的带有酒味的液体;含有 5 个~11 个碳原子的醇为具有不愉快气味的液体;含有 12 个以上碳原子的醇为无臭、无味的蜡状固体。

醇的熔点、沸点及密度都随分子内碳原子数的增加呈规律性变化。醇是极性分子,与水相似,羟基可以彼此形成氢键(见图 6-1)。因此,低级醇的熔点、沸点都比相对分子质量相近的烷烃高得多,密度也比相应烷烃大,水溶性也较大。随着碳原子数的增加,羟基在整个醇分子中所占的比例减小,氢键对醇的物理性质的影响也减小。而烃基越大,位阻越大,就越难形成氢键。所以,高级醇的物理性质与烷烃相近。醇的同分异构体中,支链越多沸点越低。一些常见的醇的物理常数列于表 6-1。

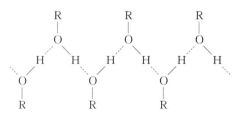

图 6-1 醇分子间通过氢键缔合

低级醇可以与 $MgCl_2$,$CaCl_2$ 等发生配位反应,形成类似含结晶水的化合物,如 $MgCl_2$ · $6CH_3OH$,$CaCl_2$ · $4CH_3CH_2OH$ 等,这种配位化合物叫作结晶醇。因此不能用无水 $CaCl_2$ 作为干燥剂来除去醇中的水。

表 6-1　一些常见的醇的物理常数

名称	熔点/℃	沸点/℃	密度/(g·cm⁻³)(20 ℃)	折光率(n_D^{20})	溶解度/[g·(100 g 水)⁻¹]
甲醇	−97.8	65	0.791 5	1.328 8	∞
乙醇	−117.3	78.4	0.789 3	1.361 1	∞
正丙醇	−127	97.19	0.803 6	1.386 2	∞
异丙醇	−88	82.5	0.785 1	1.377 6	∞
正丁醇	−89	117.7	0.809 8	1.399 3	7.9
2-丁醇	−114.7	99.5	0.807 0	1.395 4	溶
异丁醇	−108	107	0.806	1.396 8	9.5
叔丁醇	25.5	82.5	0.788 7	1.387 8	∞
正戊醇	−79	137.8	0.824 4	1.410 0	2.7
乙二醇	−12.6	197.2	1.113 2	1.430 6	∞
丙三醇	17.9	290(分解)	1.261 3	1.474 6	∞
苯甲醇	−15.3	205.3	1.045 4(24 ℃)	1.539 2	4

6.1.3　醇的化学性质

醇的化学性质主要由官能团羟基决定。在醇分子中,由于氧的电负性大于碳和氢,所以 O—H 键和 C—O 键均为极性键,因此主要有 O—H 键断裂和 C—O 键断裂两种不同类型的反应。此外,与羟基邻近的碳原子上的氢原子也由于诱导效应可发生某些反应。

根据醇的结构,它可发生的一些主要反应如下所示:

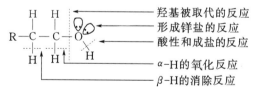

（1）酸性与成盐的反应

醇与水相似,可与活泼金属钠、钾、镁、铝等反应生成金属醇化物,并放出氢气。

$$ROH + Na \longrightarrow RONa + \frac{1}{2} H_2 \uparrow$$

由于醇的酸性比水弱,所以醇与金属钠的反应不像与水的反应那样剧烈,反应较温和,放出的热也不足以使生成的氢气自燃。因此,在销毁废钠时,可加入乙醇将废钠缓慢地转化为醇钠,不至于引起燃烧和爆炸。

不同的醇与金属反应的活性顺序为:甲醇＞伯醇＞仲醇＞叔醇。

这是由于烷基是斥电子基,随着 α-碳原子上烷基的增多,氧上的电子云密度增加,O—H

键结合得更为牢固,因此醇的酸性逐渐减弱,与金属钠的反应也就逐渐减慢。

因为醇的酸性比水弱,故其共轭碱——醇钠的碱性比氢氧化钠强,醇钠也是较强的亲核试剂。醇钠遇到水立即分解为氢氧化钠和醇。

$$RONa + H_2O \rightleftharpoons R—OH + NaOH$$

（2）羟基被卤原子取代的反应（与 HX, PX$_3$, SOCl$_2$ 等反应）

① 与卤化氢反应

醇容易与氢卤酸反应生成卤代烃和水,这是制备卤代烃的一种重要方法。此反应是可逆的,可看作是卤代烃水解反应的逆反应,也是亲核取代反应。

$$R—OH + HX \rightleftharpoons R—X + H_2O$$

醇与氢卤酸反应的速率和氢卤酸的类型及醇的结构有关。不同的氢卤酸的反应活性次序为:HI＞HBr＞HCl。不同的醇的反应活性次序为:苄醇、烯丙醇、叔醇＞仲醇＞甲醇＞伯醇。

例如,伯醇与氢碘酸（47％）一起加热就可生成碘代烃;与氢溴酸（48％）作用时必须有浓硫酸并加热才能生成溴代烃;与浓盐酸作用时必须有氯化锌存在并加热才能生成氯代烃。

利用醇和浓盐酸作用的快慢,可以鉴别低级伯、仲、叔醇,所用试剂为浓盐酸和无水氯化锌配成的溶液,称为卢卡斯（Lucas H J）试剂。含 6 个以下碳原子的一元醇能溶于卢卡斯试剂,反应所生成的氯化物不溶于卢卡斯试剂,分层。其中,叔醇与卢卡斯试剂反应分层最快,仲醇次之,伯醇最慢。反应式如下:

$$(CH_3)_3C—OH + HCl \xrightarrow[20\ ℃]{ZnCl_2} (CH_3)_3C—Cl + H_2O$$
（很快分层）

$$CH_3CH_2\underset{\underset{OH}{|}}{C}HCH_3 + HCl \xrightarrow[20\ ℃]{ZnCl_2} CH_3CH_2\underset{\underset{Cl}{|}}{C}HCH_3 + H_2O$$

（数分钟分层）

$$CH_3CH_2CH_2CH_2OH + HCl \xrightarrow[\triangle]{ZnCl_2} CH_3CH_2CH_2CH_2Cl + H_2O$$

（常温下不反应）

② 与 PX$_3$, PX$_5$, SOCl$_2$ 反应

醇也可与三碘（或溴）化磷、五氯化磷或亚硫酰氯反应生成相应的卤代烃,利用这个反应可由醇来制备卤代烃。

$$3ROH + PI_3 \longrightarrow 3RI + P(OH)_3$$
$$ROH + PCl_5 \longrightarrow RCl + POCl_3 + HCl$$
$$ROH + SOCl_2 \longrightarrow RCl + SO_2 \uparrow + HCl$$

（3）脱水反应

醇在强酸的作用下可发生脱水反应,根据反应条件的不同,有两种脱水方式。

① 分子内脱水

醇在较高温度（400 ℃～800 ℃）下可脱水生成烯烃,如果用浓硫酸或三氧化二铝作催化剂,则脱水可以在较低的温度下进行。与卤代烃的消除反应一样,醇分子中的羟基与 β-碳原子上的氢原子脱去一分子水得到烯烃。

$$CH_3CH_2OH \xrightarrow[170\ ℃]{H_2SO_4(浓)} CH_2=CH_2 + H_2O$$

伯醇与浓硫酸共热到 170 ℃ 左右脱水生成烯烃,仲醇和稀硫酸共热即可脱水,醇脱水的难易程度是:叔醇＞仲醇＞伯醇。醇的脱水同样符合扎依切夫(Saytzeff)规律。

$$CH_3CH_2\underset{\underset{OH}{|}}{C}HCH_3 \xrightarrow[100\ ℃]{66\%\ H_2SO_4} CH_3CH=CHCH_3 + H_2O$$
$$65\%\sim80\%$$

$$CH_3CH_2\underset{\underset{OH}{|}}{\overset{\overset{CH_3}{|}}{C}}CH_3 \xrightarrow[87\ ℃]{46\%\ H_2SO_4} CH_3\underset{}{\overset{\overset{CH_3}{|}}{C}}=CHCH_3$$
$$>95\%$$

② 分子间脱水

两分子醇在较低温度下发生分子间脱水,生成醚。

$$CH_3CH_2OH + HOCH_2CH_3 \xrightarrow{H_2SO_4}_{140\ ℃} CH_3CH_2OCH_2CH_3 + H_2O$$

一般情况下,较高温度有利于醇的分子内脱水,较低温度有利于醇的分子间脱水。这说明控制反应条件的重要性和有机反应的复杂性。

(4) 酯化反应

醇与酸(有机酸或无机含氧酸)作用生成酯和水的反应称为酯化反应。醇与有机酸生成的酯称为羧酸酯。酯化反应为可逆反应。

$$ROH + HOOCR' \underset{}{\overset{H^+}{\rightleftharpoons}} ROOCR' + H_2O$$

醇与无机酸(硫酸、硝酸、磷酸等)作用生成的酯称为无机酸酯。

$$CH_3-OH + HOSO_2OH \rightleftharpoons CH_3OSO_2OH + H_2O$$
硫酸氢甲酯

$$CH_3CH_2-OH + HONO_2 \rightleftharpoons CH_3CH_2ONO_2 + H_2O$$
硝酸乙酯

$$\begin{matrix} CH_2-OH \\ | \\ CH-OH \\ | \\ CH_2-OH \end{matrix} + 3HNO_3 \xrightarrow[10\ ℃]{H_2SO_4} \begin{matrix} CH_2-ONO_2 \\ | \\ CH-ONO_2 \\ | \\ CH_2-ONO_2 \end{matrix} + 3H_2O$$
三硝酸甘油酯

三硝酸甘油酯是一种烈性炸药,俗名硝化甘油。它也有扩张冠状动脉的作用,在医药上用来治疗心绞痛。

(5) 氧化反应

醇分子中由于羟基的影响,α-氢原子比较活泼,例如伯醇和仲醇中的 α-氢原子容易被氧化剂氧化或在催化剂存在下脱去。叔醇分子中 α-碳原子上没有氢原子,不容易被氧化。

在常用的氧化剂如重铬酸钾、高锰酸钾等作用下,伯醇先被氧化成醛,醛很容易继续被氧化成羧酸;仲醇则被氧化成酮。

$$RCH_2OH \xrightarrow{K_2Cr_2O_7/H^+} \underset{醛}{RCHO} \xrightarrow{K_2Cr_2O_7/H^+} \underset{羧酸}{RCOOH}$$

$$RCHR' \xrightarrow[]{K_2Cr_2O_7/H^+} RCR'(酮)$$

伯、仲醇在高温和催化剂作用下也可以被氧化生成醛或酮。

$$RCH_2-OH \xrightarrow[Cu,\triangle]{-2H} RCHO$$

$$RCHR'(OH) \xrightarrow[Cu,\triangle]{-2H} RCR'(O)$$

有机化学中,在分子中加入氧或脱去氢的反应称为氧化反应,加入氢或脱去氧的反应称为还原反应。

生物体内的氧化还原反应是在酶的作用下以脱氢或加氢的方式进行的。

6.1.4 重要的醇

(1) 甲醇

甲醇最初由木材干馏(隔绝空气加强热)得到,因此又称木醇或木精。甲醇是无色易燃液体,沸点 65 ℃,能溶于水,有剧毒,如长期与甲醇蒸气接触,或误饮含有甲醇的酒类饮料,少量即可致失明,重者致命。甲醇用途很广,大量用作溶剂和有机合成原料,如生产甲醛、有机玻璃、合成纤维涤纶等。甲醇加入汽油中,可增加汽油的辛烷值,也可单独作汽车、飞机的燃料。

工业上由一氧化碳和氢气制得。

$$CO+2H_2 \xrightarrow[350\,℃,高压]{ZnO\text{-}Cr_2O_3} CH_3OH$$

(2) 乙醇

乙醇俗称酒精,无色液体,有特殊的香味,是各类酒的主要成分。密度 0.789 g·cm^{-3},沸点 78.4 ℃,易挥发,可与水以任何比例混溶。乙醇也有毒,服入较多或长期服用,可使肝、心、脑等器官发生病变。

工业酒精是含 95.6% 乙醇与 4.4% 水的恒沸混合物,沸点 78.15 ℃,用直接蒸馏法不能将水分完全除去,通常用生石灰处理后再进行蒸馏,可得含乙醇 99.5% 以上的无水乙醇。

乙醇是重要的化工原料,可用作消毒剂、溶剂、防腐剂、燃料等。工业上采用发酵法和乙烯水化法制取乙醇。发酵法是通过微生物进行的复杂的生物化学过程,大致步骤如下:

淀粉 $\xrightarrow{糖化酶}$ 麦芽糖 $\xrightarrow{麦芽糖酶}$ 葡萄糖 $\xrightarrow{酒化酶}$ 乙醇

(3) 乙二醇

乙二醇是最简单和最重要的二元醇,又名甘醇,是带有甜味但有毒性的液体,沸点 197.2 ℃,是常用的高沸点溶剂。能与水、乙醇、丙酮等混溶。其水溶液的凝固点很低,如 60% 乙二醇水溶液的凝固点为 −40 ℃。因此乙二醇可作为防冻剂和制冷剂,还是合成纤维涤纶等高分子化合物的重要原料。

(4) 丙三醇

丙三醇俗名甘油,是无色、带有甜味的黏稠液体,沸点 290 ℃(分解),可与水以任意比例混溶,具有强烈的吸湿性,能吸收空气中的水分,至含20%的水分后不再吸收,其水溶液的凝固点很低。故它广泛地用作日用化学品、皮革、烟草、食品以及纺织工业中的吸湿剂。

甘油是油脂的组成成分,可由动植物油脂水解得到,是肥皂工业的副产品。

甘油具有微弱的酸性,能与新制的氢氧化铜反应,生成能溶于水的深蓝色甘油铜。

$$
\begin{array}{c}
CH_2\text{—}OH \\
| \\
CH\text{—}OH \\
| \\
CH_2\text{—}OH
\end{array}
+ Cu(OH)_2 \longrightarrow
\begin{array}{c}
CH_2\text{—}O \\
\qquad\quad Cu \\
CH\text{—}O \\
| \\
CH_2\text{—}OH
\end{array}
+ 2H_2O
$$

甘油铜(深蓝色)

邻位多元醇都可以发生类似的反应。所以,上述反应可用来鉴别邻位多元醇的存在。

(5)环己六醇

环己六醇最初是从动物肌肉中分离得到的,故俗称肌醇。肌醇为白色晶体,熔点225 ℃,能溶于水,不溶于无水乙醇、乙醚。存在于动物心脏、肌肉和未成熟的豌豆中,是某些动物和微生物生长所必需的物质。肌醇的六磷酸酯称为植酸,广泛存在于草本植物体内,种子发芽时,在酶的作用下分解,供应植物幼芽生长所需的磷酸。肌醇可用于治疗肝硬化、肝炎、脂肪肝及胆固醇过高症。

(6)苯甲醇

苯甲醇俗称苄醇。它是一个最重要、最简单的芳醇,存在于茉莉等香精油中。工业上可由苯氯甲烷在碳酸钾或碳酸钠存在下水解而得。

$$
\text{⟨苯环⟩}\text{—}CH_2Cl + H_2O \xrightarrow[105\ ℃]{12\%\ Na_2CO_3} \text{⟨苯环⟩}\text{—}CH_2OH + HCl
$$

(7)硫醇

醇分子中的氧原子被硫原子取代后所形成的化合物叫作硫醇,通式为RSH。—SH叫作巯基或氢硫基,为硫醇的官能团。

硫醇的命名与醇相似,只需在醇字前面加一个"硫"字即可。例如,

CH_3SH C_2H_5SH $CH_2\text{=}CHCH_2SH$

甲硫醇   乙硫醇   烯丙硫醇

甲硫醇在常温下是气体,其他低级硫醇为液体,具有难闻的气味,空气中含有2×10^{-11}(体积分数)的硫醇,即可被人嗅出。因此,硫醇是一种臭味剂,可将它加入有毒气体(如煤气)中,以便检查是否漏气。

由于巯基不能形成氢键,所以硫醇的沸点比相应的醇低,在水中的溶解度也比醇低得多。

硫醇的构造与醇相似,但在化学性质上存在着比较显著的差别,如乙硫醇($pK_a=10.5$)的酸性就比乙醇($pK_a=17$)要强,与稀氢氧化钠溶液作用,生成C_2H_5SNa。

6.2　酚

羟基直接与芳香环相连的化合物称为酚。一元酚的通式为Ar—OH。

6.2.1　酚的分类和命名

（1）酚的分类

根据酚分子中芳环的不同可将酚分为苯酚、萘酚、蒽酚等,根据酚羟基数目的不同可分为一元酚、二元酚和多元酚等。

（2）酚的命名

酚的命名是将羟基及与其相连的芳环作为母体称为"某酚"。当芳环上含有其他基团时,依据芳环上母体取代基选择原则选定母体取代基后再编号。例如,

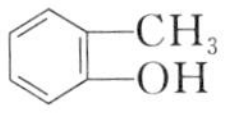

2-甲基苯酚　　　　　　　　　　　　　　　　　1,3-苯二酚
（邻甲基苯酚）　　　　　α-萘酚　　　　　　　（间苯二酚）

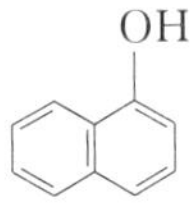

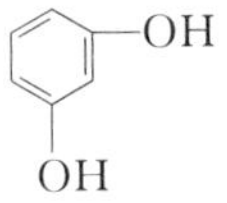

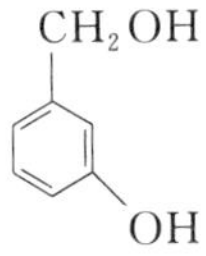

间羟基苯甲醇 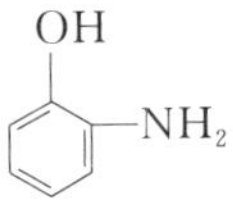　　　　　2-氨基苯酚 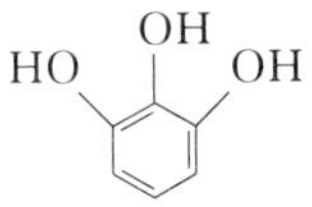　　　　　　连苯三酚

6.2.2　酚的物理性质

常温下,除少数酚是液体外,多数酚是固体。纯净的酚无色,但由于酚容易被空气中的氧所氧化而产生有色杂质,所以酚常带有红色或褐色。与醇相似,由于羟基的存在,酚分子之间或酚与水分子之间也能形成氢键,因此其熔点和沸点也都比相对分子质量相近的烷烃高,在水中也有一定的溶解度。邻位上有氟、硝基或羟基的酚,由于可形成分子内氢键而降低了分子间的缔合程度,它们的沸点比间位和对位异构体低。常见酚的物理常数见表6-2。

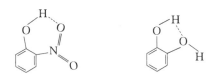

表 6-2　酚的物理常数

名　　称	熔点/℃	沸点/℃	溶解度/[g·(100 g 水)⁻¹] (20 ℃)	pK_a
苯酚	43	181.8	8	9.98
邻甲苯酚	31	191	2.5	10.2
间甲苯酚	11.5	202.2	2.6	10.01
对甲苯酚	34.8	201.9	2.3	10.17
邻硝基苯酚	45	216	0.2	7.17
间硝基苯酚	97	197.7(9 331Pa)	2.2	8.28

名　称	熔点/℃	沸点/℃	溶解度/[g·(100 g 水)$^{-1}$]（20 ℃）	pK$_a$
对硝基苯酚	114.9	279 分解	1.3	7.15
α-萘酚	94	280	<0.1	9.33
β-萘酚	123	286	0.1	9.5
邻苯二酚（儿茶酚）	105	245	45.1	9.4
间苯二酚（树脂酚）	111	281	123	9.4
对苯二酚（氢醌）	173	286	8	10.0
1,2,3-苯三酚	133	309	62	7.0
1,2,4-苯三酚	140	—	易	—
1,3,5-苯三酚	218	升华	1	—

6.2.3　酚的化学性质

酚虽然和醇含有相同的官能团——羟基，但由于酚羟基直接和芳环相连，酚羟基中氧原子是 sp^2 杂化，氧原子上未参与杂化的孤对电子所占的 p 轨道与苯环的 π 轨道重叠形成 p-π 共轭体系 Π_7^8。因此，酚的 C—O 键不易断裂。酚与醇相比，亲核取代反应和消除反应都难于进行。

p-π 共轭效应导致氧原子上电子云密度降低，O—H 键减弱，有利于苯酚离解成为质子和苯氧负离子，故酚具有明显的酸性。对芳环来说，由于 p-π 共轭效应大于氧原子吸电子的诱导效应，使得氧原子上的电子云向苯环上分散，环上的亲电取代反应容易进行（见图 6-2）。

图 6-2　苯酚的 p-π 共轭

根据苯酚的结构，它可以发生的一些主要反应如下所示：

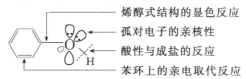

烯醇式结构的显色反应
孤对电子的亲核性
酸性与成盐的反应
苯环上的亲电取代反应

（1）酚羟基上的反应

① 酸性

酚与醇相比，具有更强的酸性。如苯酚的酸性（pK$_a$≈10）比乙醇的酸性（pK$_a$≈17）强得多。苯酚能溶解于氢氧化钠水溶液中生成酚钠，而醇不能。

$$\langle\!\!\!\bigcirc\!\!\!\rangle\text{—OH}+\text{NaOH}\longrightarrow\langle\!\!\!\bigcirc\!\!\!\rangle\text{—ONa}+\text{H}_2\text{O}$$

但苯酚的酸性比碳酸（pK$_a$=6.38）弱，不能与碳酸氢钠作用生成盐。通入二氧化碳于酚钠水溶液中，酚即游离出来。

$$\langle\!\!\!\bigcirc\!\!\!\rangle\text{—ONa}+\text{CO}_2+\text{H}_2\text{O}\longrightarrow\langle\!\!\!\bigcirc\!\!\!\rangle\text{—OH}+\text{NaHCO}_3$$

工业上利用酚的这种能溶解于碱而又可用酸将它从碱溶液中游离出来的性质,从煤焦油中分离酚,也用于处理含酚污水以回收酚。

苯环上不同的取代基将会影响酚的酸性。当苯环上有斥电子基团时,酸性减弱;苯环上有吸电子基团时,则可使取代苯氧负离子更稳定,酸性增强;而且取代基的数目愈多,对酸性的影响也愈大。例如,下列化合物酸性强弱的顺序为

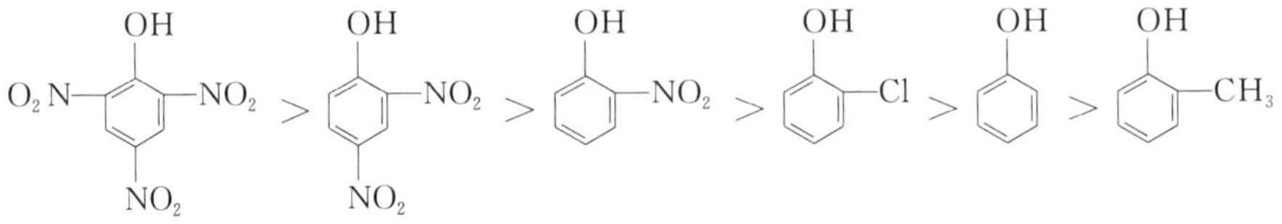

| pK_a | 0.38 | 4.09 | 7.1 | 8.11 | 9.98 | 10.2 |

由以上 pK_a 值可知,2,4,6-三硝基苯酚(俗名苦味酸)的酸性已与强无机酸相近。

② 与三氯化铁的显色反应

多数酚可与三氯化铁反应生成红、绿、蓝、紫等不同颜色的化合物。不同结构的酚与三氯化铁反应产物的颜色不同。例如,苯酚显紫色,甲苯酚显蓝色,邻苯二酚显绿色,间苯二酚显紫色。这一反应常用于酚类的鉴别。

$$6C_6H_5OH + FeCl_3 \longrightarrow H_3[Fe(C_6H_5O)_6] + 3HCl$$
紫色

与 $FeCl_3$ 溶液发生显色反应的并不限于酚,凡是具有烯醇式结构( )的化合物都能发生显色反应,所以可用显色反应来鉴别有机物中烯醇式结构的存在。

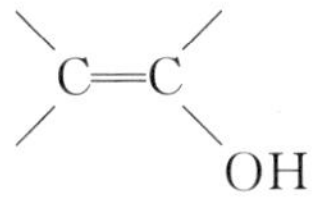

(2) 苯环上的亲电取代反应

酚中的芳香环可以发生一般芳香烃的取代反应,如卤代、硝化、磺化等。由于羟基氧原子与苯环形成 p-π 共轭体系,总的电子效应是使苯环上电子云密度增高,所以酚比苯更容易进行亲电取代反应。

① 卤化

苯酚与溴水在常温下即可迅速反应,生成 2,4,6-三溴苯酚白色沉淀。

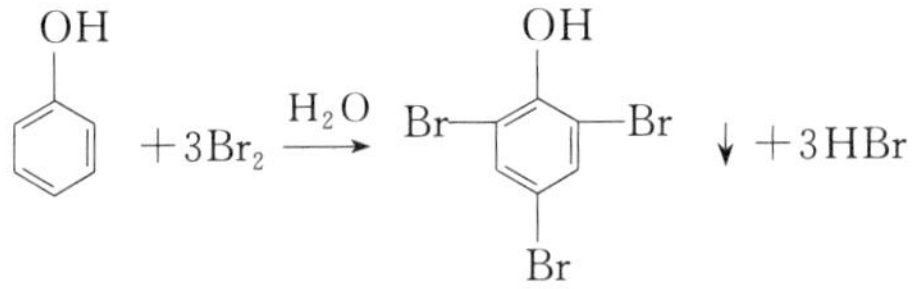

三溴苯酚(白色)

三溴苯酚的溶解度很小,很稀的苯酚溶液(10 μg/mL)与溴作用也能生成三溴苯酚沉淀。因而可用此反应来定性地或定量地检验酚的存在,如检查废水中的酚含量。

② 硝化

室温下苯酚与稀硝酸作用生成邻硝基苯酚和对硝基苯酚的混合物。

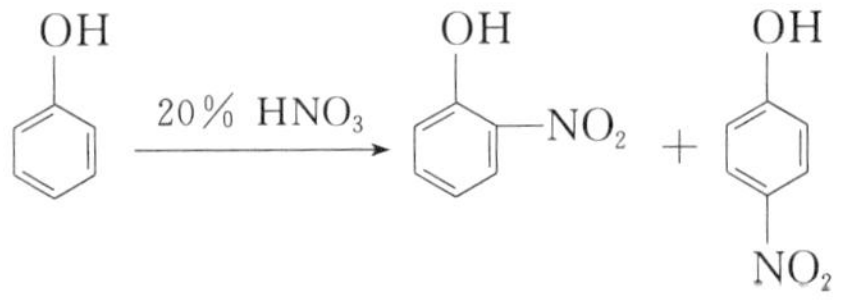

苯酚与混酸(浓硝酸与浓硫酸混合)作用,可生成 2,4,6-三硝基苯酚。

(3) 氧化与还原

酚很容易被氧化,纯净的苯酚是无色的,在空气中放置就能被氧化而呈微红色。这种氧化过程非常复杂,随着氧化过程的进行,颜色逐渐加深,直至变为深褐色。水果、蔬菜去皮放置后发生褐变,就是水果、蔬菜中的酚类化合物被氧化的结果。苯酚用重铬酸钾等强氧化剂氧化,生成对苯醌。

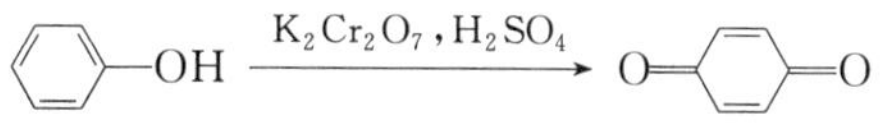

$$\text{〈苯环〉—OH} \xrightarrow{\text{K}_2\text{Cr}_2\text{O}_7,\text{H}_2\text{SO}_4} \text{O=〈环〉=O}$$
对苯醌(黄色)

多元酚极易被氧化,如邻苯二酚、对苯二酚可被弱氧化剂氧化成相应的醌类。

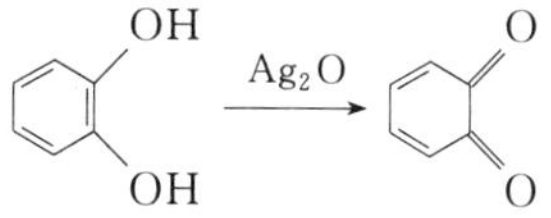

$$\xrightarrow{\text{Ag}_2\text{O}}$$
邻苯醌

$$\text{HO—〈环〉—OH} \xrightarrow{\text{Ag}_2\text{O}} \text{O=〈环〉=O}$$

$$\text{O=〈环〉=O} \xrightarrow{\text{SO}_2,\text{H}_2\text{O}} \text{HO—〈环〉—OH}$$

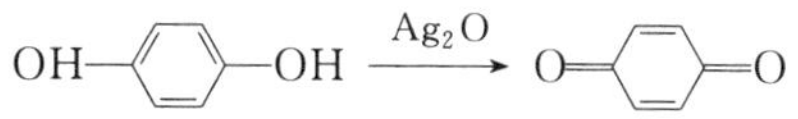

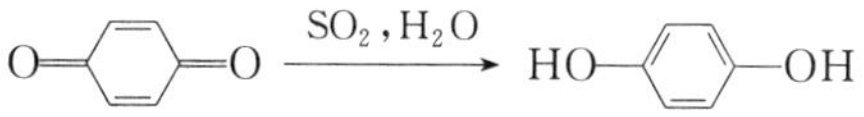

酚的氧化具有很多用途。例如,多元酚可用作影像业中的显影剂、抗氧化剂、阻聚剂等。

6.2.4 重要的酚

(1) 苯酚

苯酚最初是从煤焦油中分馏而得且具酸性,故俗称石炭酸。纯净的苯酚是无色菱形晶体,有特殊气味,在空气中放置易因氧化而变成红色。室温时稍溶于水,在 65 ℃ 以上可与水混溶,易溶于乙醇、乙醚、苯等有机溶剂。

苯酚是有机合成的重要原料,多用于制造塑料、医药、农药、染料等。

苯酚能凝固蛋白质,因此对皮肤有腐蚀性,并有杀菌效力,是外科上最早使用的消毒剂,因为有毒,现已不用。苯酚的致死量为 1 g～15 g,也可通过皮肤吸收进入体内而引起中毒。

苯酚的衍生物五氯苯酚是一种无色晶体,酸性很强,具有杀虫功能。其钠盐五氯酚钠可用来消灭钉螺和防止白蚁。

(2) 甲苯酚

甲苯酚有邻、间、对三种异构体,都存在于煤焦油中,俗称煤酚,它们的沸点很接近,不易分离,因此一般使用它们的混合物。甲苯酚的杀菌能力比苯酚还大,医院用作消毒剂。通常用作消毒的"来苏儿"就是含有 47%～53% 这三种甲苯酚混合物的肥皂溶液。

(3) 苯二酚

苯二酚有邻、间、对三种异构体,均为无色晶体,溶于乙醇和乙醚中。对苯二酚又称氢醌,邻苯二酚俗名儿茶酚或焦儿茶酚,它们的衍生物多存在于植物中。邻苯二酚和对苯二酚由于易被弱氧化剂氧化为醌,所以主要用作还原剂,如影像业中的显影剂、阻聚剂等。间苯二酚用于合成染料、树脂黏合剂等。

邻苯二酚的一个重要衍生物为肾上腺素,肾上腺素是肾上腺髓质产生的主要激素,以左旋体存在于动物及人体中。邻苯二酚为无色或淡棕色晶体,熔点211 ℃～212 ℃,无臭,味苦,微溶于水及乙醇,不溶于乙醚、氯仿等,但易溶于酸或碱,在中性或碱性溶液中不稳定,遇光即分解。肾上腺素对交感神经有兴奋作用,有加速心脏跳动、收缩血管、增高血压、放大瞳孔等功能,也有使肝糖分解增加血糖的含量以及使支气管平滑肌松弛的作用,故一般用于支气管哮喘、过敏性休克及其他过敏性反应的急救。

HO—⬡—CH—CH$_2$—NHCH$_3$
HO |
        OH

肾上腺素

在植物中发现许多邻苯二酚的衍生物,它们是重要的香料。例如,

OCH$_3$ OCH$_3$ OH
HO—⬡—CH$_2$CH=CH$_2$ HO—⬡   ⬡—OH
                                                  C$_{15}$H$_{27}$

丁香酚   愈创木酚   漆酚

（4）萘酚

萘酚有 α-萘酚和 β-萘酚两种异构体,它们都是能升华的白色晶体。α-萘酚与三氯化铁溶液反应生成紫色沉淀,而 β-萘酚则生成绿色沉淀。它们都是合成染料的重要原料。

（5）硫酚

巯基（—SH）直接与芳环相连的为硫酚,硫酚的性质与酚类似,但分子间不能形成氢键。硫醇、硫酚的重金属盐如砷、汞、铅、铜等盐类,都不溶于水。重金属中毒就是这个原因。重金属进入体内,与某些酶中的巯基结合,从而使其丧失活性,失去正常的生理作用,导致中毒。对于重金属中毒者,利用同样原理,可以向其体内注入含巯基的化合物,作为解毒剂。如巴尔（二巯基丙醇）即为常用解毒剂药物。

CH$_2$OH   CH$_2$OH
| |
CHSH +Hg^{2+} ⟶   CHS   ↓ +2H$^+$
| | Hg
CH$_2$SH   CH$_2$S

（6）双酚 A

2,2-(4,4$'$-二羟基二苯基)丙烷简称双酚 A 或二酚基丙烷。双酚 A 是制备环氧树脂的重要原料。

CH$_3$
|
HO—⬡—C—⬡—OH
|
CH$_3$

双酚 A

（7）环氧树脂

凡是含有两个酚羟基的化合物（例如双酚 A 或其他多元酚）都能与环氧丙烷进行一系列缩聚反应,生成一类在分子中至少含有两个以上环氧基的高分子热固性树脂,这类树脂统称为环氧树脂,环氧树脂具有极强的黏结性,能极牢固地黏合各种材料,如金属、陶瓷、玻璃、木材等,俗称"万能胶"。

由于环氧树脂结构中有羟基、醚键和环氧基,因而具有很高的黏结力,固化时没有气泡产生,固化后收缩性小,机械强度高,电绝缘性能好,耐酸、耐碱、耐盐,加入玻璃纤维为填料

制成的层压制品比酚醛树脂、不饱和聚酯的相应层压材料的强度要高,接近于钢材的强度,故又称为"玻璃钢"。

6.3 醚

醚是由两个烃基通过氧原子连接在一起的有机化合物,它可以看作是醇分子中的羟基氢原子或水分子中的两个氢原子被烃基取代后的化合物,常用 R—O—R 表示。醚键(—O—,又叫氧桥)是醚的官能团。

醚分子中两个烃基可以相同,也可以不同。若两个烃基相同,则称为单醚;若两个烃基不同,则称为混醚。两个烃基是烷基或烯基时,称为脂肪醚;两个烃基或其中之一是芳基时,称为芳香醚;组成环的原子除碳原子外还有氧原子的环状化合物,称为环醚或环氧化合物。例如,

$$CH_3—O—CH_3 \qquad CH_3—O—C_2H_5$$
单醚 混醚 芳香醚 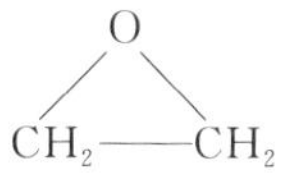 环醚

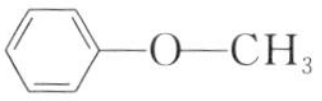

6.3.1 醚的命名

结构简单的醚常用普通命名法命名。简单醚的命名是在两个烃基名称前写上"二"字(也可略去不写),后面加上"醚"字,记为"(二)某(基)醚";混合醚按次序规则将两个烃基分别列出,然后加上"醚"字,记为"某基某基醚";不饱和醚则先写饱和烃基再写不饱和烃基;芳香醚先写芳烃基,再写出脂烃基。例如,

$$CH_3—O—CH_3 \qquad CH_3—O—C_2H_5 \qquad C_2H_5—O—C_2H_5$$
(二)甲醚 甲(基)乙(基)醚 (二)乙醚

$$ \qquad CH_3—O—CH=CH_2$$
苯甲醚(俗名:茴香醚) 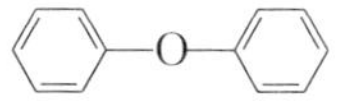 (二)苯醚 甲基乙烯基醚

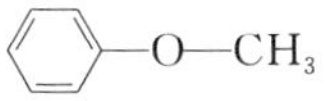

结构复杂的醚用系统命名法命名。命名时以烃为母体,选择最长碳链为主链,将碳数较少的烃基与氧原子在一起称为烷氧基(RO—),环醚称为环氧化合物。例如,

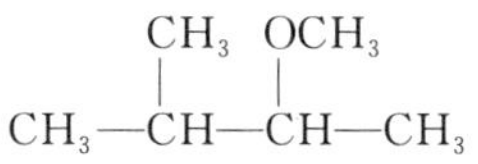

2-甲基-3-甲氧基丁烷 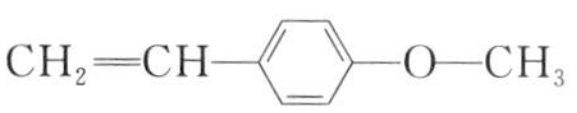 对甲氧基苯乙烯

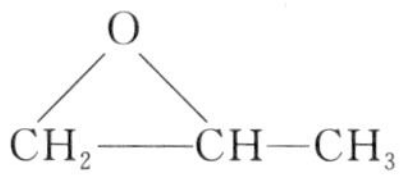

环氧丙烷 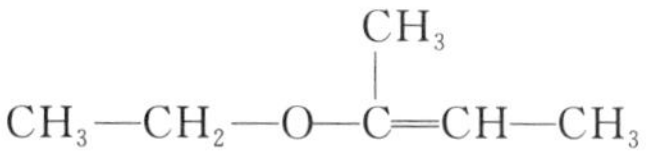 2-乙氧基-2-丁烯

6.3.2 醚的物理性质

在常温下,除甲醚和甲乙醚为气体外,一般醚为无色、有特殊气味、易流动的液体,相对密度小于1。醚分子间不能形成氢键,故低级醚类的沸点比碳原子数相同的醇类的沸点低得多,而与相对分子质量相当的烷烃接近。例如,乙醚(相对分子质量74)的沸点34.5 ℃,正丁

醇(相对分子质量74)的沸点117.7 ℃,正戊烷(相对分子质量72)的沸点36.1 ℃。醚在水中的溶解度与同碳原子数的醇相近,因为醚分子与水分子间能形成氢键。醚一般只微溶于水,而更易溶于有机溶剂。一些醚的物理常数见表6-3。

表6-3 一些醚的物理常数

名　称	结构式	熔点/℃	沸点/℃	密度/(g·cm⁻³)(20 ℃)
甲醚	CH_3—O—CH_3	−138.5	−25	0.661
乙醚	C_2H_5—O—C_2H_5	−116	34.5	0.713 8
正丁醚	C_4H_9—O—C_4H_9	−95.3	142	0.768 9
二苯醚	C_6H_5—O—C_6H_5	28	257.9	1.074 8
苯甲醚	C_6H_5—O—CH_3	−37.3	155.5	0.994
环氧乙烷	$\overset{CH_2\text{——}CH_2}{\underset{O}{\diagdown\diagup}}$	−111	14	0.882 4(10 ℃)
四氢呋喃	(环状结构)	−108	67	0.889 2
1,4-二氧六环	(环状结构)	11.8	101	1.033 7

6.3.3　醚的化学性质

醚相当稳定,不易进行一般的化学反应,对碱、氧化剂和还原剂都很稳定。但由于C—O键为极性键,在一定条件下,醚也能发生反应。

根据醚的结构,它可以发生如下的一些主要反应:

$$\begin{array}{l} R—\overset{\displaystyle H}{\underset{\displaystyle H}{C}}—\overset{\displaystyle H}{\underset{\displaystyle H}{C}}—R' \end{array}$$

——锌盐的形成
——α-H 的氧化
——醚键的断裂

（1）锌盐的生成

醚分子中的氧原子带有孤对电子,可以和强的无机酸如浓盐酸或浓硫酸等作用,形成锌盐(质子化的醚)。醚由于生成锌盐而可溶解于浓强酸中,利用此性质可区别醚与烷烃或卤代烃,但锌盐是一种强酸弱碱形成的盐,仅在冷的浓酸中才稳定,加水稀释或加热很快分解而又生成原来的醚。利用这一性质,可将醚从烷烃或卤代烃等混合物中分离出来。例如,

$$R\ddot{\underset{\displaystyle \cdot\cdot}{O}}R + H^+X^- \longrightarrow [R\underset{\displaystyle H}{\ddot{O}}R]^+ X^- \xrightarrow{H_2O} ROR + H_3^+O + X^-$$

（2）醚键的断裂

锌盐或配合物的生成使得醚分子中的C—O键变弱,因此在酸性试剂的作用下醚键易断裂。使醚键断裂最有效的试剂为浓氢卤酸,一般为 HI 或 HBr。浓氢碘酸的作用最强,在常温下就可使醚键断裂,生成碘代烃和醇:

$$R—O—R' + HI \xrightarrow{\triangle} RI + R'OH$$

反应生成的醇可与过量的氢碘酸进一步反应生成碘代烃:

$$R'OH + HI \longrightarrow R'-I + H_2O$$

混合醚与氢碘酸作用时,一般是较小的烃基变成碘代烃。例如,

$$R-CH_2-OCH_3 + HI \xrightarrow{\triangle} CH_3I + R-CH_2-OH$$

芳醚与氢碘酸作用时,由于氧原子和芳环之间的 p-π 共轭效应,C—O 键变短,C,O 之间结合得更牢固,不易断裂。所以生成的产物是酚和卤代烃。如苯甲醚与氢碘酸作用:

$$\text{\raisebox{-2pt}{〇}}-OCH_3 + HI \xrightarrow{\triangle} CH_3I \;+\; \text{\raisebox{-2pt}{〇}}-OH$$

（3）过氧化物的生成

醚中如果与醚键相连的碳原子上有氢原子（即 α-H）,则由于醚键的影响,此 α-H 容易被氧化,形成过氧化物。例如,

$$CH_3CH_2OCH_2CH_3 \xrightarrow{O_2} CH_3\overset{\overset{\displaystyle OOH}{|}}{C}HOCH_2CH_3$$

过氧乙醚

过氧化物的挥发性低,不稳定,在受热或受到摩擦时,易分解而发生爆炸。因此,醚类应尽量避免露置在空气中,一般放在棕色瓶中避光保存。还可加入微量的抗氧化剂（如对苯二酚）以防止过氧化物的生成。

乙醚在使用前,特别是在蒸馏前,一定要检查是否含有过氧化物,并设法除去。常用碘化钾淀粉试纸（或溶液）检测,如有过氧化物,则试纸（或溶液）呈深蓝色。除去的方法是向醚中加入还原剂,如硫酸亚铁或亚硫酸钠等。

6.3.4　重要的醚

（1）乙醚

乙醚是无色易挥发的液体,沸点 34.5 ℃,微溶于水,易溶于有机溶剂。乙醚蒸气易燃、易爆,使用时必须特别小心,远离火源。

吸入 3%～6.5% 的乙醚蒸气,会使人失去知觉,所以纯乙醚可用作外科手术时的麻醉剂。

（2）除草醚

除草醚的化学名是 $4'$-硝基-2,4-二氯二苯醚,结构式如下:

$$Cl-\text{\raisebox{-2pt}{〇}}(Cl)-O-\text{\raisebox{-2pt}{〇}}-NO_2$$

它是浅黄色针状晶体,熔点 70 ℃～71 ℃,难溶于水,易溶于乙醇等有机溶剂。在空气中稳定,对金属无腐蚀性,对人、畜安全,对刚萌发的稗草、鸭舌草、牛毛草等有触杀性药效,是一种常用的除草剂。

（3）环醚

碳链两端或碳链中间两个碳原子与氧原子形成环状结构的醚,称为环醚。例如,

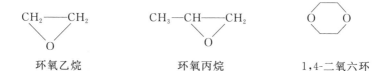

环氧乙烷　　　　　　环氧丙烷　　　　　1,4-二氧六环

其中五元环和六元环的环醚,性质比较稳定。三元环的环醚,由于环易开裂,容易与各种不同的试剂发生反应而生成各种不同的产物,是环醚中结构最简单,但在合成上有广泛应用的重要合成原料。

*(4)冠醚

冠醚是含有多个氧原子的大环醚,其结构类似皇冠,故称冠醚,是 20 世纪 70 年代发展起来的具有特殊配合性能的化合物。名称可用 X-冠-Y 表示,X 表示环上所有原子的数目,Y 表示环上氧原子的数目。例如,

12-冠-4   15-冠-5   18-冠-6

冠醚有其特殊的结构,即分子之间有一个空隙。环中的氧原子有孤对电子,可与金属离子络合。不同的冠醚有不同大小的空隙,可以容纳不同大小的金属离子,形成配离子,如 12-冠-4 可与钠离子络合,18-冠-6 可与钾离子络合,因此冠醚可用于分离金属离子。有机合成中冠醚可以作为相转移催化剂,加快反应速度。例如,KCN 与卤代烃反应,由于 KCN 不溶于有机溶剂,所以在有机溶剂中不容易进行,加入 18-冠-6 后反应立刻进行。

冠醚作为相转移催化剂,可使许多反应在通常条件下容易进行,反应选择性强,产品纯度高,比传统的方法反应温度低,反应时间短,在有机合成中非常有用。但是由于冠醚比较昂贵,并且毒性非常大,因此还未能得到广泛应用。

(5)硫醚

醚分子中的氧原子被硫原子所代替的化合物,称为硫醚。低级硫醚为无色液体,有臭味,沸点比相应的醚高,不能与水形成氢键,不溶于水。硫醚的化学性质相当稳定,但硫原子易形成高价化合物。硫醚氧化则得亚砜或砜:

$$R—S—R \xrightarrow[H_2O_2, 25\ ℃]{[O]} R—\overset{\overset{O}{\|}}{S}—R \xrightarrow[H_2O_2, 25\ ℃]{[O]} R—\overset{\overset{O}{\|}}{\underset{\underset{O}{\|}}{S}}—R$$

硫醚   亚砜   砜

二甲亚砜简称 DMSO,是既能溶解有机物又能溶解无机物的溶剂。

本章小结及学习要求

饱和一元醇的通式为 $C_nH_{2n+2}O$,可分为伯醇(1°醇)、仲醇(2°醇)和叔醇(3°醇),命名时以醇为母体。官能团醇羟基与 sp^3 杂化碳原子相结合,C—O 键和 O—H 键都有极性,可以形成分子间氢键。醇有一定的酸性,可以发生酯化、脱水、氧化、取代等反应。

一元酚的通式为 Ar—OH,官能团酚羟基与 sp^2 杂化碳原子相结合,羟基与芳环形成 p-π 共轭体系,使C—O 键极性减弱,O—H 键极性增强,酚羟基使苯环活化,所以酚有一定的酸性,可以发生显色反应、芳环上的取代反应、氧化反应等。

醚的通式为 R—O—R′,烃基(R,R′)可相同也可不同。醚的官能团是醚键(—O—,又叫氧桥),其化学

性质较稳定,可以发生醚键断裂、生成锌盐、生成过氧化物等反应。

学习本章时,应达到以下要求:了解醇、酚、醚的分类、命名,掌握醇羟基和酚羟基的特点,掌握氢键对醇、酚、醚的性质的影响,掌握醇、酚、醚的化学性质及其鉴别、应用等。

【阅读材料】

酚类与水的污染

水是一种极其宝贵的自然资源,是地球上一切生命赖以生存的物质基础。可以说,没有水就没有生命。人类的各种用水基本上是淡水,但是可供人类利用的淡水却不到地球总水量的1%。随着人口的增加和工农业生产的发展,一方面用水量迅速增加,另一方面未经处理的废水、废物排入水体造成污染,使得可用水量不断减少,人类面临水源危机,这将严重威胁世界经济的发展和人类的生存。

水的污染源有两类,一类是自然污染,另一类是人为污染。自然污染一般是由于地下水流动时把地层中某些矿物质溶解,使水中盐分或有害元素含量偏高;或者是因动植物腐烂过程中产生的毒物引起水质变化而造成的。人为污染则是指人类生活和生产活动中产生的生活污水、工业废水、废渣和垃圾倾倒于水中或岸边经降雨淋冲流入水体造成的污染。以污染物的化学组成划分,主要有酸、碱、盐等无机污染物,重金属污染物,耗氧有机污染物,有毒有机污染物和生物污染物等。

酚类化合物是主要的有毒有机污染物之一。它产生臭味,溶于水时毒性较大,能使细胞蛋白质发生变性和沉淀。当水中酚的浓度为 $0.1\ \mu g/L\sim 1\ \mu g/L$ 时,鱼肉就带有酚味;浓度高时,可使鱼类大量死亡。人若长期饮用含酚的水可引起头晕、贫血及各种神经系统病症。含酚废水在我国水污染控制中被列为重点解决的有害废水之一。

天然水体遭受污染后,必须进行各种必要的处理,以满足生产、生活和人类生存的需要。废水的处理方法很多,可按其原理分为物理法、生物法、物理化学法和化学法。物理法是通过物理作用分离废水中呈悬浮状态的污染物质。其处理方法有沉淀法、过滤法、气浮法等。生物法是利用微生物作用,使废水中的有机污染物转化为无毒无害的物质。其处理方法有好氧生物法和厌氧生物法。物理化学法是通过吸附、混凝等过程将含有污染物的废水加以净化。化学法则是利用化学反应来分离和回收污染物或改变污染物的性质,使其变有害为无害。其处理方法有中和法、氧化还原法、化学沉淀法等。含酚废水的处理可根据浓度的不同,采用吸附法、萃取法、液膜分离法、气提法及蒸馏气提法及生物法等。

总之,废水的处理就是把水中的有害物质以某种形式分离出去或将其转化为无害物质。减少废水排放量,预防和治理水污染是我们每一个化学工作者义不容辞的责任。

习   题

6-1 命名下列化合物或写出结构式。

(1) 对甲氧基苄醇

(2) 2-乙氧基环己醇

(3) 2,4-二硝基苯甲醚

(4) $H_3CC\underset{\underset{CH_3}{|}}{\overset{\overset{OH}{|}}{}}CH_2\underset{\underset{CH_3}{|}}{\overset{\overset{CH_3}{|}}{C}}CH_3$

(5)

(6)

(7) $H_3COC\underset{\underset{CH_3}{|}}{H}CH_3$

(8) $CH_3\underset{\underset{OH}{|}}{C}HCH_2\underset{\underset{OH}{|}}{C}H_2$

(9) $CH_3CH=CHCH_2OH$

6-2 写出分子式为 $C_4H_{10}O$ 的所有同分异构体,并用系统命名法命名。

6-3 比较下列各化合物的沸点高低。

(1) 甲醚、乙醇、丙烷、乙二醇　　　　　　(2) 苯甲醚、苯酚、甲苯、苯甲醇

6-4 将下列各组化合物按酸性强弱的次序排序。

(1) 碳酸、苯酚、硫酸、水　　　　　　(2) 苯甲醇、对甲苯酚、苯酚

6-5 如何除去下列各组化合物中的少量杂质?

(1) 溴乙烷中含有少量乙醇　　　　　　(2) 己烷中含有少量乙醚

(3) 苯甲醇中含有少量苯酚

6-6 写出下列各反应的主要产物。

(1)
$$\underset{\underset{OH}{|}}{CH_3CHCH}\overset{\overset{CH_3}{|}}{CHCH_3} + HBr \longrightarrow$$

(2) ⬡—O—CH_3 + HI ⟶

(3)
$$CH_3CH_2\overset{\overset{CH_3}{|}}{\underset{\underset{OH}{|}}{C}}CH_3 \xrightarrow[\triangle]{H_2SO_4(浓)}$$

(4)
$$CH_3CH_2\underset{\underset{OH}{|}}{CH}CH_3 \xrightarrow{[O]}$$

(5)
⬡CH_3 $\xrightarrow[h\nu]{Cl_2}$ $\xrightarrow[\triangle]{NaOH/H_2O}$ $\xrightarrow[H_2SO_4/\triangle]{CH_3COOH}$

(6)
⬡$\overset{OCH_3}{\underset{CH_2OCH_3}{}}$ + HI(过量) ⟶

(7)
⬡CH_2—$\underset{\underset{OH}{|}}{CH}$—$\underset{\underset{CH_3}{|}}{CH}$—$CH_3$ $\xrightarrow[\triangle]{H_2SO_4(浓)}$

(8)
CH_2——CH_2 + CH_3CH_2OH ⟶
$\underset{O}{\diagdown\diagup}$

6-7 用化学方法区别下列各组化合物。

(1) 乙醇、苯酚、氯乙烷　　　　　　(2) 乙醇、异丙醇和叔丁醇

(3) 乙烷、乙醇、苯酚和乙醚

6-8 两种醇 A 和 B 的分子式同为 $C_5H_{12}O$,它们氧化后均得到酸性产物,两种醇脱水后再氢化得到同一种烃。A 脱水之后氧化得到一分子羧酸和 CO_2;B 脱水之后氧化得到一分子酮和 CO_2。试推测 A 和 B 的结构式。

6-9 一芳香化合物 A 的分子式为 C_7H_8O。A 与钠不反应,与 HI 反应生成化合物 B 和 C;B 能溶于 NaOH 并能与 $FeCl_3$ 溶液作用呈现紫色;C 与硝酸银的醇溶液作用生成黄色的碘化银。推测 A,B,C 的结构式,并写出有关反应式。

*6-10 用合理的机理解释下列反应:

$$CH_3CH_2OH + HOC_2H_5 \xrightarrow{H_2SO_4,140\ ℃} CH_3CH_2OCH_2CH_3 + H_2O$$

第7章　醛、酮、醌

醛、酮、醌都含有羰基 $\overset{\diagdown}{\underset{}{}}C{=}O$ 。羰基碳原子上连有两个烃基的化合物是酮,酮的官能团又叫酮基;羰基碳原子上连有两个氢原子或连有一个氢原子、一个烃基的化合物是醛,醛的官能团是醛基—CHO。

$$
\begin{array}{ccc}
\underset{\text{醛}}{\overset{\displaystyle H}{\underset{\displaystyle H}{C}}{=}O} &
\underset{\text{醛}}{\overset{\displaystyle R}{\underset{\displaystyle H}{C}}{=}O} &
\underset{\text{酮}}{\overset{\displaystyle R}{\underset{\displaystyle R}{C}}{=}O}
\end{array}
$$

醌是特殊的不饱和二酮。其分子中含有碳碳双键和碳氧双键的 π-π 共轭体系。例如,

$$
\underset{\text{对苯醌}}{}\qquad\qquad\underset{\text{邻苯醌}}{}
$$

在自然界,醛、酮、醌广泛存在于一些高等植物中,人体内的某些激素和某些代谢中间体的结构中也有羰基的存在,因此,它们是一类具有重要生理意义的有机物。醛、酮是有机化学中极为重要的物质,其性质活泼,可以发生多种化学反应,尤其是羰基的亲核加成反应有着广泛的应用。

7.1　醛和酮

7.1.1　醛、酮的分类和命名

（1）醛、酮的分类

醛(酮)按照它们分子中所含醛基(酮基)的数目,分为一元醛(酮)和多元醛(酮);按烃基的类型分为脂肪醛(酮)、脂环醛(酮)和芳香醛(酮);根据分子中是否含有碳碳不饱和键可分为饱和醛(酮)和不饱和醛(酮)。此外,根据酮分子中两个烃基是否相同,还可将酮分为单酮和混酮。

（2）醛、酮的命名

脂肪醛、酮的命名，多采用系统命名法。其命名原则是，选择含有羰基的最长碳链作为主链，根据主链碳原子总数称为"某醛（酮）"。编号时，醛以醛基碳原子为 1 号碳原子；酮则从距离羰基最近的一端开始编号，写名称时注明羰基的位次。主链碳原子的编号也可用希腊字母表示，与羰基相连的碳原子为 α，其余依次为 β，γ 等。例如，

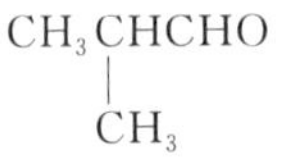

$$CH_3CHCHO \qquad CH_3C{=}CHCHO \qquad CH_3CHCH_2C(O)CH_3$$

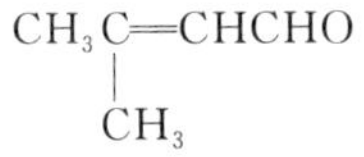

2-甲基丙醛　　　　3-甲基-2-丁烯醛　　　4-甲基-2-戊酮

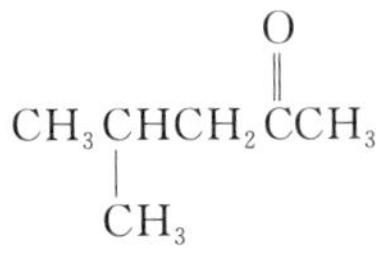

（α-甲基丙醛）　　（β-甲基-2-丁烯醛）　　（β-甲基-2-戊酮）

脂环族和芳香族醛、酮命名时，将脂环或芳香环作为取代基。例如，

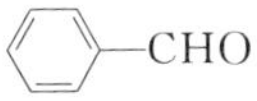

苯甲醛 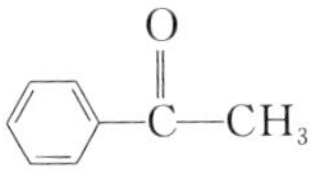　　　　　　苯乙酮 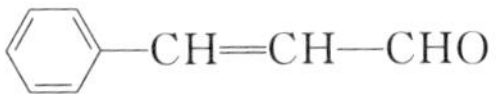　　　　　　3-苯基丙烯醛（肉桂醛）

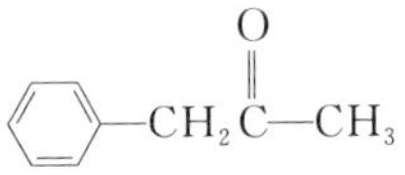

1-苯基-2-丙酮 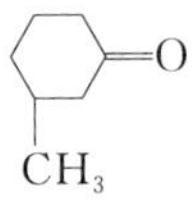　　3-甲基环己酮 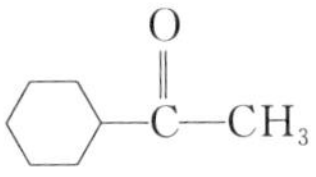　　　环己基乙酮

结构简单的酮也可用普通命名法，即根据和羰基相连的两个烃基来命名。例如，

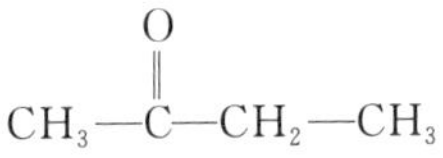

$$CH_3{-}C(O){-}CH_2{-}CH_3 \qquad CH_3{-}CH_2{-}C(O){-}CH_2{-}CH_3 \qquad$$

甲乙酮 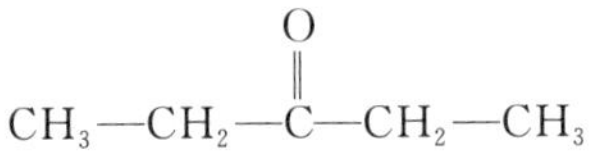　　　　　　　二乙酮 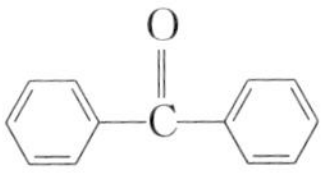　　　　　　　二苯酮

乙二醛 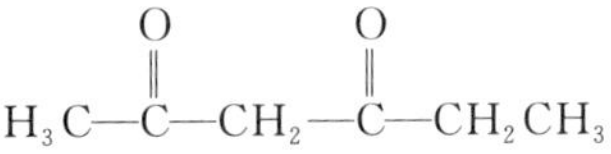　　　　　　　　　　2,4-己二酮

除了碳链异构、位置异构以外，分子组成相同的醛、酮还互为官能团异构体，例如，丙醛和丙酮。

7.1.2　醛、酮的物理性质

常温下，除甲醛是气体外，含 12 个以下碳原子的一元醛、酮均为液体，高级醛、酮为固体，某些中级醛、酮和一些芳香醛具有特殊的香味。

醛和酮都不能形成分子间氢键，没有缔合作用，所以它们的沸点要比相对分子质量相近的醇低。但羰基的极性增强了醛、酮分子间的作用力，因此它们的沸点比相对分子质量相近的烷烃和醚高得多。

醛、酮的羰基能与水分子中的氢形成氢键，因此醛、酮具有一定程度的水溶性。含 5 个以下碳原子的脂肪族醛、酮易溶于水，中高级醛、酮和芳香族醛、酮微溶或不溶于水。醛、酮

易溶于乙醇、乙醚等有机溶剂。一些醛、酮的物理常数见表 7-1。

表 7-1　一些醛、酮的物理常数

名　称	熔点/℃	沸点/℃	密度/(g·cm⁻³)	溶解度/[g·(100 g 水)⁻¹] (20 ℃)
甲醛	−92	−21	0.815	55
乙醛	−123	21	0.783	溶
丙醛	−81	48.8	0.807	20
丁醛	−97	74.7	0.817	4
乙二醛	15	50.4	1.14	溶
丙烯醛	−87.7	53	0.841	溶
苯甲醛	−26	179	1.046	0.33
丙酮	−95	56.1	0.792	溶
丁酮	−86	79.6	0.805	35.3
2-戊酮	−77.8	102	0.812	几乎不溶
3-戊酮	−42	102	0.814	4.7
环己酮	−31	156	0.942	微溶
丁二酮	−2.4	88	0.980	25
2,4-戊二酮	−23	138	0.792	溶
苯乙酮	19.7	202	1.026	微溶
二苯甲酮	48	306	1.098	不溶

7.1.3　醛、酮的化学性质

　　醛、酮的性质主要取决于它们的官能团——羰基。羰基碳原子的三个 sp² 杂化轨道与氧原子和其他两个原子形成三个共平面的 σ 键,键角约为 120°,碳原子未参与杂化的 p 轨道与氧原子的一个 p 轨道平行重叠形成 π 键,并垂直于三个 σ 键所在的平面,如图 7-1 所示。由此可以看出,羰基的碳氧双键也是由一个 σ 键和一个 π 键组成,但 C═O 双键与 C═C 双键有所不同,由于氧原子的电负性大于碳原子,碳氧之间成键的电子云,特别是易流动的

（a）羰基化合物的 σ 键和 π 键　　（b）π 电子云分布

图 7-1　羰基的结构

π 电子云偏向于氧原子,使碳原子带部分正电荷,所以羰基为极性基团,而带负电荷的氧原子比带正电荷的碳原子要稳定得多,故羰基碳原子易受亲核试剂的进攻。

　　由于羰基存在上述特点,所以醛、酮具有很高的反应活性,容易发生一系列加成反应,但与烯烃加成反应的不同之处是,醛、酮的加成是由亲核试剂进攻所引起的,称为亲核加成反应;另一方面,羰基是较强的吸电子基团,由它产生的吸电子诱导效应(−I)使邻近原子间,尤其是 α-碳、氢原子间的共价键极性增强,容易发生键的异裂。此外,醛基中的氢也容易被氧化。

根据醛、酮的结构,它可发生的主要反应可用下式表示:

$$R-\overset{\overset{\displaystyle H}{|}}{\underset{\underset{\displaystyle H}{|}}{C}}-\overset{\delta+}{C}\overset{\delta-}{\diagdown}\overset{O}{\underset{H(R)}{\diagup}}$$

发生亲核加成和还原反应
醛的氧化反应
α-H 的取代、加成等反应

(1) 羰基的亲核加成

羰基可以和许多试剂如 HCN,NaHSO$_3$,ROH,H$_2$O 等发生加成反应,并且羰基与极性试剂的加成反应是按离子型反应定向进行的。反应过程中,带负电荷或带有未共用电子对的亲核试剂,首先进攻羰基碳原子,并提供电子对形成 σ 键,C=O 双键中 π 电子云转移至氧原子上,形成氧负离子中间体;最后氧负离子中间体结合带正电的离子或基团形成加成产物。反应历程如下:

$$HNu \rightleftharpoons H^+ + Nu^-$$

$$\overset{\diagup}{\underset{\diagdown}{C}} = O + Nu^- \xrightarrow{\text{慢}} \overset{\diagup}{\underset{\diagdown}{C}}\overset{O^-}{\underset{Nu}{}}$$

$$\overset{O^-}{\underset{\diagup}{\overset{|}{C}}\diagdown}\underset{Nu}{} + H^+ \xrightarrow{\text{快}} \overset{OH}{\underset{\diagup}{\overset{|}{C}}\diagdown}\underset{Nu}{}$$

式中,Nu 或 Nu$^-$ 为亲核试剂,如 CN$^-$,R$^-$ 等。

由反应历程可看出,亲核试剂的进攻是决定整个加成反应速率的关键步骤。

羰基的亲核加成反应难易取决于羰基碳原子的正电性大小、试剂的亲核性强弱以及空间位阻等因素。在与同种试剂发生亲核加成反应时,不同醛、酮的反应活性次序为:

$$\overset{\overset{\displaystyle H}{|}}{\underset{\underset{\displaystyle H}{|}}{C}}=O > \overset{\overset{\displaystyle H}{|}}{\underset{\underset{\displaystyle CH_3}{|}}{C}}=O > \overset{\overset{\displaystyle H}{|}}{\underset{\underset{\displaystyle R}{|}}{C}}=O > \overset{\overset{\displaystyle H}{|}}{\underset{\underset{\displaystyle Ar}{|}}{C}}=O > \overset{\overset{\displaystyle CH_3}{|}}{\underset{\underset{\displaystyle CH_3}{|}}{C}}=O > \overset{\overset{\displaystyle CH_3}{|}}{\underset{\underset{\displaystyle R}{|}}{C}}=O > \overset{\overset{\displaystyle R}{|}}{\underset{\underset{\displaystyle Ar}{|}}{C}}=O$$

式中,R 不是—CH$_3$。

① 与氢氰酸的加成

醛、脂肪族甲基酮及 8 个碳原子以下的脂环酮能与氢氰酸作用,生成既含羟基又含氰基的化合物,称为 α-羟基腈(又称氰醇),反应式为:

$$\overset{\overset{\displaystyle H}{|}}{\underset{\underset{\displaystyle R}{|}}{C}}=O + HCN \rightleftharpoons \overset{\overset{\displaystyle H}{|}}{\underset{\underset{\displaystyle R}{|}}{C}}\overset{OH}{\underset{CN}{}}$$

α-羟基腈

此反应是可逆的,在微量碱的催化下,反应速率大大加快;加入酸,则抑制反应的进行,例如丙酮与氢氰酸加成时,经 3～4 h 仅有 50% 的丙酮发生反应,而加入一滴氢氧化钾溶液,则反应可在 2 min 内完成,原因是碱的加入可促进 HCN 电离,CN$^-$ 离子浓度增加,从而加快了此亲核加成反应速度。

α-羟基腈水解后,可以生成 α-羟基酸。例如,

$$CH_3CHO + HCN \longrightarrow CH_3-\overset{\overset{\displaystyle OH}{|}}{CH}-CN \xrightarrow{H_2O/H^+} CH_3-\overset{\overset{\displaystyle OH}{|}}{CH}-COOH$$

醛、酮与氢氰酸的加成是有机合成中增长碳链的方法之一。

② 与亚硫酸氢钠的加成

醛、脂肪族甲基酮及 8 个碳原子以下的脂环酮与过量的饱和(40%)亚硫酸氢钠溶液作用,生成 α-羟基磺酸钠。其他的酮(包括芳香族甲基酮)实际上不发生反应,这可能是空间位阻的缘故。

$$\underset{R}{\overset{H}{\diagdown}}C{=}O + NaSO_3H \Longrightarrow \underset{R}{\overset{H}{\diagdown}}\underset{SO_3Na}{\overset{OH}{C}}$$

α-羟基磺酸钠不溶于饱和亚硫酸氢钠溶液而呈白色结晶析出,易分离。α-羟基磺酸钠与稀酸或稀碱共热,又得到原来的醛或酮。因此,利用这一反应可以鉴别醛或脂肪族甲基酮,也可从混合物中分离或提纯醛和脂肪族甲基酮。

$$\underset{R}{\overset{H}{\diagdown}}\underset{SO_3Na}{\overset{OH}{C}} \begin{cases} \xrightarrow{Na_2CO_3} RCHO + Na_2SO_3 + CO_2\uparrow + H_2O \\ \xrightarrow{HCl} RCHO + NaCl + SO_2\uparrow + H_2O \end{cases}$$

α-羟基磺酸钠与 NaCN 作用可生成 α-羟基腈,可避免使用毒性极大的 HCN 来制备羟基腈。此外,此反应可用于在药物分子中引入磺酸基,以增加药物的水溶性,例如合成鱼腥草 $[CH_3(CH_2)_8COCH_2CH(OH)SO_3Na]$ 的分子中就含有磺酸基,可制成注射剂用于抗菌消炎。

③ 与醇的加成

醛在干燥氯化氢的存在下,可与醇加成生成半缩醛。半缩醛分子中的羟基,称为半缩醛羟基。半缩醛羟基很活泼,若有另一分子醇存在,半缩醛羟基将与之脱去一分子水生成缩醛,所以实际上无法得到游离的半缩醛。产物缩醛的命名以反应物醛(酮)和醇来命名,称之为"某醛(酮)缩几某醇"。

$$\underset{H}{\overset{CH_3}{\diagdown}}C{=}O + CH_3OH \overset{\text{干 HCl}}{\Longrightarrow} \underset{H}{\overset{CH_3}{\diagdown}}\underset{OCH_3}{\overset{OH}{C}} \underset{\text{干 HCl}}{\overset{CH_3OH}{\Longrightarrow}} \underset{H}{\overset{CH_3}{\diagdown}}\underset{OCH_3}{\overset{OCH_3}{C}} + H_2O$$

乙醛缩甲醇　　　　　　　　　　乙醛缩二甲醇
(半缩醛)　　　　　　　　　　　(缩醛)

虽然半缩醛一般不稳定,但环状的半缩醛却比较稳定,可以进行蒸馏而不分解,也不易氧化。自然界里生成的各类糖,主要以环状半缩醛形式存在。这种结构在"碳水化合物"一章中将详细讨论。

缩醛对碱和氧化剂是稳定的,但在稀酸中易分解为原来的醛和醇,这是有机合成中常用的保护醛基的方法。在同样的条件下,酮不易生成缩酮,原因在于平衡偏向酮的一边。但若把生成物中的水除去,促使平衡向右移动,也可得到缩酮。

④ 与水的加成

醛(酮)与水加成生成偕二醇,也称水合醛(酮),反应式为:

$$\underset{R}{\overset{H}{>}}C{=}O + H_2O \Longleftrightarrow \underset{R}{\overset{H}{\underset{OH}{\mid}}}\overset{OH}{\underset{\mid}{C}}OH$$

甲醛在水溶液中几乎全部以偕二醇的形式存在。这是因为甲醛分子中的羰基碳原子正电性较大,易受亲核试剂进攻所致,反应式为:

$$\underset{H}{\overset{H}{>}}C{=}O + H_2O \Longleftrightarrow \underset{H}{\overset{H}{\underset{OH}{\mid}}}\overset{OH}{\underset{\mid}{C}}OH$$

水合醛(酮)只有在水中才是稳定的,它们很容易失水变为原来的醛(酮),因而不能从溶液中分离出来。但 α-C 上连有强吸电子基团的醛(酮)可以形成稳定的水合结晶,并可从溶液中分离出来。例如,

$$Cl{-}\underset{Cl}{\overset{Cl}{\underset{\mid}{C}}}{-}\underset{O}{\overset{H}{\underset{\parallel}{C}}} + H_2O \longrightarrow Cl{-}\underset{Cl}{\overset{Cl}{\underset{\mid}{C}}}{-}\underset{OH}{\overset{OH}{\underset{\mid}{CH}}}$$

三氯乙醛　　　　　　　　水合三氯乙醛

芴三酮　　　　　　　　　水合茚三酮

水合三氯乙醛可用作安眠药和麻醉剂;水合茚三酮可与 α-氨基酸反应生成蓝紫色物质,常用作 α-氨基酸分析的显色剂。

⑤ 与格氏试剂的加成

格氏试剂是较强的亲核试剂,醛、酮易与格氏试剂发生亲核加成,加成产物可直接水解生成相应的醇,所得的醇比原来的醛、酮多了一个烃基。

$$\underset{H}{\overset{H}{>}}C{=}O + RMgX \xrightarrow{\text{无水乙醚}} RCH_2OMgX \xrightarrow[H^+]{H_2O} RCH_2OH$$
伯醇

$$\underset{H}{\overset{CH_3}{>}}C{=}O + RMgX \xrightarrow{\text{无水乙醚}} R{-}\underset{H}{\overset{CH_3}{\underset{\mid}{\overset{\mid}{C}}}}{-}OMgX \xrightarrow[H^+]{H_2O} R{-}\underset{H}{\overset{CH_3}{\underset{\mid}{\overset{\mid}{C}}}}{-}OH$$
仲醇

$$\underset{CH_3}{\overset{CH_3}{>}}C{=}O + RMgX \xrightarrow{\text{无水乙醚}} R{-}\underset{CH_3}{\overset{CH_3}{\underset{\mid}{\overset{\mid}{C}}}}{-}OMgX \xrightarrow[H^+]{H_2O} R{-}\underset{CH_3}{\overset{CH_3}{\underset{\mid}{\overset{\mid}{C}}}}{-}OH$$
叔醇

醛、酮与格氏试剂的反应是制备醇的重要方法之一。选用适当的格氏试剂与醛、酮反应,可以制备不同结构的伯、仲、叔醇。

⑥ 与氨及其衍生物的加成

醛、酮可与氨及其衍生物发生亲核加成反应,产物易分子内脱水生成含碳氮双键的化合物,这种反应称为加成—消除反应。

常见氨的衍生物如:

$$R—NH_2 \qquad H_2N—OH \qquad H_2N—NH_2$$

伯胺   羟胺   肼

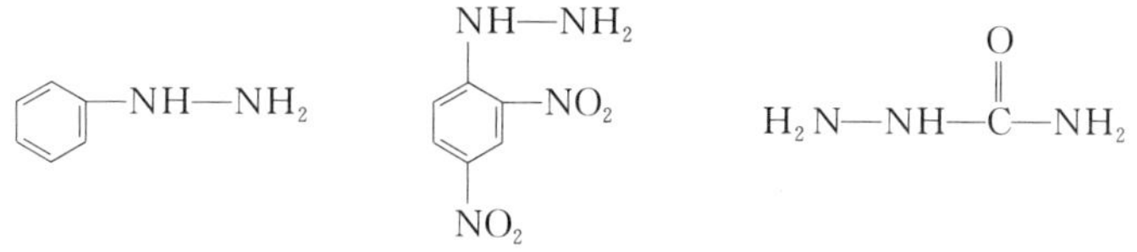

苯肼   2,4-二硝基苯肼   氨基脲

上述分子中都含有氨基(—NH₂),可用通式 $H_2N—R$ 来表示(R 代表化合物中氨基以外的基团)。它们与醛、酮的反应过程为:

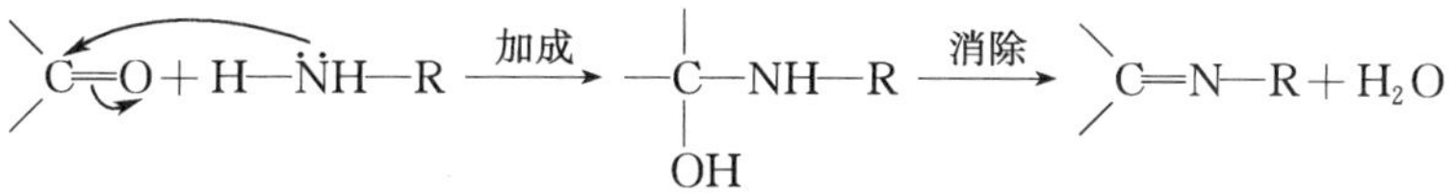

$$CH_3CHO + H_2N—OH \longrightarrow CH_3—CH=N—OH$$

羟胺   乙醛肟

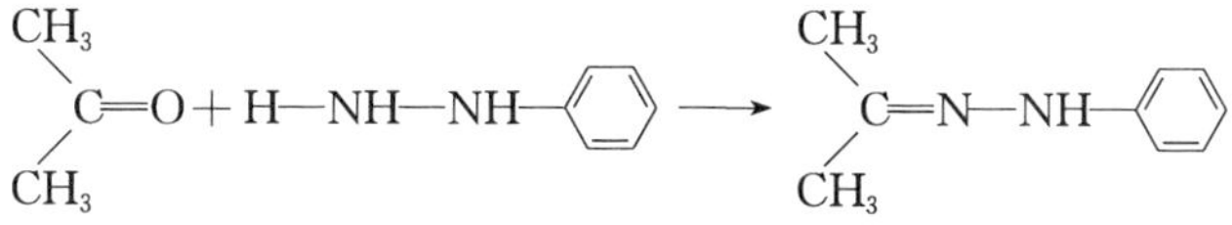

苯肼   丙酮苯腙

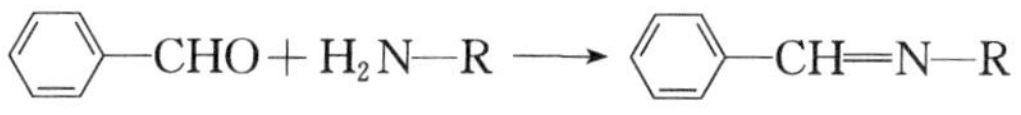

伯胺   苯甲醛亚胺(希夫碱)

反应产物中肟(醛、酮与羟胺反应的最终产物)、腙(醛、酮与肼反应的最终产物)、苯腙(醛、酮与苯肼、2,4-二硝基苯肼反应的最终产物)、缩氨脲(醛、酮与氨基脲反应的最终产物)多为白色或黄色晶体,具有固定的结晶形状和熔点,在稀酸作用下,又能分解为原来的醛、酮,所以这些反应可用来鉴定、分离或提纯醛和酮。

伯胺、羟胺、肼、苯肼、2,4-二硝基苯肼、氨基脲都可以鉴定羰基的存在,因此统称为羰基试剂。

(2) α-氢原子的反应

醛、酮分子中 α-碳氢键受羰基吸电子诱导效应的影响,与分子中其他碳氢键相比,具有较大的极性,故 α-氢原子显示出很大的活性,主要表现在以下两个方面:

① 卤代反应

醛、酮中的 α-氢原子可以被卤素原子取代。在酸的存在下,卤代反应可控制在一卤代产物阶段。

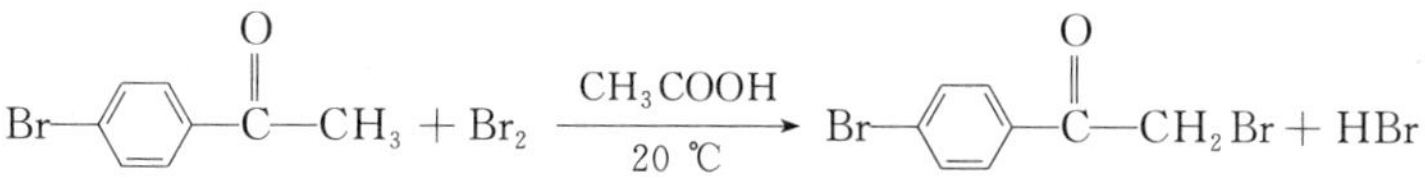

在碱催化下,卤代反应主要得到多卤代物。α-碳原子上连有三个氢原子的醛、酮,例如乙醛和甲基酮,能与卤素的碱性溶液作用,生成三卤代物。三卤代物在碱性溶液中不稳定,立刻分解成三卤甲烷(卤仿)和羧酸盐,这种反应称为卤仿反应。其过程如下:

$$X_2 + 2NaOH \longrightarrow NaOX + NaX + H_2O$$

$$\overset{\overset{\displaystyle O}{\|}}{CH_3-C}-H(R) + 3NaOX \longrightarrow \overset{\overset{\displaystyle O}{\|}}{CX_3-C}-H(R) + 3NaOH$$

$$\overset{\overset{\displaystyle O}{\|}}{CX_3-C}-H(R) + NaOH \longrightarrow CHX_3 + (R)HCOONa$$

卤仿

若使用的卤素是碘,反应产物就为碘仿,上述反应就称为碘仿反应。碘仿是淡黄色晶体,有特殊气味,容易识别,故碘仿反应常用来鉴别乙醛和甲基酮。反应中的次碘酸钠有一定的氧化性,能将具有 $\overset{\overset{\displaystyle OH}{|}}{CH_3CH}-H(R)$ 结构的醇氧化成具有 $\overset{\overset{\displaystyle O}{\|}}{CH_3-C}-H(R)$ 结构的醛(酮),所以碘仿反应也可以用来鉴别具有 $\overset{\overset{\displaystyle OH}{|}}{CH_3-CH}-H(R)$ 结构的醇。

② 羟醛缩合反应

在稀酸或稀碱的存在下,含有 α-氢原子的醛可以发生加成反应,生成 β-羟基醛,反应是可逆的。例如,

$$\overset{\overset{\displaystyle O}{\|}}{CH_3-C}-H + \overset{\overset{\displaystyle H}{|}}{\underset{\displaystyle }{CH_2}}\overset{\overset{\displaystyle O}{\|}}{-C}-H \underset{\longleftarrow}{\overset{OH^-}{\longrightarrow}} \overset{\overset{\displaystyle OH}{|}}{CH_3-CH}-CH_2-CHO$$

产物分子中既含有羟基又含有醛基,所以这类反应称为羟醛缩合反应。由于 β-羟基醛上余下的 α-氢原子受到醛基和 β-羟基的吸电子诱导效应的双重影响,故其活性增强,稍遇热就很容易发生分子内脱水,生成 α,β-不饱和醛。

$$\underset{\overset{|}{OH}\quad \overset{|}{H}}{CH_3-CH-CH-CHO} \overset{\triangle}{\longrightarrow} CH_3-CH=CH-CHO$$

羟醛缩合反应是非常重要的一类反应,利用这类反应可以把羰基化合物结合起来,使碳链增长,在有机合成中常用于增长碳链。

如果使用一种含有 α-氢原子的醛与一种不含 α-氢原子的醛发生反应,则可得到产率较高的某一产品。例如,

$$\text{⟨⟩}-CHO + \overset{\overset{\displaystyle H}{|}}{CH_2}-CHO \overset{OH^-}{\longrightarrow} \text{⟨⟩}-\overset{\overset{\displaystyle OH}{|}}{CH}-CH_2-CHO \overset{\triangle}{\longrightarrow} \text{⟨⟩}-CH=CH-CHO$$

如果使用两种不同的含有 α-氢原子的醛发生羟醛缩合反应(又称为交叉羟醛缩合),其产物为 4 种不同的 β-羟基醛,因此这一反应没有实际应用意义。

酮也可以发生类似的缩合反应,但反应比较困难。只有简单的酮才可以发生反应,一般产率很低。例如,

有机化学

$$2CH_3-\overset{O}{\overset{\|}{C}}-CH_3 \underset{\text{稀 OH}^-}{\rightleftharpoons} CH_3-\overset{CH_3}{\underset{OH}{\overset{|}{\underset{|}{C}}}}-CH_2-\overset{O}{\overset{\|}{C}}-CH_3$$

$$99\% \qquad\qquad\qquad 1\%$$

如果将产物从平衡体系中移去,则可使酮大部分转变为 β-羟基酮。

（3）氧化反应

醛由于其羰基上连有氢原子,很容易被氧化,而相同条件下,酮一般不被氧化,实验室中常用这一性质来区分醛和酮。醛不但可以被强的氧化剂如高锰酸钾等氧化,也可以被弱的氧化剂如托伦(Tollens)试剂和斐林(Fehling)试剂所氧化,生成含相同数量碳原子的羧酸,而酮却不能被氧化。

托伦试剂是硝酸银的氨溶液。托伦试剂与醛共热,醛被氧化成羧酸而托伦试剂中的银被还原成金属银析出。若反应容器洁净,银可附着在反应器内壁上而形成明亮的银镜,故又称为银镜反应。

$$RCHO+2[Ag(NH_3)_2]^+NO_3^- \overset{\triangle}{\longrightarrow} RCOONH_4+2Ag\downarrow+3NH_3\uparrow$$

斐林试剂是由硫酸铜和酒石酸钾钠的氢氧化钠溶液配制而成的深蓝色溶液,Cu^{2+} 是氧化剂,与醛共热则被还原成砖红色的氧化亚铜沉淀。

$$RCHO+2Cu^{2+}+5OH^- \overset{\triangle}{\longrightarrow} RCOO^-+Cu_2O\downarrow+3H_2O$$

甲醛与斐林试剂作用,有铜析出可生成铜镜,故此反应又称为铜镜反应。

$$HCHO+Cu^{2+}+3OH^- \overset{\triangle}{\longrightarrow} HCOO^-+Cu\downarrow+2H_2O$$

芳香醛可与托伦试剂作用而不与斐林试剂作用,据此可把脂肪醛和芳香醛区别开来。

上述两种弱氧化剂只是选择性地氧化醛基,而不能氧化酮基、羟基和碳碳双键等。因此除能区别醛、酮外,也可利用这一方法制备不饱和羧酸。

酮不被上述两种弱氧化剂氧化,但可被强氧化剂如 $K_2Cr_2O_7$ 或 $KMnO_4$ 的酸性溶液、HNO_3 等氧化,并发生碳碳键断裂,并且一般断裂较长的烃基与羰基之间的碳碳键,生成多种碳链较短的羧酸混合物,无实际应用价值。但环酮可氧化成相应的二元羧酸,在工业上有较多的应用。例如,

$$H_3C-\overset{O}{\overset{\|}{C}}-CH_3+[O] \overset{\triangle}{\longrightarrow} CH_3COOH+CO_2\uparrow+H_2O$$

$$H_3C-\overset{O}{\overset{\|}{C}}-CH_2CH_2CH_3+[O] \overset{\triangle}{\longrightarrow} CH_3COOH+CH_3CH_2COOH$$

$$\text{环己酮}+[O] \overset{\triangle}{\longrightarrow} \overset{CH_2-CH_2-COOH}{\underset{CH_2-CH_2-COOH}{|}}$$

（4）还原反应

① 催化加氢还原

在金属 Ni,Pt,Pd 等存在下与氢气反应时,醛被还原成伯醇,酮被还原成仲醇。

$$R-\overset{\overset{\displaystyle O}{\|}}{C}-H+H_2 \xrightarrow{Ni} R-CH_2-OH$$
$$伯醇$$

$$R-\overset{\overset{\displaystyle O}{\|}}{C}-R+H_2 \xrightarrow{Ni} R-\overset{\overset{\displaystyle OH}{|}}{C}H-R$$
$$仲醇$$

催化氢化的方法选择性不强,如果分子中同时含有碳碳双键,则双键也一起被还原。例如,

$$CH_3CH=CH-CHO+H_2 \xrightarrow{Ni} CH_3CH_2CH_2CH_2OH$$

如果想只还原羰基而保留碳碳双键就必须使用选择性较高的还原剂,如硼氢化钠(NaBH$_4$)、氢化锂铝(LiAlH$_4$)等金属有机化合物。例如,

$$\text{C}_6\text{H}_5-CH=CH-CHO \xrightarrow{NaBH_4} \text{C}_6\text{H}_5-CH=CH-CH_2OH$$

硼氢化钠、氢化锂铝只能选择性地还原羰基,而不能还原 $C=C,C\equiv C$ 等不饱和键。氢化锂铝的还原能力较硼氢化钠强,它除了还原醛、酮中的羰基外,还可以还原 —COOH,—COOR,—CONH$_2$ 等基团中的羰基。

② 克莱门森(Clemmensen)还原

醛、酮在锌汞齐和浓盐酸作用下,羰基被还原成亚甲基,产物为烃,这种方法称为克莱门森还原法。例如,

$$\text{C}_6\text{H}_5-\overset{\overset{\displaystyle O}{\|}}{C}-CH_3 \xrightarrow{Zn\text{-}Hg/HCl} \text{C}_6\text{H}_5-CH_2CH_3$$

克莱门森还原法特别适合于芳香酮,而芳香酮可以由芳烃的傅-克酰基化反应合成,所以这是一个合成纯的带侧链的芳烃的好方法。但此法只适用于对酸稳定的醛、酮,那些对酸敏感的醛、酮则应该在中性或碱性条件下还原。

③ 乌尔夫(Wollf)-凯惜纳(Kishner)-黄鸣龙(Huang M N)还原

乌尔夫-凯惜纳-黄鸣龙还原法是将醛或酮、肼、氢氧化钠或氢氧化钾、一缩二乙二醇(沸点 245 ℃)等一起加热回流。反应过程中,先生成腙,然后放出氮气同时形成亚甲基而被还原成烃。例如,

$$\text{C}_6\text{H}_5-\overset{\overset{\displaystyle CH_3CH_2}{|}}{C}=O \xrightarrow[\text{(HOCH}_2\text{CH}_2)_2\text{O,200 ℃}]{NH_2NH_2/KOH} \text{C}_6\text{H}_5-\overset{\overset{\displaystyle CH_3CH_2}{|}}{C}=NNH_2 \xrightarrow{-N_2} \text{C}_6\text{H}_5-CH_2CH_2CH_3$$

乌尔夫-凯惜纳-黄鸣龙还原法须在较高的温度下进行,若用二甲亚砜作溶剂,反应还可以在较低的温度下进行。

克莱门森还原法在酸性条件下进行,适用于对碱敏感的醛、酮;乌尔夫-凯惜纳-黄鸣龙还原法在碱性条件下进行,适用于对酸敏感的醛、酮。因此应根据不同的原料选择不同的方法进行还原。

(5) 歧化反应

不含 α-氢原子的醛如甲醛、苯甲醛等,在浓碱存在下,一分子醛被氧化成羧酸,另一分子

醛被还原成醇,这种氧化还原反应称为康尼泽罗(Cannizzaro)反应,也叫歧化反应。酮不发生歧化反应。

$$2HCHO \xrightarrow[\triangle]{NaOH} HCOONa + CH_3OH$$

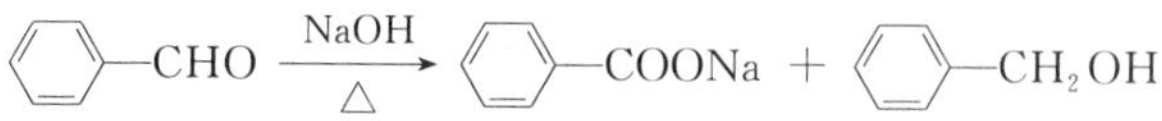

$$\text{〈〉}-CHO \xrightarrow[\triangle]{NaOH} \text{〈〉}-COONa + \text{〈〉}-CH_2OH$$

两种不含 α-氢原子的醛进行的歧化反应称为交叉歧化反应,其产物复杂,无实际意义。如果用甲醛和另一种不含 α-氢原子的醛进行交叉歧化反应时,由于甲醛还原性强而被氧化成酸,另一种不含 α-氢原子的醛则被还原成醇。例如:

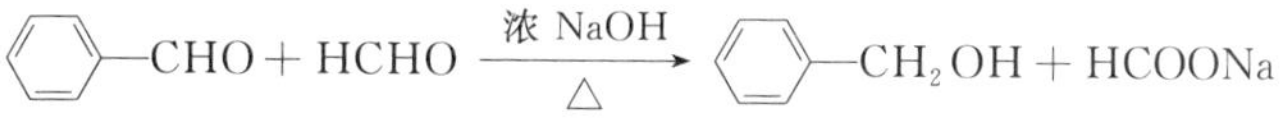

$$\text{〈〉}-CHO + HCHO \xrightarrow[\triangle]{\text{浓 } NaOH} \text{〈〉}-CH_2OH + HCOONa$$

7.1.4 重要的醛和酮

（1）甲醛

甲醛又名蚁醛,是无色、有刺激性气味的气体,易溶于水。甲醛有凝固蛋白质的作用,因而具有杀菌和防腐能力,常用来保护动物标本的福尔马林就是 37%～40% 的甲醛水溶液,其中掺有 8% 的甲醇,以防甲醛聚合沉淀。

甲醛很容易发生聚合反应。由三分子甲醛聚合,可以形成环状的三聚甲醛;也可以由多个分子聚合,形成线型高分子化合物——多聚甲醛,反应式如下:

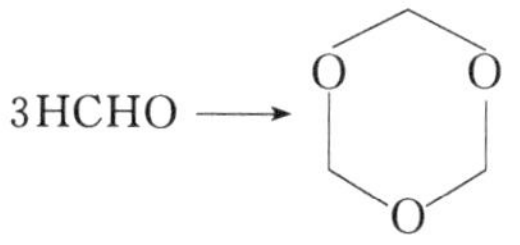

$$3HCHO \longrightarrow \quad\quad\quad\quad nHCHO \longrightarrow \quad \text{⊢} CH_2O \text{⊣}_n$$

三聚甲醛 　　　　　　　　　　　多聚甲醛

聚合度 n 在 8～100 的为低相对分子质量聚合物,是白色固体,仍具有甲醛的刺激性气味,熔点约 20 ℃～170 ℃。在少量硫酸催化下加热可解聚而放出甲醛。因此,甲醛常以这种多聚体的形式保存。在适当的催化剂如三苯基膦的作用下,甲醛的聚合度会大大提高(n 为 500～5 000),形成一种可塑性固体,用于制热塑性塑料,具有很好的硬度,可代替金属材料使用。甲醛与苯酚进行缩聚形成立体交联的高分子化合物——酚醛树脂,可制备具有绝缘性能的电木。甲醛很容易与氨或铵盐作用,缩合生成环六亚甲基四胺,俗称乌洛托品(urotropine):

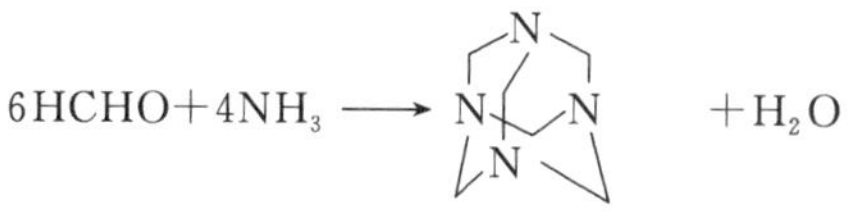

$$6HCHO + 4NH_3 \longrightarrow \quad\quad\quad +H_2O$$

环六亚甲基四胺

环六亚甲基四胺为白色晶体,熔点为 263 ℃,易溶于水。在医药上用作利尿剂和尿道消毒剂。

（2）乙醛

乙醛是无色、有刺激性气味、易挥发的液体,沸点 21 ℃,可溶于水、乙醇、乙醚中。乙醛具有醛的典型性质,也易聚合。工业用乙醛可由乙炔水合制得,也可在加热加压下由乙烯氧化制得。

$$CH_2=CH_2 + \frac{1}{2}O_2 \xrightarrow[CuCl_2]{PdCl_2} CH_3CHO$$

乙醛是重要的工业原料,可用于制备乙酸、乙醇和季戊四醇。

三氯乙醛是乙醛的一个重要衍生物,它一般不从乙醛氯代直接制得,而是由乙醇与氯气反应而得。其反应式为

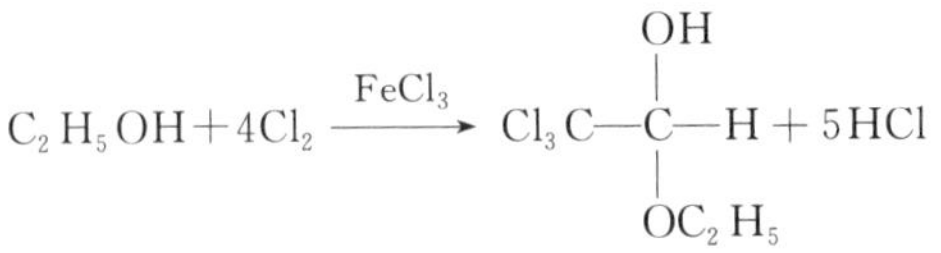

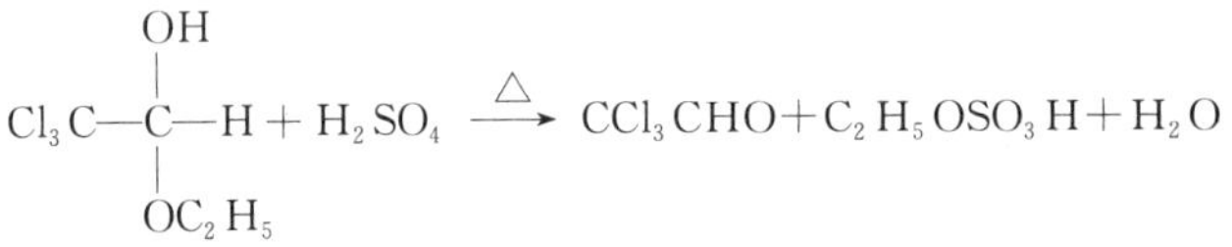

$$C_2H_5OH + 4Cl_2 \xrightarrow{FeCl_3} Cl_3C-\overset{\overset{\displaystyle OH}{|}}{\underset{\underset{\displaystyle OC_2H_5}{|}}{C}}-H + 5HCl$$

$$Cl_3C-\overset{\overset{\displaystyle OH}{|}}{\underset{\underset{\displaystyle OC_2H_5}{|}}{C}}-H + H_2SO_4 \xrightarrow{\triangle} CCl_3CHO + C_2H_5OSO_3H + H_2O$$

三氯乙醛由于三个氯原子的吸电子诱导效应,羰基活性大为提高,可与水形成稳定的水合物,称为水合三氯乙醛,简称水合氯醛。

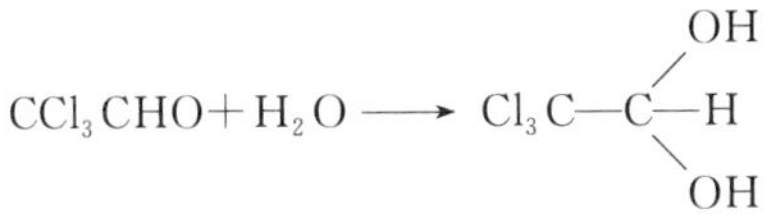

$$CCl_3CHO + H_2O \longrightarrow Cl_3C-\overset{\overset{\displaystyle OH}{|}}{\underset{\underset{\displaystyle OH}{|}}{C}}-H$$

水合氯醛是无色透明棱柱形晶体,熔点 57 ℃,具有刺激性特臭气味,味微苦,易溶于水、乙醇及乙醚。其 10% 水溶液在临床上作为长时间作用的催眠药,用于治疗失眠、烦躁不安及惊厥,长期服用不易引起累积性中毒,但对胃有刺激性。

(3) 苯甲醛

苯甲醛是无色液体,沸点 179 ℃,有浓厚的苦杏仁气味,俗称苦杏仁油。自然界中苯甲醛常与葡萄糖、氢氰酸等结合而存在于杏、桃、李等种仁中,尤其以苦杏仁中含量最高。苯甲醛在室温下能被空气中的氧缓慢地氧化成苯甲酸,因此在保存时常加入少量的对苯二酚作为抗氧化剂,减缓氧化反应的发生。工业上,苯甲醛是制造染料和香料的原料。

(4) 丙酮

丙酮是无色、有愉快气味的液体,能与水、乙醇、乙醚等混溶。它是常用的有机溶剂,又是重要的有机合成原料,可用于合成有机玻璃,制取氯仿、碘仿等。在生物体内物质代谢中,丙酮是油脂的分解产物,常有少量存在于尿中,糖尿病患者尿液中的丙酮含量比常人高。

(5) 香草醛

香草醛为白色晶体,熔点 80 ℃~81 ℃,其结构式为

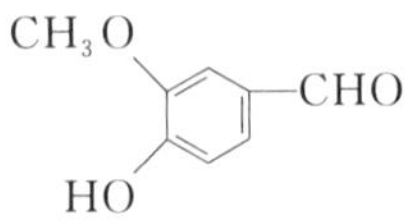

从结构上看,它应具有酚、芳醚和芳醛的化学性质,有特殊的香味,可用作饲料、食品的香料或药剂中的矫味剂。

(6) 视黄醛

视黄醛是构成视觉细胞内感光物质的化合物。视黄醛有多种异构体,其中最重要的是

9-顺视黄醛和11-顺视黄醛,这是因为这两种视黄醛与视蛋白结合生成感光物质视紫红质。如果11-顺视黄醛数量不足将使视紫红质减少导致夜盲症。11-顺视黄醛在体内可由维生素A转变而来,故补充维生素 A 有助于防治夜盲症。

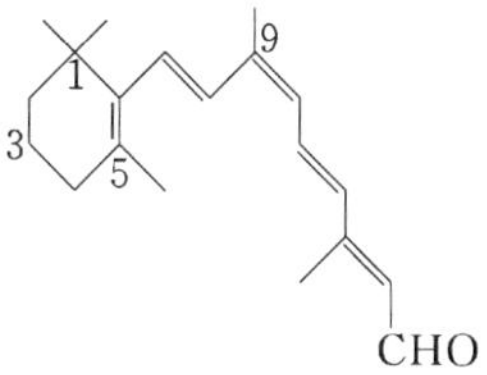

9-顺视黄醛 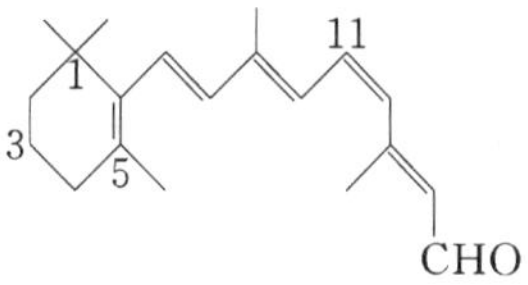　　　　　　　　11-顺视黄醛

（7）丙烯醛

丙烯醛是无色有刺激性气味的挥发性液体,脂肪过热时所产生的刺激性气味就是其甘油成分变成丙烯醛的缘故。丙烯醛具有催泪性,应在通风橱内操作。

（8）鱼腥草素

鱼腥草素(又称癸酰乙醛)是鱼腥草中的一种有效成分。通过实验室抑菌试验、临床验证以及机体免疫力方面的观察,初步认为鱼腥草素对呼吸道炎症有一定的疗效。鱼腥草素已能通过化学途径人工合成。鱼腥草素系白色鳞片状晶体,加成物鱼腥味很小,难溶于冷水及乙醇,易溶于热水。

7.2 醌

7.2.1 醌的结构和分类

从结构上看,醌是一类环状的不饱和二酮。醌的分子中含有 ═◯═ 或 ◯ 的醌型构造,存在着碳碳双键和碳氧双键的 π-π 共轭体系,但醌环不是闭合的共轭体系,所以没有芳香性。

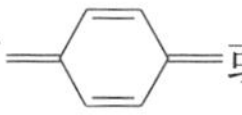

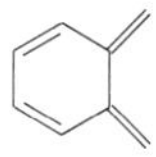

醌类可分为苯醌、萘醌及菲醌等。根据羰基的相对位置,苯醌又可分为邻苯醌和对苯醌。例如,

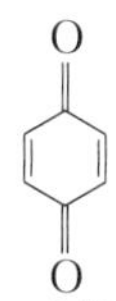

对苯醌　　　　　邻苯醌　　　　　α-萘醌　　　　　β-萘醌
（1,4-苯醌）　（1,2-苯醌）　（1,4-萘醌）　（1,2-萘醌）

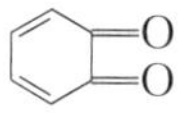

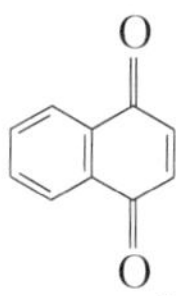

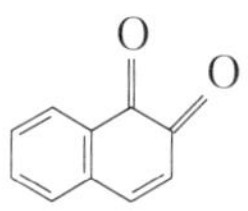

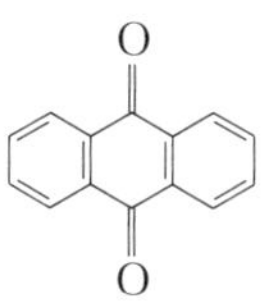

9,10-蒽醌 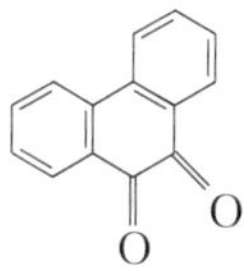　　　　　9,10-菲醌

7.2.2 醌的性质

醌类化合物都是晶体,一般有颜色。对位醌多呈红色或橙色。醌分子中由于含有 C=C 双键和羰基 C=O 双键,而且它们处于共轭体系中,因此,它不仅具有烯烃和羰基的性质,还具有共轭双键的典型性质。

(1) 还原反应

对苯醌很容易被还原为对苯二酚,对苯二酚也容易被氧化成对苯醌。两者之间的关系可表示为

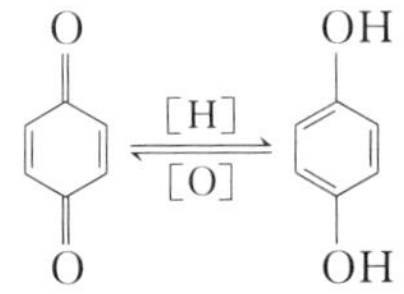

醌、酚间的氧化还原反应是可逆的。这种醌、酚氧化还原体系在生理过程中有重要意义。同时,由于对苯醌容易被还原成对苯二酚,因此对苯二酚又称为氢醌。对苯醌和对苯二酚能形成深绿色的分子化合物,称为醌氢醌。由醌氢醌制成的电极常用于分析化学中。

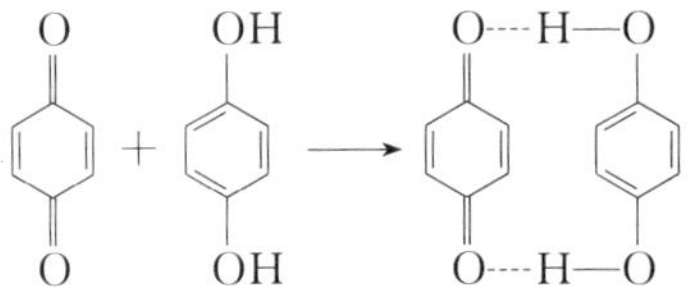

醌氢醌

(2) 羰基的亲核加成

醌分子中的羰基可与羰基试剂发生加成消除反应。如对苯醌与羟胺反应可生成单肟或双肟。

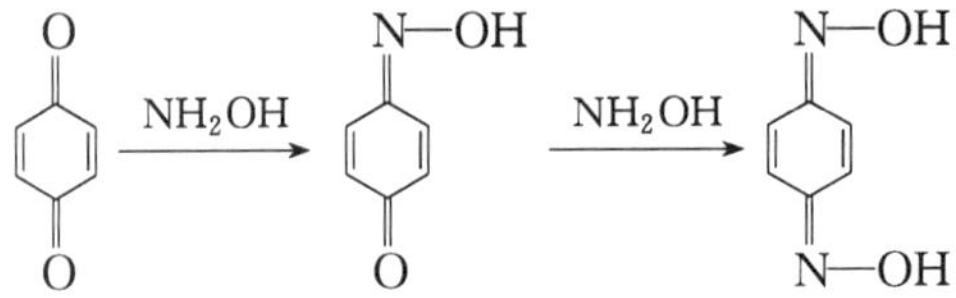

对苯醌肟   对苯醌双肟

(3) 碳碳双键的亲电加成

醌分子中的碳碳双键和烯烃中的双键一样,可与卤素、卤化氢等亲电试剂发生亲电加成反应。例如,

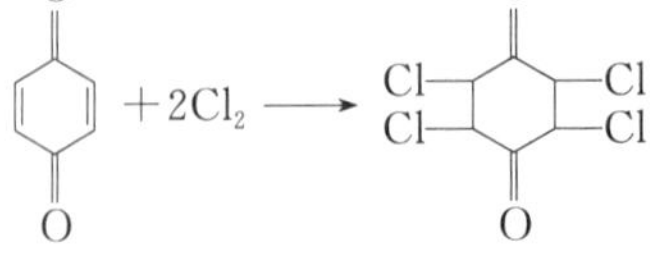

+2Cl₂ →

2,3,5,6-四氯-1,4-环己二酮

(4) 共轭体系的 1,4-加成

醌可以看成 α,β-不饱和羰基化合物,由于 C=C 与 C=O 的 π-π 共轭,所以醌可以和 HCN 等多种试剂发生 1,4-加成反应,产物往往会发生烯醇-醛酮互变异构而生成更加稳定的产物。

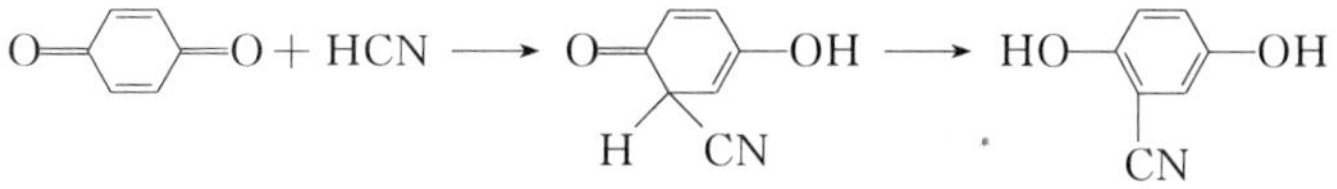

7.2.3 自然界的醌

（1）泛醌（辅酶 Q）

泛醌是脂溶性化合物，因在动、植物体中广泛存在而得名。它是生物体内氧化还原过程中极为重要的物质。泛醌在生物体内起着转移电子的作用，与脂类、糖类和蛋白质的代谢有关。

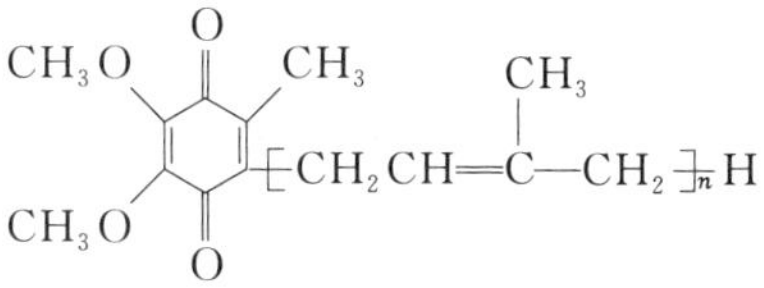

泛醌（氧化态）（人体中，n 一般为 10）

（2）质醌

质醌在光合作用中参与氢的传递和电子的转移。

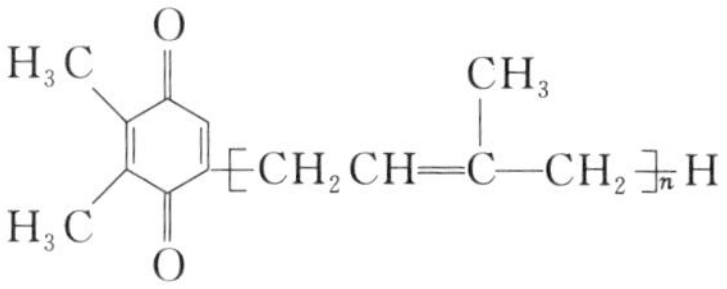

质醌（$n \approx 9$）

（3）茜红和大黄素

茜红存在于茜草中，是最早被使用的天然染料之一。大黄素广泛分布于霉菌、真菌、地衣及花的色素中。茜红和大黄素都是蒽醌的衍生物。

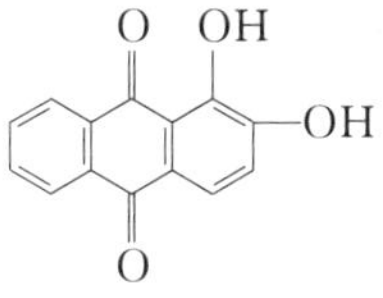

茜红（又称茜素，橙红色） 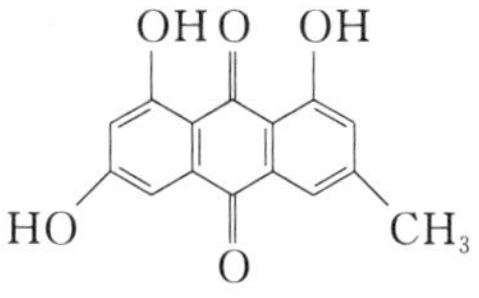　　　大黄素

（4）天然的维生素 K

天然的维生素 K 包括维生素 K_1 和维生素 K_2，它们广泛存在于自然界中，以猪肝及苜蓿中含量最多。此外，一切绿色植物、蛋黄、肝脏等中的含量也很丰富。维生素 K_1 和维生素 K_2 都有促进凝血酶原生成的作用，因此可以用作止血剂。另外，还有人工合成的维生素 K_3，为亚硫酸氢钠甲萘醌，其凝血效力超过天然的维生素 K。维生素 K_1，K_2，K_3 都是萘醌的衍生物。

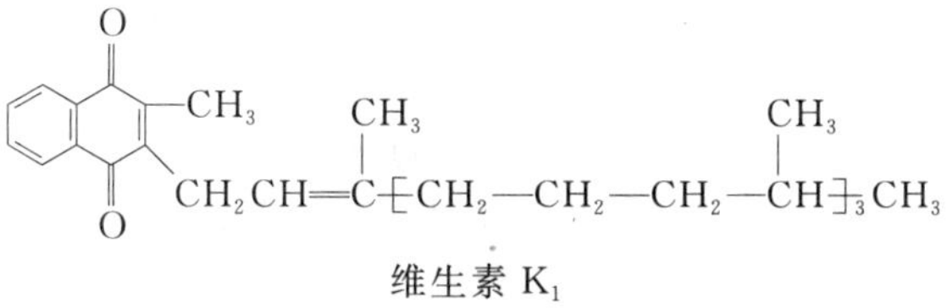

维生素 K_1

维生素 K_2

维生素 K_3(人工合成)

本章小结及学习要求

醛、酮、醌都是羰基化合物,羰基是由碳氧双键构成的极性基团,典型反应是亲核加成。例如,醛、酮与亲核试剂 HCN,$NaHSO_3$,ROH,H_2O,氨的衍生物等的加成反应。醛、酮与苯肼、羟胺发生加成-消除反应,生成苯腙、肟。苯肼、羟胺等是常用来鉴定羰基结构的试剂,称为羰基试剂。

醛、酮分子中的 α 氢原子因受到羰基吸电子诱导效应的影响,比较活泼,易发生 α 卤代反应,乙醛、甲基酮和氧化后能生成乙醛、甲基酮的醇都可以发生碘仿反应;含有 α 氢原子的醛在碱性条件下可以发生羟醛缩合反应;不含 α 氢原子的醛在浓强碱的作用下可以发生歧化反应。

醛基能够被碱性弱氧化剂氧化,而酮在同样的条件下不能被氧化,据此可以鉴别醛、酮。新制的碱性氢氧化铜只能氧化脂肪醛,不能氧化芳香醛,因此可用于鉴别脂肪醛和芳香醛。酮在强氧化剂的作用下,可以被氧化,反应产物复杂。在催化剂作用下,醛加氢被还原成伯醇,酮被还原成仲醇;在特殊还原剂的作用下,醛、酮可以被还原成烃。

醌是环状不饱和二酮,兼有烯烃和羰基化合物的典型性质。其主要反应有羰基亲核加成反应、碳碳双键亲电加成反应和还原反应。

学习本章时,应达到以下要求:了解醛、酮的分类,掌握醛、酮的系统命名法,掌握醛、酮主要的化学性质及其应用,理解亲核加成反应历程。了解醌的结构特点和典型的化学性质。

【阅读材料】

烟气的主要化学成分

卷烟烟气是由多种化合物组成的复杂混合物,截至 1988 年(据 Roberts, Tobacco Reporter 报道)已经鉴定出烟气中的化学成分达 5 068 种,其中 1 172 种是烟草本身就有的,另外 3 896 种是烟气中独有的。

1. 烟气粒相物的主要化学成分

脂肪烃:低相对分子质量的脂肪烃大部分以气态形式存在于烟气中,烟气粒相物中脂肪烃的相对分子质量要高一些,主要来源是烟叶中 C_{25} 到 C_{34} 的蜡质。有人定量分析了烟气中 C_{12} 到 C_{33} 的饱和烃,发现香烟烟气粒相物中的烷烃质量分数高达 1.56%,马里兰烟为 1.12%,烤烟为 0.92%,白肋烟为 0.67%。烟气中的烯烃和炔烃含量比烷烃少,质量分数约为粒相物的 0.01%。

芳香烃:烟气中的芳香烃以稠环芳烃居多,它们在烟叶中含量少,大部分是由纤维素、高级烷烃等烟叶成分在燃烧过程中产生的,是烟气中的主要有害成分。

萜类化合物：烟叶中存在不少萜类化合物。如西柏烷类、胡萝卜素类和赖百当类都属于萜烯的衍生物。但由于这些物质的相对分子质量较大，直接转入烟气的量很少，主要以其降解物及其衍生物的形式存在于烟气中。烟气中发现的香叶烯、罗勒烯、α-蒎烯等单萜，是烟气的重要香味成分。

羰基化合物：烟气中的羰基化合物如紫罗兰酮、大马酮、茄尼酮以及柠檬醛、香草醛等，是形成烟气香味、香气的重要成分。

酚类化合物：卷烟烟气粒相物中的酚类化合物，主要有莨菪亭、绿原酸、儿茶酚、间苯二酚等，有的是烟叶中原有的，有的则是燃烧中形成的。在这些酚类化合物中以儿茶酚的含量最高。酚类化合物对卷烟的香气有一定的增强作用，但引起人们更多重视的是对人的呼吸道及其他器官的不良刺激作用。儿茶酚等还有一定的促癌作用，是烟气中的有害物质。酚类化合物的主要来源是烟叶中的碳水化合物。

有机酸：烟气中的挥发酸主要有甲酸、乙酸、丁酸、正戊酸、异戊酸、β-甲基戊酸、正己酸、异己酸等。非挥发酸主要有棕榈酸、亚麻酸、亚油酸、油酸和硬脂酸等。还有少量游离氨基酸，如丙氨酸、脯氨酸、甘氨酸等。

氮杂环化合物：氮杂环化合物主要存在于烟气粒相物中的碱性部分，而碱性物中最主要的成分就是烟碱。除此之外，烟气中还有吡啶、吡咯、吡嗪、吲哚、咔唑等许多氮杂环化合物，是卷烟烟气中的重要香气物质。

N-亚硝胺：烟气中的 N-亚硝胺种类很多，主要有亚硝基二甲基胺、亚硝基甲基乙基胺、亚硝基吡咯烷和亚硝基哌啶等。一般认为亚硝胺具有诱发肺癌的作用。

金属元素：烟草中的金属元素，燃烧后绝大部分残留在灰分中，但也有极少量（0.01%～4%）进入烟气，形式有两种，一种是游离态金属和金属无机盐，另一种是有机金属。另外，卷烟纸也是烟气中金属元素的一个来源。

2. 烟气气相物的主要化学成分

在主流烟气的气相物中，最主要的有氮、氧、二氧化碳、一氧化碳和氢。这 5 种气体约占总气相物的 90%，占总烟气释放量的 85% 左右。除此之外，还有一些其他化学成分。

挥发性烃类：烟气气相物中发现的挥发性烃类，除脂肪烃以外，还有不少的挥发性芳香烃。脂肪烃中包括烷烃、烯烃、炔烃和脂环烃等。芳香烃有苯、甲苯、乙苯、对二甲苯、联二甲苯、邻二甲苯和苯乙烯等。

挥发性酯类：已报道的烟气气相物中的挥发性酯类有甲酸甲酯、甲酸乙酯、乙酸甲酯、乙酸乙酯、乙酸乙烯酯、丙酸异丙酯、乙酸丁酯、己酸乙酯等。

呋喃类：烟气中的呋喃类化合物是烟草中重要的香味物质，是烟叶非酶棕色化反应的产物。卷烟烟气中主要有呋喃、2-甲基呋喃、四氢呋喃、2,5-二甲基呋喃等。

挥发性腈类：烟气气相物中代表性的挥发性腈类化合物有丙烯腈、乙腈、丙腈、异丁腈、戊腈、己腈等。这些化合物是在卷烟燃吸过程中形成的，其前体物质是烟草中的 N-杂环化合物，如吡啶、甲基吡嗪等，是这些物质在高温下裂解生成的。

其他挥发性成分：烟气气相物中，还有许多其他挥发性成分，如氨、一氧化氮、二氧化氮、亚硝酸甲酯、硫化氢、氢氰酸、氯甲烷、甲醇、乙醇、丙醇、异丁醇等。

习　　题

7-1　写出分子式为 $C_5H_{10}O$ 的醛和酮的结构式，并用普通命名法和 IUPAC 命名法命名。

7-2　命名或写出下列化合物的结构简式。

(1) $CH_3-CH-CH_2-CH_2-CHO$
$\quad\quad\quad\;\; |$
$\quad\quad\quad CH_3$

(2) $CH_3-C=CH-CHO$
$\quad\quad\quad\quad |$
$\quad\quad\quad\;\; C_2H_5$

(3) $CH_3-CH-\overset{\overset{\displaystyle O}{||}}{C}-CH_2-CH_3$
$\quad\quad\quad |$
$\quad\quad CH_3$

(4) （苯环 $-CH_2CHO$，苯环上 CH_3）

(5) （环己烷二酮，H_3C 取代）

(6) （苯环 $-\overset{\overset{\displaystyle O}{||}}{C}-CH_2CH_3$）

(7) β-羟基丁醛

(8) 2,4-二甲基-3,5-辛二酮

(9) 3-甲基-3-己烯-2-酮

(10) 巴豆醛

7-3 下列化合物哪些能发生碘仿反应？哪些能与斐林试剂反应？哪些能与托伦试剂反应？写出反应式。

(1) $CH_3COCH_2CH_3$

(2) $CH_3CH_2CH_2CHO$

(3) $CH_3CH_2\overset{\overset{\displaystyle CH_3}{|}}{CH}CHO$

(4) CH_3CH_2OH

(5) 苯 $-CHO$

(6) 苯 $-COCH_3$

(7) 环己基 $-CHO$

(8) $CH_3CH_2COCH_2CH_3$

(9) $CH_3COCH_2CH_2COCH_3$

(10) $(CH_3)_3CCHO$

7-4 写出下列反应的主要产物。

(1) $CH_3-CH_2-CHO \xrightarrow{HCN} \xrightarrow{H_2O}$

(2) $CH_3-\overset{\overset{\displaystyle O}{||}}{C}-CH_3 + C_2H_5MgBr \xrightarrow{\text{无水乙醚}} \xrightarrow{H_2O}$

(3) $CH_3-CH_2-\overset{\overset{\displaystyle O}{||}}{C}-CH_3 + Cl_2 \xrightarrow{NaOH}$

(4) 环己酮 $+ H_2N-NH-$ 苯 $\longrightarrow$

(5) $CH_3-\overset{\overset{\displaystyle CH_3}{|}}{\underset{\underset{\displaystyle CH_3}{|}}{C}}-CHO \xrightarrow[\triangle]{\text{浓 NaOH}}$

(6) $CH_3-CH_2-CHO \xrightarrow[\triangle]{\text{稀 NaOH}}$

(7) $CH_3CH=CHCHO \xrightarrow{NaBH_4}$

(8) $HCHO + [Ag(NH_3)_2]^+ \longrightarrow$

7-5 完成下列转化。

(1) $CH_2=CH_2 \longrightarrow CH_3COCH_3$

(2) $CH_3CH_2CHO \longrightarrow CH_3CH(OH)CH_2CH_3$

(3) $CH_3CHO \longrightarrow CH_3CH_2CH_2CHO$

(4) $CH_3CH_2CH_2OH \longrightarrow CH_3CH_2CH_2CH_2OH$

(5) $CH_3CH_2CHO \longrightarrow CH_3CH_2COOCH_2CH_3$

(6) $CH_3COCH_3 \longrightarrow CH_2{=\!=}C(CH_3)COOCH_3$

(7) $C_2H_5OH \longrightarrow CH_3CH(OH)COOH$

7-6 用简单化学方法鉴别下列各组化合物。

(1) 丙醛、丙酮、丙醇、异丙醇 　　　　(2) 苯甲醇、邻甲苯酚、苯乙酮、苯甲醛

(3) 戊醛、2-戊酮、环戊酮

7-7 将下列化合物按沸点高低顺序排列。

(1) $CH_3CH_2CH_2CHO$ 　　　　(2) $CH_3CH_2OCH_2CH_3$

(3) $CH_3(CH_2)_3CH_3$ 　　　　(4) $CH_3CH_2CH_2CH_2OH$

7-8 比较下列化合物与氢氰酸反应的活性并排序。

(1) 二苯酮 　　　(2) 苯乙酮 　　　(3) 三氯乙醛

(4) 氯乙醛 　　　(5) 苯甲醛 　　　(6) 乙醛

7-9 某化合物分子式是 $C_8H_8O_2$，能溶于 NaOH 溶液，遇三氯化铁呈紫色，与 2,4-二硝基苯肼生成腙，并能起碘仿反应。试推测其可能的构造式。

7-10 有一化合物 A 的分子为 $C_5H_{12}O$，氧化后得到 $B(C_5H_{10}O)$，B 能与苯肼反应，并能与碘和氢氧化钠作用后生成黄色沉淀。A 能与浓硫酸共热生成 $C(C_5H_{10})$，C 经高锰酸钾氧化得到丙酮和乙酸。试推测 A，B，C 的结构式，并写出有关的反应式。

第 8 章　羧酸及其衍生物

羧酸是一类含有羧基(—COOH)官能团的有机化合物，一元饱和脂肪羧酸的通式为 $C_nH_{2n}O_2$。羧基中的羟基被其他原子或基团取代的产物称为羧酸衍生物，如酰卤、酸酐、酯、酰胺等。羧酸烃基中的氢原子被其他原子或基团取代的产物称为取代酸，如卤代酸、羟基酸、羰基酸、氨基酸等。

羧酸是许多有机化合物氧化的最终产物，常以盐和酯的形式广泛存在于自然界，许多羧酸在生物体的代谢过程中起着重要作用。羧酸对人们的日常生活非常重要，也是重要的化工原料和有机合成中间体。

8.1　羧酸

8.1.1　羧酸的分类和命名

(1) 羧酸的分类

根据分子中烃基的种类，可把羧酸分为脂肪羧酸、脂环羧酸、芳香羧酸等；根据分子中是否含有碳碳不饱和键，可把羧酸分为饱和羧酸与不饱和羧酸；根据分子中羧基的数目，又可把羧酸分为一元羧酸、二元羧酸和多元羧酸。例如，

一元羧酸
- 脂肪羧酸　$CH_3CH_2CH_2COOH$　　$CH_3CH=CHCOOH$
- 脂环羧酸　　
- 芳香羧酸　

二元羧酸　HOOC—COOH　

多元羧酸
$$\begin{array}{l} CH_2COOH \\ | \\ CHCOOH \\ | \\ CH_2COOH \end{array}$$

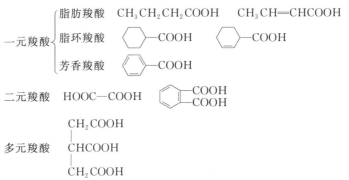

(2) 羧酸的命名

羧酸的命名可采用俗名和系统命名法。

俗名是根据羧酸的来源命名的，如蚁酸、醋酸、草酸、安息香酸等。

脂肪族一元羧酸的系统命名方法与醛的命名方法类似，即首先选择含有羧基的最长碳链作为主链，根据主链碳原子总数称为“某酸”。从含有羧基的一端开始编号，羧基中碳原子为 1 号碳原子，用阿拉伯数字或希腊字母表示取代基的位置，将取代基的位置及名称写在母体名称之前。例如，

$$HCOOH \qquad\qquad CH_3COOH \qquad\qquad \begin{array}{c} CH_3CHCH_2COOH \\ | \\ CH_3 \end{array}$$

甲酸(蚁酸)   乙酸(醋酸)   3-甲基丁酸(β-甲基丁酸)

脂肪族二元羧酸的系统命名是选择包含两个羧基的最长碳链作为主链,根据碳原子数称为"某二酸",把取代基的位置和名称写在"某二酸"之前。例如,

$$HOOC—COOH \qquad\qquad HOOC—CH_2—COOH \qquad\qquad HOOC—CH_2—CH_2—COOH$$

乙二酸(草酸)   丙二酸(胡萝卜酸)   丁二酸(琥珀酸)

不饱和脂肪羧酸的系统命名是选择含有重键和羧基的最长碳链作为主链,根据碳原子数称为"某烯酸"或"某炔酸",把重键的位置写在"某"字之前。例如,

$$CH_2\!=\!CHCOOH \qquad\qquad\qquad CH_3—CH\!=\!CH—COOH$$

丙烯酸(败脂酸)   2-丁烯酸(巴豆酸)

芳香羧酸和脂环羧酸的系统命名一般把环作为取代基。例如,

苯甲酸(安息香酸)   3-苯基丁酸(β-苯基丁酸)   2-萘乙酸(α-萘乙酸)

邻甲基苯甲酸   3-苯基丙烯酸(肉桂酸)   环戊基甲酸

8.1.2 羧酸的物理性质

室温下,含 10 个以下碳原子的饱和一元脂肪羧酸是有刺激性气味的液体,含 10 个以上碳原子的羧酸是蜡状固体。饱和二元脂肪羧酸和芳香羧酸在室温下是结晶状固体。

直链饱和一元羧酸的熔点随相对分子质量的增加而呈锯齿状变化,偶数碳原子的羧酸比相邻两个奇数碳原子的羧酸熔点都高,这是由于含偶数碳原子的羧酸碳链对称性比含奇数碳原子羧酸的碳链好,在晶格中排列较紧密,分子间作用力大,需要较高的温度才能将它们彼此分开,故熔点较高。

羧酸的沸点随相对分子质量的增大而逐渐升高,并且比相对分子质量相近的烷烃、卤代烃、醇、醛、酮的沸点高。这是由于羧基是强极性基团,羧酸分子间的氢键(键能约为 14 kJ·mol^{-1})比醇羟基间的氢键(键能约为 5～7 kJ·mol^{-1})更强。相对分子质量较小的羧酸,如甲酸、乙酸,即使在气态时也以双分子二缔合体的形式存在:

$$CH_3—\overset{\displaystyle O\cdots H—O}{\underset{\displaystyle O—H\cdots O}{C \qquad\qquad C}}—CH_3$$

羧基与水分子间的缔合比醇与水的缔合强,所以羧酸在水中的溶解度比相对分子质量接近的醇大。甲酸、乙酸、丙酸、丁酸与水混溶。随着羧酸相对分子质量的增大,其疏水烃基的比例增大,在水中的溶解度迅速降低。高级脂肪羧酸不溶于水,而易溶于乙醇、乙醚等有机溶剂。芳香羧酸在水中的溶解度都很小。常见羧酸的物理常数见表 8-1。

表 8-1　常见羧酸的物理常数

名称	俗名	熔点/℃	沸点/℃	溶解度/[g·(100 g 水)⁻¹]（20 ℃）	pK_a(25 ℃)
甲酸	蚁酸	8.4	100.7	∞	3.75
乙酸	醋酸	16.6	118	∞	4.76
丙酸	初油酸	−20.8	141	∞	4.87
丁酸	酪酸	−4.26	164	∞	4.83
戊酸	缬草酸	−34	186	3.3	4.84
己酸	羊油酸	−2～−1.5	205	1.10	4.88
辛酸	羊脂酸	16.5	239	0.25	4.89
癸酸	羊蜡酸	31.5	270	不溶	—
十二酸	月桂酸	44	225	不溶	—
十四酸	肉豆蔻酸	54	251	不溶	—
十六酸	软脂酸	63	390	不溶	—
十八酸	硬脂酸	71.5～72	360	不溶	—
丙烯酸	败脂酸	13	141.6	—	—
丁二酸	琥珀酸	189～190	235(分解)	6.8	—
苯甲酸	安息香酸	122.4	250	0.21	4.21

8.1.3　羧酸的化学性质

在羧酸分子中,羧基中碳原子是 sp² 杂化的,其未参与杂化的 p 轨道与羰基氧原子的 p 轨道平行重叠形成 C＝O 双键中的 π 键,而羧基中羟基氧原子上的未共用电子对所占据的 p 轨道与羧基中的 C＝O 双键形成 p-π 共轭体系,从而使羟基中氧原子上的电子向 C＝O 分散,使电子云密度趋于平均化,使 C＝O 双键和 C—O 键的键长趋于平均化。X-光衍射测定结果表明:甲酸分子中 C＝O 的键长(0.123 nm)比醛、酮分子中 C＝O 双键的键长(0.120 nm)略长,而 C—O 键的键长(0.136 nm)比醇分子中 C—O 键的键长(0.143 nm)稍短。

R—C

由于共轭体系中电子的离域,羟基中氧原子上的电子云密度降低,氧原子便强烈吸引 O—H 键间的共用电子对,从而使 O—H 键极性增强,有利于 O—H 键的断裂,使其呈现酸性;也由于羟基中氧原子上未共用电子对分散到 C＝O 双键上,使羧基碳原子上电子云密度比醛、酮中高,故羧基碳原子所带的部分正电荷减少,不利于发生亲核加成反应,羧酸的羧基没有像醛、酮那样典型的亲核加成反应。

另外,α-氢原子由于受到羧基的影响,其活性升高,容易发生取代反应;羧基的吸电子效应,使羧基与 α-碳原子间的共价键在一定条件下可以断裂发生脱羧反应。

根据羧酸的结构,它可发生的一些主要反应如下所示:

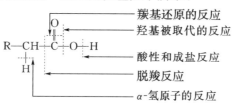

（1）酸性及取代基对酸性的影响

① 酸性与成盐

羧酸具有酸性,在水溶液中能电离出 H^+:

$$R-\overset{O}{\underset{\|}{C}}-OH \rightleftharpoons R-\overset{O}{\underset{\|}{C}}-O^- + H^+$$

通常用电离平衡常数 K_a 或 pK_a 来表示羧酸酸性的强弱,K_a 越大或 pK_a 越小,其酸性越强。

羧酸的酸性与羧酸电离产生的羧酸根离子的结构有关。羧酸根负离子中的碳原子为 sp^2 杂化,碳原子未参与杂化的 p 轨道可与两个氧原子的 p 轨道侧面重叠形成 p-π 共轭体系 Π_3^4,使羧酸根负离子的负电荷分散在两个电负性较强的氧原子上,降低了体系的能量,所以羧酸根负离子非常稳定。正因如此,羧酸的酸性比同样含有羟基的醇和酚的酸性强。

$$R-\overset{O}{\underset{O^-}{C}} \rightleftharpoons R-\overset{O^-}{\underset{O}{C}}$$

X-光衍射测定结果表明:甲酸根负离子中两个 C—O 键的键长都是 0.127 nm。所以羧酸根负离子电子云分布如图 8-1 所示。

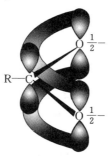

图 8-1　$RCOO^-$ 的电子云分布

羧酸能与碱反应生成盐和水,也能和活泼的金属作用放出氢气。

$$RCOOH + NaOH \longrightarrow RCOONa + H_2O$$

羧酸的酸性比碳酸($pK_a = 6.38$)强,所以羧酸可与碳酸钠或碳酸氢钠反应生成羧酸盐,同时放出 CO_2,此反应可用于羧酸的鉴定。

$$RCOOH + NaHCO_3 \longrightarrow RCOONa + H_2O + CO_2 \uparrow$$

羧酸的碱金属盐或铵盐遇强酸(如 HCl)可反应生成原来的羧酸,这一反应经常用于羧酸的分离、提纯和鉴别。

$$RCOONa + HCl \longrightarrow RCOOH + NaCl$$

不溶于水的羧酸可以转变为可溶性的盐,然后制成溶液使用。如生产中使用的植物生长调节剂 α-萘乙酸、2,4-二氯苯氧乙酸(简称 2,4-D)均可先与氢氧化钠反应生成可溶性的盐,然后再配制成所需的浓度使用。

② 取代基对酸性的影响

影响羧酸酸性的因素很多,其中最重要的是羧酸烃基上所连基团的诱导效应和共轭效应。

当烃基上连有吸电子基团(如卤原子)时,由于吸电子效应使羧基中羟基氧原子上的电子云密度降低,O—H 键的极性增强,因而较易电离出 H^+,其酸性增强;同时,由于吸电子效应使羧酸负离子的电荷更加分散,使其稳定性增加,从而使羧酸的酸性增强。总之,基团的吸电子能力越强,数目越多,距离羧基越近,产生的吸电子效应就越大,羧酸的酸性就越强。

例如,下列羧酸的酸性强弱顺序为

$$Cl_3CCOOH > \underset{\underset{Cl}{|}}{CH_2COOH} > \underset{\underset{Cl}{|}}{CH_3CHCOOH} > \underset{\underset{Cl}{|}}{CH_2CH_2COOH}$$

二元羧酸中,由于羧基是吸电子基团,两个羧基相互影响使一级电离常数比一元饱和羧酸大,这种影响随着两个羧基距离的增大而减弱。二元羧酸中,草酸的酸性最强。

不饱和脂肪羧酸和芳香羧酸的酸性,除受到基团的诱导效应影响外,往往还受到共轭效应的影响。一般来说,不饱和脂肪羧酸的酸性略强于相应的饱和脂肪羧酸。当芳香环上有基团产生吸电子效应时,酸性增强,产生供电子效应时,酸性减弱。例如,

pK_a	3.40	3.97	4.20	4.47

(2) 羧酸中羟基被取代

羧酸分子脱去—OH 后余下的部分称为该酸的酰基。羧基中羟基被其他原子或基团取代的产物称为羧酸衍生物。如果羟基被卤素(—X)、酰氧基(—OCOR)、烷氧基(—OR)、氨基(—NH₂)取代,则分别生成酰卤、酸酐、酯、酰胺,这些都是羧酸的重要衍生物。

① 酰卤的生成

羧酸与三卤化磷、五卤化磷或亚硫酰氯等反应时,羧基中的羟基可被卤素取代生成酰卤。

$$3R\overset{O}{\overset{\|}{C}}OH + PCl_3 \xrightarrow{\triangle} 3R\overset{O}{\overset{\|}{C}}Cl + H_3PO_3$$

$$R\overset{O}{\overset{\|}{C}}OH + PCl_5 \xrightarrow{\triangle} R\overset{O}{\overset{\|}{C}}Cl + POCl_3 + HCl\uparrow$$

$$R\overset{O}{\overset{\|}{C}}OH + SOCl_2 \longrightarrow R\overset{O}{\overset{\|}{C}}Cl + SO_2\uparrow + HCl\uparrow$$

$SOCl_2$ 作卤化剂时,副产物都是气体,容易与酰氯分离,可制备较纯净的酰氯。

② 酸酐的生成

一元羧酸在脱水剂五氧化二磷或乙酸酐作用下,两分子羧酸受热脱去一分子水生成酸酐。

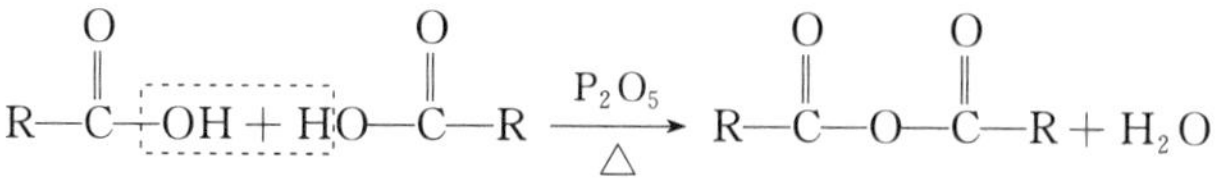

$$\overset{O}{\underset{}{\underset{}{R-C}}}\!-\!OH + HO\!-\!\overset{O}{\underset{}{C}}\!-\!R \xrightarrow[\triangle]{P_2O_5} \overset{O}{\underset{}{R-C}}\!-\!O\!-\!\overset{O}{\underset{}{C}}\!-\!R + H_2O$$

某些二元羧酸可分子内脱水生成内酐(一般是较稳定的五元环、六元环)。例如,

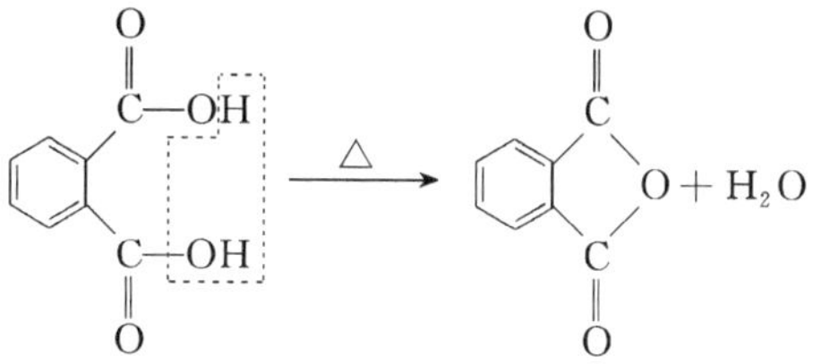

邻苯二甲酸酐

③ 酯的生成

羧酸和醇在无机酸的催化下共热,失去一分子水形成酯。

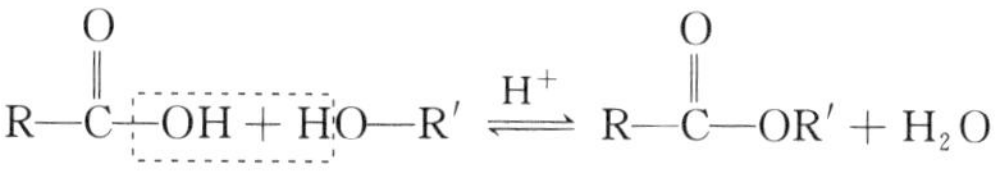

$$\overset{O}{\underset{}{R-C}}\!-\!OH + HO\!-\!R' \overset{H^+}{\rightleftharpoons} \overset{O}{\underset{}{R-C}}\!-\!OR' + H_2O$$

羧酸与醇作用生成酯的反应称为酯化反应。酯化反应是可逆的,欲提高产率,必须增大某一反应物的用量或降低生成物的浓度,使平衡向生成酯的方向移动。

如用同位素^{18}O标记的醇进行酯化反应,则反应完成后,^{18}O存在于酯分子中而不存在于水分子中。这说明酯化反应生成的水,是醇羟基中的氢与羧基中的羟基结合而成的,即羧酸发生了酰氧键的断裂。

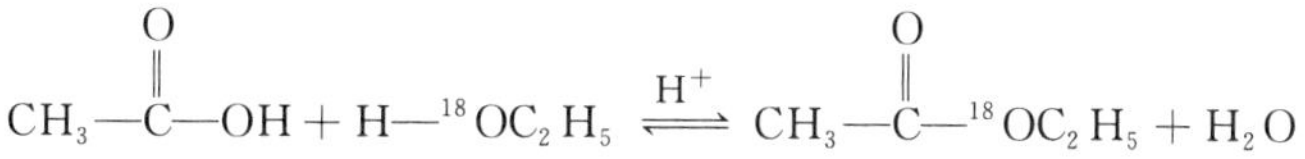

$$CH_3\!-\!\overset{O}{\underset{}{C}}\!-\!OH + H\!-\!^{18}OC_2H_5 \overset{H^+}{\rightleftharpoons} CH_3\!-\!\overset{O}{\underset{}{C}}\!-\!^{18}OC_2H_5 + H_2O$$

酸催化下的酯化反应按如下历程进行:

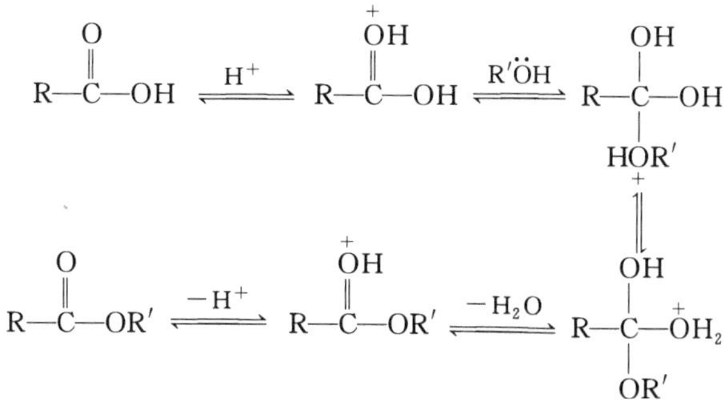

酯化反应中,醇作为亲核试剂进攻带有部分正电荷的羧基碳原子,由于羧基碳原子的正电荷较少,很难接受醇的进攻,所以反应很慢。当加入少量无机酸作催化剂时,羧基中的羰基氧原子易接受质子,使羧基中碳原子的正电性增强,从而有利于醇分子的进攻,加快酯的生成。

羧酸和醇的结构对酯化反应速率的影响较大。一般 α-碳原子上连有较多烃基或所连基团越大的羧酸和醇,由于空间位阻的因素,使其酯化反应速率减慢。不同结构的羧酸和醇进

行酯化反应的活性顺序为

$$RCH_2COOH > R_2CHCOOH > R_3CCOOH$$

$$RCH_2OH（1°醇）> R_2CHOH（2°醇）> R_3COH（3°醇）$$

④ 酰胺的生成

羧酸与氨或碳酸铵反应,生成羧酸的铵盐,铵盐受强热或在脱水剂的作用下加热,可分子内脱去一分子水形成酰胺。

$$\underset{\underset{\text{O}}{\|}}{R-C}-OH + NH_3 \longrightarrow \underset{\underset{\text{O}}{\|}}{R-C}-ONH_4$$

$$2\underset{\underset{\text{O}}{\|}}{R-C}-OH + (NH_4)_2CO_3 \longrightarrow 2\underset{\underset{\text{O}}{\|}}{R-C}-ONH_4 + CO_2\uparrow + H_2O$$

$$\underset{\underset{\text{O}}{\|}}{R-C}-ONH_4 \xrightarrow[\triangle]{P_2O_5} \underset{\underset{\text{O}}{\|}}{R-C}-NH_2 + H_2O$$

二元羧酸与氨共热脱水,可生成酰亚胺。例如,

邻苯二甲酰亚胺

（3）脱羧反应

通常情况下,羧酸中的羧基是比较稳定的,但在一些特殊条件下也可以发生脱去羧基放出二氧化碳的反应,称为脱羧反应。

一元羧酸的钠盐与强碱共热,生成比原来羧酸少一个碳原子的烃。例如,无水醋酸钠结晶和碱石灰混合加热,发生脱羧反应生成甲烷。

$$CH_3-\underset{\underset{\text{O}}{\|}}{C}-ONa + NaOH \xrightarrow[\triangle]{CaO} CH_4\uparrow + Na_2CO_3$$

这是实验室快速制备少量甲烷的方法。

当 α-碳原子上有吸电子基的羧酸时也可以发生脱羧反应,例如,

$$CCl_3COOH \xrightarrow{\triangle} CHCl_3 + CO_2\uparrow$$

β-碳原子为羰基的酸,加热时容易脱羧,例如,

$$CH_3-\underset{\underset{\text{O}}{\|}}{C}-CH_2COOH \xrightarrow{\triangle} CH_3-\underset{\underset{\text{O}}{\|}}{C}-CH_3 + CO_2\uparrow$$

有些低级二元羧酸,由于羧基是吸电子基团,在两个羧基的相互影响下,受热时也容易发生脱羧反应。如乙二酸、丙二酸加热,脱去二氧化碳,生成比原来羧酸少一个碳原子的一元羧酸。

$$HOOC-COOH \xrightarrow{\triangle} HCOOH + CO_2\uparrow$$

$$HOOC—CH_2—COOH \xrightarrow{\triangle} CH_3COOH + CO_2 \uparrow$$

丁二酸、戊二酸加热至熔点以上也不发生脱羧反应,而是分子内脱水生成稳定的内酐。

$$\begin{array}{c} CH_2COOH \\ | \\ CH_2COOH \end{array} \xrightarrow{\triangle} \begin{array}{c} CH_2—C \overset{O}{\underset{}{\diagup}} \\ | \qquad\quad O \\ CH_2—C \underset{\diagdown O}{} \end{array} + H_2O$$

己二酸、庚二酸在氢氧化钡存在下加热,既脱羧又失水,生成环酮。

$$\begin{array}{c} CH_2—CH_2—COOH \\ | \\ CH_2—CH_2—COOH \end{array} \xrightarrow[\triangle]{Ba(OH)_2} \bigpentagon\!=\!O + CO_2 \uparrow + H_2O$$

$$CH_2 \begin{array}{c} CH_2CH_2COOH \\ \diagup \\ \diagdown \\ CH_2CH_2COOH \end{array} \xrightarrow[\triangle]{Ba(OH)_2} \bighexagon\!=\!O + CO_2 \uparrow + H_2O$$

脱羧反应是生物体内重要的生物化学反应,呼吸作用所生成的二氧化碳就是羧酸脱羧的结果。生物体内的脱羧是在脱羧酶的作用下完成的:

$$CH_3COOH \xrightarrow{脱羧酶} CH_4 + CO_2$$

（4）α-氢原子的卤代反应

羧基是较强的吸电子基团,它可通过诱导效应和超共轭效应使α-氢原子活化。但羧基的致活作用比羰基小得多,所以羧酸的α-氢原子被卤素取代的反应比醛、酮困难。但在碘、红磷、硫等的存在下,羧酸的α-氢原子可被卤原子取代,生成α-卤代羧酸。例如,

$$CH_3COOH \xrightarrow{Cl_2}{P} ClCH_2COOH \xrightarrow{Cl_2}{P} Cl_2CHCOOH \xrightarrow{Cl_2}{P} Cl_3CCOOH$$
$$\qquad\qquad\qquad\quad 一氯乙酸 \qquad\qquad 二氯乙酸 \qquad\qquad 三氯乙酸$$

控制反应条件可使此反应停留在一元取代阶段。

卤代羧酸是合成多种农药和药物的重要原料,有些卤代羧酸如α,α-二氯丙酸或α,α-二氯丁酸还是有效的除草剂。氯乙酸与2,4-二氯苯酚钠在碱性条件下反应,可制得2,4-二氯苯氧乙酸,它是一种有效的植物生长调节剂,高浓度时可防治禾谷类作物田中的双子叶杂草;低浓度时,对某些植物有刺激早熟,提高产量,防止落花落果,产生无籽果实等多种作用。

（5）还原反应

羧基中的羰基由于p-π共轭效应的结果,失去了典型羰基的特性,所以羧基很难用催化氢化或一般的还原剂还原,只有用强还原剂如$LiAlH_4$才能将羧酸直接还原成伯醇。$LiAlH_4$是选择性比较强的还原剂,只还原羧基,不还原$C=\!=C$双键和$C\equiv C$叁键等不饱和键。例如,

$$CH_3—CH=\!=CH—COOH \xrightarrow{LiAlH_4} CH_3—CH=\!=CH—CH_2OH$$

8.1.4　重要的羧酸

（1）甲酸

甲酸俗称蚁酸,存在于一些蜂和蚁等动物以及荨麻等植物体内。甲酸的结构不同于其

他羧酸,它的羧基与一个氢原子相连,可看成有一个醛基。因此它既有羧酸的性质,又有醛类的性质。例如,能发生银镜反应;可被高锰酸钾氧化;与浓硫酸在 $60\sim80\ ^{\circ}\mathrm{C}$ 条件下共热,可以分解为水和一氧化碳,实验室中用此法制备纯净的一氧化碳。甲酸可用于染料工业和橡胶工业,也可用作还原剂和防腐剂。

$$HCOOH+2[Ag(NH_3)_2]^{+}+2OH^{-}\longrightarrow CO_2\uparrow+2Ag\downarrow+4NH_3\uparrow+2H_2O$$

$$HCOOH\xrightarrow{KMnO_4}[HO-\overset{\overset{\displaystyle O}{\|}}{C}-OH]\longrightarrow CO_2\uparrow+H_2O$$

$$HCOOH\xrightarrow[\triangle]{H_2SO_4}CO\uparrow+H_2O$$

(2)乙酸

乙酸俗称醋酸,是食醋的主要成分,一般食醋中含乙酸 $6\%\sim8\%$。乙酸为无色、具有刺激性气味的液体,沸点为 $118\ ^{\circ}\mathrm{C}$,熔点为 $16.6\ ^{\circ}\mathrm{C}$。当室温低于 $16.6\ ^{\circ}\mathrm{C}$ 时,无水乙酸很容易凝结成冰状固体,故常把无水乙酸称为冰醋酸。乙酸能与水按任何比例混溶,也可溶于乙醇、乙醚和其他有机溶剂。乙酸广泛用于有机合成、制革、纺织、印染等行业。

(3)乙二酸

乙二酸常以盐的形式存在于植物的细胞壁中,所以俗名草酸,是无色晶体,乙二酸受热可发生脱羧反应,在浓硫酸存在下加热可同时发生脱羧、脱水反应。乙二酸可以还原高锰酸钾,由于这一反应是定量进行的,乙二酸又极易精制提纯,所以在分析化学中被用作标定高锰酸钾的基准物质。

$$5\begin{vmatrix}COOH\\COOH\end{vmatrix}+2KMnO_4+3H_2SO_4\xrightarrow{\triangle}K_2SO_4+2MnSO_4+10CO_2\uparrow+8H_2O$$

乙二酸还可用作媒染剂和麦草编织物的漂白剂。

(4)丁烯二酸

丁烯二酸有顺丁烯二酸(马来酸或失水苹果酸)和反丁烯二酸(延胡索酸或富马酸)两种异构体:

顺丁烯二酸   反丁烯二酸

顺丁烯二酸在自然界中尚未发现其存在,反丁烯二酸在植物体中分布很广,也存在于温血动物肌肉中,比顺丁烯二酸稳定,是生物代谢的重要产物之一。

8.1.5 羟基酸

(1)羟基酸的分类和命名

分子中含有羟基的羧酸叫作羟基酸,即羧酸烃基上的氢原子被羟基取代的产物。羟基酸可分为醇酸和酚酸,前者羟基和羧基均连在脂肪链上,后者羟基连在芳环上。醇酸可根据羟基与羧基的相对位置称为 α-羟基酸,β-羟基酸,γ-羟基酸,δ-羟基酸。当羟基连在碳链末端时,称为 ω-羟基酸。酚酸以芳香酸为母体,羟基作为取代基。

在生物科学中,羟基酸的命名一般以俗名为主,辅以系统命名。下面是一些羟基酸的命名,括号中名称为俗名。

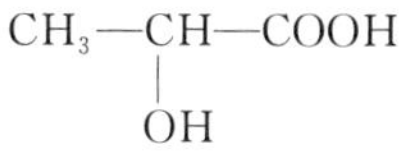

$$CH_3-CH-COOH$$
$$|$$
$$OH$$

2-羟基丙酸
（乳酸）

$$HO-CH-COOH$$
$$HO-CH-COOH$$

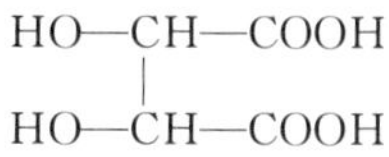

2,3-二羟基丁二酸
（酒石酸）

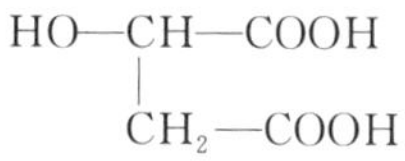

$$HO-CH-COOH$$
$$|$$
$$CH_2-COOH$$

羟基丁二酸
（苹果酸）

$$CH_2-COOH$$
$$|$$
$$HO-C-COOH$$
$$|$$
$$CH_2-COOH$$

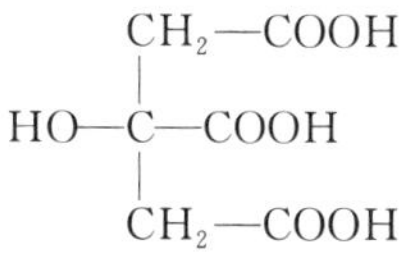

3-羟基-3-羧基戊二酸
（柠檬酸）

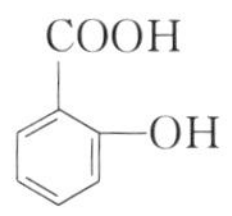

邻羟基苯甲酸
（水杨酸）

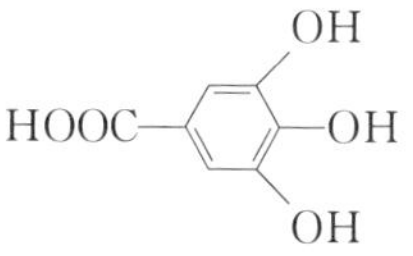

3,4,5-三羟基苯甲酸
（没食子酸）

（2）羟基酸的性质

羟基酸多为结晶固体或黏稠液体。由于分子中含有两个或两个以上能形成氢键的官能团,所以一般能溶于水,而且水溶性大于相应的羧酸,疏水支链或碳环的存在使水溶性降低。羟基酸的熔点一般高于相应的羧酸。许多羟基酸具有手性碳原子,也具有旋光活性。

羟基酸除具有羧酸和醇（酚）的典型化学性质外,还具有两种官能团相互影响而表现出的特殊性质。

① 羟基酸的酸性

醇酸含有羟基和羧基两种官能团,羟基具有吸电子效应使得羟基离羧基越近,其酸性越强。例如,羟基乙酸的酸性比乙酸强,而 2-羟基丙酸的酸性比 3-羟基丙酸强:

CH_3COOH	CH_2COOH $\|$ OH	CH_3CH_2COOH	CH_2CH_2COOH $\|$ OH	$CH_3CHCOOH$ $\|$ OH
pK_a 4.75	3.83	4.88	4.51	3.87

酚酸的酸性与羟基在苯环上的位置有关。当羟基在羧基的对位时,羟基与苯环形成 p-π 共轭,尽管羟基还具有吸电子诱导效应,但共轭效应相对强于诱导效应,总的效应使羧基电子云密度增大,这不利于羧基中氢离子的电离,因此对位取代的酚酸酸性弱于母体羧酸;当羟基在羧基的间位时,羟基对羧基主要表现出吸电子诱导效应,因此间位取代的酚酸酸性强于母体羧酸;当羟基在羧基的邻位时,羟基和羧基负离子形成分子内氢键,增强了羧基负离子的稳定性,有利于羧酸的电离,使酸性明显增强。羟基处于苯环上不同位置的酚酸酸性顺序为:邻位＞间位＞对位。

② 醇酸的脱水反应

醇酸受热能发生脱水反应,羟基的位置不同,得到的产物也不同。α-醇酸受热一般发生分子间交叉脱水反应,生成交酯:

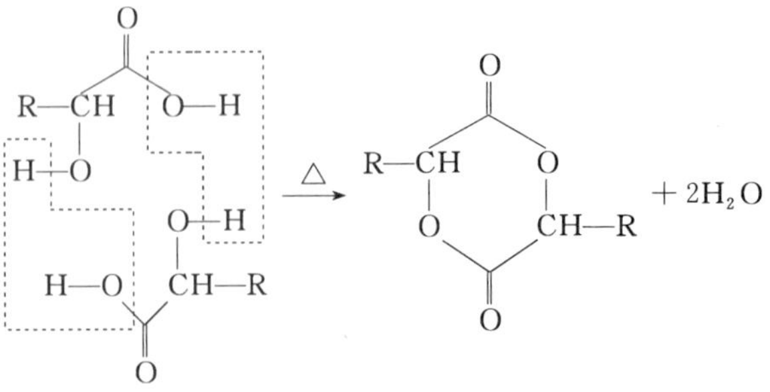

$$\underset{\alpha\text{-醇酸}}{\text{[α-醇酸结构式]}} \xrightarrow{\triangle} \underset{\text{交酯}}{\text{[交酯结构式]}} + 2H_2O$$

β-醇酸受热易发生分子内脱水,生成具有共轭体系的 α,β-不饱和羧酸:

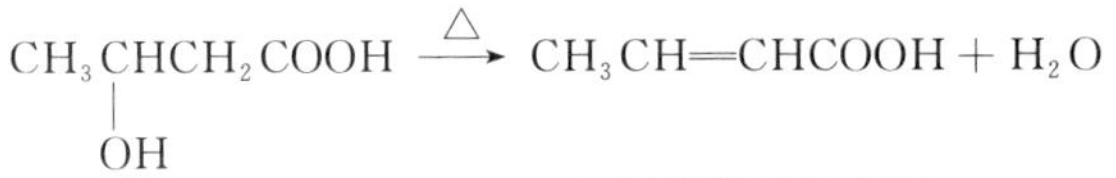

$$\underset{\underset{OH}{|}}{CH_3CHCH_2COOH} \xrightarrow{\triangle} \underset{\text{2-丁烯酸(巴豆酸)}}{CH_3CH\!\!=\!\!CHCOOH} + H_2O$$

γ-醇酸受热易分子内酯化,生成环状内酯:

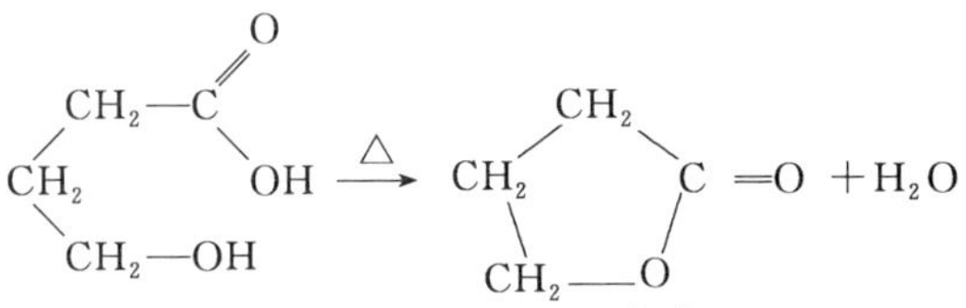

$$\underset{\gamma\text{-羟基丁酸}}{\text{[γ-羟基丁酸结构式]}} \xrightarrow{\triangle} \underset{\gamma\text{-丁内酯}}{\text{[γ-丁内酯结构式]}} + H_2O$$

③ α-醇酸的分解反应

α-醇酸在稀硫酸的作用下,容易发生分解反应,生成醛和甲酸。例如,

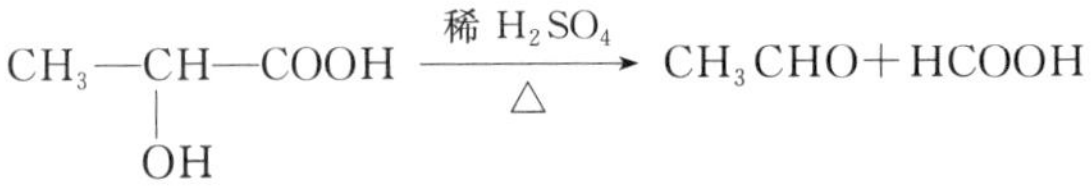

$$\underset{\underset{OH}{|}}{CH_3\!-\!CH\!-\!COOH} \xrightarrow[\triangle]{稀\ H_2SO_4} CH_3CHO + HCOOH$$

④ α-醇酸的氧化反应

α-醇酸中的羟基由于受羧基的影响,比醇中的羟基更容易氧化。如乳酸在弱氧化剂条件下就能被氧化生成丙酮酸:

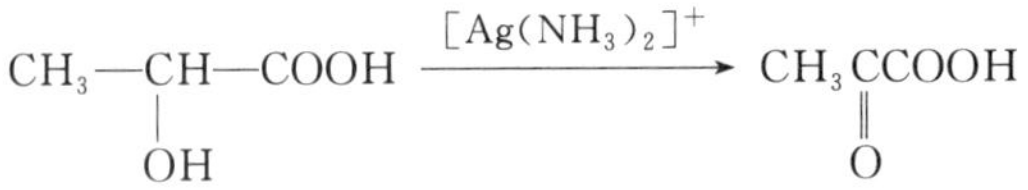

$$\underset{\underset{OH}{|}}{CH_3\!-\!CH\!-\!COOH} \xrightarrow{[Ag(NH_3)_2]^+} \underset{\underset{O}{\|}}{CH_3CCOOH}$$

⑤ 酚酸的脱羧反应

邻位和对位的酚酸受热时易脱羧:

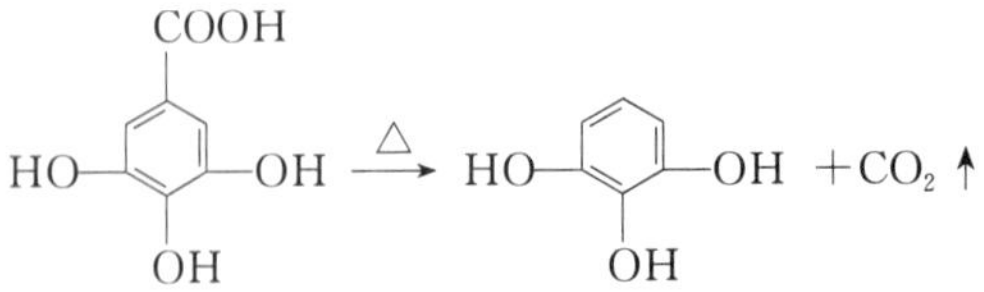

$$\text{[没食子酸结构式]} \xrightarrow{\triangle} \text{[邻苯二酚结构式]} + CO_2\uparrow$$

8.2 羧酸衍生物

　　羧酸衍生物主要有酰卤、酸酐、酯和酰胺,它们都是含有酰基的化合物。羧酸衍生物反应活性较高,可以转变成多种其他化合物,是十分重要的有机合成中间体。

8.2.1　羧酸衍生物的命名

酰卤根据酰基和卤原子来命名,称为"某酰卤"。酰胺的命名与酰卤相似。例如,

$$CH_3-\overset{\overset{\displaystyle O}{\|}}{C}-Cl \qquad CH_3-CH_2-\overset{\overset{\displaystyle O}{\|}}{C}-NH_2 \qquad CH_3-\underset{}{\bigcirc}-\overset{\overset{\displaystyle O}{\|}}{C}-Cl$$

乙酰氯　　　　　　　　丙酰胺　　　　　　　　对甲基苯甲酰氯

酸酐根据相应的羧酸命名。两个相同羧酸形成的酸酐为简单酸酐,称为"某酸酐",简称"某酐";两个不相同羧酸形成的酸酐为混合酸酐,称为"某酸某酸酐",简称"某某酐";二元羧酸分子内失去一分子水形成的酸酐为内酐,称为"某二酸酐"。例如,

$$CH_3-\overset{\overset{\displaystyle O}{\|}}{C}\diagdown_{O}\diagup \qquad CH_3-\overset{\overset{\displaystyle O}{\|}}{C}\diagdown \qquad$$

乙(酸)酐　　　　　　乙(酸)丙(酸)酐　　　　邻苯二甲酸酐

酯根据形成它的羧酸和醇来命名,称为"某酸某酯"。例如,

$$CH_3-\overset{\overset{\displaystyle O}{\|}}{C}-OCH_3 \qquad CH_3-\overset{\overset{\displaystyle O}{\|}}{C}-OC_2H_5 \qquad H-\overset{\overset{\displaystyle O}{\|}}{C}-OC_2H_5$$

乙酸甲酯　　　　　　　乙酸乙酯　　　　　　　甲酸乙酯

8.2.2　羧酸衍生物的物理性质

室温下,低级的酰氯和酸酐都是无色且对黏膜有刺激性的液体,高级的酰氯和酸酐为白色固体,内酐也是固体。酰氯和酸酐的沸点比相对分子质量相近的羧酸低,这是因为它们的分子间不能通过氢键缔合。

室温下,大多数常见的酯是液体,低级的酯具有花果香味。如乙酸异戊酯有香蕉香味(俗称香蕉水),正戊酸异戊酯有苹果香味,甲酸苯乙酯有野玫瑰香味,丁酸甲酯有菠萝香味等。许多花和水果的香味与酯有关,因此酯多用于香料工业。

羧酸衍生物一般难溶于水而易溶于乙醚、氯仿、丙酮、苯等有机溶剂。

8.2.3　羧酸衍生物的化学性质

羧酸衍生物由于结构相似,因此化学性质也有相似之处,只是在反应活性上有较大的差异。化学反应的活性次序:酰氯＞酸酐＞酯≥酰胺。

（1）水解反应

酰氯、酸酐、酯都可水解生成相应的羧酸。低级的酰卤遇水迅速反应,高级的酰卤由于在水中溶解度较小,水解反应速度较慢;多数酸酐由于不溶于水,在冷水中缓慢水解,在热水中迅速反应;酯的水解只有在酸或碱的催化下才能顺利进行。

$$
\begin{array}{l}
\underset{}{R-\overset{\displaystyle O}{\overset{\|}{C}}-Cl} \\[4pt]
\underset{}{R-\overset{\displaystyle O}{\overset{\|}{C}}-O-\overset{\displaystyle O}{\overset{\|}{C}}-R'} + H-OH \longrightarrow R-\overset{\displaystyle O}{\overset{\|}{C}}-OH + \begin{array}{l} HCl \\[10pt] R'COOH \\[10pt] R'OH \end{array} \\[4pt]
R-\overset{\displaystyle O}{\overset{\|}{C}}-OR'
\end{array}
$$

酯的水解在理论上和生产上都有重要意义。酸催化下的水解反应是酯化反应的逆反应,水解反应不能进行完全。碱催化下的水解反应生成的羧酸可与碱生成盐而从平衡体系中除去,所以水解反应可以进行到底。酯的碱性水解反应也称为皂化反应。

$$
R-\overset{\displaystyle O}{\overset{\|}{C}}-OR' + HOH \underset{}{\overset{H^+}{\rightleftharpoons}} R-\overset{\displaystyle O}{\overset{\|}{C}}-OH + R'OH
$$

$$
R-\overset{\displaystyle O}{\overset{\|}{C}}-OR' + HOH \xrightarrow{OH^-} R-\overset{\displaystyle O}{\overset{\|}{C}}-O^- + R'OH
$$

（2）醇解反应

酰氯、酸酐、酯都能发生醇解反应,产物主要是酯。它们进行醇解反应的速率顺序与水解相同。酯的醇解反应也叫酯交换反应,即醇分子中的烷氧基取代了酯中的烷氧基。酯交换反应不但需要酸催化,而且反应是可逆的。

$$
\begin{array}{l}
R-\overset{\displaystyle O}{\overset{\|}{C}}-Cl \\[4pt]
R-\overset{\displaystyle O}{\overset{\|}{C}}-O-\overset{\displaystyle O}{\overset{\|}{C}}-R' + H-OR'' \rightleftharpoons R-\overset{\displaystyle O}{\overset{\|}{C}}-OR'' + \begin{array}{l} HCl \\[10pt] R'COOH \\[10pt] R'OH \end{array} \\[4pt]
R-\overset{\displaystyle O}{\overset{\|}{C}}-OR'
\end{array}
$$

酯交换反应常"以大换小"用来制取高级醇的酯,因为结构复杂的高级醇一般难与羧酸直接酯化,往往是先制得低级醇的酯,再利用酯交换反应,即可得到所需要高级醇的酯。生物体内也有类似的酯交换反应。例如,

$$
\underset{\text{乙酰辅酶 A}}{CH_3-\overset{\displaystyle O}{\overset{\|}{C}}-SCoA} + \underset{\text{胆碱}}{[HOCH_2CH_2\overset{+}{N}(CH_3)_3]OH^-} \rightleftharpoons
$$

$$
\underset{\text{乙酰胆碱}}{CH_3-\overset{\displaystyle O}{\overset{\|}{C}}-O-CH_2CH_2\overset{+}{N}(CH_3)_3OH^-} + \underset{\text{辅酶 A}}{HSCoA}
$$

此反应是在相邻的神经细胞之间传导神经刺激的重要过程。

（3）氨解反应

酰氯、酸酐、酯可以发生氨解反应,产物是酰胺。由于氨本身是碱,所以氨解反应比水解反应更易进行。酰氯和酸酐与氨的反应都很剧烈,需要在冷却或稀释的条件下缓慢混合进

行反应。

$$\begin{array}{c}\underset{\parallel}{O}\\ R-\overset{\parallel}{C}-Cl\\[4pt] \underset{\parallel}{O}\quad\underset{\parallel}{O}\\ R-\overset{\parallel}{C}-O-\overset{\parallel}{C}-R'+H-NH_2 \longrightarrow R-\overset{\parallel}{\underset{O}{C}}-NH_2+\begin{array}{l}HCl\\ R'COOH\\ R'OH\end{array}\\[4pt] \underset{\parallel}{O}\\ R-\overset{\parallel}{C}-OR'\end{array}$$

羧酸衍生物的水解、醇解、氨解都属于亲核反应历程,可用下列通式表示:

$$R-\overset{O}{\underset{\parallel}{C}}-A \xrightarrow{HNu} \left[R-\overset{O^-}{\underset{Nu}{\overset{|}{C}}}-A\right] \xrightarrow{H^+} R-\overset{O-H}{\underset{Nu}{\overset{|}{C}}}-A \Longleftrightarrow R-\overset{O}{\underset{\parallel}{C}}-Nu+HA$$

$$A=X,\ O-\overset{O}{\underset{\parallel}{C}}-R',OR' \qquad HNu=H_2O,\ R'OH,\ NH_3$$

反应实际上是通过先加成再消除完成的。第一步由亲核试剂 HNu 进攻酰基碳原子,形成加成中间产物;第二步脱去一个小分子 HA,恢复碳氧双键;其结果是酰基取代了活泼氢和 Nu 结合得到取代产物。所以这些反应又称为 HNu 的酰基化反应。

显然,酰基碳原子的正电性越强,水、醇、氨等亲核试剂向酰基碳原子的进攻越容易,反应越快。在羧酸衍生物中,基团 A 有一对未共用电子对,这个电子对可与酰基中的 C＝O

双键形成 p-π 共轭体系 $R-\overset{O}{\underset{\,}{\overset{\parallel}{C}}}-\ddot{A}$。基团 A 的给电子能力顺序为

$$-\ddot{C}l<-\ddot{O}-\overset{O}{\underset{\parallel}{C}}-R<-\ddot{O}R<-\ddot{N}H_2$$

因此,酰基碳原子的正电性强度顺序为:酰氯＞酸酐＞酯＞酰胺。另一方面,反应的难易程度也与离去基团 A 的碱性有关,A 的碱性愈弱愈容易离去。离去基团 A 的碱性强弱顺序为:$NH_2^->RO^->RCOO^->X^-$,即离去能力的顺序为:$NH_2^-<RO^-<RCOO^-<X^-$。

综上所述,羧酸衍生物的酰—A 键断裂的活性(也称酰基化能力)次序为

酰氯＞酸酐＞酯≥酰胺

（4）酯的还原反应

酯比羧酸容易被还原。还原酯类化合物常用的还原剂是金属钠和乙醇,$LiAlH_4$ 是更有效的还原剂。

$$R-\overset{O}{\underset{\parallel}{C}}-OR' \xrightarrow[\triangle]{Na+C_2H_5OH} RCH_2OH+R'OH$$

由于羧酸较难被还原,经常把羧酸转变成酯后再还原。

（5）酯缩合反应

酯分子中的 α-氢原子由于受到酯基的影响变得较活泼,用醇钠等强碱处理时,两分子的酯脱去一分子醇生成 β-酮酸酯,这个反应称为克来森(Claisen)酯缩合反应。例如,

$$CH_3-\overset{O}{\overset{\|}{C}}-\boxed{OC_2H_5 + H}-CH_2-\overset{O}{\overset{\|}{C}}-OC_2H_5 \underset{}{\overset{C_2H_5ONa}{\rightleftharpoons}} CH_3\overset{O}{\overset{\|}{C}}CH_2\overset{O}{\overset{\|}{C}}-OC_2H_5 + C_2H_5OH$$
乙酰乙酸乙酯

酯缩合反应历程类似于羟醛缩合反应。首先强碱夺取 α-氢原子形成碳负离子中间体，碳负离子向另一分子酯羰基进行亲核加成，再脱去一个烷氧基负离子生成 β-酮酸酯：

$$CH_3-\overset{O}{\overset{\|}{C}}-OC_2H_5 \underset{}{\overset{C_2H_5ONa}{\rightleftharpoons}} \bar{C}H_2-\overset{O}{\overset{\|}{C}}-OC_2H_5 + C_2H_5OH$$

$$CH_3-\overset{O}{\overset{\|}{C}}-OC_2H_5 + \bar{C}H_2-\overset{O}{\overset{\|}{C}}-OC_2H_5 \rightleftharpoons CH_3-\overset{O^-}{\overset{|}{\underset{|}{\underset{OC_2H_5}{C}}}}-CH_2-\overset{O}{\overset{\|}{C}}-OC_2H_5$$

$$\rightleftharpoons CH_3-\overset{O}{\overset{\|}{C}}-CH_2-\overset{O}{\overset{\|}{C}}-OC_2H_5 + C_2H_5O^-$$
乙酰乙酸乙酯

生物体中长链脂肪酸以及一些其他化合物的生成就是由乙酰辅酶 A 通过一系列复杂的生化过程形成的。从化学角度来说，是通过类似于酯交换、酯缩合等反应逐渐将碳链增长的。

*8.2.4　重要的羧酸衍生物

（1）乙酰乙酸乙酯

乙酰乙酸乙酯（$CH_3COCH_2COOC_2H_5$）简称"三乙"，是由乙酸乙酯发生克来森酯缩合反应而制得。"三乙"是无色、有水果香味的液体，沸点 184 ℃，微溶于水，易溶于醇、醚等有机溶剂。"三乙"分子中含有羰基和酯基，所以它既有酮的性质，又有酯的性质，甚至还由于羰基与酯基的相互影响而表现出特殊的性质。

例如，"三乙"能使溴水的红棕色褪去，说明分子结构中含有不饱和的碳碳键；能与活泼金属钠反应放出氢气，说明分子结构中含有活泼氢原子；能与三氯化铁溶液发生显色反应，说明分子结构中含有烯醇式结构。以上三个性质说明"三乙"不是只以一种分子结构存在的。

经过物理和化学方法检测后证明，"三乙"是酮式和烯醇式两种结构以动态平衡而同时存在的互变异构体。

$$CH_3\overset{O}{\overset{\|}{C}}CH_2\overset{O}{\overset{\|}{C}}-OC_2H_5 \rightleftharpoons CH_3\overset{OH}{\overset{|}{C}}=CH\overset{O}{\overset{\|}{C}}-OC_2H_5$$
酮式　　　　　　　　　　烯醇式

由于室温下两种异构体互变的速率极快，所以不能将它们分离开来。在不同的溶剂、温度、浓度等条件下，两种互变异构体的含量也不一样。

由于"三乙"的特殊结构，它还可以发生酮式分解和酸式分解。

"三乙"在稀碱或稀酸中加热，可以分解脱羧而生成酮，称为酮式分解。

$$CH_3\overset{O}{\overset{\|}{C}}-CH_2 \vdots \overset{O}{\overset{\|}{C}}-O-C_2H_5 \underset{酮式分解}{\overset{5\% NaOH}{\longrightarrow}} CH_3\overset{O}{\overset{\|}{C}}-CH_3 + CO_2\uparrow + C_2H_5OH$$

"三乙"在浓碱中加热,可以分解生成两分子乙酸,称为酸式分解。

$$CH_3\overset{O}{\overset{\|}{C}}CH_2\overset{O}{\overset{\|}{C}}O-C_2H_5 \xrightarrow[\text{酸式分解}]{40\%NaOH} 2CH_3\overset{O}{\overset{\|}{C}}OH + C_2H_5OH$$

"三乙"分子中的 α-氢原子由于受到羰基和酯基的双重影响而变得异常活泼,极易受到碱性试剂的进攻而脱去,此时"三乙"便生成活泼的碳负离子中间体。此碳负离子中间体可作为亲核试剂与卤代烃、酰卤等发生亲核取代和加成-消除反应,从而在 α-碳原子上引入烃基、酰基等基团,所以"三乙"在有机合成中有着广泛的应用。

$$CH_3\overset{O}{\overset{\|}{C}}-CH_2-\overset{O}{\overset{\|}{C}}-OC_2H_5 + C_2H_5ONa \longrightarrow CH_3\overset{O}{\overset{\|}{C}}-\underset{\underset{Na}{+}}{\overset{-}{C}}H-\overset{O}{\overset{\|}{C}}-OC_2H_5 + C_2H_5OH$$

乙酰乙酸乙酯钠

$$CH_3-\overset{O}{\overset{\|}{C}}-\underset{\underset{Na}{+}}{\overset{-}{C}}H-\overset{O}{\overset{\|}{C}}-OC_2H_5 + RX \longrightarrow CH_3\overset{O}{\overset{\|}{C}}-\underset{\underset{R}{|}}{C}H\overset{O}{\overset{\|}{C}}-OC_2H_5 + NaX$$

烃基乙酰乙酸乙酯

$$CH_3\overset{O}{\overset{\|}{C}}-\underset{\underset{Na}{+}}{\overset{-}{C}}H-\overset{O}{\overset{\|}{C}}-OC_2H_5 + R-\overset{O}{\overset{\|}{C}}-X \longrightarrow CH_3\overset{O}{\overset{\|}{C}}-\underset{\underset{O=C-R}{|}}{C}H-\overset{O}{\overset{\|}{C}}-OC_2H_5 + NaX$$

酰基乙酰乙酸乙酯

由于烃基乙酰乙酸乙酯中仍存在活泼氢原子,所以它能继续发生上述反应生成二烃基乙酰乙酸乙酯,且产物可通过酮式或酸式分解制取甲基酮、二酮、一元或二元羧酸、环酮等。

（2）丙二酸二乙酯

丙二酸二乙酯 $CH_2(COOC_2H_5)_2$ 为无色液体,有芳香气味,沸点 199.3 ℃,不溶于水,易溶于乙醇、乙醚等有机溶剂。丙二酸二乙酯是以氯乙酸为原料,经过氰解,水解,酯化后得到的二元羧酸酯:

$$\underset{\underset{Cl}{|}}{CH_2}COOH \xrightarrow[NaOH]{NaCN} \underset{\underset{CN}{|}}{CH_2}COOH \xrightarrow[(2) H^+, C_2H_5OH]{(1) H^+, H_2O} CH_2\overset{COOC_2H_5}{\underset{COOC_2H_5}{<}}$$

丙二酸二乙酯由于分子中含有一个活泼亚甲基,因此在理论和合成上都有重要意义。丙二酸二乙酯在醇钠等强碱催化下,能产生一个碳负离子,它可以和卤代烃发生亲核取代反应,产物经水解和脱羧后生成羧酸。用这种方法可合成 RCH_2COOH 和 $RR'CHCOOH$ 型的羧酸,如用适当的二卤代烷作为烃化试剂,也可以合成脂环族羧酸。例如,

$$CH_2(COOC_2H_5)_2 + R-X \xrightarrow[C_2H_5OH]{C_2H_5ONa} RCH(COOC_2H_5)_2 \xrightarrow[(2) H^+; (3)\triangle, -CO_2]{(1)NaOH} RCH_2COOH$$

$$CH_2(COOC_2H_5)_2 + BrCH_2CH_2CH_2Br \xrightarrow[C_2H_5OH]{C_2H_5ONa} \overset{CH_2}{\underset{CH_2-CH_2}{|}}\!\!\!{>}\!C(COOC_2H_5)_2$$

$$\xrightarrow[(2) H^+; (3)\triangle, -CO_2]{(1)NaOH} \overset{CH_2-CH-COOH}{\underset{CH_2-CH_2}{|\qquad\quad|}}$$

环丁基甲酸

本章小结及学习要求

　　氢键的存在导致羧酸容易形成二聚体,羧酸烃基上的氢原子被取代后其酸性受诱导效应的影响,羧基中的羟基被取代后生成羧酸衍生物,羧酸还可以发生脱水生成酸酐、脱羧减短碳链、α-氢原子取代、羧酸衍生物中羰基上的亲核取代等反应。羧酸衍生物可以发生水解、醇解、氨解、降解等反应。乙酰乙酸乙酯、丙二酸二乙酯是重要的羧酸衍生物,在有机合成上有重要应用。

　　学习本章时,应达到以下要求:了解羧酸及羧酸衍生物的分类、命名,掌握羧酸及羧酸衍生物的化学性质及其应用,理解诱导效应对羧酸酸性的影响,了解酯的结构特点和典型的化学性质。

【阅读材料】

洗涤剂洁净吗?

　　人们最早生产和使用合成洗涤剂是在 1954 年,目前世界年产合成洗涤剂大约 1 300 万吨,洗涤剂已成为人们日常生活中必不可缺少的用品,洗餐具时要用洗洁精,洗衣服时要用肥皂、洗衣粉、领洁净,洗手时要用香皂,擦洗厨房时要用油污清洗剂,等等。在人们广泛使用洗涤剂去除各种污垢时,是否会想到这样一个问题,即洗涤剂洁净吗? 这一问题可以从对人体是否洁净和对水体是否洁净两方面来加以说明。

　　合成洗涤剂中一般含有表面活性剂,如烷基苯磺酸钠或直链烷基苯磺酸钠,同时还使用磷酸盐作为增净剂。一般而言,洗涤剂中的表面活性剂等成分对人体皮肤不会有显著的刺激作用,它们的急性、亚急性和慢性毒性试验结果也表明不对人体构成健康威胁,致癌和致畸变试验也证明洗涤剂是安全的。但是,当洗涤剂的浓度超过某一限度时,会对眼黏膜等有刺激作用。因此,就人体健康安全而言,在用洗涤剂去污以后,应该尽可能地清洗干净。对水体而言,洗涤剂中的磷酸盐排入水体,是造成水体富营养化、破坏水生生态系统的一个重要原因;进入水体的洗涤剂会消耗水中的氧气,并对水生生物产生轻微毒性,造成鱼类的畸形;洗涤剂使进入水体的石油产品等有机物因乳化而分散,还使污水产生大量泡沫,给废水处理带来困难。因此,洗涤剂对水环境是有害的,应该尽量减少现有洗涤剂的使用,开发对环境友好的新型洗涤剂。

习　　题

8-1 用系统命名法命名下列化合物。

(1) $(CH_3)_2CHC(CH_3)_2COOH$

(2) $CH_2 = CHCH_2COOH$

(3) $(CH_3CO)_2O$

(4) ⬡—COOH

(5) CH_3—⬡—$COOCH_3$

(6) ⬡—COCl

8-2 写出下列化合物的结构简式。

(1) 草酸

(2) 乙酰乙酸乙酯

(3) 甲酰氯

(4) 水杨酸

(5) 邻苯二甲酸酐

(6) 顺-12-羟基-9-十八碳烯酸

8-3 比较下列羧酸酸性的大小。

(1) FCH_2COOH, $BrCH_2COOH$ 与 $ClCH_2COOH$

(2) $Cl_2CHCOOH$, $ClCH_2COOH$ 与 Cl_3CCOOH

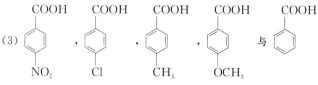

(3) 与

8-4 用化学方法区别下列各组化合物。

(1) 甲酸、乙酸、草酸 　　(2) 乙醇、乙醛、乙酸

(3) 甲酸、乙酸、甲醛 　　(4) 苯酚、环己醇、环己酮、环己烷甲酸、环己基甲醛

8-5 完成下列反应。

(1) 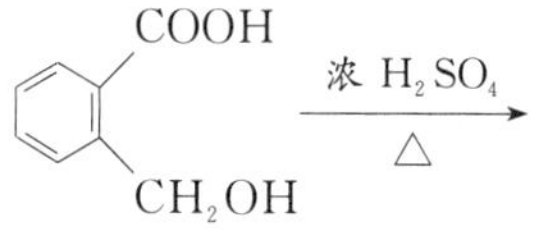 　　$\xrightarrow[\triangle]{浓\ H_2SO_4}$

(2) $(CH_3)_2C(OH)COOH \xrightarrow{\triangle}$

(3) $(CH_3)_2C(OH)COOH \xrightarrow[\triangle]{稀\ H_2SO_4}$

(4)  　　$\xrightarrow[H_2O_2]{HBr}$ 　　$\xrightarrow{KCN}$ 　　$\xrightarrow{H_2O}$ 　　$\xrightarrow[\triangle]{NH_3}$

(5)  H_3C-　　$-CH_2CH_2COOH \xrightarrow{SOCl_2}$ 　　$\xrightarrow{AlCl_3}$

(6)  　　$\xrightarrow{\triangle}$

(7)  $H_2C=$　　$-COOH \xrightarrow{LiAlH_4}$

(8) 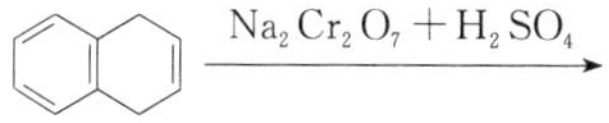 　　$\xrightarrow{Na_2Cr_2O_7+H_2SO_4}$

*8-6 完成下列转变。

(1) 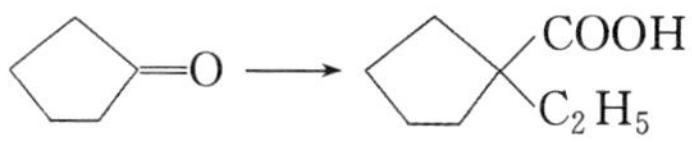 　　$\longrightarrow$ 　　COOH C_2H_5

(2) 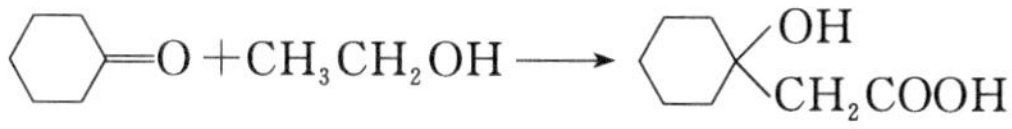 　　$=O + CH_3CH_2OH \longrightarrow$ 　　OH CH_2COOH

*8-7 已知在用 $R^{18}OH$ 和羧酸进行酯化时，^{18}O 全部在酯中，但用 $CH_2=CHCH_2{}^{18}OH$ 进行酯化时，发现有一些 $H_2{}^{18}O$ 生成，试写出这两种酯化可能的机理。

第9章 含氮、磷的有机化合物

在生物体中含氮的有机化合物主要有硝基化合物、胺、酰胺等,它们都是生物化学变化过程中的重要物质,某些酰胺还是蛋白质的重要组成成分,它们在生命活动中起着极其重要的作用。含氮有机化合物在医药上也有许多应用。含磷化合物广泛存在于生物体中,它们是核酸、辅酶和磷脂的重要组成成分,是维持生命不可缺少的物质。同时有机磷农药也是目前研究、应用较多的高效农药。

9.1 硝基化合物

9.1.1 硝基化合物的命名和结构

硝基化合物是指烃分子中的氢原子被硝基(—NO₂)取代后的含氮衍生物。一般根据硝基的数目分为一元硝基化合物和多元硝基化合物,也可以根据烃基分为脂肪族和芳香族硝基化合物。

硝基化合物的命名常以烃为母体,硝基为取代基。例如,

$$CH_3NO_2 \qquad CH_3CH_2\overset{\overset{\displaystyle CH_3}{|}}{\underset{\underset{\displaystyle NO_2}{|}}{C}}CH_3 \qquad \text{邻硝基苯酚} \qquad HOOC{-}\bigcirc{-}NO_2$$

硝基甲烷　　2-甲基-2-硝基丁烷　　邻硝基苯酚　　4-硝基苯甲酸

硝基化合物中硝基的结构与前面学过的羧酸根负离子的结构极为相似,如图9-1所示。在硝基中,氮原子的p轨道和两个氧原子的p轨道互相平行发生重叠,形成π键离域体系,使得N—O键键长发生平均化。同时硝基的负电荷也平均分布在两个氧原子上,形成稳定的结构。

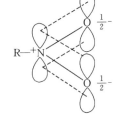

图 9-1　硝基化合物的结构

9.1.2 硝基化合物的物理性质

脂肪族硝基化合物与芳香族硝基化合物的物理性质略有不同。通常状况下,前者多是无色液体,有特殊香味,难溶于水,易溶于有机溶剂(如乙醇等);后者则多是淡黄色固体,有少数是液体,具有苦杏仁味,难溶于水,易溶于有机溶剂。硝基化合物比水重,有毒,受热时易分解甚至发生爆炸。

9.1.3 硝基化合物的化学性质

（1）硝基的还原

硝基化合物中的硝基部分容易与活泼氢等还原剂发生反应,生成胺或偶氮化合物,并且在不同的介质中,所生成的主要产物也不同。此性质常被用在有机合成中保护—NH_2和合成偶氮盐。

酸性：

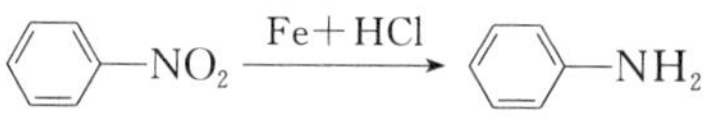

中性：

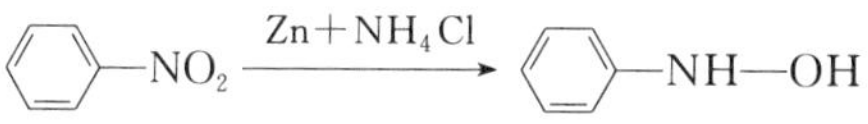

N-羟基苯胺

碱性：

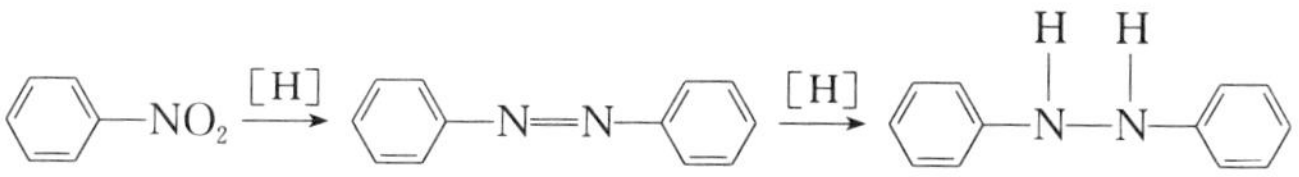

偶氮苯　　　　　　　　　　氢化偶氮苯

若选用$(NH_4)_2S$,NH_4HS等还原剂时,芳香族硝基化合物还可以被部分还原。例如,

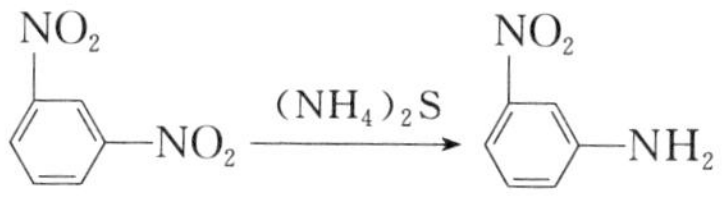

（2）芳环上的取代

由硝基的吸电子诱导效应和定位效应可知,—NO_2是间位定位基,且使苯环钝化。

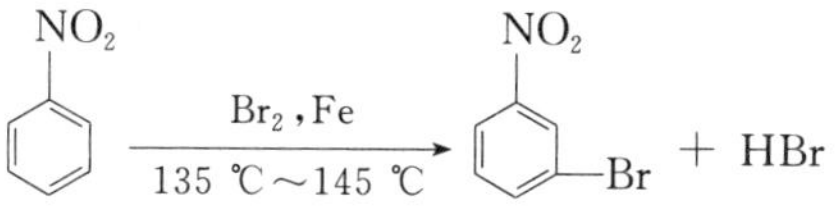

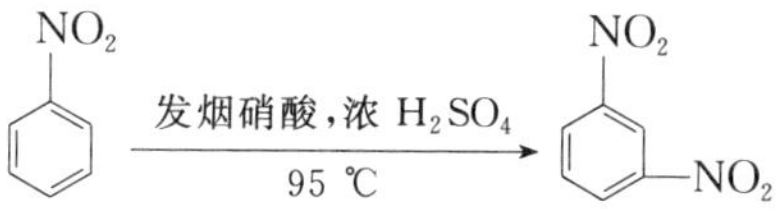

从上述各反应的反应条件可以看出,硝基的致钝作用使得芳香族硝基化合物的卤代、硝化等亲电取代反应比苯难。

*（3）与碱反应

一般认为硝基化合物存在着"硝基式—假酸式"互变异构现象（类似于"烯醇—醛酮"互变异构）：

$$\underset{\substack{| \\ O^-}}{CH_3CH_2-\overset{+}{N}=O} \rightleftharpoons \underset{\substack{| \\ O^-}}{CH_3CH=\overset{+}{N}-OH}$$

醛酮式（硝基式）　　　　烯醇式（假酸式）

当遇到碱溶液时,酸式就被消耗掉,上述平衡就向酸式方向移动,直至达到新的平衡。

含有α-氢原子的脂肪族硝基化合物能溶于强碱而形成相应的盐,这种性质是由硝基的结构决定的。

$$CH_3CH=\overset{+}{\underset{\underset{O^-}{|}}{N}}-OH + NaOH \rightleftharpoons \left[CH_3\overset{\frown}{CH=}\overset{+}{\underset{\underset{O^-}{|}}{N}}\overset{\frown}{-O^-} \right] Na^+ + H_2O$$

9.2 胺

9.2.1 胺的分类和命名

胺可以看成是氨分子中的氢原子被别的基团取代后的衍生物。一般根据被取代的氢原子的数目分为伯胺(1°胺)、仲胺(2°胺)和叔胺(3°胺)。若氮原子上连有四个基团并且氮带有正电荷,则它与负离子形成的化合物称为季铵盐或季铵碱。

$$NH_3 \qquad RNH_2 \qquad R_2NH \qquad R_3N \qquad R_4N^+X^- \qquad R_4N^+OH^-$$

氨 　伯胺 　仲胺 　叔胺 　季铵盐 　季铵碱
　　(1°胺) 　(2°胺) 　(3°胺)

伯、仲、叔胺和伯、仲、叔醇的含义是不同的。如前所述,伯、仲、叔胺是根据氮原子上所连烃基的个数分类的,而伯、仲、叔醇是根据与—OH所连的碳原子的类型分类的。如叔丁醇为叔醇(3°醇),而叔丁胺为伯胺(1°胺)。

$$CH_3-\underset{\underset{CH_3}{|}}{\overset{\overset{CH_3}{|}}{C}}-OH \qquad\qquad CH_3-\underset{\underset{CH_3}{|}}{\overset{\overset{CH_3}{|}}{C}}-NH_2$$

叔丁醇 　　　　　　叔丁胺
(3°醇) 　　　　　　(1°胺)

根据氮原子上所连基团不同,胺又可以分为脂肪胺和芳香胺;根据氨基数目的多少,还可以分为一元胺、二元胺和多元胺等。

简单的胺命名时以胺为母体,氮原子上的基团为取代基,称为"某胺"。例如,

$$CH_3CH_2NH_2 \qquad \text{⬡}-NH_2 \qquad H_2NCH_2CH_2NH_2 \qquad \underset{\underset{NH_2}{|}}{CH_2}CH_2CH_2\underset{\underset{NH_2}{|}}{CH_2}$$

乙胺 　　苯胺 　　　乙二胺 　　1,4-丁二胺(腐尸胺)

对于仲胺或叔胺,若烃基相同,则要表明烃基的个数;若烃基不同,则要按"次序规则",小基团写在前面。例如,

$$CH_3NHCH_3 \qquad CH_3NHCH_2CH_3 \qquad (CH_3)_3N \qquad (\text{⬡})_3N$$

二甲胺 　　　　甲乙胺 　　　　三甲胺 　　　三苯胺

芳香仲胺或叔胺的命名,要在取代基前以"N"表明此取代基是与氮原子相连,而不是连在芳环上。例如,

$$\text{⬡}-NHCH_3 \qquad\qquad\qquad \text{⬡}-N(CH_3)_2$$

N-甲基苯胺 　　　　　　　　N,N-二甲基苯胺

对于结构比较复杂的胺,一般把氨基作为取代基,按系统命名法命名。例如,

$$CH_3\underset{\underset{CH_3}{|}}{CH}CH_2\underset{\underset{NH_2}{|}}{CH}CH_3 \qquad HOCH_2CH_2NH_2 \qquad CH_3\underset{\underset{NHCH_3}{|}}{CH}COOH$$

2-甲基-4-氨基戊烷 　　　2-氨基乙醇 　　　2-甲氨基丙酸

季铵盐和季铵碱的命名类似于无机物中铵盐的命名。例如，

$$(CH_3)_4N^+Cl^- \qquad (CH_3CH_2)_4N^+OH^- \qquad [(CH_3CH_2)_4N^+]_2SO_4^{2-}$$

氯化四甲铵 　　　　　氢氧化四乙铵 　　　　　硫酸四乙铵

命名时，要注意"氨"、"胺"和"铵"的用法。把—NH$_2$当取代基时用"氨"，当胺作为母体时用"胺"，季铵类化合物则用"铵"。

9.2.2 胺的结构

胺中的氮原子为不等性的 sp^3 杂化，形成了四个杂化轨道。其中三个 sp^3 杂化轨道与三个氢原子的 s 轨道"头碰头"式重叠，形成三个 N—H σ 键。另外一个 sp^3 杂化轨道由氮原子的一对孤对电子占据。这对孤对电子对 N—H σ 键的排斥作用，使氨和胺分子具有棱锥形结构，如图 9-2 所示。

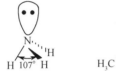

图 9-2 氨、甲胺、三甲胺的空间结构

9.2.3 胺的物理性质

在通常状况下，脂肪族的低级胺都是气体，如甲胺、二甲胺、三甲胺、乙胺等。丙胺以上多是液体，高级胺是固体。低级胺的气味与氨相似，三甲胺具有鱼腥味，高级胺几乎没有气味。

胺中的氮原子可以与水形成氢键，所以低级胺易溶于水。分子中含 6 个以上碳原子的胺在水中的溶解度随分子中碳原子数增加而逐渐降低。同时由于氮的电负性比氧小，所以 N···H—N 氢键比 O···H—O 氢键要弱，从而导致胺的沸点比相对分子质量相近的醇要低，但是比烃、醚等非极性化合物要高。芳胺一般具有毒性，例如 β-萘胺、联苯胺等是致癌物。季铵盐和季铵碱的性质类似于无机盐。表 9-1 列出了一些常见胺的物理常数。

表 9-1 一些常见胺的物理常数

名　称	沸点/℃	熔点/℃	相对密度(d_4^{20})	溶解度/[g·(100 g 水)$^{-1}$] (20 ℃)	pK_b
氨	−35.5	−77.75	0.759	极易溶	4.76
甲胺	−6.3	−92	0.796	易溶	3.35
二甲胺	7.5	−96	0.660	易溶	3.27
三甲胺	3	−117	0.723	91	4.22
乙胺	17	−80	0.706	混溶	3.29
二乙胺	55	−48	0.705	易溶	3.00
三乙胺	89	−115	0.756	14	3.25
乙二胺	117	8.5	0.899	混溶	4.07
苯胺	184	−6.3	1.022	3.7	9.28
二苯胺	302	54	1.159	难溶	13.21
三苯胺	365	127	0.774	难溶	13.90

9.2.4 胺的化学性质

胺分子中氮原子上的孤对电子使胺能在化学反应中提供电子对,体现了胺的一系列化学性质,如碱性、亲核性等。

（1）碱性与成盐

由路易斯酸碱理论知,胺中的氮原子在化学反应中能够对外提供孤对电子,所以胺显碱性。

$$R-NH_2 + H_2O \underset{}{\overset{K_b}{\rightleftharpoons}} R-N^+H_3 + OH^-$$

胺的碱性可以用离解常数 K_b 或 pK_b 来表示。K_b 越大,pK_b 越小,其碱性越强。

$$K_b = \frac{c_{R-N^+H_3} \cdot c_{OH^-}}{c_{R-NH_2}}, \quad pK_b = -\lg K_b$$

结合以上计算式,由表 9-1 中各种胺的 pK_b 可知:

① 碱性强弱顺序:脂肪胺＞氨＞芳香胺。这是因为脂肪胺相对于氨而言,引入了供电子的烃基,使氮原子上的电子云密度增加,提供电子对的能力增强,即碱性增强。而芳香胺中,氮原子上的孤对电子与苯环的大 π 键离域体系形成 p-π 共轭,使得氮原子上的电子云密度减小,提供电子对的能力减弱,即碱性减弱。

② 脂肪胺碱性强弱顺序:二甲胺＞甲胺＞三甲胺。这是因为从诱导效应来看,二甲胺比甲胺多了一个供电子的甲基,所以碱性比甲胺强。如果只考虑诱导效应,三甲胺应该是最强的。但是恰恰相反,在此三种胺中三甲胺的碱性最弱。这是因为有机物结构与碱性的关系,不仅要考虑电子效应(包括诱导效应、共轭效应等),还要考虑位阻效应(空间效应)。三甲胺中由于存在三个甲基,体积较大,容易阻碍氮原子上的孤对电子与质子结合,故其碱性大为减弱。

③ 芳香胺碱性强弱顺序:伯胺＞仲胺＞叔胺。这是因为随着芳环的增多,p-π 共轭体系越来越大,氮原子上的电子云密度越来越小,提供电子对的能力越小,碱性就越弱。

胺呈现不同程度的碱性,故能和酸反应生成铵盐。有机铵盐一般是晶体,易溶于水和乙醇。铵盐是弱碱生成的盐,如果遇到较强的碱,胺就会从铵盐中游离出来。这个性质可以用来精制和分离胺类。

$$CH_3NH_2 + HCl \longrightarrow CH_3N^+H_3Cl^-$$
甲基氯化铵(甲胺盐酸盐)

$$CH_3N^+H_3Cl^- + NaOH \longrightarrow CH_3NH_2 + NaCl + H_2O$$

（2）烷基化反应

与烷基化试剂(如卤代烷或醇)作用,氨或胺中氮上的所有氢原子可以逐渐被烷基取代,此反应称为胺的烷基化反应,属于亲核取代反应历程,氨或胺为亲核试剂。

$$NH_3 + CH_3Br \longrightarrow CH_3NH_2 + HBr$$
$$CH_3NH_2 + CH_3Br \longrightarrow CH_3NHCH_3 + HBr$$
$$CH_3NHCH_3 + CH_3Br \longrightarrow (CH_3)_3N + HBr$$
$$(CH_3)_3N + CH_3Br \longrightarrow (CH_3)_4N^+Br^-$$
溴化四甲铵(三甲胺氢溴酸盐)

生成的季铵盐可以与 AgOH 反应,生成季铵碱。例如,

$$(CH_3)_4N^+Br^- + AgOH \longrightarrow (CH_3)_4N^+OH^- + AgBr\downarrow$$

(3) 酰基化反应

氨或胺与酰基化试剂(如酰氯或酸酐)作用,结果是使氮上的氢原子被酰基取代生成酰胺,称为胺的酰基化反应,属于亲核取代(S_N)反应历程,氨或胺为亲核试剂。伯、仲胺均可以发生酰基化反应,而叔胺氮原子上没有可被取代的氢原子,所以不发生酰基化反应。正因为如此,可利用酰基化反应来分离伯、仲胺和叔胺。

$$CH_3COCl + CH_3NH_2 \longrightarrow CH_3CONHCH_3 + HCl$$

$$CH_3COCl + CH_3NHCH_3 \longrightarrow CH_3CON(CH_3)_2 + HCl$$

由于酰胺水解能形成原来的胺,所以在有机合成中常利用胺的酰基化反应来保护氨基。例如,由苯胺硝化制备对硝基苯胺时,为了防止—NH_2被混酸氧化,可先利用酰基化反应将—NH_2保护起来,当硝化完成以后,再水解,还原出—NH_2。

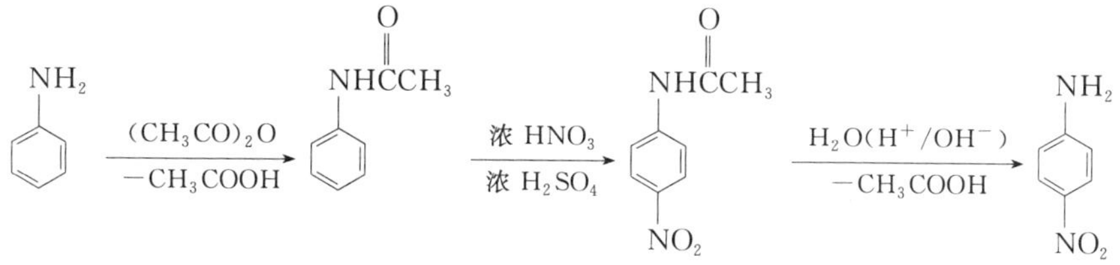

(4) 与亚硝酸(HO—N═O)反应

脂肪胺和芳香胺都可以与亚硝酸反应,并且胺的结构不同则反应的最终产物不同。

① 伯胺

脂肪伯胺与亚硝酸作用首先生成不稳定的重氮盐,随后便立即分解,释放出氮气,同时生成醇和烃的混合物。由于放出的氮气是定量的,所以常用于氨基的定量分析。另外,由于亚硝酸的不稳定性,反应中通常用亚硝酸钠和盐酸来反应生成亚硝酸。

$$R—NH_2 + NaNO_2 + HCl \longrightarrow R—OH + H_2O + N_2\uparrow + NaCl$$

芳香伯胺如苯胺在 0 ℃(可采用冰水浴获得)与亚硝酸作用可以生成相对稳定的重氮盐,但是在温度稍高(如高于 5 ℃)时此重氮盐便分解放出氮气。

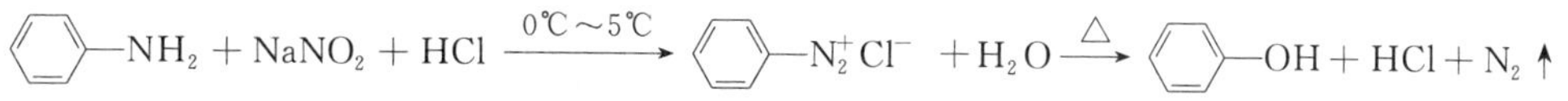

氯化重氮苯

有机合成中可用此法将—NH_2 转变成—OH。

② 仲胺

仲胺中氮原子上存在氢,所以也能与亚硝酸反应,产物为不溶于稀酸的黄色油状或固态亚硝胺。将亚硝胺与稀盐酸和氯化亚锡处理时,又生成原来的仲胺。这一性质可以用来分离和提纯仲胺。

$$H_3C—N(CH_3)H + NaNO_2 + HCl \longrightarrow H_3C—N(CH_3)—N═O + H_2O + NaCl$$

N-亚硝基二甲胺(黄色油珠)

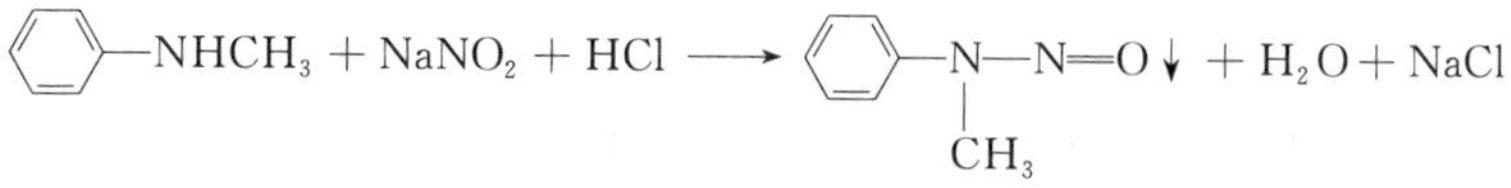

N-甲基-*N*-亚硝基苯胺(黄色晶体)

亚硝胺有强的致癌作用,应做好防护,避免直接接触。食品中所加的防腐剂、增色剂硝酸钠和腌菜、腌肉过程中产生的亚硝酸钠在胃酸的作用下可以产生亚硝酸,然后再与肌体内具有仲胺结构的化合物作用产生亚硝胺,所以亚硝酸盐也是致癌物质。

③ 叔胺

叔胺氮原子上没有氢原子,一般不发生上述类似反应。但是由于叔胺的弱碱性,一般脂肪叔胺与亚硝酸反应生成不稳定的盐,加入碱后可以重新得到游离的叔胺;芳香叔胺能与亚硝酸反应,但不是在氮原子上,而是在芳环上引入了亚硝基。

$$(CH_3)_3N + NaNO_2 + HCl \longrightarrow (CH_3)_3N^+H \cdot NO_2^- + NaCl$$

三甲胺亚硝酸盐

$$(CH_3)_3N^+H \cdot NO_2^- + NaOH \longrightarrow (CH_3)_3N + NaNO_2 + H_2O$$

$$\text{⟨苯环⟩}-N(CH_3)_2 + NaNO_2 + HCl \longrightarrow O=N-\text{⟨苯环⟩}-N(CH_3)_2 + H_2O + NaCl$$

对亚硝基-N,N-二甲基苯胺(绿色晶体)

综上所述,不同的胺与亚硝酸的反应不同,反应现象和反应产物也不同。因此,这些反应可以用来鉴别脂肪族和芳香族伯、仲、叔胺。

9.2.5 几种重要的胺

(1) 苯胺

苯胺是无色、有臭味的油状液体,沸点184 ℃,有毒,难溶于水,易溶于有机溶剂。久置于空气中易被氧化而变为深棕色。

苯胺是重要的有机合成原料,可以用于制药、染料、橡胶促进剂等工业。农业除草剂苯胺灵(IPC)和氯苯胺灵(CIPC)就是由苯胺及其衍生物合成的。

IPC   CIPC

(2) 乙二胺

乙二胺($H_2NCH_2CH_2NH_2$)是无色液体,熔点8.5 ℃,易溶于水和乙醇。它是重要的二元胺之一,是重要的有机合成原料,也是制造农药、医药、乳化剂的原料。在分析化学中也有其重要应用,例如,它与氯乙酸反应生成的乙二胺四乙酸(简称 EDTA)常用于配位滴定分析。

EDTA

(3) 胆胺和胆碱

胆胺($HOCH_2CH_2NH_2$)是一种羟基胺,化学名称为乙醇胺或氨基乙醇,是脑磷脂的组成成分。

胆碱结构式为$[HOCH_2CH_2N^+(CH_3)_3]OH^-$,它是一种羟基胺的季铵碱,化学名称为氢氧化三甲基-β-羟乙基铵,是卵磷脂的组成成分。由于最先是在胆汁中发现此物质的,所以称为胆碱。

胆碱是无色晶体,易吸湿,易溶于水和乙醇,不溶于乙醚和氯仿。胆碱是一种强度较高的碱,碱性相当于氢氧化钠,可以与酸作用生成盐,也可以与乙酸乙酯在乙酰酶的催化作用下生成乙酰胆碱。它们在生物体内起着重要的作用。例如,胆碱与盐酸反应生成的氯化胆碱$[(CH_3)_3N^+CH_2CH_2OH]Cl^-$可以用来治疗脂肪肝和肝硬化。乙酰胆碱$[CH_3COOCH_2CH_2N^+(CH_3)_3]OH^-$是生物体内传递神经信号的重要物质。

(4) 矮壮素

矮壮素简写为 C.C.C.,其结构式为$[ClCH_2CH_2N^+(CH_3)_3]Cl^-$,化学名称为 2-氯乙基三甲基氯化铵,也可以叫氯化氯代胆碱。矮壮素为白色棱状晶体,易溶于水,难溶于有机溶剂。矮壮素可以作为植物生长调节剂,因为它可以抑制植物细胞伸长,使植株变矮,茎干变粗,节间缩短,叶色变深,叶片长度缩短、加厚、加宽,所以可以用于防止玉米、小麦等农作物倒伏,也可以用于防止棉花陡长、蕾铃脱落等。

(5) 多巴胺

多巴胺是一种含有酚羟基的芳香伯胺,它在人体神经系统活动中起着重要的作用。其结构式如下:

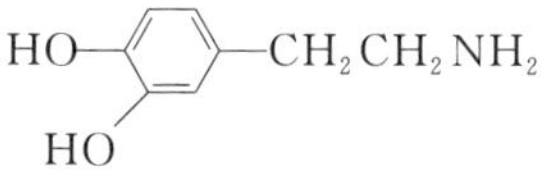

多巴胺

尽管多巴胺是合法的药物,但是常常被非法地用于提高和刺激兴奋度,因此在体育赛事中被视为非法药物。

9.3 酰胺

9.3.1 酰胺的命名和结构

酰胺是羧酸的含氮衍生物,也可以看作氨分子中的氢被酰基取代后的产物,故分子结构中均含有酰胺键(又称肽键):$-\overset{\overset{\displaystyle H}{\mid}}{N}-\overset{\overset{\displaystyle O}{\parallel}}{C}-$。根据与氮相连的氢原子被取代的个数,酰胺可分为伯酰胺、仲酰胺、叔酰胺。

伯酰胺　　　　　仲酰胺　　　　　叔酰胺

与酯的命名类似,酰胺的命名以酰基和氨基共同命名为"某酰胺",若氮上有取代基,则应在取代基前加以"N"标出。例如,

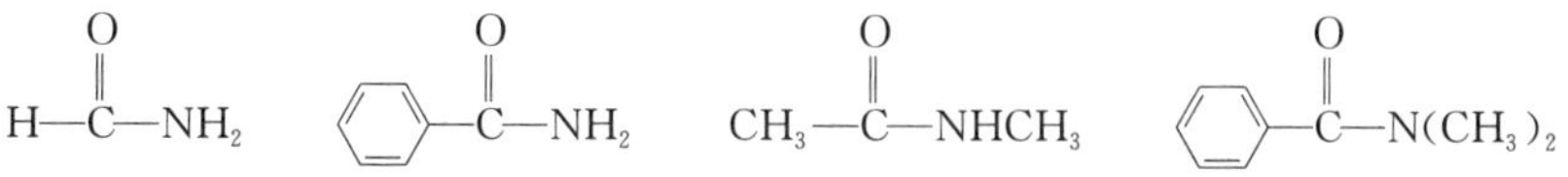

甲酰胺　　　苯甲酰胺　　　N-甲基乙酰胺　　　N,N-二甲基苯甲酰胺

氨基上连接有两个酰基时,称为"某酰亚胺"。例如,

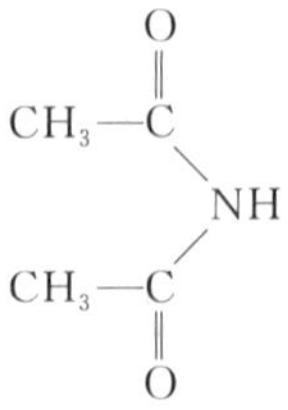

二乙酰亚胺 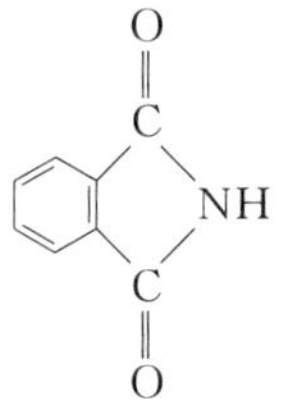   邻苯二甲酰亚胺

若酰胺键在环内则称为内酰胺或环酰胺,如己内酰胺是内酰胺中一个有重要工业用途的化合物。

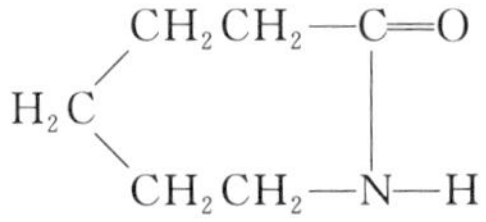

己内酰胺

酰胺中氮原子虽然具有孤对电子,但是它不能接受质子。这是因为氮原子上的孤对电子所在的 p 轨道与酰基中羰基的 π 键发生了 p-π 共轭,使得氮原子上的电子云密度得到分散,同时 C—N 键长变短,N—H 键长变长,氢原子易质子化,使得酰胺不但不能提供电子,反而能够提供 H^+ 而呈微弱的酸性或中性。

9.3.2 酰胺的物理性质

室温下,除甲酰胺为液体外,其他酰胺随着相对分子质量的增大,逐渐变为固体,有较高的熔、沸点,这显然是形成了氢键的缘故。若酰胺氮上的氢原子被烃基取代,沸点就会相应降低。酰胺易溶于水,易溶于有机溶剂。N,N-二甲基甲酰胺、N,N-二甲基乙酰胺可以与水混溶,还可以溶解许多难溶的有机物和高聚物,是重要的溶剂,还可以大量用于涂料工业和有机合成中。

9.3.3 酰胺的化学性质

(1) 酸碱性

由上述结构分析可知,酰胺是中性或微酸性的化合物。例如,邻苯二甲酰亚胺就具有明显的酸性,可以与强碱反应生成盐和水。

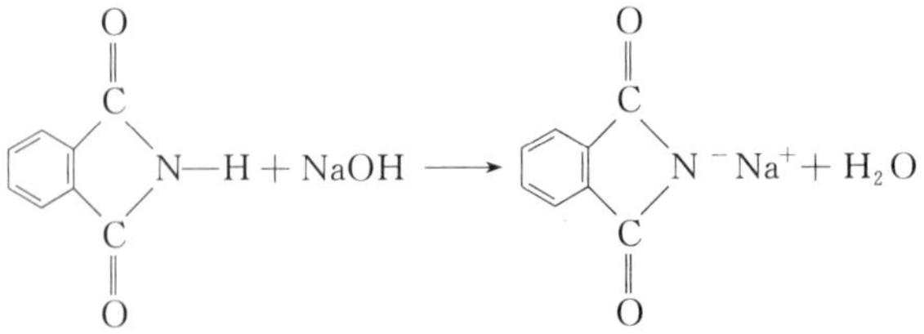

邻苯二甲酰亚胺   邻苯二甲酰亚胺钠盐

(2) 水解

酰胺是羧酸的衍生物,能发生与酰卤、酸酐和酯相似的反应。由于受到共轭效应的影响,其反应活性低于其他羧酸的衍生物。酰胺在强酸或强碱的催化作用下,加热水解可以生成酸和胺(或氨),但是反应速度很慢。

$$CH_3CONH_2 + H_2O + HCl \xrightarrow{\triangle} CH_3COOH + NH_4Cl$$

$$CH_3CONH_2 + NaOH \xrightarrow{\triangle} CH_3COONa + NH_3\uparrow$$

由己内酰胺的水解、聚合可以制备非常有用的尼龙-6。

$$n\ H_2C \overset{CH_2CH_2-C=O}{\underset{CH_2CH_2-N-H}{|}} \xrightarrow[\triangle]{+H_2O} n\text{HOOC}(CH_2)_5NH_2 \xrightarrow[\triangle]{-H_2O} \left[\overset{O}{\overset{\|}{C}}(CH_2)_5\overset{H}{\overset{|}{N}}\right]_n$$

（3）降解

与次卤酸盐的碱溶液作用时，酰胺脱去羰基生成伯胺，此反应称为酰胺的霍夫曼降解反应。在反应中碳链中减少了一个碳原子，即缩短碳链，在有机合成中非常有用，是制备伯胺的方法之一。

$$RCONH_2 + 2NaBrO + 2NaOH \longrightarrow RNH_2 + 2NaBr + Na_2CO_3 + H_2O$$

（4）还原

酰胺一般不容易被还原，但是用强还原剂 $LiAlH_4$ 还原时则可以将羰基还原为亚甲基，即被还原为胺类，此法可以用来制备某些胺。

$$CH_3CH_2CH_2-\overset{O}{\overset{\|}{C}}-NH_2 \xrightarrow[H_2O]{LiAlH_4} CH_3CH_2CH_2CH_2NH_2$$

9.3.4 碳酸酰胺

从碳酸的分子结构可以看出，分子中有两个羟基可以被其他基团取代，形成碳酸衍生物。若取代羟基的是氨基则可以生成两种酰胺，即碳酰胺（或称氨基甲酸）和碳酰二胺（俗称尿素）。

$$\overset{O}{\underset{\text{碳酸}}{HO-\overset{\|}{C}-OH}} \qquad \overset{O}{\underset{\text{碳酰胺（氨基甲酸）}}{HO-\overset{\|}{C}-NH_2}} \qquad \overset{O}{\underset{\text{碳酰二胺（尿素）}}{H_2N-\overset{\|}{C}-NH_2}}$$

（1）氨基甲酸酯

氨基甲酸极不稳定，很容易分解为 NH_3 和 CO_2，但是由氨基甲酸形成的酯（氨基甲酸酯）却非常稳定。如氨基甲酸甲酯（$H_2N-COOCH_3$）为稳定的白色晶体。氨基甲酸酯多用作农业上的除草剂、杀虫剂、杀菌剂，总称为"有机氮农药"。它对人、畜毒性很低，不易在动物体内积蓄，即"高效低毒低残留"，比有机氯农药、有机磷农药更为优越、更为安全。

速灭威 　　　　　　　灭草灵

（2）尿素

尿素又称为脲，菱形或针状白色晶体，熔点 132.7 ℃，易溶于水及有机溶剂，存在于人和许多动物体内蛋白质分解代谢的排泄物中。

脲具有酰胺的一般的化学性质。但是由于两个氨基连接在同一个羰基上，因此具有其特有的性质，如脲具有微弱的碱性($pK_b=13.8$)，可以与浓酸反应生成盐。

$$H_2NCONH_2 + HNO_3(浓) \longrightarrow H_2NCONH_2 \cdot HNO_3 \downarrow$$

脲的硝酸盐是良好的晶体，不溶于水和稀酸中。利用此性质可以从尿中提取尿素。

脲在酸、碱或脲酶的催化下，可以水解生成铵盐，因此尿素在农业上是一种很好的化学肥料。

$$H_2NCONH_2 + H_2O \xrightarrow{脲酶} (NH_4)_2CO_3$$

$$H_2NCONH_2 + H_2O \xrightarrow[\triangle]{HCl} NH_4Cl + CO_2 \uparrow$$

脲与亚硝酸作用生成 CO_2 和 N_2，由于放出的 N_2 是定量的，所以这个反应常被用于测定尿素的含量和除去某些反应中残留的过量的亚硝酸。

$$H_2NCONH_2 + 2HNO_2 \longrightarrow CO_2 \uparrow + 3H_2O + 2N_2 \uparrow$$

将固体脲缓慢加热到 190 ℃ 左右，两分子脲会脱去一分子 NH_3，生成缩二脲。

$$\underset{\text{}}{H_2N-\overset{\overset{O}{\|}}{C}-NH_2} + H_2N-\overset{\overset{O}{\|}}{C}-NH_2 \xrightarrow{\triangle} H_2N-\overset{\overset{O}{\|}}{C}-NH-\overset{\overset{O}{\|}}{C}-NH_2 + NH_3 \uparrow$$

缩二脲

缩二脲是无色晶体，难溶于水。缩二脲以及分子中含有两个以上肽键的化合物（如多肽、蛋白质等），都能和 $CuSO_4$ 的碱性溶液反应，生成紫红色的配合物。该反应称为缩二脲反应，常用于有机分析鉴定。

尿素在工业上是有机合成的重要原料，如和甲醛反应可合成脲醛树脂；它在农业上是重要的有机氮肥，含氮量高达 46.67%；它可以合成某些药物，如它和丙二酸酯反应可以合成丙二酰脲，进而可以合成镇静安眠药物。把适量的尿素补充在饲料里，可以为牲畜体内提供氮素。

*（3）胍

胍可以看作是脲分子中的氧原子被亚氨基(=NH)取代后生成的化合物，它可以由氨基腈与氨气加成制得。

$$H_2N-C\equiv N + H-NH_2 \longrightarrow H_2N-\overset{\overset{NH}{\|}}{C}-NH_2$$

氨基腈　　　　　　　　　胍

胍为无色晶体，熔点 50 ℃，吸湿性很强，极易溶于水。它是一个有机强碱，能吸收空气中的 CO_2 和 H_2O 生成碳酸盐。

$$2H_2N-\overset{\overset{NH}{\|}}{C}-NH_2 + CO_2 + H_2O \longrightarrow \left[H_2N-\overset{\overset{NH}{\|}}{C}-NH_2 \right]_2 \cdot H_2CO_3$$

胍的许多衍生物是重要的药物。

*9.3.5　芳磺酰胺

伯胺和仲胺氮原子上的氢原子被芳磺酰基($ArSO_2^-$)取代，则生成相应的芳磺酰胺，这种反应称为芳磺酰化反应。常用的芳磺酰化试剂有苯磺酰氯和对甲基苯磺酰氯。叔胺上没有氢原子,所以不能发生磺酰化反应。

磺酰化反应需要在 NaOH 或 KOH 溶液中进行。伯胺及其衍生物所生成的芳磺酰胺中,由于芳磺酰基的影响,氮原子上的氢有一定的酸性,所以可以和碱反应生成可溶于碱的盐。仲胺及其衍生物所生成的芳磺酰胺中氮原子上没有氢原子,所以不能和碱反应而直接呈晶体析出。叔胺不发生芳磺酰化反应,而以胺的形式溶于碱溶液中。

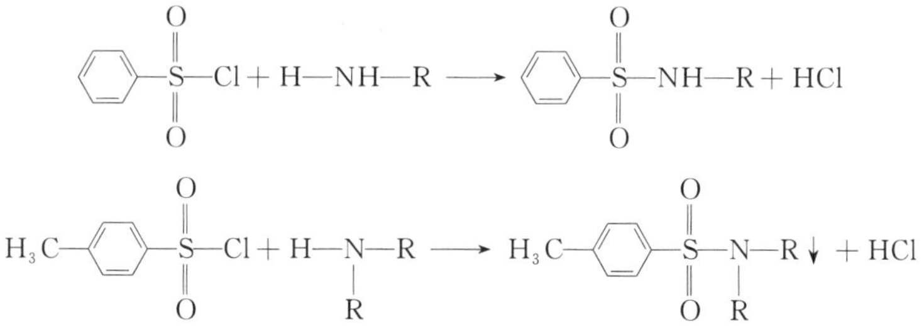

由上所述可知,芳磺酰化反应可以用来鉴别和分离伯、仲、叔胺,这种方法叫作兴斯堡(Hinsberg)法。将伯、仲、叔胺的混合物在碱性溶液中与芳磺酰化试剂发生反应,析出固体的是仲胺的芳磺酰胺,叔胺溶于碱液可以通过蒸馏而分离,余液经酸化后,可以得到伯胺的芳磺酰胺。伯胺和仲胺的芳磺酰胺都能与酸反应而生成原来的胺。

*9.4 腈

9.4.1 腈的结构和命名

氢氰酸分子(H—C≡N:)中的氢原子被烃基取代后的产物称为腈,通式为R—CN 或Ar—CN,官能团为氰基 —C≡N: 。氰基中碳原子和氮原子都是 sp 杂化的,所以 C,N 之间除了C—N σ键外,还有两个由 p 轨道相互平行重叠而形成的 π 键,氮原子上还有一对孤对电子在 sp 杂化轨道上。

腈的命名一般有两种方法。一种是按分子中碳原子的个数称为某腈;另一种是以烷基为母体,氰基作为取代基,称为氰基某烷。例如,

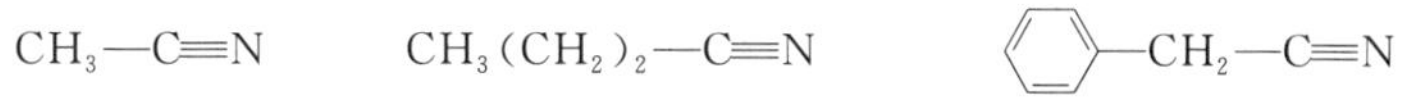

$$CH_3—C≡N \qquad CH_3(CH_2)_2—C≡N \qquad \bigcirc—CH_2—C≡N$$

乙腈(氰基甲烷)   丁腈(氰基丙烷)   苯基乙腈(苄腈)

9.4.2 腈的物理性质

低级腈都是无色液体,高级腈为固体。低级腈易溶于水,并随着碳链的增长溶解度迅速减小。乙腈不仅可以与水混溶,还可以溶解许多无机盐类,也可以溶于一般有机溶剂,如乙醚、氯仿、苯等,所以乙腈也是一种很好的有机溶剂。

9.4.3 腈的化学性质

腈在催化条件下可以发生水解、醇解、氨解等反应。

$$R\!-\!CN + H_2O \xrightarrow{H^+ \text{ 或 } OH^-} R\!-\!CONH_2 \xrightarrow{H^+/OH^-} R\!-\!COOH$$

$$R\!-\!CN + R'\!-\!OH \xrightarrow{\text{无水 HCl}} \xrightarrow{H_2O} R\!-\!COOR'$$

$$CH_3\!-\!C\!\equiv\!N + NH_3 \xrightarrow[150\ ^\circ\text{C},\text{加压}]{NH_4Cl} CH_3\!-\!\overset{\overset{\displaystyle NH}{\|}}{C}\!-\!NH_2$$

α-亚氨基乙胺

腈在适宜的温度和氯代三甲基硅烷的存在下与水反应,可以制得酰胺。这是由腈制备酰胺的一种好方法。

$$R\!-\!CN + H_2O \xrightarrow[0\ ^\circ\text{C}\sim\text{室温}]{ClSi(CH_3)_3} R\!-\!CONH_2$$

腈催化加氢可以被还原成伯胺,这是制备伯胺的一种好方法。

$$\bigcirc\!\!-\!CH_2\!-\!C\!\equiv\!N \xrightarrow[140\ ^\circ\text{C},\text{加压}]{Ni,H_2} \bigcirc\!\!-\!CH_2\!-\!CH_2\!-\!NH_2$$

*9.5 其他含氮化合物

9.5.1 重氮盐和重氮化反应

重氮盐中含有官能团—N_2—,其一端与碳原子相连,另一端与非碳原子相连,称为重氮基。例如,

$$\bigcirc\!\!-\!N^+\!\!\equiv\!NCl^- \qquad \bigcirc\!\!-\!N\!\!=\!\!N\!\!-\!NH\!-\!\bigcirc$$

氯化重氮苯　　　　　　苯重氮氨基苯

在强酸溶液和低温情况下,芳胺与亚硝酸作用生成重氮盐的反应叫作重氮化反应。例如,

$$\bigcirc\!\!-\!NH_2 + NaNO_2 + HCl \xrightarrow{0\ ^\circ\text{C}\sim5\ ^\circ\text{C}} \bigcirc\!\!-\!N_2^+Cl^- + H_2O + NaCl$$

重氮盐和铵盐相似,其结构式可以表示为 $[\,Ar\!-\!N^+\!\!\equiv\!N\!-\,]X^-$ 或者简写为 $ArN_2^+X^-$。重氮盐在强酸中为透明液体,在中性或碱性介质中极不稳定,高温、见光、受热、振动都会使之爆炸,在低温时能保存几个小时。因此重氮盐一般是不加以分离而直接应用于有机合成中。

重氮盐中的—N_2—可以被—OH,—H,—X,—CN 等原子或基团取代,从而将芳环上的氨基转化成许多其他基团。

(1)—N_2—被—OH 取代。在有机合成中常常通过生成重氮盐的途径,再使重氮基转变为羟基的方法来制备一些不能由芳磺酸盐制得的酚类。

$$\bigcirc\!\!-\!N_2HSO_4 + H_2O \xrightarrow[\triangle]{H^+} \bigcirc\!\!-\!OH + N_2\uparrow + H_2SO_4$$

(2)—N_2—被—H 取代。重氮盐与 H_3PO_2,NaOH-HCHO 溶液或乙醇作用,重氮基可以被氢原子取代,从而脱去芳环上的氨基。此反应称为脱氨基反应。

$$\bigcirc\!\!-\!N_2Cl + HCHO + NaOH \longrightarrow \bigcirc + N_2\uparrow + HCOONa + NaCl + H_2O$$

在有机合成中常常应用脱氨基反应，例如，先在环上引入一个氨基，借助于氨基的定位效应在苯环上相应的位置引入基团，然后再把氨基脱去。

(3) —N_2—被—X 取代。例如，重氮盐的水溶液和 KI 一起加热，重氮基就被碘取代生成碘化物并放出 N_2，这是将碘原子引入苯环的一个好方法。

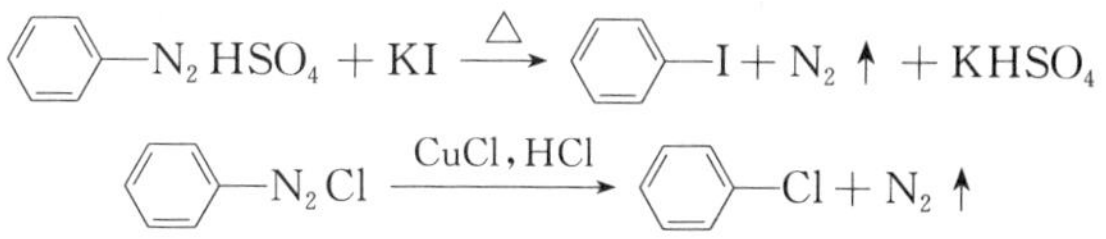

(4) —N_2—被—CN 取代。重氮盐与 CuCN 的 KCN 水溶液作用，重氮基可以被—CN 取代，生成芳腈。产物中—CN 可以在酸性水溶液中水解而生成—COOH，所以此法是在芳环上引入—COOH 的好方法。

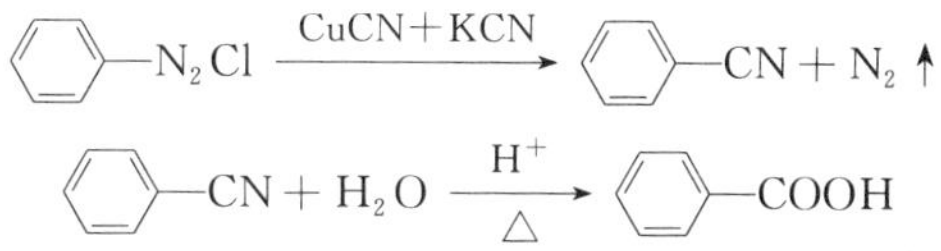

(5) —N_2—被还原。

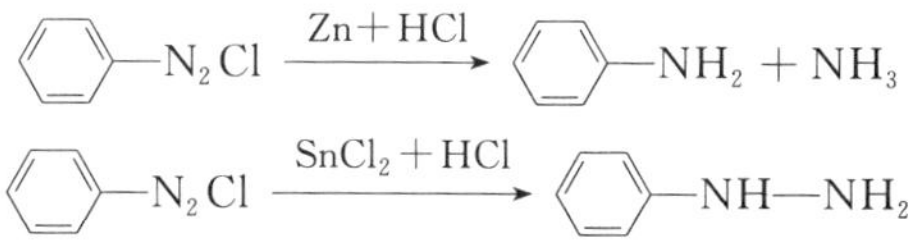

9.5.2 偶氮化合物和耦合反应

偶氮化合物中也含有—N_2—，但是其两端均和碳原子直接相连，称为偶氮基。例如，

$CH_3—N=N—CH_3$

偶氮甲烷

甲基橙(指示剂)

偶氮苯

对位红(染料)

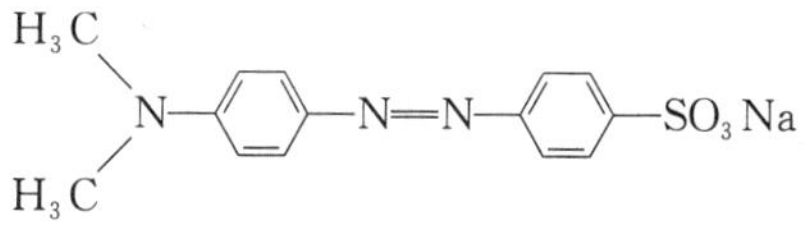

芳香族偶氮化合物都具有颜色。其中少数偶氮化合物由于颜色不稳定，如甲基橙、刚果红等可以作为分析化学的指示剂。但是大多数性质稳定，可以广泛用作染料，通常称为偶氮染料。偶氮染料是合成染料中品种最多的一种，约占全部染料的一半，包括酸性、媒染、分散、中性、阳离子等偶氮染料。其颜色从黄色到黑色各色俱全，而以黄、橙、红、蓝品种最多，色调最为鲜艳，广泛应用于棉、毛、丝、麻织品以及塑料、印刷、食品、皮革、橡胶等产品的染色。

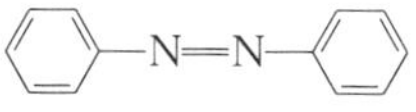

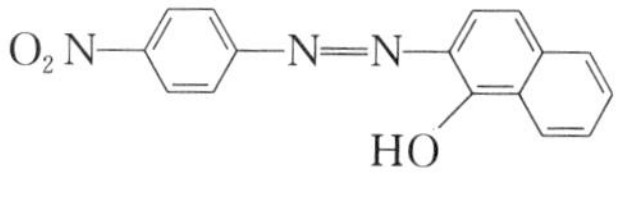

制备偶氮染料的基本反应是耦合反应。重氮盐与酚或芳香叔胺作用，由偶氮基将两个分子耦联起来，生成有颜色的偶氮化合物，这个反应称为耦合反应。其中重氮盐称为重氮组分，酚或芳香叔胺称为耦合组分。

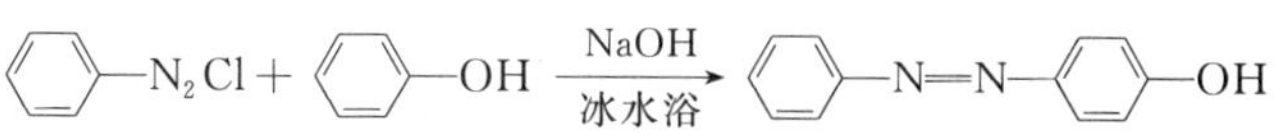

对羟基偶氮苯(橘红色)

$$\text{}\boxed{}\text{—N}_2\text{Cl} + \boxed{}\text{—N(CH}_3)_2 \xrightarrow[\text{冰水浴}]{\text{CH}_3\text{COONa}} \boxed{}\text{—N=N—}\boxed{}\text{—N(CH}_3)_2$$

对-(N,N-二甲氨基)偶氮苯(黄色)

耦合反应是典型的亲电取代反应。重氮盐中重氮根正离子作为弱的亲电试剂(比 SO_3 的亲电性还要弱)对苯环上进行亲电取代,一般先取代氨基或酚羟基的对位,再上邻位。

$$\boxed{}\text{—N}_2\text{Cl} + \boxed{} \longrightarrow \boxed{}\text{—N=N—}\boxed{}$$

5-甲基-2-羟基偶氮苯

9.5.3　偶氮染料结构与颜色的关系

如前所述,偶氮染料都是有颜色的,这与偶氮染料的分子结构密切相关。偶氮染料的分子中都含有偶氮基,此外还含有 —N=O, $\diagdown$C=O, —NO$_2$ 等易和苯环形成大 π 键共轭体系结构的基团,通常将这些基团称为发色团(或称生色团)。另外,还有一些具有孤对电子的基团,如 —NH$_2$,—NHR,—NR$_2$,—OH,—SO$_3$Na 等,它们本身不是发色团,但是它们能导致颜色的加深,所以称它们为助色团。

发色团发色的原因是它们与苯环或其他共轭体系相结合,形成了大 π 键共轭体系,缩小了由非键轨道或大 π 键轨道跃迁至 π* 反键轨道(即 $n \to \pi^*$,$\pi \to \pi^*$)的能量(见本书 15.3 节),简单地说是使分子的激发能降低,化合物的吸收光波向长波方向(即可见光)移动,因此使化合物发色或颜色加深。一般认为,化合物的发色主要是由于两个或两个以上发色团的相互影响。助色团的助色主要是由于 p-π 共轭进一步加强了共轭效应,同样降低了分子激发能。

9.6　含磷有机化合物

9.6.1　含磷有机化合物概述

含磷有机化合物广泛存在于动植物体内,有些化合物是核酸、辅酶和磷脂的重要组成成分。它们是维持生命和生物体遗传必不可少的物质。

磷和氮同为 VA 族元素,化合价相同,性质相近。因此磷也能形成类似氮化合物的有机物。例如,

NH$_3$	RNH$_2$	R$_2$NH	R$_3$N	R$_4$N$^+$X$^-$
氨	伯胺	仲胺	叔胺	季铵盐
PH$_3$	RPH$_2$	R$_2$PH	R$_3$P	R$_4$P$^+$X$^-$
磷化氢	伯膦	仲膦	叔膦	季𬭰盐

磷酸或亚磷酸中的 —OH 被烃基取代便可以形成相应的膦酸、烃基亚膦酸,还可以进一步形成膦酸酯。

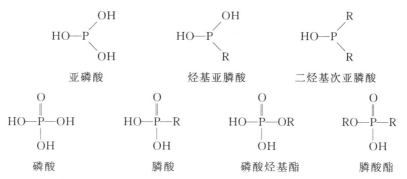

亚磷酸　　　　　　　烃基亚膦酸　　　　　　二烃基次亚膦酸

磷酸　　　　　　　膦酸　　　　　磷酸烃基酯　　　　　膦酸酯

自然界中存在着膦酸酯形式的含磷有机化合物,如 ATP 和 ADP 等。

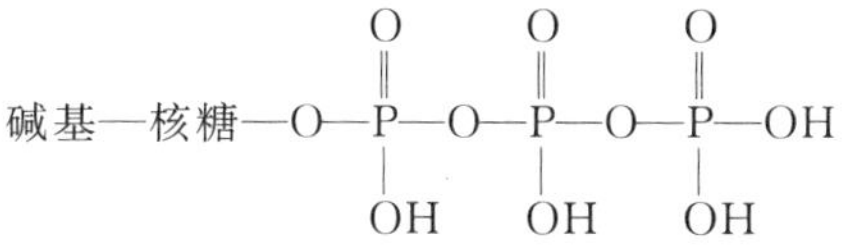

碱基—核糖—O—P—O—P—O—P—OH

ATP(三磷酸腺苷)

碱基—核糖—O—P—O—P—OH

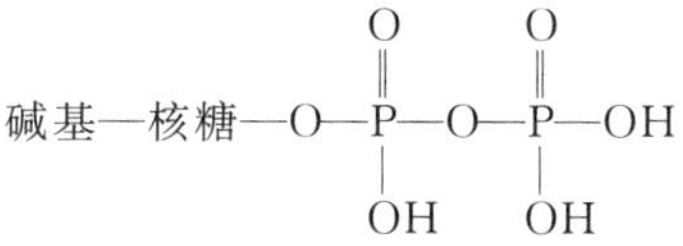

ADP(双磷酸腺苷)

　　磷酸与葡萄糖结合而成的葡萄糖磷酸是葡萄糖在细胞内代谢的中间体。甘油也可以与磷酸、脂肪酸形成膦酸酯,且性质与脂肪相同。磷酸再和一个胆碱结合则称为卵磷脂,若与 β-氨基乙醇结合则称为脑磷脂。它们使细胞成为半渗透膜保护的个体,在脑和神经中成为传递电子信息的主体。卵磷脂和脑磷脂还是细胞膜的主要组成物质。

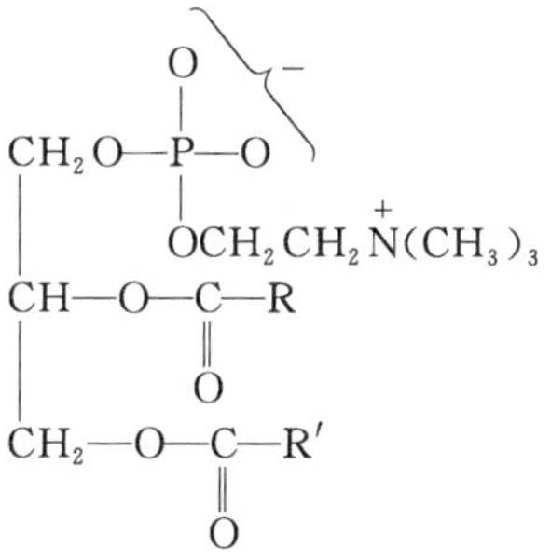

卵磷脂 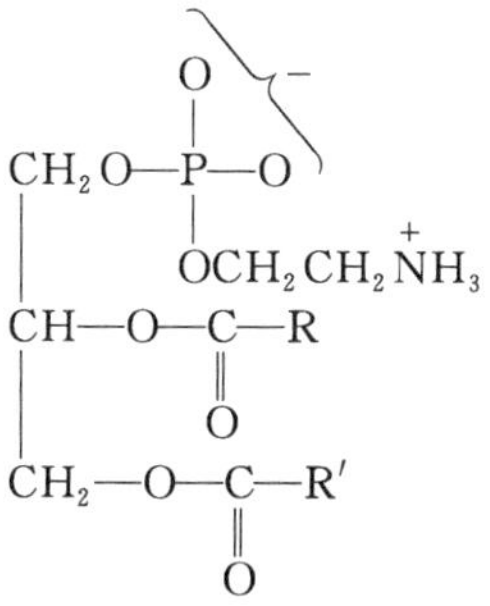　　　　　　　　　脑磷脂

9.6.2　有机磷农药

　　有机磷化合物在工业上可以用作增塑剂、聚氯乙烯的稳定剂和稀有金属的萃取剂等。在农业上,许多有机磷化合物可以用作杀虫剂、杀菌剂和植物生长调节剂等,统称为有机磷农药。

　　有机磷杀虫剂的特点是杀虫能力强(高效),残留毒性低(低残留),容易被生物体代谢为无害成分,并转化为植物生长所必需的磷肥(磷酸盐)。

　　下面简单介绍几种常见的有机磷农药。

（1）乙烯利

纯净的乙烯利是无色针状晶体，易溶于水和乙醇。商品乙烯利通常是棕色溶液。乙烯利是 20 世纪 70 年代初期投入应用的一种合成植物生长调节剂，它进入植物器官后，会慢慢水解放出乙烯，对果实起催熟作用。其结构式为

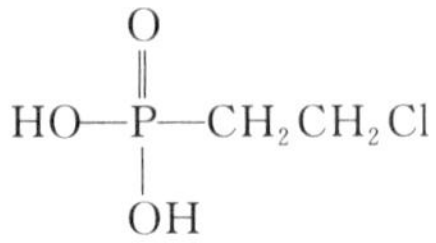

$$CH_3O—P—CH_2CH_2Cl$$

2-氯乙基磷酸，商品名：乙烯利

（2）敌百虫

敌百虫为无色晶体，可溶于水。它是一种高效低毒有机磷杀虫剂，对昆虫有胃毒和触杀作用，农业上可以用于防治多种害虫。它可以用来杀灭蚊蝇等，也可用来防治家畜体外和体内的寄生虫，且它对哺乳动物的毒性很低。其结构式为：

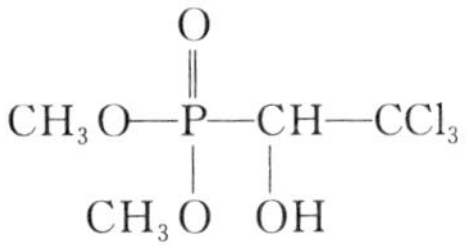

O,O-二甲基-(1-羟基-2,2,2-三氯乙基)磷酸酯，商品名：敌百虫

（3）敌敌畏

敌敌畏是无色或浅棕色的液体，易挥发，微溶于水，易水解而失去毒性，在植物体内能迅速水解。它是一种高效高毒低残留杀虫剂，对昆虫也有胃毒和触杀作用。农业上它广泛用于防治刺吸口器害虫和潜叶害虫。但是它对人、畜毒性较大，使用时要格外注意安全。其结构式为：

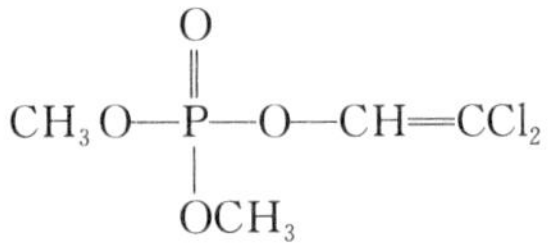

O,O-二甲基-O-(2,2-二氯乙烯基)磷酸酯，商品名：敌敌畏

（4）乐果

纯净的乐果为白色晶体，可溶于水和多种有机溶剂。它是一种高效低毒的有机磷杀虫剂，具有内吸性，被植物吸收后能传导到整个植株，昆虫食用非施药部位也能中毒。其结构式为：

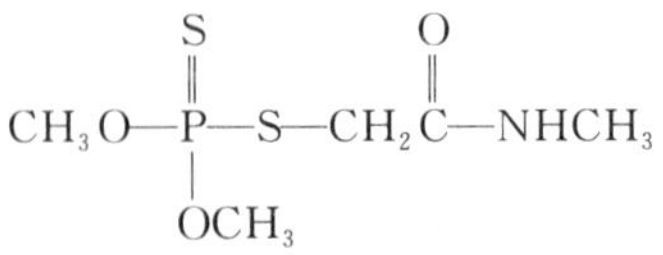

O,O-二甲基-S-(N-甲基氨基甲酰甲基)二硫代磷酸酯，商品名：乐果

（5）杀螟松

纯净的杀螟松为褐色油状液体，带有蒜香味，也是一种高效低毒低残留的有机磷杀虫剂，具有胃毒和触杀作用，属于广谱性杀虫剂。对水稻螟虫有特效，用于水稻、棉花、林木、果树、蔬菜、茶叶等作物的多种害虫防治。其结构式为：

$$CH_3O-\overset{\overset{\displaystyle S}{\|}}{\underset{\underset{\displaystyle OCH_3}{|}}{P}}-O-\text{（苯环）}\underset{NO_2}{\overset{CH_3}{}}$$

O,O-二甲基-O-（3-甲基-4-硝基苯基）硫代磷酸酯,商品名:杀螟松

还有目前使用较少的农药 1605（又名对硫磷）、马拉硫磷等不再一一叙述了。

$$CH_3O-\overset{\overset{\displaystyle S}{\|}}{\underset{\underset{\displaystyle OCH_3}{|}}{P}}-O-\text{（苯环）}-NO_2 \qquad CH_3O-\overset{\overset{\displaystyle S}{\|}}{\underset{\underset{\displaystyle OCH_3}{|}}{P}}-S-\underset{CH_2COOCH_2CH_3}{\overset{CHCOOCH_2CH_3}{|}}$$

1605   马拉硫磷

上述有机磷杀虫剂遇碱很容易水解而失去毒性,在使用及保存时都应该注意。

本章小结及学习要求

　　本章将生物体中的主要含氮有机化合物分为硝基化合物、胺、酰胺、腈和其他含氮有机化合物等几部分,系统讲解了其命名、分类、结构、性质、用途等相关知识,还简单介绍了含磷有机化合物和有机磷农药的应用。

　　硝基化合物的 π 键离域体系使其可以发生还原、取代、互变异构反应。胺分子结构中的孤对电子对胺的性质有极大的影响,如溶解性、熔点、沸点、碱性、亲核性等。酰胺的水解、霍夫曼降解及其磺酰化反应在有机合成和胺的鉴别、分离中有较为广泛的应用。腈和重氮盐、偶氮化合物在合成胺、染色化学方面都有较多的应用。含磷有机化合物广泛存在于动植物体内,有机磷农药具有高效低毒低残留的特点,应用广泛。

　　学习本章时,应该达到以下要求:掌握含氮有机化合物的分类和命名,理解含氮有机化合物的结构与性质的关系,掌握含氮有机化合物的性质,了解含氮有机化合物的用途和含磷有机化合物的应用。

【阅读材料】

客观看待苏丹红事件

　　自英国 2005 年 2 月 18 日大规模召回被苏丹红色素污染的食品以来,我国各地都开展了严查苏丹红的行动,陆续公布了一些含有苏丹红色素的食品,媒体对此进行了大量报道,这多少使得消费者对红色食品产生了一些疑虑。因此,全面了解苏丹红的性质,科学认识苏丹红的危害,对消费者具有一定的积极意义。

　　苏丹红是一种人工合成的偶氮类、油溶性的化工染色剂,1896 年科学家达迪将其命名为苏丹红并沿用至今。苏丹红被大量地用在工业、化学和医学领域,用于机油、汽车蜡和鞋油等工业产品,以及用作生化毒理学研究的着色剂等。

　　目前,苏丹红系列常见的有 4 种,其中二号、三号和四号均为一号的化学衍生物。苏丹红一号为暗红色,二号为红色,三号为有绿色光泽的棕红色,四号为深褐色。

　　1995 年,欧盟和其他一些国家已开始禁止在食品中添加苏丹红一号;我国 1996 年出台的《食品添加剂使用卫生标准》中不包含苏丹红及其系列色素(标准中没有公布的添加剂不准用于食品中)。2003 年 6 月,欧盟规定所有进口的辣椒及其制品必须检测苏丹红项目,确定未添加后方可进口,并要求成员国对市场上销售的辣椒及其制品进行随机抽样检测。

食用苏丹红色素以后,对人的危害到底有多大?会不会导致癌症呢?国外一权威机构的风险评估报告可以给我们一个明确答案:动物实验表明,少量摄入苏丹红,导致癌症的概率极低。

该机构曾对苏丹红进行了长达数年的动物实验,提出了全面的风险评估报告。报告指出,连续两年用剂量为 30 mg·kg^{-1} 的苏丹红一号喂养大鼠,大鼠患肝癌的概率增加。苏丹红对人体是否具有致癌性,由于缺乏足够的证据,无法给出确定的结论。但是,该机构根据动物实验的结论,对苏丹红一号对人体可能致癌的剂量进行了估算,认为根据食品中检出苏丹红的平均含量和人群的一般食用量,人体每天可能摄入苏丹红的量大约是导致大鼠患癌症的剂量的一万分之一至一百万分之一。

在此基础上,该机构给出了以下结论:偶尔食用被苏丹红污染的食品,致癌的概率非常低。即使一个人每天都吃这些食品,连续吃几年,其致癌的风险仍然是很低的。而且从食品安全的角度讲,任何致癌物都是在体内积累到一定的量才会产生危害的。仅一次或偶尔食用含有苏丹红染料的食品,致癌的风险非常低。

为了降低致癌的风险,确保消费者的安全,包括我国在内的世界上绝大多数的国家都禁止将苏丹红作为食品添加剂用于食品中。国际癌症研究机构(IARC)也将其归为三类致癌物,而像黄曲霉毒素、亚硝胺、苯并芘等则是一类致癌物。

目前,我国检出苏丹红的食品以辣椒类制品为主,在膳食结构中所占比例不大,且含量大多低于 10 mg/kg,参照国外的研究结果,导致食用者致癌的风险很小。因此,消费者应冷静对待它,不必过分紧张。

有些消费者对红色的食品都持怀疑态度,有的甚至是谈红色变,看到红色的食品就认为可能含有苏丹红,不敢吃,这其实又走入了另一个消费误区。

在我国 1996 年制定的《食品添加剂使用卫生标准》中,允许使用的红色着色剂达 20 余种,这些品种和它们在食品上允许使用的最大限量,都是依照《中华人民共和国食品添加剂卫生管理办法》和《中华人民共和国食品安全性毒理学评价程序》等法规,经过严格的、科学的试验证明,在允许添加的范围内使用,对人体是安全的。

大多数红色色素是天然色素,来自天然物,主要从植物组织中提取,也包括来自动物和微生物的一些色素,对人体无毒害。例如,腐乳中可以添加红曲红,果汁饮料中可以添加萝卜红等。因此,消费者一定要客观看待苏丹红事件,万不可谈红色变。

习　　题

9-1 命名下列化合物或写出名称对应的结构简式。

(1) HCOOCH$_2$NO$_2$

(2) ⌬—CH$_2$N(CH$_3$)$_2$

(3) CH$_3$—⌬—NHCH$_3$

(4) [(CH$_3$CH$_2$)$_2\overset{+}{N}$HCH$_3$]Cl$^-$

(5) N-乙酰苯胺

(6) 苯乙酰胺

(7) 苄胺

(8) CH$_3$—⌬—$\overset{+}{N}$≡NCl$^-$

(9) ⌬—N=N—⌬—CH$_3$

(10) CH$_2$=CH—CN

(11) 己二腈

(12) 甲基膦酸甲酯

9-2 比较下列各组化合物的碱性。

(1) ⌬—NH$_2$, CH$_3\overset{\text{O}}{\overset{\|}{\text{C}}}NH_2$, NH$_3$, NH$_2CH_3$

(2)  —NH$_2$，—NHCH$_3$，()$_3$N，NH$_2$CH$_3$

(3) —NHCCH$_3$ （上方有 O），—NH$_2$

9-3　用化学方法区别以下各组化合物。

(1) 乙胺、乙酰胺

(2) 苯胺、N,N-二甲基苯胺

9-4　完成下列反应式。

(1) 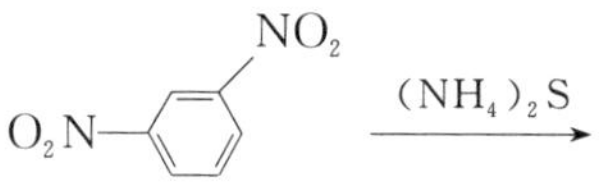 O$_2$N—（带NO$_2$）$\xrightarrow{\text{(NH}_4)_2\text{S}}$

(2) N—H $\xrightarrow[\text{过量}]{\text{CH}_3\text{I}}$ $\xrightarrow{\text{AgOH}}$

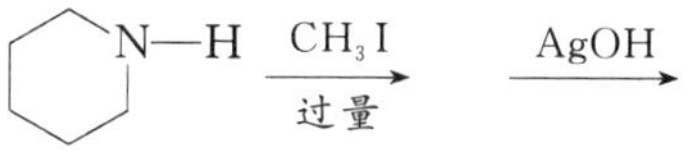

(3) CH$_3$CH$_2$NH$_2$ $\xrightarrow{\text{(CH}_3\text{CO})_2\text{O}}$

(4) NH$_2$CH$_2$CH$_2$NH$_2$ + 4ClCH$_2$COOH $\xrightarrow{\triangle}$

(5) CH$_3$CH$_2$CH$_2$CONH$_2$ + Br$_2$ + NaOH $\longrightarrow$

(6) CH$_3$CH$_2$CH$_2$CN $\xrightarrow[\text{H}^+]{\text{H}_2\text{O}}$ $\xrightarrow[\triangle]{\text{SOCl}_2}$

(7) 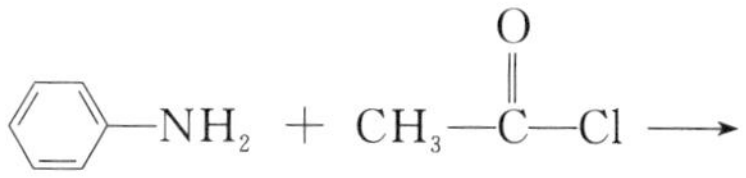 —NH$_2$ + CH$_3$—C—Cl（上方有 O） $\longrightarrow$

(8) 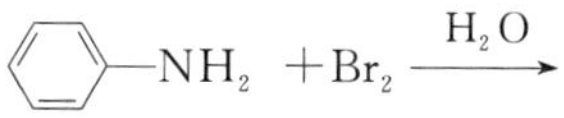 —NH$_2$ + Br$_2$ $\xrightarrow{\text{H}_2\text{O}}$

9-5　完成下列合成反应。

(1) 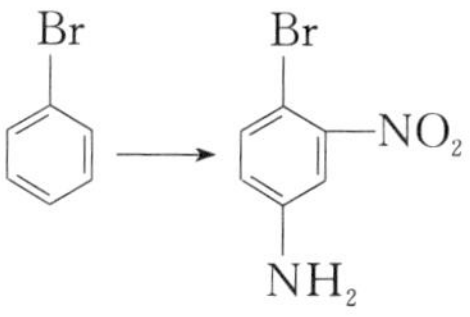 $\longrightarrow$

(2) 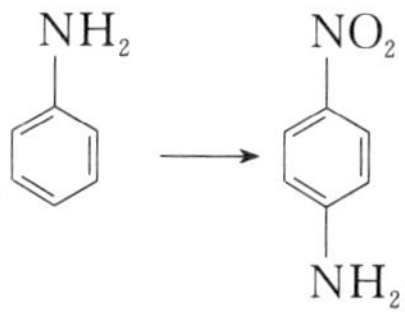 $\longrightarrow$

(3) 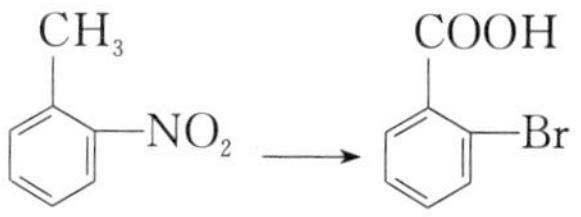 $\longrightarrow$

9-6　分子式为 C$_5$H$_{13}$N 的化合物 A 能溶于稀盐酸。A 与亚硝酸钠和盐酸混合物在室温下作用放出 N$_2$ 并得到几种有机化合物，其中一种 B 能发生碘仿反应。B 和浓硫酸共热得到 C(C$_5$H$_{10}$)，C 可以使酸性高锰酸钾溶液褪色且反应产物为乙酸和丙酮。试推测 A，B，C 的结构式并写出相应的化学方程式。

9-7　苯胺与苄氯反应基本上只得到一种产物：

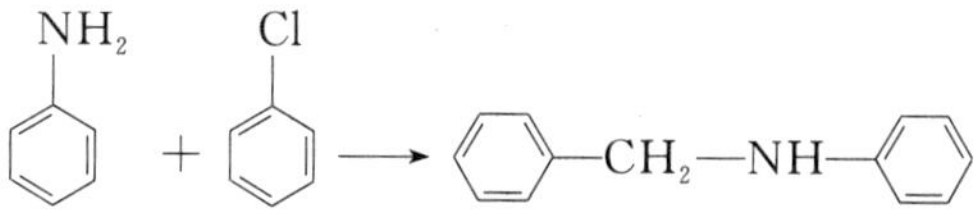

如何解释此种现象？

第10章　杂环化合物与生物碱

　　有机化合物中,除了开链和碳环化合物外,还有一类含其他原子(非碳原子)的环状化合物,这类化合物统称为杂环化合物。杂环化合物中的非碳原子称为杂原子,如 O,S,N 等,其中以 N 居多。杂环化合物广泛存在于自然界中,是许多合成药物和中草药的有效成分,在动植物体内起着重要的生理作用,如核酸、血红素、叶绿素等都是含氮杂环化合物。存在于生物体内的一类碱性含氮有机化合物,常被称为生物碱,它们对人和动物体有强烈的生理效应。

　　本章主要介绍杂环化合物的分类、命名、结构、性质和常见重要的衍生物,简单介绍生物碱的相关知识。

10.1　杂环化合物

10.1.1　杂环化合物的分类和命名

　　根据杂环化合物的定义,前面几章涉及的如环氧乙烷、四氢呋喃、丁二酸酐等也属于杂环化合物。但是这类物质的性质类似于带有杂原子的脂肪族化合物,因此通常将它们看成脂肪族化合物,而不将其归在杂环化合物范围内。

环氧乙烷　　　　　四氢呋喃　　　　　丁二酸酐

　　杂环化合物主要包括具有一定芳香性的含有杂原子的环状化合物,如呋喃、噻吩、吡咯等。这类化合物环结构比较稳定,并且参与成共轭 π 键的电子(π 电子)数符合 $4n+2$ 规则,具有芳香性。

呋喃　　　　　噻吩　　　　　吡咯

　　由于杂环的骨架不同,所以杂环化合物可根据杂原子的多少、环的大小和环的形式来分类。根据杂原子的多少可以分为一元、二元和多元杂环。根据环的形式可以分为单杂环和稠杂环。单杂环中最常见的是五元杂环和六元杂环。稠杂环是由苯环和一个或多个单杂环稠合而成的。

　　杂环化合物的命名一般有音译法和系统命名法,采用音译法较多,即按英文名称译音,选用同音汉字,并以"口"字旁表示为杂环化合物。

当杂环上有取代基时,编号从杂原子开始(即杂原子的号为1),将杂原子旁边的碳原子依次编号,或者依次表示为 $\alpha,\beta,\gamma,\cdots$。若杂原子不同,则按 O,S,N 顺序编号。例如,

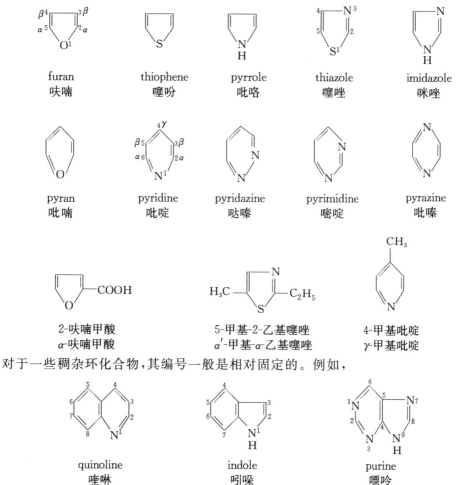

| furan 呋喃 | thiophene 噻吩 | pyrrole 吡咯 | thiazole 噻唑 | imidazole 咪唑 |

| pyran 吡喃 | pyridine 吡啶 | pyridazine 哒嗪 | pyrimidine 嘧啶 | pyrazine 吡嗪 |

2-呋喃甲酸
α-呋喃甲酸

5-甲基-2-乙基噻唑
α'-甲基-α-乙基噻唑

4-甲基吡啶
γ-甲基吡啶

对于一些稠杂环化合物,其编号一般是相对固定的。例如,

| quinoline 喹啉 | indole 吲哚 | purine 嘌呤 |

10.1.2 杂环化合物的结构

呋喃、吡咯、噻吩是重要的五元杂环化合物。物理方法证明,它们都是平面结构,环上所有原子都是 sp^2 杂化轨道重叠形成 σ 键。每一个碳原子还有一个电子运动在没有参加杂化的 p 轨道上,杂原子则有两个电子在 p 轨道上,这五个 p 轨道垂直于环所在的平面且相互平行,"肩并肩"重叠形成一个环状的闭合的大共轭体系——Π_5^6(由 5 个原子提供 6 个电子形成的大 π 键)。体系中 π 电子数为 6,符合休克尔 $4n+2$ 规则,是典型的芳香结构,所以这三个杂环化合物均具有芳香性。

呋喃的 π 电子　　　　噻吩的 π 电子　　　　吡咯的 π 电子

五元杂环分子中的杂原子的电负性和原子结构不同于碳原子,使杂环上 π 电子云分布不均匀,即环中的单、双键只是部分平均化,环中碳原子上的电子云密度比苯中的大。所以它们的芳香性都比苯弱,稳定性都比苯差,故发生亲电取代反应就比苯要容易,且一般发生在 α 位。综合各种影响因素,有:

芳香性强弱顺序:苯＞噻吩＞吡咯＞呋喃。

亲电反应活性顺序:呋喃＞吡咯＞噻吩＞苯。

吡啶的 π 电子

吡啶是重要的六元杂环化合物,其结构与苯极为相似:环中各原子都在同一个平面上,原子间以 sp^2 杂化轨道相互重叠形成六个 σ 键,键角 120°。并且环中各原子均有一个电子处于没有参加杂化的 p 轨道中,六个 p 轨道均与环平面垂直且相互平行、重叠形成一个环状的闭合的大共轭体系 Π_6^6。体系中 π 电子数为六个,也符合 $4n+2$ 的规则。同时由于氮元素的电负性较大,导致吡啶环中电子云密度也不像苯分子中那样分布均匀,环中碳原子的电子云密度有所下降,发生亲电反应时比苯困难,且亲电取代反应主要发生在 β 位。此外,吡啶较易在 α 位发生亲核取代反应。

在呋喃、噻吩、吡咯、吡啶的分子结构中,都含有闭合的共轭的大 π 键。在一定条件下,可以发生加成反应,生成饱和的杂环化合物。五元杂环还能发生 1,4-加成反应。

吡啶和吡咯的共轭结构可简单表示如下:

吡啶的共轭结构

吡咯的共轭结构

由以上两结构式可以看出:

(1)吡咯为仲胺,吡啶为叔胺。

(2)吡咯中氮原子均以 σ 键与其他三个原子相连,故提供两个电子参与形成大 π 键,而吡啶中氮原子以 σ 键与其他两原子相连,一对孤对电子中占据一个 sp^2 杂化轨道,故只提供一个电子参与形成大 π 键。此规律可用来判断氮杂环化合物的芳香性。

(3)吡咯中的氮原子上的孤对电子参与形成大 π 键,大大降低了氮原子上的电子云的密度,所以它的碱性比苯胺弱得多,甚至显微弱的酸性,其酸性介于乙醇和苯酚之间,$pK_a=$ 17.5。而吡啶中的氮原子仍有一对孤对电子没有参与形成大 π 键,故它能接受质子,与酸反应生成盐,因而具有碱性($pK_b=8.75$),且比苯胺($pK_b=9.40$)的碱性强,即有碱性强弱顺序:吡啶＞苯胺＞吡咯。

另外,吡啶环非常稳定,不易氧化开环。

10.1.3　杂环化合物的化学性质

（1）酸碱性

从上述结构分析可看出:吡咯显弱酸性,可与强碱或金属反应生成盐。吡啶显碱性,可与酸反应生成盐。

$$\underset{H}{\boxed{\quad}}N + K \longrightarrow \underset{K^+}{\underset{N}{\boxed{\quad}}} + H_2 \uparrow$$

吡咯钾

$$\underset{H}{\boxed{\quad}}N + KOH(固) \longrightarrow \underset{K^+}{\underset{N}{\boxed{\quad}}} + H_2O$$

$$\boxed{\quad}N + HCl \longrightarrow \underset{\cdot HCl}{\underset{N}{\boxed{\quad}}}$$

吡啶盐酸盐

（2）亲电取代反应

杂环化合物都有芳香性,所以可以发生类似于苯的亲电取代反应,并且发生亲电取代反应的活性顺序为

呋喃＞吡咯＞噻吩＞苯＞吡啶

其中呋喃、吡咯、噻吩一般发生在 α 位,而吡啶一般发生在 β 位。

① 卤代反应:在不同的条件下,杂环化合物可生成不同的卤代产物。

$$\underset{O}{\boxed{\quad}} + 2Br_2 \longrightarrow Br\underset{O}{\boxed{\quad}}Br + 2HBr$$

$$\underset{S}{\boxed{\quad}} + Br_2 \xrightarrow{CH_3COOH} \underset{S}{\boxed{\quad}}Br + HBr$$

$$\underset{H}{\underset{N}{\boxed{\quad}}} + I_2 \xrightarrow{NaOH} \underset{I}{\underset{H}{\underset{N}{\boxed{I\quad I}}}}I$$

$$\boxed{\quad}N + Br_2 \xrightarrow[130\ ℃]{发烟\ H_2SO_4} \underset{N}{\boxed{\quad}}Br + HBr$$

② 硝化:若采用无机酸,如硝酸等作硝化剂,容易使呋喃、吡咯、噻吩的环结构破裂,故在硝化时不能使用一般的硝化剂,必须采用较缓和的硝化剂,如乙酰硝酸酯（CH_3COONO_2）等。此硝化剂易吸湿,易爆炸,故在反应中临时制备,直接使用。

$$(CH_3CO)_2O + HONO_2 \xrightarrow{-5\ ℃以下} CH_3COONO_2 + CH_3COOH$$

$$\underset{O}{\boxed{\quad}} + CH_3COONO_2 \xrightarrow{-5\ ℃以下} \underset{O}{\boxed{\quad}}NO_2 + CH_3COOH$$

吡啶环比较稳定,在一定条件下,可以直接硝化。

$$\boxed{\quad}N + HONO_2（浓） \xrightarrow[300\ ℃,24\ h]{H_2SO_4（浓）} \underset{N}{\boxed{\quad}}NO_2$$

③ 磺化:与硝化相似,呋喃、吡咯均要使用特殊的磺化剂,而吡啶则可直接磺化。

④ 傅-克酰基化:呋喃、吡咯、噻吩均可以在比较缓和的催化剂作用下发生傅-克酰基化反应,吡啶与酰基化试剂作用生成的不是取代产物,而是盐。

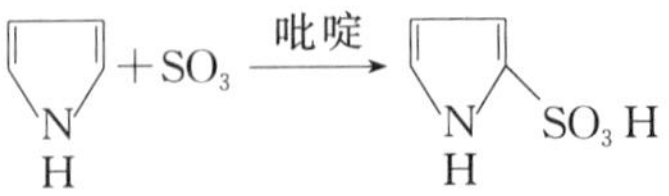

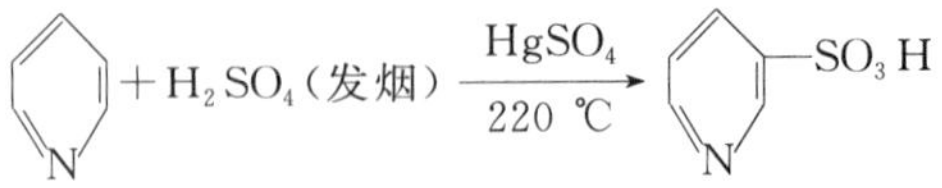

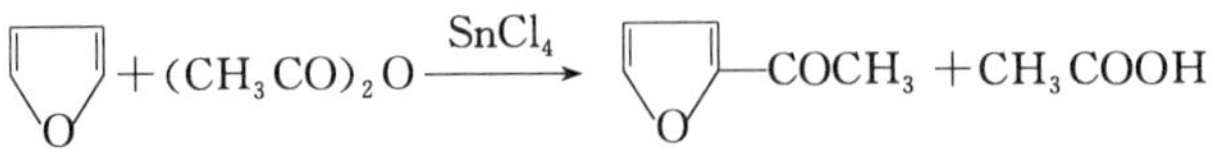

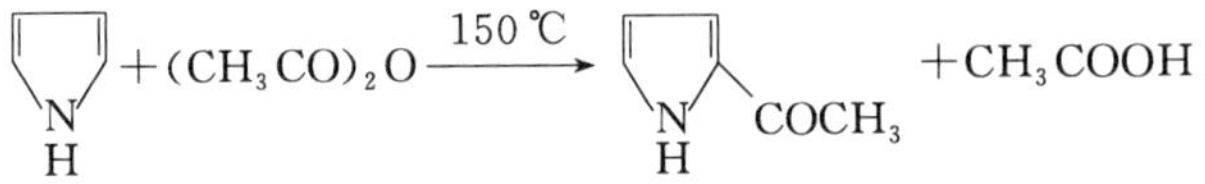

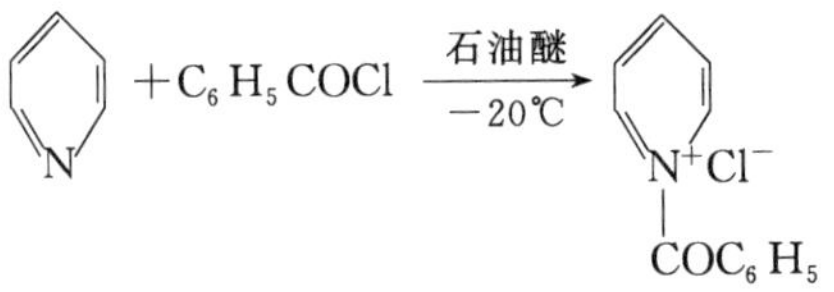

N-苯甲酰基吡啶

(3) 还原反应

杂环化合物中的不饱和键容易被还原,生成相应的多氢杂环化合物。

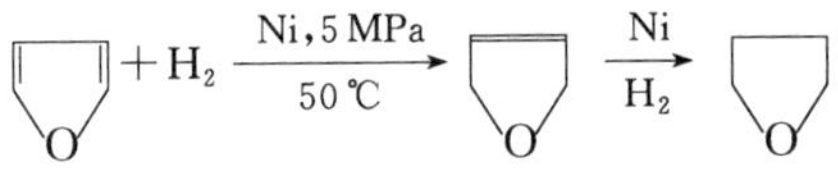

二氢呋喃   四氢呋喃

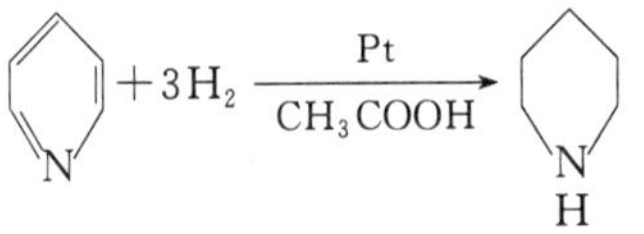

六氢吡啶(哌啶)

(4) 氧化反应

呋喃、吡咯、噻吩易被氧化而开环,而吡啶对氧化剂相当稳定,当吡啶环上有取代基时,氧化剂只氧化取代基。

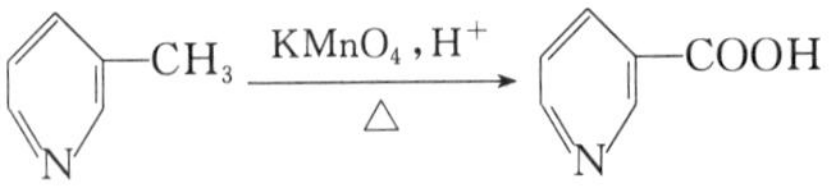

3-吡啶甲酸(烟酸)

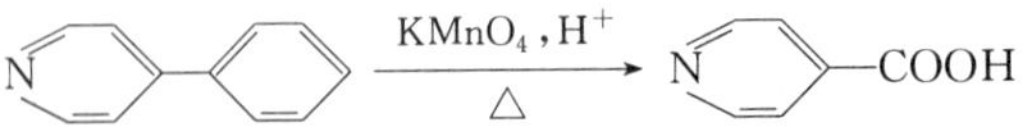

4-吡啶甲酸(异烟酸)

10.1.4 几种重要的杂环化合物及其衍生物

(1) 呋喃及其衍生物

呋喃存在于松焦油中,为无色油状液体,具有类似于醚类的香味,沸点 32 ℃,相对密度

0.934,不溶于水而溶于有机溶剂。它的蒸气遇到盐酸浸湿过的松木片时显绿色,称为呋喃的松木片反应,可用此方法来鉴定呋喃的存在。

将 α-呋喃甲酸(俗名糠酸)在铜催化下,加热脱羧便可以制得呋喃。

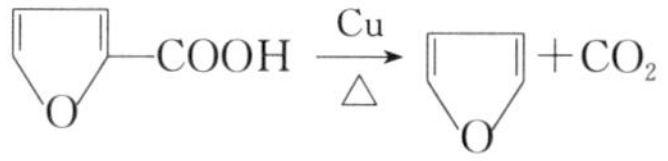

$$\text{（呋喃）—COOH} \xrightarrow[\triangle]{Cu} \text{（呋喃）} + CO_2$$

呋喃氢化后得到的四氢呋喃为无色液体,是一种优良的溶剂和重要的合成原料,常常用来制取己二酸、己二胺、丁二烯等产品。

呋喃的衍生物在自然界中也广泛存在,α-呋喃甲醛是其重要的衍生物之一,俗名糠醛,可用稀酸处理米糠、玉米芯等农副产品而得到。

纯糠醛为无色液体,沸点 162 ℃,相对密度 1.160,可溶于水,并能与醇、醚混溶。在空气中易被氧化而使颜色渐变成黑褐色。糠醛在 Ac^- 存在下遇苯胺显红色,可用此方法来检验糠醛的存在。

糠醛是重要的有机原料,和呋喃的其他衍生物一样,可用于制造类似于电木的酚糠醛树脂、农药、化工产品、医药等,如治疗痢疾的呋喃唑酮、抗菌类药物呋喃坦丁、维生素新 B_1 等。

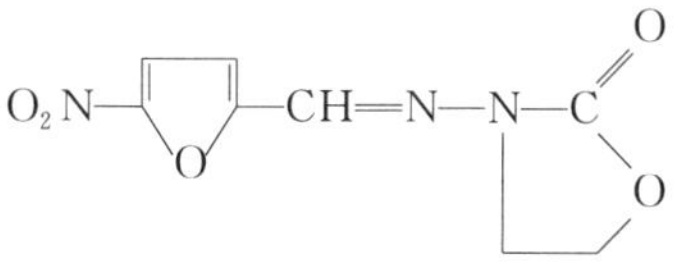

呋喃唑酮(痢特灵) 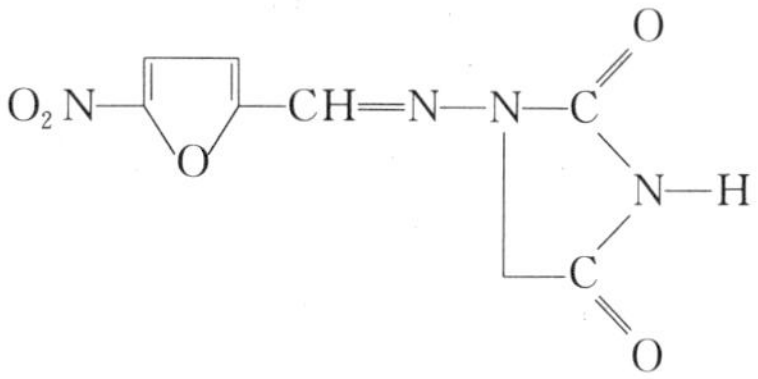　　　　　　呋喃坦丁

（2）吡咯及其衍生物

吡咯主要存在于骨焦油中,可由骨焦油经稀酸处理,再酸化后分馏提纯制得。吡咯为无色液体,有与氯仿相似的气味,沸点 131 ℃,在空气中易氧化而迅速变黑。吡咯蒸气遇到盐酸浸湿过的松木片显红色,称为吡咯的松木片反应,可用此方法来鉴定吡咯及其低级同系列化合物的存在。

吡咯的衍生物在自然界中分布很广。植物体中的叶绿素、动物体中的血红素等,都是吡咯的衍生物。此外,胆红素、维生素 B_{12} 等天然物质的分子中都含有吡咯或四氢吡咯环,这些统称为卟啉类化合物。这类化合物共同的结构特点是具有相同的基本骨架——卟吩环(又称为卟核),它是由四个吡咯环的 α-C 通过四个次甲基($-CH=$)相连而成的共轭体系,呈平面结构。

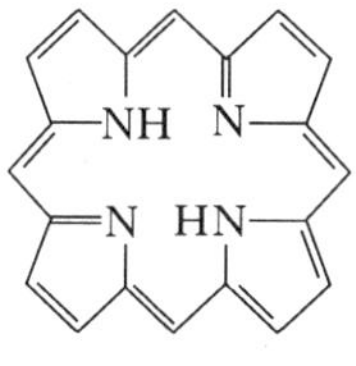

卟吩环

卟吩本身在自然界中并不存在,但是其取代物却广泛存在,一般是某种金属位于环中间的空隙里,以共价键及配位键与氮原子结合。例如,血红素和叶绿素的结构如下:

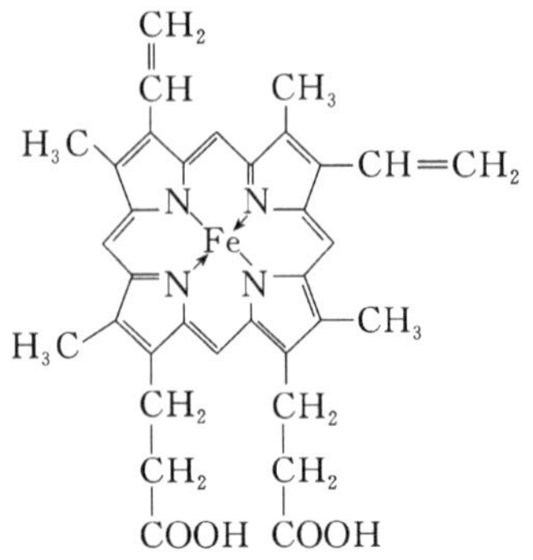

（图：血红素和叶绿素结构式）

血红素 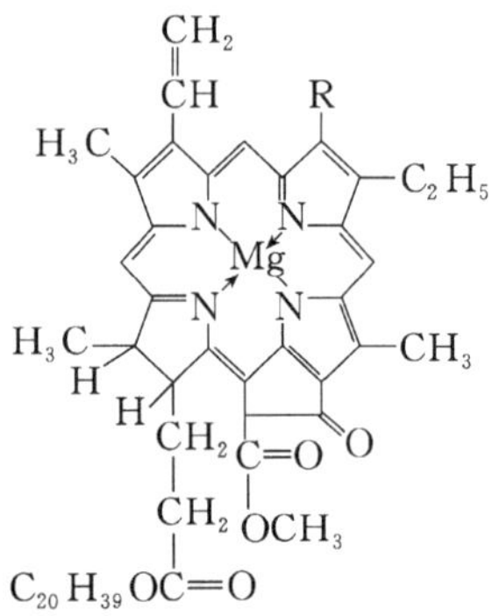　　　　　　　　　　　　叶绿素

叶绿素是存在于植物的叶子和茎中的绿色色素，它与蛋白质结合存在于叶绿体中。它利用卟啉环的多共轭体系吸收紫外光，变为激发态，促进光合作用，使光能转化为化学能。叶绿素有 a，b，c，d，f 五种，又以叶绿素 a 和叶绿素 b 为主，两者只在一个地方有微弱的区别。上图中的—R 为—CH_3 则为叶绿素 a，为—CHO 则为叶绿素 b。

叶绿素是深绿色粉末，熔点 120 ℃～130 ℃，无毒，所以常作食品、染料、药物的着色剂。叶绿素经稀酸处理后，其中的镁可被置换而其他部分不被损坏，这样可得到去镁叶绿素，这些置换是可逆的。去镁叶绿素可以与 $CuSO_4$ 作用，生成一种颜色更鲜艳的铜叶绿素，而且更稳定。在浸制植物标本时，常用这个方法长期保持植物的绿色。

血红素存在于动物的红细胞中，它与蛋白质结合成血红蛋白。血红素中的二价 Fe 可以与氧络合，在动物体内起着输送氧的作用。CO 会使人中毒的原因就是它与血红蛋白中 Fe 的络合能力高于氧，其络合能力比氧高 200～300 倍，因此当人体中有 10% 的血红蛋白与 CO 结合时，或者空气中的 CO 浓度大于 50 $\mu g \cdot g^{-1}$ 时，人体会因不能得到足以维持生命的氧气而致死。

（3）噻吩及其衍生物

噻吩主要存在于煤焦油的粗苯中，将粗苯反复用浓 H_2SO_4 提取，噻吩即被磺化而溶于浓 H_2SO_4，再将其去磺化即得噻吩。噻吩是无色液体，沸点 84 ℃。在浓 H_2SO_4 存在下，噻吩与靛红一起加热显示蓝色，可用此方法来检验噻吩的存在。

噻吩可经氢化成四氢噻吩，它具有一般醚的性质，还可被氧化为环丁砜。环丁砜是有机化工中重要的溶剂。

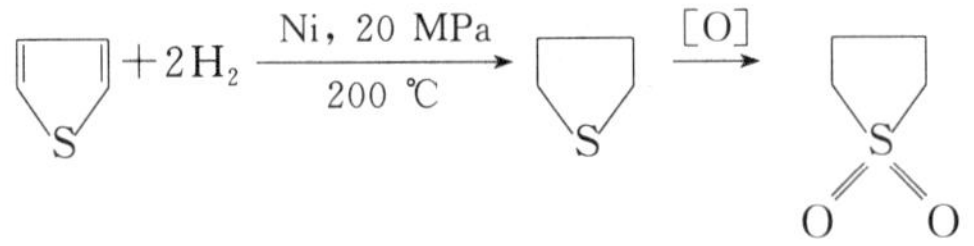

（反应式图）

　　　　　　　　　　　　　　　　四氢噻吩　　环丁砜

噻吩的衍生物中许多是重要的药物，如先锋霉素和维生素 H（又称生物素）等。

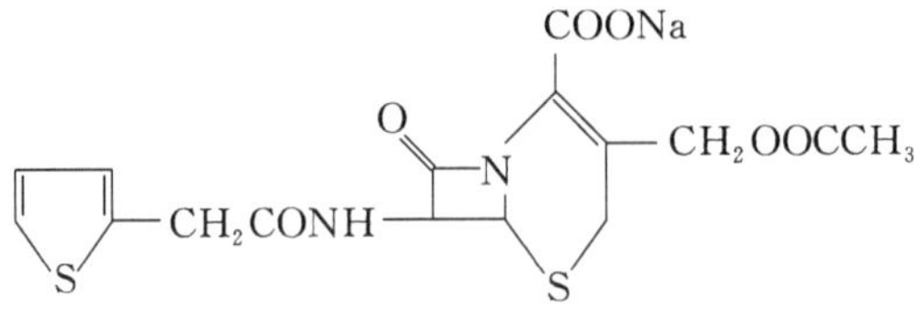

（先锋霉素结构式图）

先锋霉素

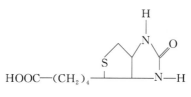

维生素 H

（4）吡啶及其衍生物

吡啶主要存在于煤焦油中。一般是将煤焦油分馏，轻油馏分用酸处理，再用碱中和，游离出的吡啶经蒸馏可得较纯品。吡啶是无色的液体，具有特殊臭味，沸点 115 ℃，熔点 −42 ℃，相对密度0.982，可与水、乙醇、乙醚混溶，能溶解许多有机物和大多数无机盐。因此，主要用作有机溶剂和反应的介质。

吡啶可以发生 β 位的亲电取代反应。但是在强的亲核试剂存在下，它更容易发生 α 位的亲核取代反应，此反应称为齐齐巴宾（Chichibabin）反应。例如，

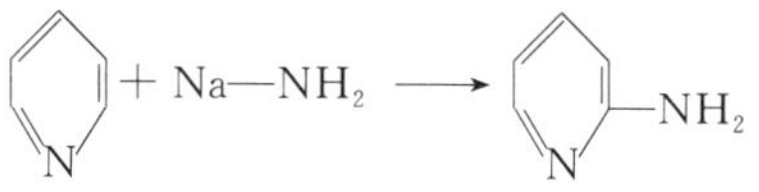

吡啶的衍生物在自然界和药物中分布甚广，如维生素 PP、维生素 B_6、毒芹碱等，维生素 PP 的主要成分为 3-吡啶甲酸和 3-吡啶甲酰胺。

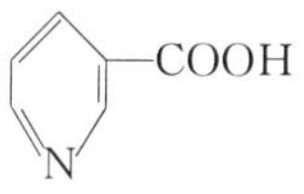

3-吡啶甲酸（烟酸） 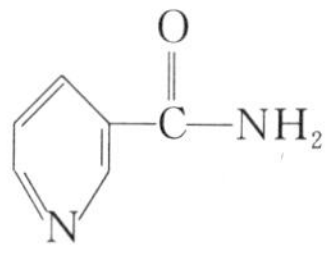　　3-吡啶甲酰胺（烟酰胺）

烟酸和烟酰胺存在于肝、肾、肉类、花生等中，可用于治疗癞皮病、口腔疾病及血管硬化等症。另外，异烟酸（4-吡啶甲酸）是制造抗结核病药物异烟酰肼（又名雷米封）的中间体。

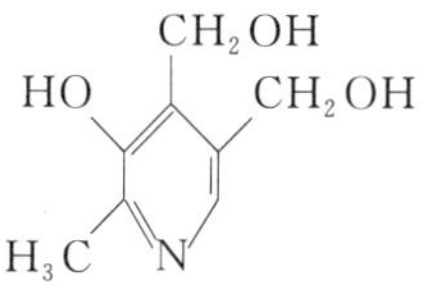

维生素 B_6 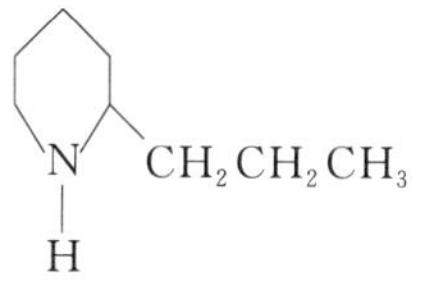　　　毒芹碱 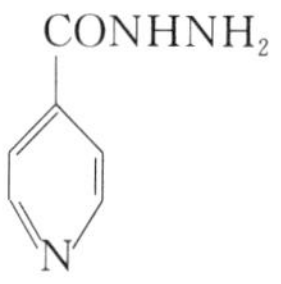　　　雷米封（异烟酰肼）

维生素 B_6 是维持蛋白质正常代谢的必需维生素。毒芹碱（存在于毒人参中）是剧毒化合物，其与盐酸形成的盐在小剂量使用时可抗痉挛。

（5）嘧啶及其衍生物

嘧啶又名间二嗪，为无色晶体，易溶于水，熔点 22 ℃，呈弱碱性（比吡啶还弱）。自然界中并无嘧啶存在，但嘧啶的衍生物在自然界中广泛存在。例如，生物体内广泛存在嘧啶的羟基衍生物及其氨基衍生物，它们是核酸的重要组成部分。

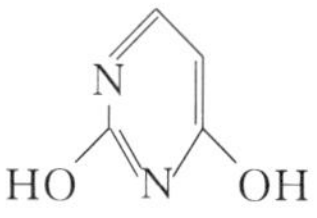

尿嘧啶 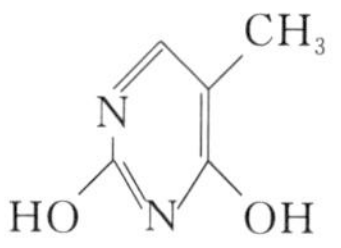　　　胸腺嘧啶 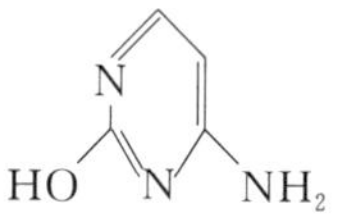　　　胞嘧啶

维生素 B$_1$ 和磺胺嘧啶中也含有嘧啶环。维生素 B$_1$ 是由噻唑环和嘧啶环通过亚甲基连接而成的化合物,医药上叫作硫胺素,存在于谷类、豆类及饲料中,在动物体内参与糖的代谢,维生素 B$_1$ 可以用于治疗多发性神经炎、食欲不振以及脚气等。

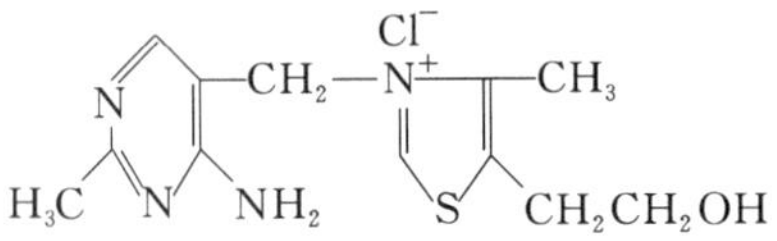

$$\text{维生素 B}_1$$

（6）吲哚及其衍生物

吲哚及其衍生物广泛存在于自然界中,常存在于动植物中,如素馨花香精、蛋白质的腐败产物、动物的粪便含有吲哚衍生物。纯净的吲哚为片状晶体,熔点 52 ℃,其稀溶液有香味,可用于制造茉莉型香精。吲哚也能发生松木片反应显红色。

天然植物激素 β-吲哚乙酸,为无色晶体,微溶于水,易溶于有机溶剂,广泛存在于植物幼芽中,低浓度时,能刺激植物生长,加速插枝作物生根,高浓度时则抑制植物的生长,故又称为异生长素。

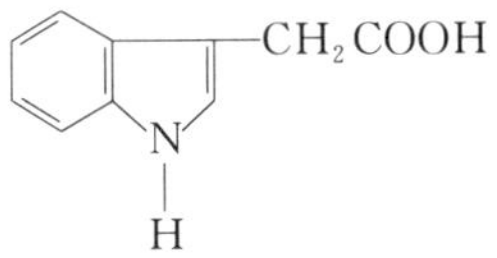

$$\beta\text{-吲哚乙酸} \qquad 5\text{-羟基色胺酸}$$

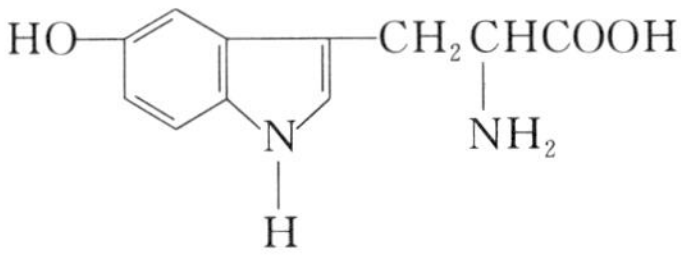

吲哚还有一些重要的衍生物,如 5-羟基色胺酸、麦角碱,在生物体内起着重要的作用。利血平是一种镇静及降血压的药物,也有广泛应用。

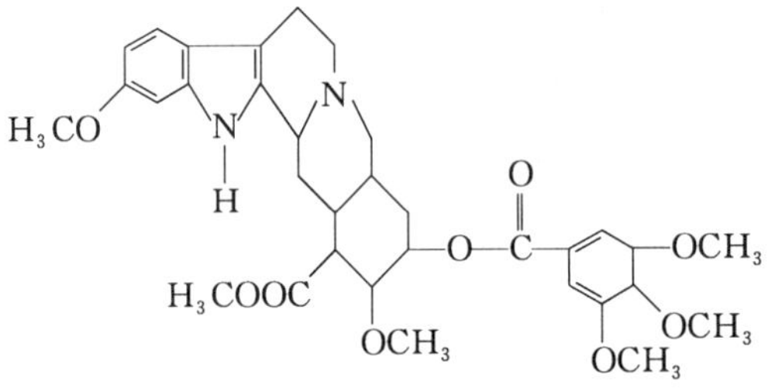

$$\text{利血平}$$

（7）嘌呤及其衍生物

嘌呤为无色晶体,熔点 217 ℃,易溶于水,水溶液呈中性,但能与酸、碱反应生成盐。嘌呤本身不存在于自然界中,但其衍生物在自然界中分布很广。例如,其氨基和羟基衍生物——腺嘌呤和鸟嘌呤是核酸的重要组成部分。它们和前面提到的尿嘧啶、胞嘧啶、胸腺嘧啶组成了生物遗传物质——核酸的碱基。

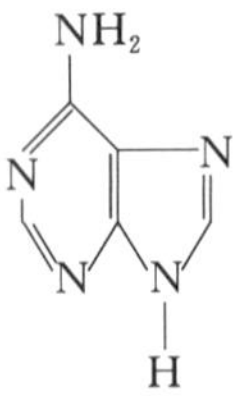

$$\text{腺嘌呤} \qquad \text{鸟嘌呤}$$

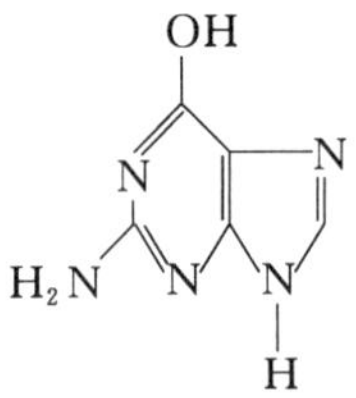

常见的含有嘌呤环的还有茶碱、尿酸、咖啡碱等。尿酸是人体和高等动物核酸的代谢产物,存在于尿液中。咖啡碱存在于咖啡和茶叶中,对人体有兴奋、利尿功能,是常用的退热药 APC 的主要成分之一。

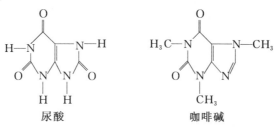

尿酸　　　　　　　　　　咖啡碱

10.2　生物碱

10.2.1　生物碱的存在与命名

在生物体内,尤其是植物体内,有一类碱性含氮有机化合物,它们对人和动物体有强烈的生理效应,常称为生物碱(又称为植物碱)。生物碱的种类很多,已知结构的生物碱超过了两千种。

大多数的生物碱存在于双子叶植物中,如茄科、防己科、夹竹桃科、罂粟科、毛茛科、小檗科等植物中都含有一定量的生物碱。一般来说,一种植物可以含有多种生物碱,同一科的植物所含生物碱的结构通常是相似的。生物碱在植物体中是由氨基酸转化而来的,所以植物中的生物碱含量一般很低。但也有少数是含量比较高的,例如,金鸡纳树皮中金鸡纳碱(又名奎宁)的含量达 15%,黄连中黄连碱的含量可达 9%。

生物碱一般按它的来源来命名,如从蓖麻中提取的生物碱就称为蓖麻碱。也有少数可用其他英文译音来命名,例如,从烟草中提取的生物碱叫烟碱,也常常叫尼古丁。生物碱一般按其所含的环系分类,如异喹啉族生物碱、吲哚族生物碱等。

10.2.2　生物碱的一般性质

生物碱多为无色固体,有苦味,难溶于水,易溶于有机溶剂如乙醇、乙醚、丙酮等。生物碱能与有机酸(如草酸、乳酸、苹果酸、柠檬酸等)或无机酸(如硫酸、磷酸等)结合生成盐,这种盐一般易溶于水。

大多数生物碱具有旋光性。左旋体和右旋体的生理效应相差较大,而自然界中存在的生物碱多为左旋体。

生物碱在中性或酸性溶液中能同一些试剂发生颜色反应,这些试剂被称为生物碱试剂。利用生物碱试剂可以鉴定不同的生物碱。

生物碱试剂可以分为两类:

(1) 显色剂:如 $KMnO_4 + H_2SO_4$(浓)、$K_2Cr_2O_7 + H_2SO_4$(浓)、$(NH_4)_4V_2O_7 + H_2SO_4$(浓)、$HCHO + H_2SO_4$(浓)、HIO_3(浓)、HNO_3(浓)等,多为氧化剂或脱水剂。不同的生物碱与不同的显色剂反应显示不同的颜色。例如,$(NH_4)_4V_2O_7$ 的浓 H_2SO_4 溶液(又称曼德林

试剂)可使吗啡显棕色,使奎宁显淡橙色;$K_2Cr_2O_7$ 的浓 H_2SO_4 溶液可使吗啡显绿色;浓 H_2SO_4 可使秋水仙碱显黄色等。

(2) 沉淀剂:如 KI-I_2、苦味酸、硅钨酸、磷钼酸、碘化汞钾等,多为金属盐或大分子量的复盐。某些生物碱可与不同的沉淀剂反应生成不同的沉淀,如与 KI-I_2 溶液生成红色沉淀,与磷钼酸反应生成蓝色沉淀,与硅钨酸反应生成白色沉淀。

10.2.3　生物碱的提取方法

许多生物碱对人和动物有很强的生理作用,如有些生物碱是当归、黄连、贝母、洋金花、地黄等许多中草药的有效成分。因此,从植物中提取、分离生物碱,测定其结构和药理性能,并进行人工合成是有机化学、医学和药学的一项重要工作。

提取生物碱一般有两种方法:

(1) 有机溶剂提取法

首先将含有生物碱的植物洗净,干燥,再切碎或研成细粉。然后与碱液(如稀氨水、碳酸钠或氢氧化钙溶液)混合、拌匀、研磨,使生物碱游离析出。再选用合适的有机溶剂浸泡,使生物碱溶于有机溶剂,蒸馏回收有机溶剂,冷却结晶即得生物碱固体。

(2) 稀酸提取法

首先将含生物碱的植物洗净,干燥,然后切碎,用稀酸浸泡并加热回流,使生物碱生成盐而溶于水。将水溶液经阳离子交换树脂进行交换分离,生物碱阳离子与离子交换树脂阴离子结合而留在交换树脂上,用稀 NaOH 洗脱生物碱,再用有机溶剂提取,即得生物碱结晶。如用 A 代表生物碱,则上述过程可简单表示如下:

$$\boxed{聚合物}\!-\!SO_3^- H^+ + AH^+ HSO_4^- \xrightarrow{\text{阳离子交换}} \boxed{聚合物}\!-\!SO_3^- AH^+ + H_2SO_4$$

$$\boxed{聚合物}\!-\!SO_3^- AH^+ + NaOH \Longrightarrow A + H_2O + \boxed{聚合物}\!-\!SO_3^- Na^+$$

10.2.4　几种重要的生物碱

(1) 烟碱

烟碱,又名尼古丁,从烟草中提取而得,是烟草所含 12 种生物碱中最多的一种。天然存在为左旋体,无色液体,沸点 247 ℃。

烟碱(尼古丁)

烟碱有剧毒,少量吸服有兴奋中枢神经、增高血压的作用,大量吸服可抑制中枢神经系统活动,导致心脏麻痹以致死亡。烟碱也可以用作剧毒杀虫剂,如杀蚜虫、蓟马、木虱等。

(2) 麻黄碱

麻黄碱,又名麻黄素,是从麻黄中提取的一种不含杂环的生物碱,属于仲胺,其结构与肾上腺素相似。

麻黄碱为无色晶体,熔点 38 ℃,呈左旋性,易溶于水和氯仿、乙醇等有机溶剂,也能刺激交感神经,增高血压,扩张气管,常用于治疗支气管哮喘病。

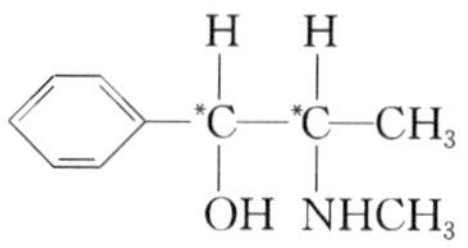

麻黄碱(麻黄素)

（3）秋水仙碱

秋水仙碱为暗黄色针状晶体,剧毒,可溶于水,易溶于有机溶剂,其结构式如下:

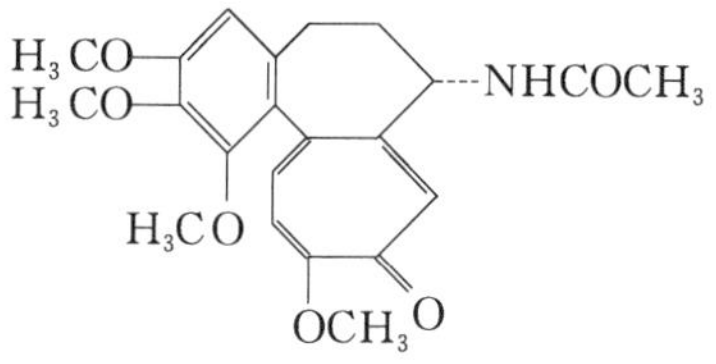

秋水仙碱

秋水仙碱是人工诱发单倍体的有效化学药剂,具有抗癌作用,临床上常用于治疗乳腺癌、皮肤癌等。

（4）黄连素

黄连素,又名小蘖碱,是从黄檗、黄连中提取的一种异喹啉族生物碱。

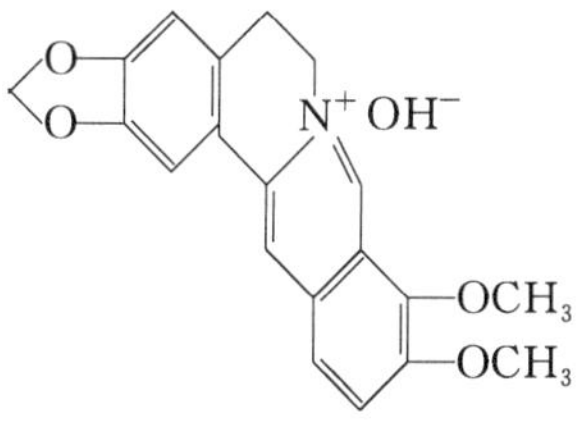

黄连素（小蘖碱）

黄连素为黄色晶体,有苦味,易溶于水和有机溶剂。医药上使用的是黄连素的盐酸盐,能抑制痢疾杆菌、链球菌及葡萄杆菌,多用于治疗肠胃炎及细菌性痢疾等。

（5）颠茄碱

颠茄碱又名阿托品,存在于茄科植物中,如颠茄、莨菪、曼陀罗、天仙子等。

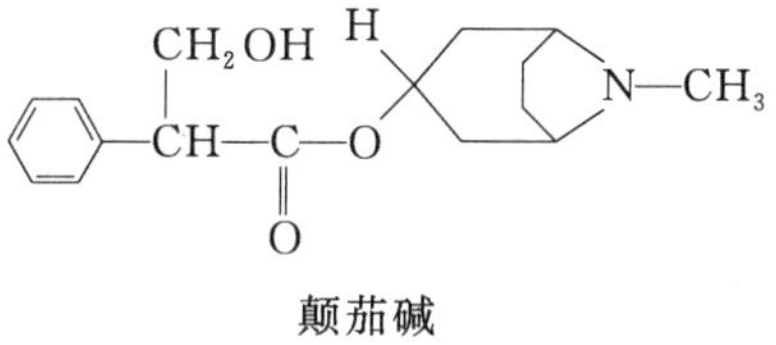

颠茄碱

颠茄碱为无色晶体,熔点 118 ℃～119 ℃,有苦味,难溶于水,易溶于有机溶剂。医药上它用作抗胆碱药,能抑制汗腺、唾液、泪腺、胃液等多种腺体的分泌。它还能扩张瞳孔,用于治疗胃痛与肠绞痛,还可用作有机磷中毒的解毒剂。

（6）喜树碱

喜树碱为黄色晶体,有苦味,剧毒,熔点 265 ℃～267 ℃,存在于我国西南及中南地区的喜树中,属于喹啉族生物碱,呈右旋性。

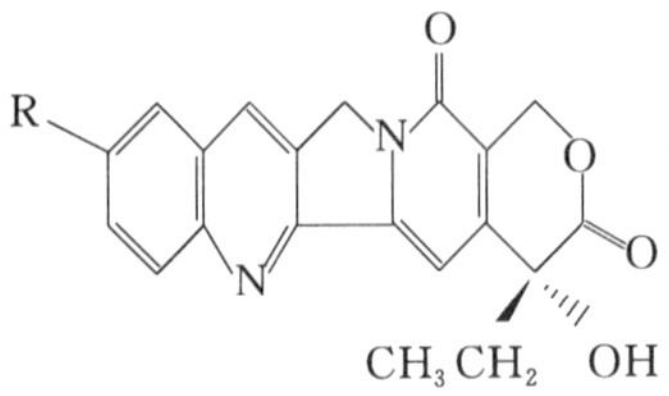

R = H   喜树碱
R = OH   10-羟基喜树碱

喜树碱在紫外光照射下显蓝色荧光。它具有显著的抗癌活性,是一种抗癌药,可用于治疗肠癌、胃癌、直肠癌、白血病等。

(7) 吗啡碱

吗啡碱是罂粟科植物鸦片所含的多种生物碱中最多的一种,约为 0.5%,属于异喹啉族生物碱。它是 1903 年被提纯的,是第一个被提纯出来的生物碱,但它的结构直到 1952 年才被确定。

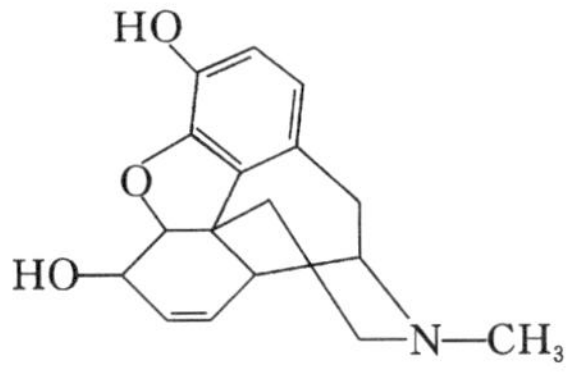

吗啡碱

吗啡碱为白色晶体,微溶于水,有苦味。它对中枢神经有极强的麻痹作用,有较快的镇痛能力,是医药上的局部麻痹剂,也用于晚期癌症病人的镇痛。但它也是一种成瘾药物,因此其使用范围和使用量都受到了严格控制。

(8) 咖啡碱和茶碱

咖啡碱又名咖啡因,白色针状晶体,有苦味。它易溶于热水,显弱碱性,存在于咖啡中。它也能使中枢神经系统兴奋,能镇痛,还可利尿。

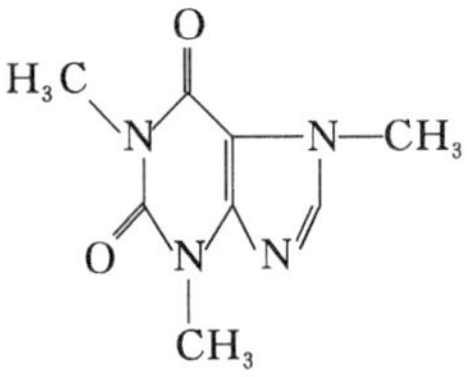

咖啡碱 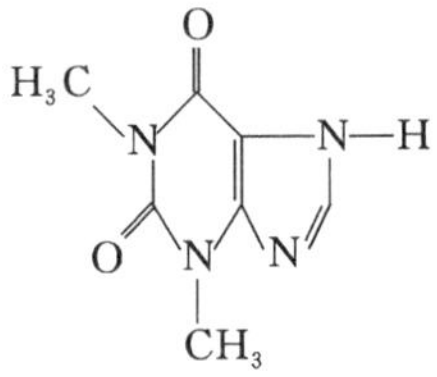   茶碱

茶碱是白色晶体,易溶于热水,显弱碱性。它有较强的利尿作用,还能松弛平滑肌。

本章小结及学习要求

本章简单介绍了有机化合物中的一个重要类别——杂环化合物以及各种常见的生物碱。

简单的杂环化合物命名以杂原子的编号为1,复杂的则与稠环芳烃类似,有其固定编号。杂环化合物的芳香结构决定了其芳香性、酸碱性等重要性质。在对杂环化合物的芳香结构的分析中要注意 sp^2 杂化的特点。生物碱广泛存在于动植物体中,不同的生物碱有不同的特性和医用价值。

学习本章时,应该达到以下要求:掌握杂环化合物的分类和命名,理解杂环化合物的结构分析,掌握杂环化合物的性质,了解生物碱的相关知识。

【阅读材料】

人工合成结晶牛胰岛素

结晶牛胰岛素(crystallized bovine insulin)是牛胰岛素的晶状体。牛胰岛素是牛胰脏中胰岛 β-细胞所分泌的一种调节糖代谢的蛋白质激素。其一级结构 1955 年由英国桑格(Sanger S)测定。我国中科院生化研究所、北京大学化学系及中科院上海有机化学研究所通力合作,自 1959 年开始工作,于 1965 年 9 月 17 日获得了用人工方法合成的、有生物活性的结晶牛胰岛素(见图 10-1、图 10-2),实现了世界上首次人工合成蛋白质的壮举。

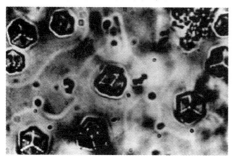

图 10-1 结晶牛胰岛素

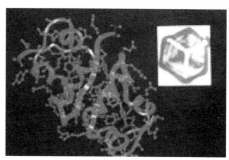

图 10-2 人工合成牛胰岛素结构图

经鉴定,人工合成的胰岛素,其结构、生物活性、物理化学性质、结晶形状等都和天然的牛胰岛素完全一样,这是世界上第一个人工合成的蛋白质。多年来,这项成果经受了长期实践的检验,证明数据完整可靠,可以重复。

胰岛素是一种蛋白质,其相对分子质量接近 6 000。胰岛素的分子具有蛋白质所特有的结构特征,被公认为典型的蛋白质。胰岛素分子由 A,B 两条链组成,A 链有 21 个氨基酸,两条链通过两个二硫键连在一起。胰岛素分子还具有特定的空间结构,也就是说它的肽链能有规律地在空间折叠起来,具有空间结构的胰岛素分子还可以整齐地排列起来形成肉眼可见的结晶体。

我国的这项工作开始于 1959 年,首先成功地将天然胰岛素的 A,B 两条链拆开,再重新连接而得到了重合成的天然胰岛素结晶,为下一步的人工合成确定了路线。随后人工合成 B 链和 A 链,并分别与天然的 A 链和 B 链连接而得到了半合成的胰岛素。最后将人工合成的 A 链和 B 链连接而得到了全合成的结晶胰岛素。

蛋白质是生命的重要物质基础。人工合成牛胰岛素的成功,标志着人类在探索生命奥秘的征途中向前跨进了重要的一步,开始了用人工合成方法来研究蛋白质结构与功能的新阶段,还推动了我国胰岛素分子空间结构的研究和胰岛素作用原理的研究,使我国的胰岛素研究形成了独具特色的体系,并培养了一批优秀的蛋白质和多肽的研究人才。在这项工作完成以后,我国的科学工作者继续改进合成方法,并合成了许多有实际应用价值的多肽激素,同时进行了更大蛋白质分子的人工合成。胰岛素人工合成的成功,为我国蛋白质的基础研究和实际应用开辟了广阔的前景。

习 题

10-1 命名下列化合物。

(1)

(2)

(3)

(4)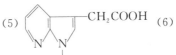

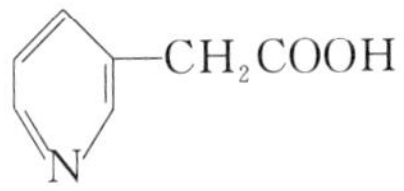

(5)

(6)

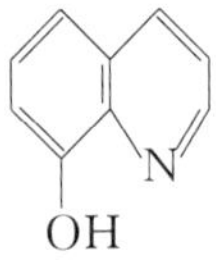

(7)

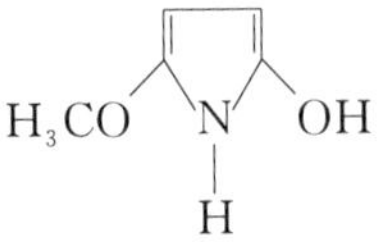

(8)

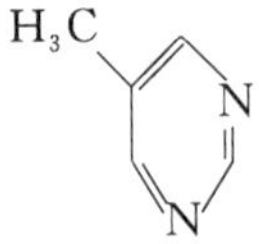

(9)

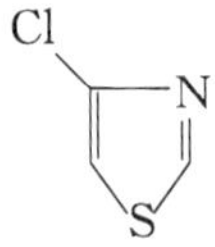

10-2 写出下列化合物的结构简式。

(1) α-呋喃甲酸　　　(2) 2-氯噻吩　　　(3) 吡啶盐酸盐

(4) 烟碱　　　(5) 嘧啶　　　(6) 嘌呤

10-3 用适当的方法分离下列混合物。

(1) 除去苯中少量的噻吩

(2) 除去甲苯中少量的吡啶

10-4 用适当的方法区分下列混合物。

(1) 呋喃与噻吩

(2) 苯甲醛与糠醛

10-5 完成下列化学反应式。

(1)  $\begin{array}{c}\text{—CH}_3\\ \text{S}\end{array}$ + HONO$_2$ $\xrightarrow{\text{(CH}_3\text{CO)}_2\text{O}}$

(2) $\begin{array}{c}\\ \text{O}\end{array}$ + SO$_3$ $\xrightarrow{\text{吡啶}}$

(3) $\begin{array}{c}\\ \text{S}\end{array}$ + CH$_3$COCl $\xrightarrow{\text{AlCl}_3}$

(4) 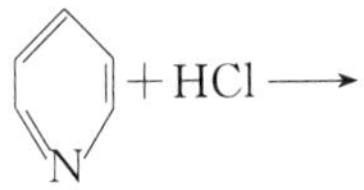 $\begin{array}{c}\\ \text{N}\end{array}$ + HCl $\longrightarrow$

(5)  $\begin{array}{c}\text{—CHO}\\ \text{O}\end{array}$ + CH$_3$CHO $\xrightarrow{\text{稀 NaOH}}$

(6)  $\begin{array}{c}\text{—CHO}\\ \text{O}\end{array}$ $\xrightarrow{\text{浓 NaOH}}$

(7) 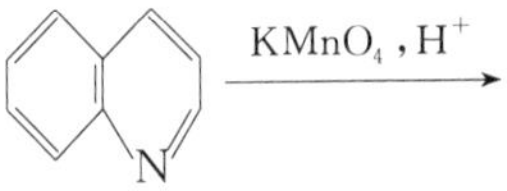 $\begin{array}{c}\\ \text{N}\end{array}$ $\xrightarrow{\text{KMnO}_4,\text{H}^+}$

(8) 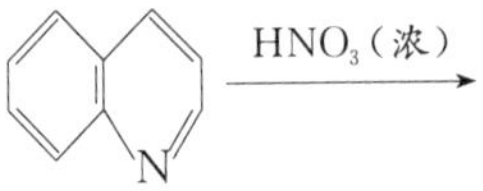 $\begin{array}{c}\\ \text{N}\end{array}$ $\xrightarrow{\text{HNO}_3(\text{浓})}$

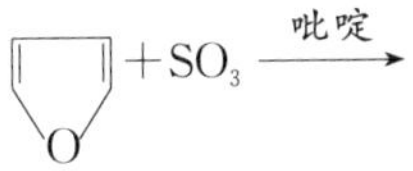

10-6 判断下列化合物是否有芳香性。

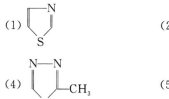

(1)   (2)    (3)

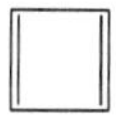

(4)   (5) 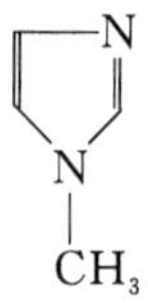   (6)

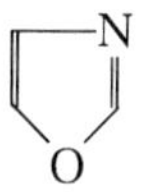

10-7 有杂环化合物 A，分子式为 $C_5H_4O_2$，A 可氧化成羟酸 B($C_5H_4O_3$)，将 B 的钠盐与碱石灰共热可得到 C(C_4H_4O)和 Na_2CO_3。C 不与钠反应，也不发生银镜反应。试推断 A，B，C 的结构式，并写出相应的化学反应方程式。

*10-8 比较下列化合物中各氮原子碱性的强弱。

(1) 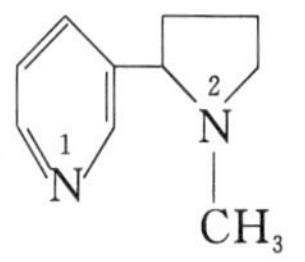
烟碱

(2) 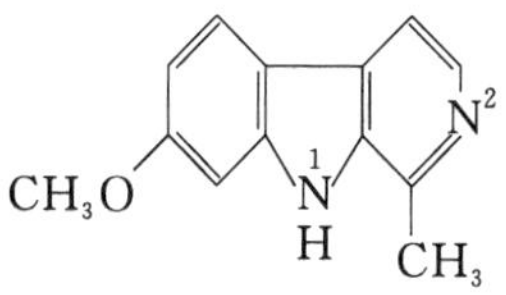 CH₃O——
哈尔明碱

(3) 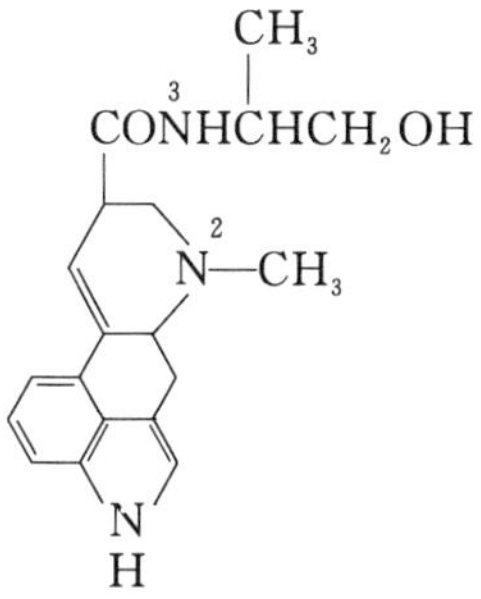
麦角新碱

(4) 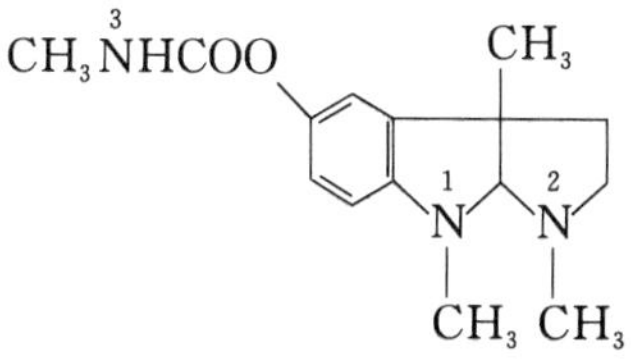
毒扁豆碱

第 11 章　对映异构

我们已经知道,有机化合物中普遍存在着同分异构现象。有机物的同分异构现象可分为两大类,即构造异构和立体异构。分子式相同的有机物,若由于分子内原子互相连接的方式和次序不同而导致的同分异构就称为构造异构,例如,正丁烷与异丁烷、乙醇与甲醚互为构造异构;若分子内原子互相连接次序和方式相同,但分子内原子或原子团在空间的排列方式不同而导致的同分异构就称为立体异构,例如,顺-2-丁烯与反-2-丁烯,交叉式与重叠式的乙烷构象。

立体化学主要研究分子中原子或原子团在空间的排列状况以及不同的排列对分子的物理性质、化学性质的影响。它主要包括有机物的构型和构象两部分。

构型是指分子内原子或原子团在空间的"固定"排列关系,如顺式与反式。构象是指具有一定构型的分子由于单键的旋转或扭曲而导致分子内原子或原子团在空间呈现的不同排列现象,如交叉式与重叠式等。由此可见,由一种构象变成另一种构象只需键的旋转或扭曲,而由一种构型变成另一种构型则需要断开化学键。

构型与构象在有机合成、天然有机化合物、生物化学等方面有着重要的意义。

有机化学中的异构现象可以表示如下:

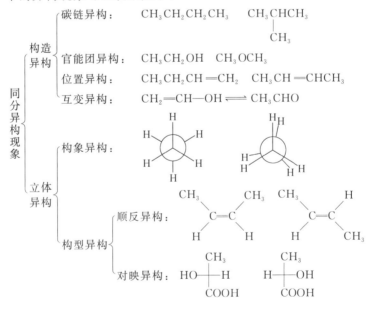

11.1　分子的手性、对称性和对映体

人的左、右手看起来没什么区别,但是将左手的手套戴到右手上是不合适的,如果将左

手放在平面镜前,那么镜子里出现的镜像恰好就是右手的模样,也就是说左手和右手不能同时在位置与方向上完全重合,但它们互为镜像,如图 11-1 所示。

左、右手不能完全重合　　左、右手互为镜像

图 11-1　左、右手的关系

有机分子也有自己的镜像,图 11-2 所示为乳酸分子和它的镜像,一个的—OH 在右边,另一个的—OH 在左边,空间排列不同,代表着不同的化合物,这两种分子结构就像左手和右手的关系一样,它们不能互相重合,但互为镜像。

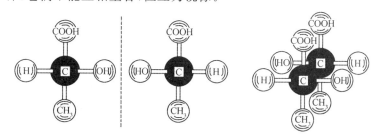

图 11-2　乳酸分子和它的镜像

手是不能与自身镜像完全重合的,这种实物与镜像不能完全重合的特征叫作手性或手性特征。上述两个互相不能完全重合的分子模型正是互为镜像的,所以它们都具有手性,它们代表着两种立体结构不同的乳酸分子。在立体化学中不能与自身镜像完全重合的分子叫作手性分子,否则就叫作非手性分子。乳酸分子就是手性分子。

不能与镜像完全重合是手性分子的特征。但是要判断一个化合物是否具有手性,并非一定要用模型来考察它与镜像能否完全重合。一个分子是否具有手性与分子的对称性有关,只要考察分子的对称性就能判断它是否具有手性。考察分子的对称性时需要考虑的对称因素主要有下列三种:

(1) 对称面

若分子中有一平面,它可以把分子分为互为镜像的两半,这个平面就是对称面,如图 11-3 所示。

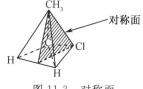

图 11-3　对称面

(2) 对称中心

若有一个点,从分子中任何一个原子或基团出发,向这个点作直线,再延长至与该点前一线段等距离处,可以遇到一个同样的原子或基团,这个点就是对称中心,如图 11-4 所示。

图 11-4 对称中心

（3）对称轴

若有一条直线，当分子以此直线为轴旋转 $360°/n$ 后（n 为正整数且不为 1），得到的分子与原来的完全相同，则这条直线就是 n 重对称轴。如图 11-5 所示，这是 2 重对称轴。

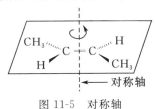

图 11-5 对称轴

凡具有对称面、对称中心的分子，都能与其镜像重合，它们都是非手性分子。

在有机化合物中，绝大多数非手性分子具有对称面或对称中心，因此，只要一个分子既没有对称面，又没有对称中心，一般就可以初步断定它是手性分子。凡手性分子，必有互为镜像的构型。互为镜像的不能完全重合的两种构型，叫作对映体。分子中有无对称轴不能作为分子是否有手性的判断标准，在某些手性分子中可能存在对称轴。

一对对映体的构造相同，只是立体结构不同，因此它们属于立体异构体，这种立体异构现象叫作对映异构，又称为旋光异构。对映异构和顺反异构一样，都属于立体异构中的构型异构。

11.2 物质的旋光性及旋光度

11.2.1 偏振光和物质的旋光性

对映体是互为镜像的立体异构体，它们的熔点、沸点、密度、折光率及在一般溶剂中的溶解度都相同，并且在与非手性试剂作用时，它们的化学性质也一样。但是分子结构上的差异，在性质上必然会有所反映。对映体在物理性质上的不同，只表现在对偏振光的作用不同。

光是一种电磁波。光波振动的方向与光的前进方向垂直。普通光的光波在各个不同的方向上振动，但如果让它通过一个尼科尔棱镜（用冰洲石制成的棱镜），则透过棱镜的光就只在一个平面上振动。这种光就叫作平面偏振光，简称偏振光或偏光（见图 11-6）。

图 11-6 偏振光的形成

当偏振光通过某种介质时,有的介质对偏振光没有作用,即透过介质的偏振光仍在原方向上振动,而有的介质却能使偏振光的振动方向发生旋转(见图 11-7)。比如当偏振光通过水、酒精等介质时,偏振光的振动方向不改变,如图 11-7(a)所示,这类物质称为非旋光性物质。但当偏振光通过乳酸、葡萄糖等介质时,偏振光的振动平面旋转了一个角度,如图 11-7(b)所示。这种能旋转偏振光的振动方向的性质叫作旋光性。具有旋光性的物质叫作旋光性物质或光学活性物质。

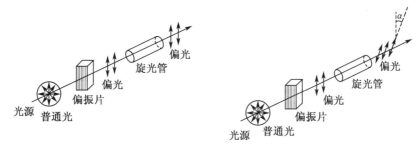

(a) 通过水等非旋光性物质　　　　　　(b) 通过葡萄糖等旋光性物质

图 11-7　物质旋光性差异

有些旋光性物质能使偏振光的振动平面向右(顺时针方向)旋转,叫作右旋物质。右旋通常用(＋)或"d"表示。例如,从自然界得到的葡萄糖是右旋物质,叫作右旋葡萄糖,用(＋)-葡萄糖表示。有些旋光性物质能使偏振光的振动平面向左(逆时针方向)旋转,叫作左旋物质。左旋通常用(一)或"l"表示。例如,从自然界得到的果糖是左旋物质,叫作左旋果糖,用(一)-果糖表示。偏振光振动方向旋转的角度,叫作旋光度,用 α 表示。

对映体是一对互为镜像的手性分子,它们都有旋光性。前面讲到,对映体的一般物理性质都相同,只是对偏振光的作用不同,这就表现在两者的旋光度大小相等,方向相反。例如,在相同条件下,右旋乳酸为＋3.8°,则左旋乳酸为－3.8°。

11.2.2　旋光仪和比旋光度

旋光性物质的旋光度和旋光方向可用旋光仪进行测定。旋光仪如图 11-8 所示。

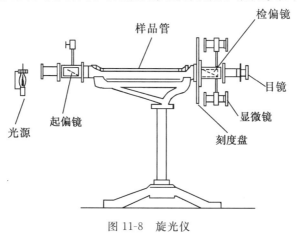

图 11-8　旋光仪

旋光仪的原理如图 11-9 所示。旋光仪主要由光源(单色光,如钠光灯)、两个尼科尔棱镜(固定的叫起偏镜,可转动的叫检偏镜)、样品管(盛被测定物质的溶液或纯液体)等组成。单色光依次通过第一个棱镜(起偏镜)、样品管、第二个棱镜(检偏镜),最后到达人的眼睛。使用前样品管是空的,调节检偏镜,令偏振光完全通过(此时两个棱镜的晶轴平行),使光亮最大。当样品管中装有旋光性物质时,则人们观察到的光亮变暗(这是由于旋光性物质将偏振光平面旋转了一定角度所致)。然后向左或向右旋转检偏镜(旋转的数值可由刻度盘上示出),使光亮最大,此时旋光仪刻度盘上所示的数值即为旋光度。

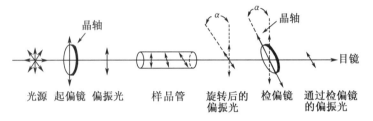

图 11-9　旋光仪的构造及其工作原理

物质的旋光度与样品管的长度、溶液的浓度、溶剂以及测定时的温度和光源的波长都有关系。条件不同,不仅可改变旋光度的大小,甚至还可以改变旋光的方向。在样品管的长度为 1 dm,被测定物质的浓度为 1 g·mL^{-1} 时测出的旋光度叫作比旋光度,通常用 $[\alpha]_\lambda^t$ 表示:

$$[\alpha]_\lambda^t = \frac{\alpha}{l \times c}$$

式中,α 代表旋光仪上所测得的旋光度数;λ 代表测定时光源的波长(单位为 nm),当用钠光灯作光源($\lambda = 589.3$ nm)时,则用 D 代替;t 代表测定时的温度(单位为 ℃);l 代表旋光管的长度(单位为 dm);c 代表溶液的浓度(单位为 g·mL^{-1}),被测定的物质是纯液体时,则用液体的密度 ρ(单位为 g·cm^{-3})代替 c。例如,天然葡萄糖是右旋的,在 20 ℃时用钠光灯作光源,其比旋光度是 52.5°,则表示为:

$$[\alpha]_D^{20} = +52.5°(水)$$

天然果糖是左旋的,其比旋光度为:

$$[\alpha]_D^{20} = -93.0°(水)$$

11.3　含一个手性碳原子的化合物的对映异构

在相同条件下经旋光仪测定,乳酸具有旋光性,丙酸无旋光性。仔细比较这两个有机酸的分子结构可以看出乳酸分子中的 C(2)原子具有一个特点,就是它所连接的四个原子和原子团(H,OH,CH$_3$,COOH)完全不同。

这种直接和四个不相同的原子或原子团相连的碳原子叫作手性碳原子,常用"＊"标记。一般来说,只含有一个手性碳原子的有机物,必有一对对映体,它们互成实物与镜像的关系,都有手性。

在实验室中合成乳酸时,得到的产品为等量的左旋体和右旋体的混合物,无旋光性。这种由等量的左旋体和右旋体所组成的物质称外消旋体。由于两种组分的旋光度大小相同,旋光方向相反,旋光性恰好互相抵消,所以外消旋体无旋光性。外消旋体常用符号(±)或"dl"表示。例如,乳酸就是具有一个手性碳原子的化合物。(＋)-乳酸和(－)-乳酸是一对对映体,它们都是手性分子,如果将等量的(＋)-乳酸和(－)-乳酸混合,所得混合物就是外消旋体乳酸,用(±)-乳酸表示。

外消旋体的化学性质一般与旋光对映体相同,而物理性质则有差异。例如,(＋)-乳酸和(－)-乳酸的熔点都是 26 ℃,而(±)-乳酸的熔点则是 18 ℃。外消旋体通常是在合成中得到的,可利用适当的方法拆分为右旋体和左旋体。

11.3.1 构型的表示法

对映体中的手性碳原子具有四面体结构,它们的构型一般可采用透视式和费歇尔(Fischer)投影式表示。

(1)透视式

透视式是将手性碳原子置于纸面,与手性碳原子相连的四个共价键中,两个键用一般实线表示处于纸面,一个键用实楔形线表示伸向纸面前方,另一个键用虚楔形线表示伸向纸面后方。例如,乳酸的一对对映体可表示如下:

这种表示方法比较直观,但书写麻烦。

(2)费歇尔投影式

费歇尔投影式是利用模型在纸面上投影得到的表达式。其投影规则如下:

① 以手性碳原子为投影中心,画十字线(十),十字线的交叉点代表手性碳原子;

② 将被投影化合物的主链放在竖线上,把命名时编号最小的碳原子放在竖线上端,编号大的放在竖线下端,其他两个基团放在横线上;

③ 竖线上的两个基团表示伸向纸面的后方,横线上的两个基团表示指向纸面的前方。例如,乳酸分子的一对对映体的模型和费歇尔投影式如图 11-10 所示。

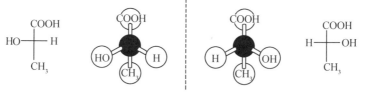

图 11-10 乳酸分子的一对对映体的模型和费歇尔投影式

使用费歇尔投影式应注意以下几点：a. 投影时的几点规则必须同时遵守，才能保证投影式的一致性；b. 由于投影时规定竖的两个基团在纸面后方，横的两个基团在纸面前方，因此不能把投影式在纸面上旋转 90°的奇数倍，但允许旋转 90°的偶数倍，而不会改变原化合物的构型；c. 费歇尔投影式不能离开纸面翻转。

判断两个费歇尔投影式是否表示同一构型，有以下方法：

① 若将其中一个费歇尔投影式在纸平面上旋转 180°后得到的投影式和另一投影式相同，则这两个投影式表示同一构型。如下述两个投影式表示同一构型：

$$\underset{C_2H_5}{\overset{CH_3}{H-\!\!\!\underset{|}{\overset{|}{C}}\!\!\!-OH}} \quad \xrightarrow{\text{旋转}180°} \quad \underset{CH_3}{\overset{C_2H_5}{HO-\!\!\!\underset{|}{\overset{|}{C}}\!\!\!-H}}$$

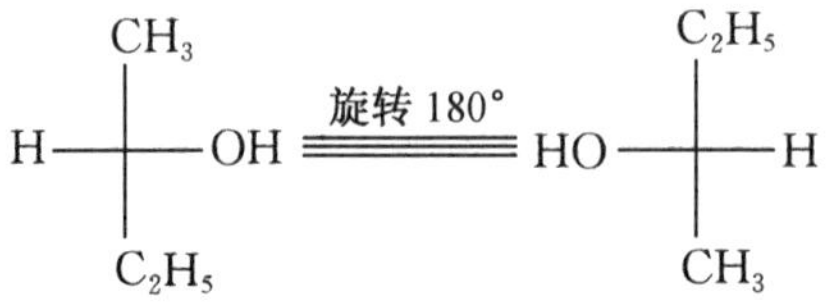

② 若将其中一个费歇尔投影式在纸平面上旋转 90°（顺时针或逆时针旋转均可）后，得到的投影式和另一投影式相同，则这两个投影式表示两种不同构型，且是一对对映体。如下述两个投影式表示一对对映体：

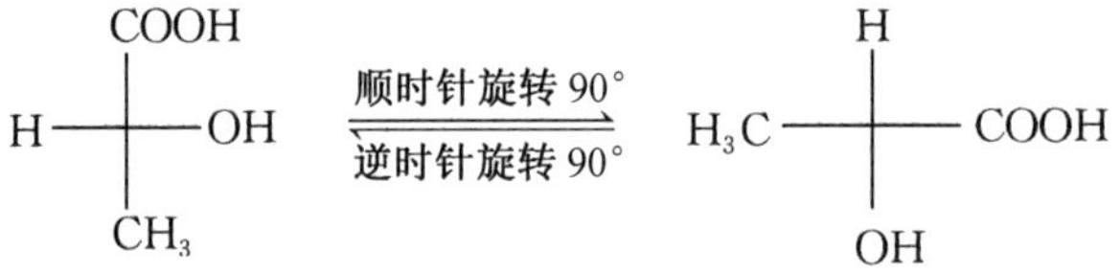

$$\underset{CH_3}{\overset{COOH}{H-\!\!\!\underset{|}{\overset{|}{C}}\!\!\!-OH}} \quad \xrightarrow[\text{逆时针旋转}90°]{\text{顺时针旋转}90°} \quad \underset{OH}{\overset{H}{H_3C-\!\!\!\underset{|}{\overset{|}{C}}\!\!\!-COOH}}$$

③ 若将其中一个费歇尔投影式的手性碳原子上的任意两个原子或基团交换偶数次后，得到的投影式和另一投影式相同，则这两个投影式表示同一构型。如下述化合物（Ⅰ）和（Ⅱ）表示同一构型：

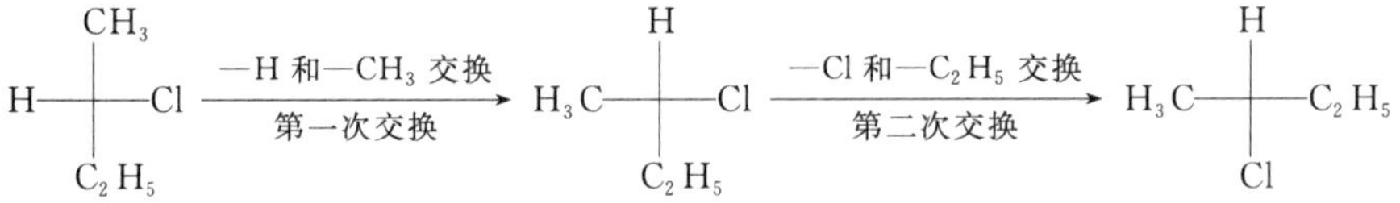

$$\underset{C_2H_5}{\overset{CH_3}{H-\!\!\!\underset{|}{\overset{|}{C}}\!\!\!-Cl}} \xrightarrow[\text{第一次交换}]{-H\,\text{和}-CH_3\,\text{交换}} \underset{C_2H_5}{\overset{H}{H_3C-\!\!\!\underset{|}{\overset{|}{C}}\!\!\!-Cl}} \xrightarrow[\text{第二次交换}]{-Cl\,\text{和}-C_2H_5\,\text{交换}} \underset{Cl}{\overset{H}{H_3C-\!\!\!\underset{|}{\overset{|}{C}}\!\!\!-C_2H_5}}$$

（Ⅰ） （Ⅱ）

若将其中一个费歇尔投影式的手性碳原子上的任意两个原子或基团交换奇数次后，得到的投影式和另一投影式相同，则这两个投影式表示两种不同构型，且是一对对映体。如下述化合物（Ⅲ）和（Ⅳ）表示一对对映体：

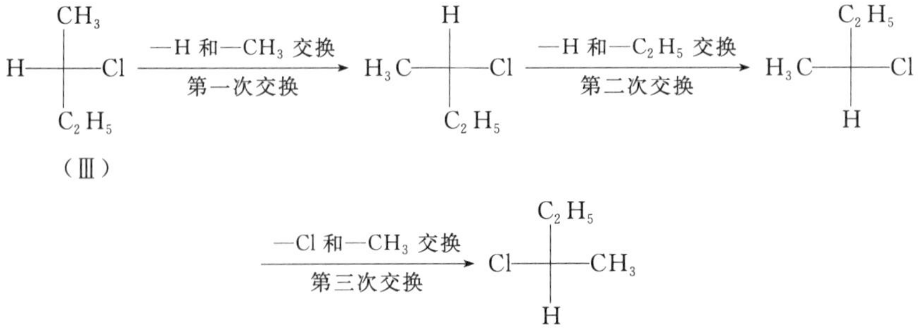

$$\underset{C_2H_5}{\overset{CH_3}{H-\!\!\!\underset{|}{\overset{|}{C}}\!\!\!-Cl}} \xrightarrow[\text{第一次交换}]{-H\,\text{和}-CH_3\,\text{交换}} \underset{C_2H_5}{\overset{H}{H_3C-\!\!\!\underset{|}{\overset{|}{C}}\!\!\!-Cl}} \xrightarrow[\text{第二次交换}]{-H\,\text{和}-C_2H_5\,\text{交换}} \underset{H}{\overset{C_2H_5}{H_3C-\!\!\!\underset{|}{\overset{|}{C}}\!\!\!-Cl}}$$

（Ⅲ）

$$\xrightarrow[\text{第三次交换}]{-Cl\,\text{和}-CH_3\,\text{交换}} \underset{H}{\overset{C_2H_5}{Cl-\!\!\!\underset{|}{\overset{|}{C}}\!\!\!-CH_3}}$$

（Ⅳ）

11.3.2 构型的标记

构型的标记方法,一般采用 D-L 标记法和 *R-S* 标记法。

(1) D-L 标记法

1951 年以前,人们只认识到对映体的构型不同,但还无法测定左旋体和右旋体的真实构型。为了避免任意指定构型所造成的混乱,19 世纪末,费歇尔建议用甘油醛为标准来确定对映体的构型。它们的投影式如下:

$$
\begin{array}{ccc}
\text{CHO} & & \text{CHO} \\
\text{H}\!-\!\!\!-\!\!\!-\!\text{OH} & & \text{HO}\!-\!\!\!-\!\!\!-\!\text{H} \\
\text{CH}_2\text{OH} & & \text{CH}_2\text{OH} \\
（Ⅰ） & & （Ⅱ） \\
\text{D-（＋）-甘油醛} & & \text{L-（－）-甘油醛}
\end{array}
$$

指定（Ⅰ）式代表右旋甘油醛,—OH 在手性碳原子的右边,这种构型被定为 D-型(dexter,拉丁文,"右")。指定（Ⅱ）式代表左旋甘油醛,—OH 在手性碳原子的左边,这种构型被定为 L-型(laevus,拉丁文,"左")。因此（Ⅰ）式是 D-（＋）-甘油醛,（Ⅱ）式是 L-（－）-甘油醛。D 和 L 分别表示构型,而（＋）和（－）则表示旋光方向。这样确定的构型是以规定的甘油醛作标准的,所以叫相对构型。

直到 1951 年将 X 光衍射法应用于确定对映体的绝对构型后,人们才发现,以甘油醛为标准确定的各种对映体的相对构型正好就是它们的绝对构型。这完全是一个巧合。

D-L 构型标记法广泛应用于氨基酸、羟基酸和糖类物质的命名中。通常是先将这些物质写成标准的费歇尔投影式,在 α-氨基酸中习惯上选定 α-碳原子来决定分子的构型,—NH$_2$ 在右边的叫 D 构型,反之则叫 L 构型;在单糖分子中选定编号最大的手性碳原子来决定分子的构型,—OH 在右边的叫 D 构型,反之则叫 L 构型。例如,

$$
\begin{array}{cc}
\begin{array}{c}
\text{COOH} \\
\text{H}_2\text{N}\!-\!\!\!-\!\!\!-\!\text{H} \\
\text{CH}_3
\end{array}
&
\begin{array}{c}
\text{CHO} \\
\text{H}\!-\!\!\!-\!\!\!-\!\text{OH} \\
\text{HO}\!-\!\!\!-\!\!\!-\!\text{H} \\
\text{H}\!-\!\!\!-\!\!\!-\!\text{OH} \\
\text{H}\!-\!\!\!-\!\!\!-\!\text{OH} \\
\text{CH}_2\text{OH}
\end{array}
\\
\text{L-（＋）-丙氨酸} & \text{D-（＋）-葡萄糖}
\end{array}
$$

需要指出的是,旋光物质的旋光方向是通过旋光仪测定出来的,它与构型没有必然联系。具有 D 构型或 L 构型的化合物可以是左旋的,也可以是右旋的。

(2) *R-S* 构型标记法

D-L 构型标记法有其局限性,不适合于含有多个手性碳原子或环状结构的分子。此时,国际上通用的 *R-S* 标记法受到了人们的喜爱。*R-S* 标记法是根据手性碳原子上的四个原子或基团在空间中的真实排列来标记构型的,其规则如下:

① 首先把手性碳原子所连的四个基团(a,b,c,d)按"次序规则"的规定进行大小次序排列。假设 a＞b＞c＞d,即 a 最大,d 最小。

② 将次序最小的原子或基团,放在离观察者最远的地方,使 a→b→c 连成圆圈摆在眼

前,如 a→b→c 是按顺时针方向排列,为 R 构型;如 a→b→c 是按逆时针方向排列,为 S 构型。如图 11-11 所示。

(a) R 构型(a→b→c 顺时针方向排列)　　　(b) S 构型(a→b→c 逆时针方向排列)

图 11-11　R 构型与 S 构型

当化合物的构型以费歇尔投影式表示时,确定构型的方法是:当优先次序中最小的原子或基团处于投影式的竖线上时,其他三个原子或基团在纸面上的顺序,由大到小若为顺时针方向排列,该化合物的构型是 R 构型;若为逆时针方向排列,则是 S 构型。例如,

$$\underset{\underset{OH}{|}}{\overset{\overset{H}{|}}{CHO\!-\!\!\!\overset{|}{\underset{|}{C}}\!\!\!-\!CH_2OH}}$$

R-甘油醛

$$\underset{\underset{H}{|}}{\overset{\overset{OH}{|}}{CH_3CH_2\!-\!\!\!\overset{|}{\underset{|}{C}}\!\!\!-\!CH_3}}$$

S-2-丁醇

当优先次序中最小的原子或基团处于投影式的横线上时,如果其他三个原子或基团按顺时针方向由大到小排列,该化合物的构型是 S 构型;若按逆时针方向由大到小排列,则是 R 构型。此时判断规则与最小基团处于竖线上时不同,这就是"横变竖不变"规则。例如,

$$\underset{CH_2OH}{\overset{CHO}{H\!-\!\!\!\!|\!\!\!-\!OH}}$$

R-甘油醛

$$\underset{CH_2OH}{\overset{CHO}{HO\!-\!\!\!\!|\!\!\!-\!H}}$$

S-甘油醛

还应强调指出,D,L 和 R,S 是两种不同的构型标记方法,它们之间没有必然的联系。R-S 标记法是由分子的几何形状按次序规则确定的,它只与分子的手性碳原子上的原子或基团有关,而 D-L 标记法则是由分子结构与参比物相联系而确定的。D 构型或 L 构型的化合物若用 R-S 标记法来标记,可能是 R 构型的,也可能是 S 构型的。

11.4　含两个手性碳原子的化合物的对映异构

许多天然产物,如糖、多肽、生物碱等有机物常常含有多个手性碳原子,所以了解含多个手性碳原子的化合物的对映异构现象是非常必要的。下面对含有两个手性碳原子化合物的对映异构现象分两种情况加以讨论。

(1) 含两个不相同手性碳原子化合物的对映异构

一般来说,分子中含手性碳原子的数目越多,对映异构体也越多。如分子中含有两个不相同的手性碳原子时,与它们相连的原子或基团,可有四种不同的空间排列形式,即存在四个异构体。例如,三羟基丁醛是一种含有四个碳原子的糖类,分子中有两个不相同的手性碳原子。

$$\overset{4}{CH_2}-\overset{3}{\underset{*}{CH}}-\overset{2}{\underset{*}{CH}}-\overset{1}{C}\overset{O}{\diagdown}H$$
$$\quad\ \ |\qquad |\qquad |\qquad\qquad$$
$$\quad\ OH\quad OH\quad OH$$

它有四种构型。其费歇尔投影式如下：

```
     CHO              CHO              CHO              CHO
  H——OH           HO——H            HO——H            H——OH
  H——OH           HO——H            H——OH            HO——H
    CH2OH            CH2OH            CH2OH            CH2OH
    （Ⅰ）             （Ⅱ）             （Ⅲ）             （Ⅳ）
 D-（－）-赤藓糖     L-（＋）-赤藓糖    D-（－）-苏阿糖    L-（＋）-苏阿糖
   (2R, 3R)          (2S, 3S)         (2S, 3R)         (2R, 3S)
```

在三羟基丁醛的四个异构体中，（Ⅰ）和（Ⅱ），（Ⅲ）和（Ⅳ）均存在实物和镜像关系，互为一对对映体。（Ⅰ）和（Ⅲ）或（Ⅳ），（Ⅱ）和（Ⅲ）或（Ⅳ）都不是实物和镜像关系，但也属同分异构体，称为非对映体。

（2）具有两个相同手性碳原子化合物的对映异构

酒石酸（HOOCCHCHCOOH）分子中含有两个相同的手性碳原子，它可以写成以下四
$$\qquad\qquad\qquad\ \ |\ \ |$$
$$\qquad\qquad\qquad OH\,OH$$
种构型：

```
     COOH             COOH             COOH             COOH
  H——OH           HO——H            H——OH            HO——H
 HO——H            H——OH            H——OH            HO——H
    COOH             COOH             COOH             COOH
    （Ⅰ）             （Ⅱ）             （Ⅲ）             （Ⅳ）
   (2R, 3R)          (2S, 3S)         (2S, 3R)         (2R, 3S)
```

可以看出（Ⅰ）和（Ⅱ）互为镜像关系且不能完全重合，是对映体。如果把（Ⅲ）在纸面上旋转 $180°$ 就得到（Ⅳ），说明（Ⅲ）与（Ⅳ）是同一种物质，这是因为（Ⅲ）的 C(2) 和 C(3) 间有一对称面，可以把整个分子分成两部分，其上下两部分为实物与镜像关系，就是分子内存在互相对称的两部分。

酒石酸分子中，两个手性碳原子的旋光度大小相等，但旋光方向却相反，正好互相抵消而失去旋光性。这种化合物称为内消旋体，常用"m"或"$meso$"表示，所以酒石酸又称 m-酒石酸。酒石酸的立体异构体实际上只有三种，即左旋体、右旋体和内消旋体。右旋酒石酸和左旋酒石酸互为对映体，它们和内消旋体酒石酸是非对映异构。内消旋体和外消旋体虽然都没有旋光性，但它们却有本质上的差别。前者是一个化合物，不能拆分成两部分，而后者是一种混合物，由等量的一对对映体组成，可以用适当的方法拆分成两个旋光异构体。

11.5　含手性碳原子环状化合物的旋光异构

环状化合物也可能含有手性碳原子。确定环状化合物中手性碳原子时应将与手性碳原子相连的环看作取代基。例如，

无手性碳原子　　2个手性碳原子　　2个手性碳原子　　1个手性碳原子

含有手性碳原子的环状化合物可能既存在顺反异构，又存在旋光异构。例如，环丙烷二甲酸分子中含有的两个羧基，可以处于环平面的同侧或异侧，分别形成顺式与反式两种顺反异构体；分子中还含有两个相同的手性碳原子，其结构式可表示如下：

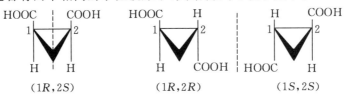

$(1R,2S)$　　　　　$(1R,2R)$　　　　　$(1S,2S)$

顺-1,2-环丙烷二甲酸　　　　反-1,2-环丙烷二甲酸

由于顺式结构中存在着一个对称面，所以$(1R,2S)$是一个内消旋体；反式结构中没有对称因素，故$(1R,2R)$与$(1S,2S)$互为一对对映体。

*11.6　不含手性碳原子的化合物的对映异构

物质的旋光性是由于分子的手性引起的，分子的手性往往又是由于分子中含有手性碳原子造成的。但含有手性碳原子的分子不一定具有手性，而具有手性的分子不一定含有手性碳原子。判断一个化合物是否具有手性，关键是看其分子能否与其镜像完全重合和分子中是否存在对称因素。下面介绍两类不含手性碳原子的手性化合物。

（1）联苯型化合物

在联苯型分子中，两个苯环通过碳碳单键相连。联苯分子中存在着对称因素而无旋光性。但当两个苯环的邻位上都连有体积较大的基团时，基团将阻碍两个苯环绕碳碳单键的自由旋转，使得两个苯环不能在同一平面上。当两个苯环上各连有不同的基团时，则分子中无对称面、无对称中心、无对称轴，此时分子具有手性却不含有手性碳原子。例如，2,2'-二羧基-6,6'-二硝基联苯分子就有一对对映体。

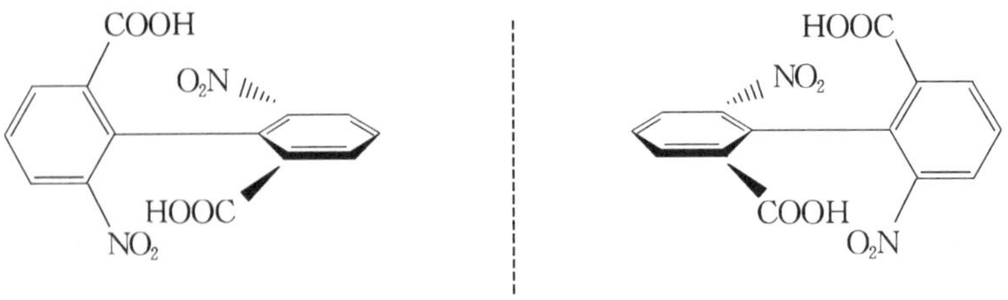

（2）丙二烯型化合物

在丙二烯($\overset{1}{C}H_2=\overset{2}{C}=\overset{3}{C}H_2$)分子中，C(2)是 sp 杂化的，C(1)，C(3)是 sp² 杂化的。C(2)分别以两个相互垂直的 p 轨道，与 C(1)，C(3)的未参与杂化的 p 轨道平行重叠形成两个相互垂直的 π 键。C(1)，C(3)上各连接的两个原子或基团，分别处在相互垂直的平面上。分子中存在两个对称面，故丙二烯分子无手性。

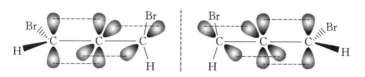

当 C(1)，C(3)上各连有不同的原子或基团时，则分子中无对称面、无对称中心、无对称轴，分子具有手性却不含有手性碳原子。例如，1,3-二溴丙二烯分子就有一对对映体存在。

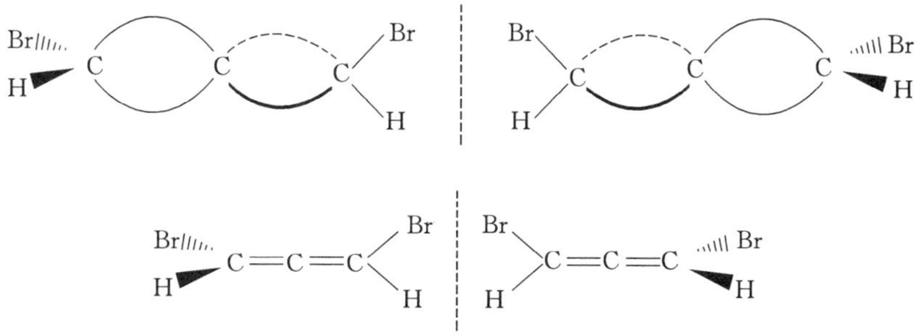

本章小结及学习要求

本章从不对称物质具有旋光性的现象出发，解释了有机化学中不对称性分子产生旋光性的原因；从立体化学的角度对分子的构型进行了阐述；介绍了各种构型的表示方法和标记方法；介绍了手性的概念及如何用对称元素来判断分子的手性及如何表示手性碳原子等问题。在此基础上，引出了对映异构体、非对映异构体、外消旋体及内消旋体等概念。

学习本章时，应达到以下要求：掌握 D-L，R-S 标记命名法，掌握费歇尔投影式的写法，理解各种空间构型相互间的转换、对称因素及其操作，理解对映异构、非对映异构、外消旋体及内消旋体等概念，理解手性碳原子与分子手性之间的关系。

【阅读材料】

手 性 药 物

手性药物是指只含单一对映体的药物。手性是自然界的本质属性之一，作为生命活动重要基础的生物大分子，如核酸、蛋白质、多糖等分别由具有手性的 D-DNA、L-氨基酸、D-单糖构成，载体、酶、受体等也都具有手性，它们一起构成了人体内高度复杂的手性环境。药物在进入体内后，其药理作用是通过与体内这些靶分子之间的严格手性匹配和分子识别能力来实现的。立体结构相匹配的药物通过与体内酶、核酸等大分子中固有的结合位点产生诱导契合，从而抑制（或激活）该大分子的生理活性，达到治疗的目的。一般情况下,具有手性的药物,它的两个对映体在体内以不同的途径被吸收、活化或降解,所以在体内的药理活性、代谢过程及毒性存在着显著的差异。当一个有手性的化合物进入生命体时,它的两个对映异构体通常会表现出不同的生物活性。药物能起作用的仅是其中的一只"手",这只高活性的"手"我们称为优对映体;而另一只"手"效力微小或干脆使不出"劲",或不能很好地契合而成为无效对映体,或与其他大分子契合产生不同的药理作用,甚至产生毒性,称为劣对映体。

以前由于对此缺少认识,人类曾经有过惨痛的教训。发生在欧洲震惊世界的"反应停"事件就是一例。20 世纪 50 年代,德国一家制药公司开发出一种镇静催眠药——反应停(沙利度胺),对于消除孕妇妊娠反应效果很好,但很快发现许多孕妇服用后,生出了无头或缺腿的先天畸形儿。虽然各国当即停止了销售,但却造成 6 000 多名"海豹儿"出生的灾难性后果。后来经过研究发现,反应停是包含一对对映异构体的消旋药物,它的一种构型 R-(十)对映体有镇静作用,另一种构型 S-(一)对映体才是真正的罪魁祸首——对胚胎有很强的致畸作用。

传统的以消旋体给药的方式带来的一些问题引起了越来越广泛的关注和重视,为了避免这类悲剧的再次发生,世界各国从此开始关注手性药物,加强了对手性药物药效学差异的研究。

手性药物的制法主要有两种,一种是手性合成法,另一种是手性拆分法。

1. 手性合成法

手性合成法包括化学合成法和生物合成法。

(1) 化学合成法

化学合成法主要是以糖类化合物作起始原料,经不对称反应后,在分子的适当部位,引进新的活性功能团,合成各种有生物活性的手性化合物。因为糖是自然界存在最广泛的手性物质之一,而且各种糖的立体异构都研究得比较清楚。一个六碳糖,可同时提供 4 个已知构型的不对称碳原子,用它作起始原料,经适当的化学改造,可以合成多种有用的手性药物。

近年来新开发了不对称催化合成法。这一方法是用手性催化剂催化药物合成制取新的手性化合物。

(2) 生物合成法

生物合成法包括发酵法和生物酶法。发酵法就是利用细胞发酵合成手性化合物。例如,生物化学工业利用细胞发酵法生产 L-氨基酸。生物酶法是通过酶促反应将具有潜手性的化合物转化为单一对映体。可利用氧化还原酶、裂解酶、水解酶及环氧化酶等直接从前体合成各种复杂的手性化合物,这种方法收率高,副反应少,反应条件温和,无环境污染,有利于工业化。

2. 手性拆分法

手性拆分法就是将外消旋体拆分成单一的对映体,这就是制取手性药物最省事的方法。主要有结晶法拆分、动力学拆分、包结拆分、酶拆分和色谱拆分等方法。其中色谱拆分已可以用电脑软件控制操作。在手性色谱柱的一端注入外消旋体和溶剂,在另一端便可接收到已拆分开来的单一对映体。包结拆分是化学拆分中较新的一种方法。它是使用外消旋体与手性拆分剂发生包结作用,从而在分子-分子体系层上进行手性匹配和选择,然后再通过结晶方法将两种对映体分离开来。例如,治疗消化道溃疡的药物奥美拉唑的 S 构型体和 R 构型体就是利用这种方法拆分的。

习　　题

11-1 某化合物溶于乙醇,所得溶液为 100 mL 溶液中含该化合物 14 g。

(1) 取部分该溶液放在 5 cm 长的样品管中,在 20 ℃用钠光灯作光源测得其旋光度为＋2.1°,试计算该物质的比旋光度。

(2) 把同样的溶液放在 10 cm 长的样品管中,预测其旋光度。

(3) 如果把 10 mL 上述溶液稀释到 20 mL,然后放在 5 cm 长的样品管中,预测其旋光度。

11-2 下面的一些说法是否确切? 简要说明理由。

(1) 凡空间构型不同的异构体均称为构型异构。

(2) 含有手性碳原子的分子都不具有任何对称因素,因此都有旋光性。

(3) 化合物分子中如含有任何一个对称因素,此化合物就不具有旋光性。

11-3 下列化合物中,哪个有旋光异构? 标出手性碳原子,写出可能有的旋光异构体的投影式,用 *R-S* 标记法命名。

(1) 2-溴-1-丁醇   (2) α,β-二溴丁二酸

(3) α,β-二溴丁酸   (4) 2-甲基-2-丁烯酸

11-4 下列化合物中有无手性碳原子? 若有,请用"＊"标出。

(1) $CH_3CH_2CH_2\underset{\underset{CH_3}{|}}{C}HCH_2CH_3$ (2) $C_6H_5CHDCH_3$

(3) $C_6H_5CH_2\underset{\underset{CH_3}{|}}{C}HCH_2C_6H_5$ (4) $HOOC-CH_2-\underset{\underset{OH}{|}}{C}H-COOH$

(5)

(6) $HO-$⬡$-CH_3$

11-5 下列化合物各有多少个对称面?

(1) $CHCl_3$ (2) $\underset{H}{\overset{Br}{}}C{=}C\underset{H}{\overset{Br}{}}$ (3) 1,3-二甲基苯

11-6 指出下列各对化合物间的相互关系(属于哪种异构体,或是相同分子)。

(1) $H_3C-\overset{\overset{COOH}{|}}{\underset{\underset{\underset{CH_3}{|}}{\overset{|}{CH_2}}}{C}}-H$ 与 $H_3C-\overset{\overset{H}{|}}{\underset{\underset{\underset{CH_3}{|}}{\overset{|}{CH_2}}}{C}}-COOH$

(2) $\underset{H}{\overset{COOH}{}}{\cdots}\underset{CH_3}{\overset{C_2H_5}{}}$ 与 $\underset{H_3C}{\overset{COOH}{}}{\cdots}\underset{C_2H_5}{\overset{H}{}}$

(3) 三元环 与 三元环

(4) $H-\overset{\overset{CH_3}{|}}{\underset{\underset{CH_2Cl}{|}}{|}}OH$ 与 $OH-\overset{\overset{CH_3}{|}}{\underset{\underset{CH_2Cl}{|}}{|}}H$

(5) 六元环 与 六元环

(6) $H-\overset{\overset{CH_2OH}{|}}{\underset{\underset{CH_2OH}{|}}{|}}OH$ 与 $HO-\overset{\overset{CH_2OH}{|}}{\underset{\underset{CH_2OH}{|}}{|}}H$

11-7 用 R-S 标记法命名下列化合物。

(1)
$$\begin{array}{c} H \\ | \\ I-C-Cl \\ | \\ SO_3H \end{array}$$

(2)
$$\begin{array}{c} CH_3 \\ | \\ D-C-H \\ | \\ C_6H_5 \end{array}$$

(3)
$$\begin{array}{c} COOH \\ | \\ H\cdots C\cdots Cl \\ | \\ H_3C \end{array}$$

(4)
$$\begin{array}{c} CH_2CH_2CH_3 \\ | \\ H-C-CH(CH_3)_2 \\ | \\ CH_3 \end{array}$$

11-8 分子式是 $C_5H_{10}O_2$ 的有机羧酸有旋光性,请推断其结构并写出它的对映体的投影式,用 R-S 标记法命名。

11-9 分子式为 C_6H_{12} 的开链烃 A 有旋光性。经催化氢化生成无旋光性的 B,分子式为 C_6H_{14}。试写出 A,B 的结构式。

11-10 有一旋光性化合物 A(C_6H_{10}),能与硝酸银的氨溶液作用生成白色沉淀B(C_6H_9Ag)。将 A 催化加氢生成 C(C_6H_{14}),C 没有旋光性。试写出 A,B,C 的构造式。

第 12 章　脂　类

　　油脂和类脂化合物总称为脂类化合物,是存在于生物体内,不溶于水而易溶于有机非极性溶剂,且能被有机体利用的有机化合物。它们作为能量的储存形式及生物膜的主要成分,是维持生物体生命活动不可缺少的物质。

　　油脂是油和脂肪的总称,是直链高级脂肪酸和甘油形成的酯的混合物。习惯上把常温下呈液态的称为油,其主要成分是不饱和的、相对分子质量较小的羧酸的甘油酯,如花生油、菜油等。植物体中,油脂主要存在于果实种子内。常温下呈固态或半固态的称为脂肪,简称为脂,其主要成分是饱和的、相对分子质量较大的羧酸的甘油酯,如牛脂、羊脂等。动物体内,脂主要存在于内脏的脂肪组织、皮下组织和骨髓中。

　　油脂可以提供生命活动需要的能量(1 g 油脂氧化放出约 39 kJ 热量,1 g 糖、蛋白质约 17 kJ);提供人体和动植物体所需的不饱和脂肪酸;帮助脂溶性维生素在体内的吸收和运输;动物的皮下脂肪可防止体温散失,保护内脏免受机械损伤。植物种子中的油脂是供种子发芽时需要的养料。

　　油脂也是重要的化工原料,非食用油大量用于制肥皂、油漆和润滑剂等。

　　类脂化合物通常是指磷脂、蜡和甾体化合物等。虽然它们在化学组成和结构上与油脂有较大差别,但由于这些物质在物态及物理性质方面与油脂类似,因此把它们称为类脂化合物。

12.1　油脂

12.1.1　油脂的组成和结构

　　从化学结构来看,油脂是酯类化合物,是高级脂肪酸与甘油所形成的高级脂肪酸甘油三酯或三酸甘油酯:

$$
\begin{array}{l}
\alpha\,CH_2-O-\overset{\displaystyle O}{\overset{\|}{C}}-R_1\\[4pt]
\beta\,CH-O-\overset{\displaystyle O}{\overset{\|}{C}}-R_2\quad(R_1,R_2,R_3\text{ 为脂肪烃基})\\[4pt]
\alpha'CH_2-O-\overset{\displaystyle O}{\overset{\|}{C}}-R_3
\end{array}
$$

　　组成油脂的高级脂肪酸的种类很多(自然界约有七八十种不同的脂肪酸),绝大多数是含偶数碳原子的直链羧酸。根据碳链中是否含有双键,脂肪酸可以分为饱和脂肪酸和不饱和脂肪酸。

　　饱和脂肪酸分子中不含双键,多存在于动物脂肪中,如硬脂酸、软脂酸等。几乎所有的油脂中都含有软脂酸。

软脂酸：十六碳酸 $C_{15}H_{31}COOH$ 　　　硬脂酸：十八碳酸 $C_{17}H_{35}COOH$

不饱和脂肪酸分子中含一个或多个双键,多存在于植油物中,如油酸、亚油酸、亚麻酸等。

油酸：9-十八碳烯酸 $CH_3(CH_2)_7CH \!=\! CH(CH_2)_7COOH$

$$\text{（结构式）COOH}$$

亚油酸：9,12-十八碳二烯酸 $CH_3(CH_2)_4CH \!=\! CHCH_2CH \!=\! CH(CH_2)_7COOH$

$$\text{（结构式）COOH}$$

组成油脂的三个脂肪酸可以相同,也可以不同。如果三个脂肪酸是相同的,则称为简单甘油酯,例如：

$$
\begin{array}{l}
CH_2-O-\overset{\displaystyle O}{\overset{\|}{C}}-(CH_2)_{16}CH_3 \\
CH-O-\overset{\displaystyle O}{\overset{\|}{C}}-(CH_2)_{16}CH_3 \\
CH_2-O-\overset{\displaystyle O}{\overset{\|}{C}}-(CH_2)_{16}CH_3
\end{array}
$$

三硬脂酸甘油酯

如果三个脂肪酸不完全相同,则称为混合甘油酯,例如,

$$
\begin{array}{l}
\alpha\ CH_2-O-\overset{\displaystyle O}{\overset{\|}{C}}-(CH_2)_{16}CH_3 \\
\beta\ CH-O-\overset{\displaystyle O}{\overset{\|}{C}}-(CH_2)_{14}CH_3 \\
\alpha'\ CH_2-O-\overset{\displaystyle O}{\overset{\|}{C}}-(CH_2)_7CH \!=\! CH(CH_2)_7CH_3
\end{array}
$$

α-硬脂酸-β-软脂酸-α'-油酸甘油酯

我们熟悉的花生油中,就含有亚油酸、油酸、软脂酸、硬脂酸、亚麻酸、花生四烯酸等多种高级脂肪酸,其中含量很高的亚油酸(脂肪酸组分含量50％～60％)、亚麻酸和花生四烯酸是哺乳动物自身不能合成而必须从食物中摄取的,所以称为必需脂肪酸。

12.1.2　油脂的性质

(1) 物理性质

纯净的油脂是无色无味的液体、半固体或固体。天然油脂因含有脂溶性色素和其他杂质而有一定的色泽和气味。所以油脂是混合物,没有固定的熔点和沸点,但有一定的凝固温度范围。

植物油中含有大量的不饱和脂肪酸,因此常温下呈液态。而动物的脂肪中含的饱和脂肪酸较多,所以常温下呈固态或半固态。此外,各种油脂都有比较固定的折光率,可用来鉴定油脂的纯度。

油脂比水轻,相对密度在 0.9～0.95 之间。不溶于水,易溶于乙醚、石油醚、氯仿、丙酮、

苯和四氯化碳等有机溶剂。因此，人们设计出了浸出法制取食用植物油的工艺。

（2）化学性质

由于油脂的主要成分是高级脂肪酸甘油三酯，而且具有不同程度的不饱和性，所以油脂可以发生水解、氧化与酸败、加成、聚合等反应。

① 水解

油脂在酸、碱、酶作用下水解成甘油和高级脂肪酸，在酸性条件下的水解反应是可逆的。

$$
\begin{array}{l}
CH_2-O-\overset{\overset{\displaystyle O}{\|}}{C}-R_1 \\
CH-O-\overset{\overset{\displaystyle O}{\|}}{C}-R_2 + 3H_2O \underset{}{\overset{H^+}{\rightleftharpoons}} \\
CH_2-O-\overset{\overset{\displaystyle O}{\|}}{C}-R_3
\end{array}
\quad
\begin{array}{l}
CH_2-OH \quad R_1-COOH \\
CH-OH + R_2-COOH \\
CH_2-OH \quad R_3-COOH
\end{array}
$$

在碱的催化下，由于能使脂肪酸生成盐，所以油脂的水解能进行彻底，反应是不可逆的。

$$
\begin{array}{l}
CH_2-O-\overset{\overset{\displaystyle O}{\|}}{C}-R_1 \\
CH-O-\overset{\overset{\displaystyle O}{\|}}{C}-R_2 + 3KOH \longrightarrow \\
CH_2-O-\overset{\overset{\displaystyle O}{\|}}{C}-R_3
\end{array}
\quad
\begin{array}{l}
CH_2-OH \quad R_1COOK \\
CH-OH + R_2COOK \\
CH_2-OH \quad R_3COOK
\end{array}
$$

油脂在氢氧化钠或氢氧化钾溶液中水解，生成的高级脂肪酸钠盐或钾盐是肥皂的主要成分，因此将油脂在碱性溶液中的水解称为皂化。

1 g 油脂完全皂化所需氢氧化钾的质量（以 mg 计）称为皂化值。每种油脂都有一定的皂化值。根据皂化值的大小，可以粗略地计算油脂的平均相对分子质量。由皂化值也可以检验油脂的纯度。

② 氧化与酸败

油脂在储存期间，由于受到空气中的氧气或微生物的作用，会逐渐氧化分解生成低级醛、酮和羧酸，产生一种令人不愉快的气味，其酸度也明显增大，这种现象称为油脂的氧化与酸败。在铜、铁容器中氧化与酸败更容易发生。光、热或潮气也可加速油脂的酸败。

油脂的酸败降低了油脂的食用价值。种子中的油脂发生酸败会严重影响种子的发芽率。为了防止油脂的氧化与酸败，应将油脂保存在密闭非金属容器里，并置于阴凉、干燥和避光处，防止金属离子、微生物的污染；或者加入少量抗氧化剂，如维生素 E 等。食品工业中所用的抗氧化剂、除氧剂也是为了防止油脂发生这种变化。

③ 加成

一般油脂中多少都含有不同比率的不饱和脂肪酸。一方面这些不饱和脂肪酸的存在降低了油脂的熔点，使其在常温下呈现液态，给运输和储存带来不便，另一方面这些含有不饱和键的脂肪酸也容易发生氧化与酸败。

为了克服这些缺点，常对天然油脂进行氢化，实际上就是 C ＝C 不饱和键的催化加氢。氢化所用的催化剂为镍粉，把它悬浮在液态的油脂中，然后在搅拌下通入氢气（最好还要加压）。为了保持逐渐氢化的油脂有一定的流动性，在加氢过程中要维持一定的温度。待氢化反应完成,分离催化剂,提纯,即得常温下为固体的氢化油脂,俗称硬化油。

硬化油性质稳定,在工业上有多种用途,包括用于制皂、食品、化妆品以及脂肪酸工业中,例如"人造奶油"等。

$$CH_2-O-\overset{\overset{\displaystyle O}{\|}}{C}-(CH_2)_7-CH=CH-(CH_2)_7CH_3$$
$$CH-O-\overset{\overset{\displaystyle O}{\|}}{C}-(CH_2)_7-CH=CH-(CH_2)_7CH_3 \xrightarrow[\text{Ni}]{3H_2} CH-O-\overset{\overset{\displaystyle O}{\|}}{C}-(CH_2)_{16}CH_3$$
$$CH_2-O-\overset{\overset{\displaystyle O}{\|}}{C}-(CH_2)_7-CH=CH-(CH_2)_7CH_3$$

三油酸甘油酯 → 三硬脂酸甘油酯

④ 干化

有些含有不饱和脂肪酸的油脂在空气中放置一段时间后,可生成一层有弹性而坚硬的固体薄膜,这种现象称为油脂的干化。能够发生干化的油脂称为干性油。在干性油中加入颜料等物质,就可以制成油漆等涂料,因此,干性油在油漆工业中得到广泛应用。我国盛产的桐油(占世界产量的90%)就是一种优良的干性油,桐油中含桐油酸79%。桐油酸中的3个双键形成共轭体系,它的结构简式如下:

$$CH_3(CH_2)_3CH=CH-CH=CH-CH=CH(CH_2)_7COOH$$

把桐油刷在物体表面上并暴露在空气中时,它就逐渐变成一层干硬而有弹性的膜。干性油形成硬膜的详细过程还不十分清楚,可能是一系列氧化聚合过程的结果。

12.2 类脂

12.2.1 磷脂(卵磷脂、脑磷脂、神经磷脂)

磷脂是指含磷酸的类脂化合物,广泛分布在动植物组织中,它是细胞原生质的固定组成成分,主要存在于脑和神经组织中。根据磷脂的组成和结构,可将它分为磷酸甘油酯和神经磷脂两类。磷酸甘油酯的种类很多,最重要的有卵磷脂和脑磷脂,它们都是细胞的主要组成物质,使细胞成为半渗透膜保护的个体,在脑和神经中是传递电子信息的主体。

(1) 卵磷脂和脑磷脂

卵磷脂是由甘油的两个羟基与高级脂肪酸结合,另一个羟基与磷酸结合,磷酸又通过酯键与胆碱结合而成的,因而又被称为磷酸胆碱(PC)。卵磷脂也是大豆磷脂的主要成分之一。它既是食品加工中的一种乳化剂(制巧克力等可用),也具有较好的医疗保健效果(降低血胆固醇和防止动脉粥样硬化等)。

$$R_2-\overset{\overset{\displaystyle O}{\|}}{C}-O-\overset{|}{\underset{|}{C}}H \quad \begin{array}{c} CH_2-O-\overset{\overset{\displaystyle O}{\|}}{C}-R_1 \\ CH_2-O-\overset{\overset{\displaystyle O^-}{\|}}{\underset{\overset{\displaystyle \|}{O}}{P}}-OCH_2CH_2\overset{+}{N}(CH_3)_3 \end{array}$$

L-α-卵磷脂

脑磷脂存在于动物的组织和器官中,在脑组织中含量最高。脑磷脂的性质与卵磷脂很相似,但它在乙醇中的溶解度要比卵磷脂小很多,可用此方法将两者分离。脑磷脂不仅是组成器官的重要成分,也是血小板中凝血激活酶的重要成分,因此,它与血液的凝固有关。

$$
\begin{array}{c}
& & O \\
& & \| \\
CH_2-O-C-R_1 \\
O \quad \quad | \\
\| \quad \quad CH \\
R_2-C-O-CH_2 \\
\quad \quad \quad \quad | \quad \quad O \\
\quad \quad \quad \quad CH_2-O-P-OCH_2CH_2NH_3^+ \\
\quad \quad \quad \quad \quad \quad \quad O^-
\end{array}
$$

L-α-脑磷脂

（2）神经磷脂

神经磷脂简称鞘磷脂,存在于脑、神经组织和红细胞膜中,也存在于植物中。它是由磷酸、胆碱、脂肪酸和鞘氨醇组成的。

$$
\begin{array}{c}
CH_3(CH_2)_{12} \quad \quad H \\
\diagdown \quad \diagup \\
C \\
\| \\
C \\
\diagup \quad \diagdown \\
H \quad \quad CHOH \\
| \\
CHNH_2 \\
| \\
CH_2OH
\end{array}
$$

鞘氨醇

$$
\begin{array}{c}
CH_3(CH_2)_{12} \quad \quad H \\
\diagdown \quad \diagup \\
C \\
\| \\
C \\
\diagup \quad \diagdown \\
H \quad \quad CHOH \quad \quad O \\
| \quad \quad \quad \| \\
CHNH-C-(CH_2)_{22}CH_3 \\
O^- \\
| \\
CH_2-O-P-OCH_2CH_2N(CH_3)_3^+ \\
\| \\
O
\end{array}
$$

鞘磷脂

12.2.2　甾体化合物

甾体化合物亦称为类固醇化合物,广泛存在于动植物体内,并在动植物生命活动中起着重要的调节作用,是一种重要的天然类脂化合物。

（1）甾体化合物的结构

从化学结构上看,甾体化合物分子中都含有氢化程度不同的环戊烷并多氢菲结构,该结构是甾体化合物的母核,简称甾环,四个环分别用 A,B,C,D 表示,环上的碳原子按如下顺序编号:

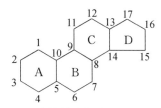

环戊烷并多氢菲(甾环)

除都具有甾环外,几乎所有甾体化合物在 C(10) 和 C(13) 处都有一个甲基,叫角甲基,在 C(17) 上还有一些不同的取代基。

（2）重要的甾体化合物

① 胆甾醇（胆固醇）

胆甾醇是一种环戊烷并多氢菲的衍生物。早在18世纪人们已从胆石中发现了胆固醇，1816年化学家本歇尔将这种具脂类性质的物质命名为胆固醇。7-脱氢胆固醇也是一种动物固醇，存在于人体皮肤中，经紫外线照射，可转化为维生素 D_3。维生素 D 中有较强生理作用的是 D_2，D_3。维生素 D 可以促进人体对于钙、磷的吸收。缺乏维生素 D 时，人体骨骼可能发育不良，容易导致佝偻病和软骨病。维生素 D 广泛存在于动物体中，在蛋黄、牛奶和鱼的肝脏中含量较丰富。适量的日光浴也是机体获得维生素 D 最简易的方法。在医药上也可以利用胆固醇合成维生素 D_3。

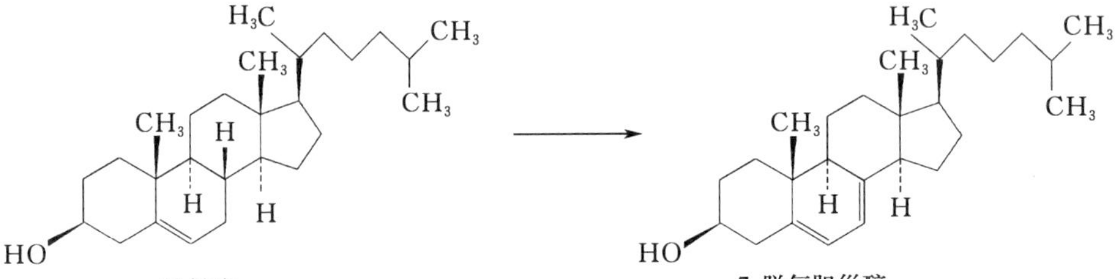

胆甾醇 → 7-脱氢胆甾醇

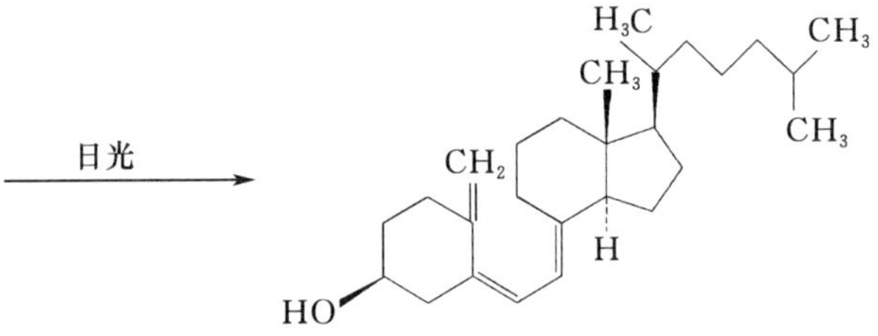

日光 → 维生素 D_3

② 麦角甾醇

麦角甾醇存在于某些酵母及某些植物中，属于植物固醇，经紫外线照射，可转化为维生素 D_2。

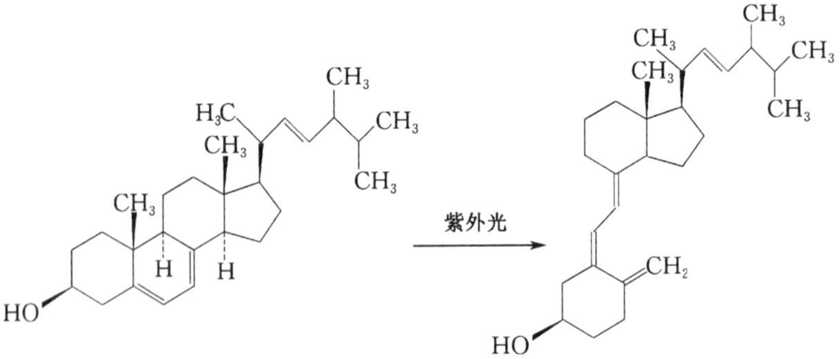

麦角甾醇 —紫外光→ 维生素 D_2

③ 甾体激素

甾体激素也称为类固醇激素，根据来源分为肾上腺皮质激素和性激素两类。

肾上腺皮质激素是产生于肾上腺皮质部分的一类激素。肾上腺皮质分泌三大类激素，即盐皮质激素（主要为醛固酮）、糖皮质激素、少量的性激素（主要为雄激素）。这三类激素均为固醇类衍生物,故统称为类固醇激素。与肾上腺皮质激素有关的药物有醋酸可的松、氢化可的松、强的松龙、地塞米松、氟轻松(肤轻松软膏)等。

性激素又分为雄性激素和雌性激素两类,它们是性腺(睾丸或卵巢)的分泌物,有促进动物发育和维持第二性征(如声音、体形等)的作用。它们的生理作用很强,很少量就能产生极大的影响。例如,睾丸酮就是一种雄性激素,孕甾酮(黄体酮)就是一种雌性激素。

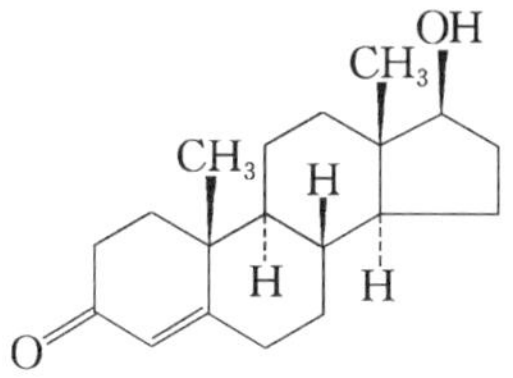

睾丸酮 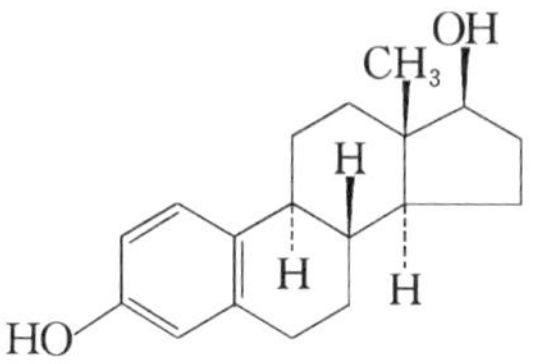　　雌二醇

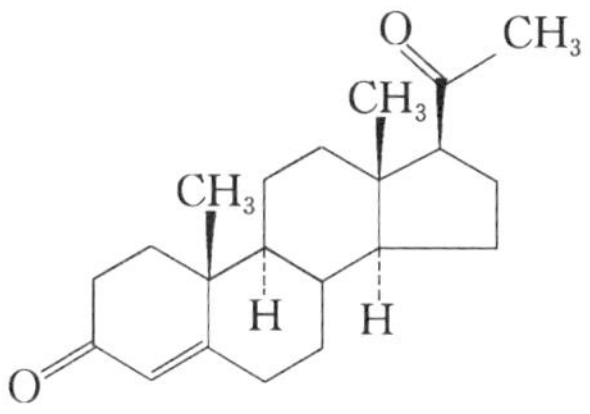

孕甾酮

12.3　肥皂和表面活性剂

12.3.1　肥皂的组成

油脂皂化后得到的高级脂肪酸钠盐就是肥皂的主要成分。日常使用的肥皂含有约 70% 的高级脂肪酸钠和约 30% 的水分,以及为增加泡沫而加入的松香酸钠。高级脂肪酸的钾盐不能凝成硬块,叫作软皂。软皂多用作洗发水或医药上的乳化剂,例如,消毒用的煤酚皂溶液就是约含 50% 甲苯酚的软皂溶液。

肥皂能除去油垢是由高级脂肪酸钠的分子结构决定的。高级脂肪酸钠盐分子中,一部分是羧酸盐离子,具有极性,是亲水基;另一部分是非极性的链状烃基,是疏水基。疏水基易溶于油滴,亲水基不溶于油滴,排列于油滴表面,形成胶束(见图 12-1)。胶束表面是亲水基,可溶于水,再通过搓洗、摩擦即可将油垢分离。

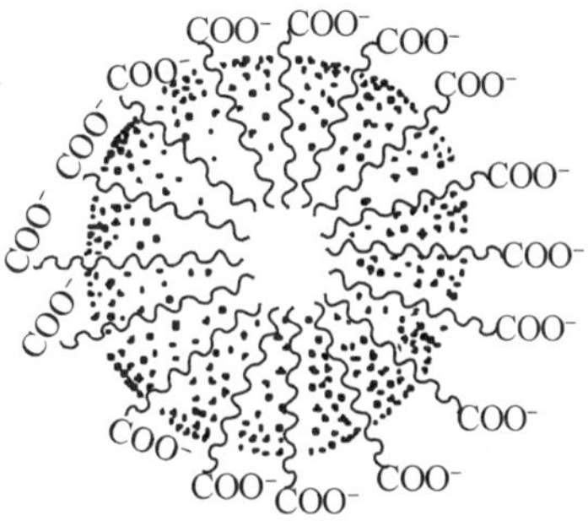

图 12-1　胶束示意图

12.3.2　表面活性剂

洗涤剂的主要成分是表面活性剂(又叫界面活性剂)。表面活性剂是分子结构中含有亲水基和疏水基两部分的有机化合物,在含量很低时就能显著降低水的表面张力。一般根据表面活性剂在水溶液中能否分解为离子,又将其分为离子型表面活性剂(阳离子型、阴离子型)和非离子型表面活性剂两大类。

（1）阳离子型表面活性剂

这一类表面活性剂在水中可以离解出带有疏水基的阳离子。常用的阳离子型表面活性剂主要是季铵盐,也有某些含磷或含硫的有机化合物。外科手术时用于皮肤及器械消毒的"新洁尔灭",可预防及治疗口腔炎、咽炎的药物"杜灭芬"的主要成分均是阳离子型表面活性剂。这两种表面活性剂除了具有较强的乳化作用外,还有较强的杀菌力。

$$\underset{\displaystyle \text{（）}}{\bigcirc}-OCH_2CH_2-\overset{\displaystyle CH_3}{\underset{\displaystyle CH_3}{N^+}}-C_{12}H_{25}\ Br^-$$

溴化二甲基-苯氧乙基-十二烷基铵（杜灭芬）

（2）阴离子型表面活性剂

这一类表面活性剂在水中生成带有疏水基的阴离子,例如,肥皂及我们日常使用的合成洗涤剂就是阴离子型表面活性剂。目前我国生产的洗衣粉主要是以烷基苯磺酸钠为原料,烷基的碳原子数以十二为宜。

$$R-\underset{\displaystyle \text{（）}}{\bigcirc}-SO_3^-\ Na^+$$

烷基苯磺酸钠

（3）非离子型表面活性剂

非离子型表面活性剂不同于离子型表面活性剂,是一种在水中不离解成离子状态的两亲结构的化合物。非离子型表面活性剂具有很高的表面活性,其水溶液的表面张力很低,临界胶束浓度低,胶束聚集数大,增溶作用强,具有良好的乳化力和去污力,也可以用作发泡剂、稳泡剂、乳化剂、增溶剂和调理剂等。非离子型表面活性剂品种很多,大体可分为四类:聚氧乙烯型(最主要的非离子型表面活性剂)、聚醚型、多元醇系、烷醇酰胺系。

本章小结及学习要求

油脂和类脂化合物总称为脂类化合物。油中不饱和脂肪酸甘油酯含量较高,常温下呈液态,脂中饱和脂肪酸甘油酯含量较高,常温下呈固态或半固态。油脂可以发生水解、氧化与酸败、加成、聚合等反应,油脂的皂化和硬化在工业中有广泛应用。磷脂、甾体化合物在动植物体内起着重要的生理作用。肥皂的主要成分是高级脂肪酸钠盐,和离子型表面活性剂一样,含有亲水基和疏水基两部分。

学习本章时,应达到以下要求:掌握油和脂的区别,掌握油脂的水解、氧化与酸败、硬化、干化等化学性质,了解磷脂、甾体化合物的结构,了解肥皂和表面活性剂的主要成分及分类。

【阅读材料】

食用油脂的营养特点

1. 富含脂肪酸

动植物油脂的营养价值差别较大,虽均富含脂肪酸,但不同油脂中的必需脂肪酸的含量大不一样,如亚油酸在油脂中的含量分别为:豆油52.2%、玉米油47.8%、芝麻油43.7%、花生油37.6%、菜籽油14.2%、猪油8.3%、牛油3.9%、羊油2.0%。可见,植物油是必需脂肪酸的最好来源。动物脂肪的组成以饱和脂肪酸为多,熔点高,不易被人体消化吸收。植物油的组成则以油酸、亚油酸、亚麻酸等不饱和脂肪酸为多,熔点低,在室温呈液态,故其吸收率较动物脂肪要高。

在动物脂肪中含有胆固醇,饱和脂肪酸与胆固醇形成酯,易在动脉内膜沉积,发生动脉粥样硬化;而植物油中的必需脂肪酸可防治高血脂和高胆固醇血症,尤其是米糠油、玉米油中含较多的植物固醇,如所含的谷固醇、豆固醇具有阻止胆固醇在肠道被吸收的功能,从而可预防血管硬化,促进饱和脂肪酸和胆固醇代谢。因此,动物脂肪中的固醇对心血管病人不利,而植物固醇则有益,可见植物油的营养价值比动物脂肪要高。

2. 含有较多的脂溶性维生素

脂溶性维生素都能溶解在油脂中,而且随同油脂一道被消化吸收。饮食中如果缺油,这些维生素的吸收则要受到很大的影响。动物脂肪中以奶油营养价值较高,含有一定量的维生素 A 和维生素 D,是为其他动植物油脂所欠缺的。而植物油中的维生素 A、维生素 D 以及胡萝卜素能溶于油脂中,容易被人体所吸收。植物油还是维生素 E 的最好来源,由于维生素 E 具有抗氧化的作用,所以植物油较动物脂肪不容易发生氧化与酸败。

不过,不论是植物油还是动物脂肪,就像其他营养素一样,如过多地摄取会造成营养过剩,这对于健康是有害的。

习 题

12-1 写出下列化合物的结构式。

    (1) 三软脂酸甘油酯   (2) 油酸   (3) 亚油酸

12-2 为什么植物油一般室温下呈液态,动物脂肪室温下常为固态或半固态?

12-3 润滑油、石蜡、蜡、凡士林的化学成分和用途各是什么?

12-4 怎样防止油脂的氧化与酸败?

12-5 肥皂、洗衣粉、洗发精的主要化学成分是什么?

12-6 区分"酯"和"脂"的概念。

第 13 章　碳水化合物

碳水化合物又叫糖类化合物,是自然界中分布极为广泛的一类有机化合物。它是一切生物体维持生命活动所需能量的主要来源,对人类的生命活动有着重要的意义。各种植物种子中的淀粉,根、茎、叶中的纤维素,动物的肝脏和肌肉中的糖原,以及蜂蜜和水果中的葡萄糖、果糖、蔗糖等都是碳水化合物。

13.1　碳水化合物的定义和分类

碳水化合物是指多羟基醛或多羟基酮,以及水解后能生成它们的聚合物及衍生物,又常称为糖类。由于最初发现的这一类化合物都是由碳、氢、氧三种元素组成的,而且分子中氢和氧的比例为 $2∶1$,它们常用通式 $C_n(H_2O)_m$ 表示,所以将这类物质叫作碳水化合物。但后来发现有些化合物,如鼠李糖($C_6H_{12}O_5$),根据它的结构和性质应该属于碳水化合物,可组成并不符合上面的通式;而有些化合物,如乙酸($C_2H_4O_2$),虽然分子式符合上述通式,但从结构及性质讲,则与碳水化合物完全不同。因此"碳水化合物"这一名词并不十分恰当,但因沿用已久,所以至今仍然使用。

碳水化合物常根据其能否水解和水解后生成的物质分为以下三类:

(1) 单糖:不能水解成更小分子的多羟基醛或多羟基酮,如葡萄糖、果糖、核糖、脱氧核糖等都是单糖。

(2) 低聚糖:也叫寡糖,水解后能产生 2～10 分子单糖的物质,水解为两分子单糖的叫二糖(或双糖),水解为 3 个或 4 个单糖的则叫三糖或四糖。在低聚糖中以二糖最重要,如蔗糖、麦芽糖、乳糖等都是二糖。

(3) 多糖:水解后能产生几百个以至数千个甚至更多单糖的物质,如淀粉、纤维素等都是多糖。它们相当于由许多单糖形成的高聚物,所以也叫高聚糖,属于天然高分子化合物。

从碳水化合物的分类可见,单糖是组成低聚糖和多糖的基本单位。我们首先讨论单糖的结构和性质,然后讨论二糖和多糖。

13.2　单糖

13.2.1　单糖的结构

单糖按分子中所含官能团的不同,可分为醛糖和酮糖;按照分子中碳原子的数目,又可分为丙糖、丁糖、戊糖、己糖和庚糖等。单糖的这两种分类方法常结合使用,按所含碳原子的数目及羰基结构叫作某醛糖或某酮糖。例如,含五个碳原子的醛糖称戊醛糖,含六个碳原子的酮糖称己酮糖。自然界中分布较普遍的单糖有葡萄糖、果糖、半乳糖、核糖、脱氧核糖等。单糖的链式结构一般用费歇尔投影式表示,部分 D 型单糖的链式结构如下:

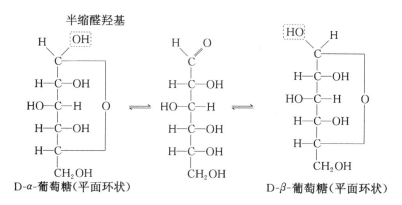

D-核糖(戊醛糖)　　　　D-阿拉伯糖(戊醛糖)　　　　D-2-脱氧核糖(戊醛糖)

D-葡萄糖(己醛糖)　　　　D-半乳糖(己醛糖)　　　　D-果糖(己酮糖)

　　自然界中的单糖主要是戊糖和己糖。最重要的戊糖是核糖,最重要的己糖是葡萄糖和果糖。碳原子数目相同的醛糖和酮糖是同分异构体。

　　单糖的链式结构不稳定,在溶液、结晶状态和生物体内主要以环状结构形式存在。我们知道,醛和醇可以加成生成半缩醛,单糖的环状结构是其羰基与羟基发生半缩醛反应而形成的五元和六元含氧碳环,有 α 型和 β 型两种结构,其中形成的半缩醛羟基与决定构型的羟基处于同侧的为 α 型,处于异侧的为 β 型。单糖的 α 型和 β 型环状结构之间可以通过链式结构相互转化。

　　单糖的环状结构一般用哈武斯(Haworth)透视式或构象式表示。葡萄糖的环状结构为

D-α-葡萄糖(平面环状)　　　　　　　　　　D-β-葡萄糖(平面环状)

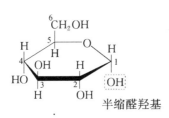

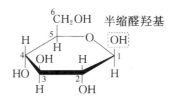

D-α-葡萄糖(透视式)　　　　　　　　D-β-葡萄糖(透视式)

果糖的环状结构透视式为

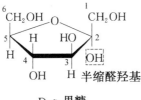

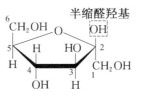

D-α-果糖　　　　　　　　　　　　D-β-果糖

13.2.2　单糖的物理性质

单糖都是无色晶体,具有吸湿性,易溶于水,难溶于乙醇,不溶于乙醚、丙酮、苯等有机溶剂。除二羟丙酮外,所有单糖都具有旋光性。单糖和二糖都有甜味,不同的单糖甜度各不相同,甜度最大的是果糖。它们的相对甜度(以蔗糖为 100)列于表 13-1。单糖在水中的溶解度很大,常能形成过饱和溶液——糖浆。由于单糖溶于水后,即产生 α 型环式、β 型环式与链式三种异构体间的互变,所以新配成的单糖溶液在放置过程中旋光度会逐渐改变,但经过一定时间,几种异构体达成平衡后,旋光度就不再变化了,这种现象叫作变旋现象。

表 13-1　糖的相对甜度

名称	葡萄糖	果糖	半乳糖	木糖	蔗糖	麦芽糖	乳糖	转化糖
甜度	74.3	173.3	32.1	40	100	32.5	16	127.4

13.2.3　单糖的化学性质

(1) 氧化反应

在不同条件下,单糖可被氧化为不同产物。例如,D-葡萄糖用硝酸氧化可得 D-葡萄糖二酸,而用溴水氧化则只氧化醛基而得到葡萄糖酸。

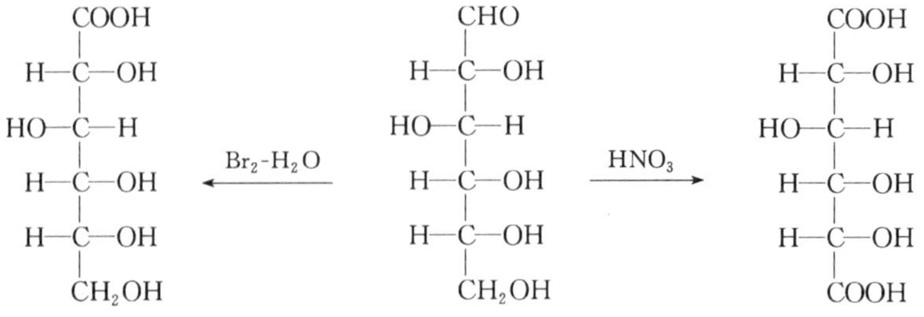

酮糖不能被溴水氧化，所以用溴水可以区别酮糖和醛糖。

醛糖具有醛基(或半缩醛羟基)，很容易被托伦试剂或斐林试剂氧化。如 D-葡萄糖用这两种试剂处理可分别生成银镜和氧化亚铜红色沉淀。酮糖如 D-果糖，尽管只具有酮羰基，但在碱性条件下可以差向异构化转变为醛糖，所以，同样可被氧化。例如，在稀碱溶液中，D-果糖会发生如下转化而生成醛糖：

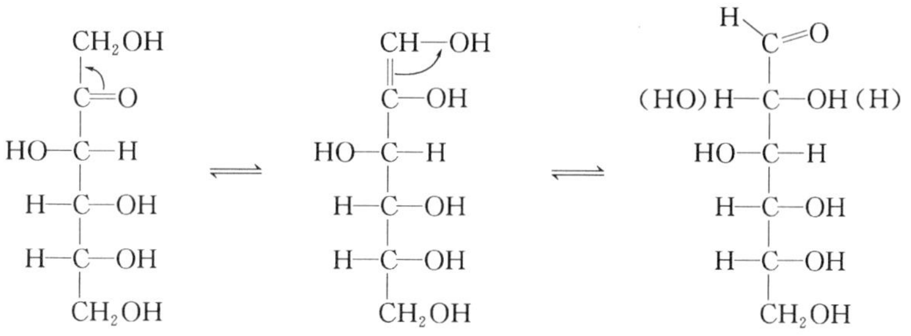

$$\text{酮式} \rightleftharpoons \text{烯醇式} \rightleftharpoons \text{醛式}$$

这种可被托伦试剂和斐林试剂氧化的糖称为还原性糖。所有的单糖均为还原性糖。在生物测定技术中，也常用此性质定量地测定葡萄糖等还原性糖的含量。

糖醛酸是醛糖中末端的羟甲基被氧化为羧基的产物，由糖来制备糖醛酸用化学方法是很困难的，但在特殊酶的作用下糖的某些衍生物可被氧化为糖醛酸。D-葡萄糖醛酸结构式如下：

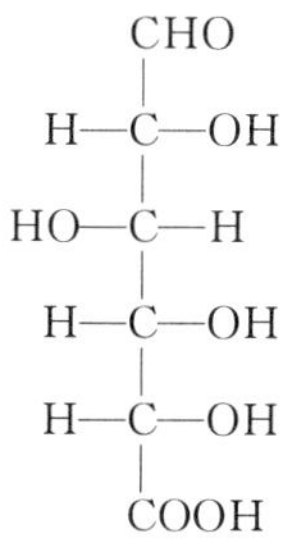

D-葡萄糖醛酸

D-葡萄糖醛酸在生物代谢过程中有着很重要的意义，因为生物体中含羟基的有毒物质是以 D-葡萄糖醛酸苷的形式由尿中排出体外的。

（2）还原反应

用催化氢化或硼氢化钠还原等方法，可将单糖中羰基还原成羟基，产物叫糖醇(其实是多元醇)。

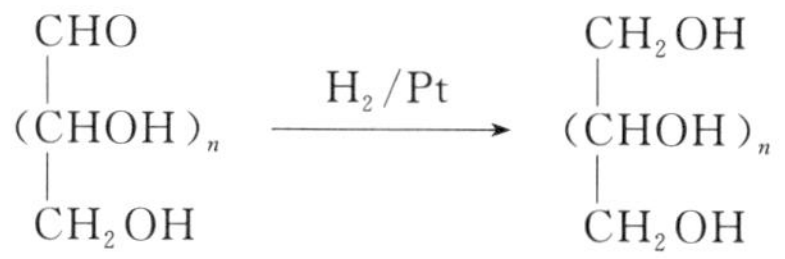

$$\begin{array}{c}\text{CHO}\\|\\(\text{CHOH})_n\\|\\\text{CH}_2\text{OH}\end{array} \xrightarrow{\text{H}_2/\text{Pt}} \begin{array}{c}\text{CH}_2\text{OH}\\|\\(\text{CHOH})_n\\|\\\text{CH}_2\text{OH}\end{array}$$

糖醇

葡萄糖还原生成葡萄糖醇(又叫山梨醇)；甘露糖还原生成甘露醇；果糖还原则生成山梨醇和甘露醇的混合物。山梨醇和甘露醇广泛存在于植物体内。李、桃、苹果、梨、樱桃等果实中含有较多的山梨醇，甘露醇则存在于柿子、胡萝卜、葱等中。山梨醇还常用作细菌的培养基及合成维生素 C 的原料。

（3）成脎反应

单糖与苯肼作用，首先羰基与苯肼生成苯腙，在过量苯肼的存在下，α-羟基继续与苯肼反应，生成黄色结晶的产物，称为糖脎。例如，

$$\begin{array}{c} \text{CHO} \\ | \\ \text{CHOH} \\ | \\ \text{(CHOH)}_n \\ | \\ \text{CH}_2\text{OH} \end{array} \xrightarrow{\text{NHNH}_2} \begin{array}{c} \text{CH}=\text{NNHC}_6\text{H}_5 \\ | \\ \text{CHOH} \\ | \\ \text{(CHOH)}_n \\ | \\ \text{CH}_2\text{OH} \\ \text{苯腙} \end{array} \xrightarrow[\text{过量}]{\text{NHNH}_2} \begin{array}{c} \text{CH}=\text{NNHC}_6\text{H}_5 \\ | \\ \text{C}=\text{NNHC}_6\text{H}_5 \\ | \\ \text{(CHOH)}_n \\ | \\ \text{CH}_2\text{OH} \\ \text{糖脎} \end{array} + \text{C}_6\text{H}_5\text{NH}_2 + \text{NH}_3$$

$$\begin{array}{c} \text{CH}_2\text{OH} \\ | \\ \text{C}=\text{O} \\ | \\ \text{(CHOH)}_n \\ | \\ \text{CH}_2\text{OH} \end{array} \xrightarrow{\text{NHNH}_2} \begin{array}{c} \text{CH}_2\text{OH} \\ | \\ \text{C}=\text{NNHC}_6\text{H}_5 \\ | \\ \text{(CHOH)}_n \\ | \\ \text{CH}_2\text{OH} \\ \text{苯腙} \end{array} \xrightarrow[\text{过量}]{\text{NHNH}_2} \begin{array}{c} \text{CH}=\text{NNHC}_6\text{H}_5 \\ | \\ \text{C}=\text{NNHC}_6\text{H}_5 \\ | \\ \text{(CHOH)}_n \\ | \\ \text{CH}_2\text{OH} \\ \text{糖脎} \end{array}$$

糖脎都是黄色晶体，不同的糖脎结晶形状不同，并各有一定的熔点；即使能生成相同的脎，其反应速率和析出糖脎的时间也不相同。因此利用生成脎的反应可以鉴别糖。

（4）成苷反应

单糖分子中半缩醛羟基（又叫苷羟基）比其他醇羟基活泼，能与其他含有羟基的化合物如醇、酚等发生反应。在单糖分子中，半缩醛（或半缩酮）羟基上，氢原子被其他基团"取代"生成缩醛（或缩酮）。在糖化学中把这种缩醛（或缩酮）叫糖苷，简称苷。例如，D-（＋）-葡萄糖与甲醇在氯化氢作用下，生成 D-（＋）-甲基葡萄糖苷。

因为苷是缩醛或缩酮，所以苷的性质比较稳定。在水溶液中苷不能转变为开链式结构，故无变旋现象，也不再具有开链式结构所具有的一些特征反应，如氧化反应、还原反应、成脎反应等。苷与稀酸共热，能水解生成原来的糖和相应的化合物。

糖苷广泛地存在于自然界中，与人类的生命和生活密切相关。天然染料茜素和靛蓝就是糖苷化合物，田七、人参等天然药物的有效成分都具有糖苷的结构。

（5）显色反应

单糖能在浓酸（如盐酸、硫酸）的作用下脱水而生成糠醛或其衍生物。例如，

在一定条件下,糠醛及其衍生物能与酚类、蒽酮等缩合生成各种不同的有色物质,虽然这些有色物质的结构和生成过程尚不十分清楚,但由于反应灵敏,显色清晰,故常用来鉴别各种糖。下面是两种主要的鉴别反应。

① 莫立许(Molisch)反应

在糖的水溶液中加入 α-萘酚的乙醇溶液,然后沿试管壁慢慢加入浓硫酸(不得振摇),密度比较大的浓硫酸沉到管底。在浓硫酸与糖溶液的交接面很快出现美丽的紫色环,这个反应称为莫立许反应。所有的糖都能发生莫立许反应生成紫色物质,所以莫立许反应是鉴别糖的最简便的方法。

② 塞利凡诺夫(Seliwanoff)反应

在酮糖的溶液中,加入塞利凡诺夫试剂(间苯二酚的盐酸溶液),加热,很快出现鲜红色,这就是塞利凡诺夫反应。该反应可用来区别醛糖和酮糖。

13.3　二糖

低聚糖中以二糖最为重要,由于它能水解为两分子单糖,因此二糖可以看作是由两分子单糖脱去一分子水,通过糖苷键而形成的缩合物。所以,从广义上说,二糖也是糖苷。二糖的物理性质与单糖相似:能结晶,易溶于水,并且有甜味。自然界中存在的二糖可分为还原性二糖和非还原性二糖两类,它们在酸或一定酶的作用下都能水解生成单糖。

13.3.1　还原性二糖

还原性二糖是由一分子单糖的半缩醛羟基与另一分子单糖的醇羟基脱水而成的。比较重要的还原性二糖有麦芽糖、纤维二糖和乳糖等。其中前两种二糖互为同分异构体。

(1) 麦芽糖

麦芽糖是由一分子 α-葡萄糖 C(1)上的半缩醛羟基与另一分子 α-葡萄糖 C(4)上的羟基脱水后通过糖苷键连接而成的二糖。这种糖苷键称为 α-1,4-糖苷键。麦芽糖的结构式如下:

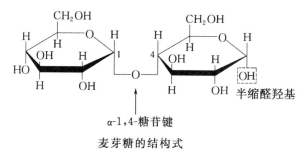

麦芽糖的结构式

麦芽糖是无色结晶性粉末,熔点 160 ℃~165 ℃,易溶于水,有变旋现象,甜度约为蔗糖的 33%。麦芽糖大量存在于发芽的种子中,在麦芽中含量最高。淀粉在麦芽糖酶或唾液酶作用下水解为麦芽糖,所以咀嚼淀粉类食物时会感到有甜味。麦芽糖是生物体内淀粉降解的中间产物。

$$2(\mathrm{C_6H_{10}O_5})_n + n\mathrm{H_2O} \xrightarrow{\text{麦芽糖酶}} n\mathrm{C_{12}H_{22}O_{11}}$$
淀粉　　　　　　　　　　　　　麦芽糖

　　麦芽糖是饴糖(麦芽糖和糊精的混合物)的主要成分,常用作制作糖果食品的原料,也可用作营养剂和培养基等。"麦芽浸膏"的主要成分就是麦芽糖和淀粉酶(还含有少量糊精和葡萄糖),成药"麦精鱼肝油"就是含有麦芽浸膏的鱼肝油制剂。

　　(2) 纤维二糖

　　纤维二糖是由两分子 β-葡萄糖脱去一分子水所形成的二糖,是组成纤维素的基本单位。其结构式如下:

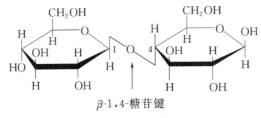

β-1,4-糖苷键

纤维二糖的结构式

　　纤维二糖为无色晶体,熔点 225 ℃,可溶于水,有变旋现象,具有右旋性,是纤维素水解的中间产物,在酸或酶的作用下,水解后生成两分子的 β-葡萄糖。纤维二糖还能与新制的氢氧化铜反应生成砖红色 $\mathrm{Cu_2O}$ 沉淀。

　　(3) 乳糖

　　乳糖是一分子 β-D-半乳糖与一分子 D-葡萄糖以 β-1,4-糖苷键形成的二糖,成苷部分是 β-D-半乳糖。乳糖分子结构中仍有苷羟基,属还原性二糖。它水解生成一分子 D-半乳糖和一分子 D-葡萄糖。α-乳糖的结构式如下:

半缩醛羟基

β-D-半乳糖基　　β-1,4-糖苷键　　D-葡萄糖基

或

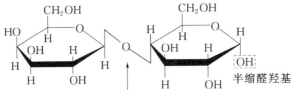

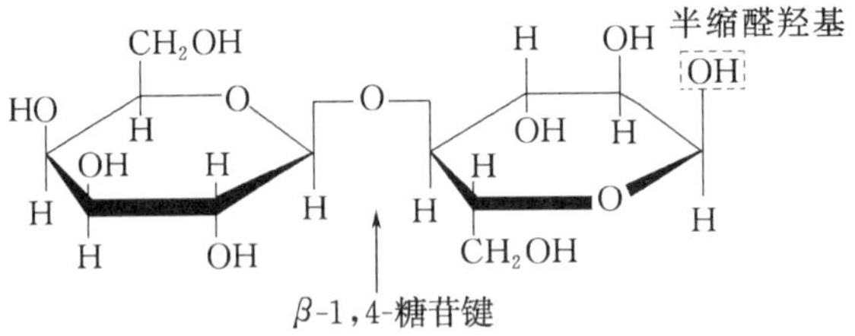

半缩醛羟基

β-1,4-糖苷键

α-乳糖的结构式

　　乳糖为含一分子结晶水的结晶性粉末,能溶于水,在双糖中,乳糖的水溶性较差。乳糖能成脎,有还原性和变旋现象。乳糖存在于哺乳动物的乳汁中,人乳中含乳糖 5%～8%,牛、羊乳中含乳糖 4%～5%。乳糖被广泛应用于食品及医药工业。

13.3.2　非还原性二糖

非还原性二糖是由两个单糖分子的半缩醛羟基脱水而成的。这种二糖分子没有半缩醛羟基，无变旋现象，不能与苯肼反应成脎，也不能与斐林试剂反应，无还原性。比较重要的二糖有蔗糖和海藻糖。

（1）蔗糖

蔗糖是白色晶体，易溶于水。蔗糖广泛存在于植物的根、茎、叶、花、种子和果实中，是自然界分布最广的，也是最重要的二糖。我们日常食用的白糖、红糖和冰糖都是不同形式的蔗糖。

蔗糖分子是由 α-葡萄糖的 C(1) 上的半缩醛羟基和 β-果糖的 C(2) 上的半缩醛羟基脱去一分子水，通过 α,β-1,2-糖苷键连接而成的二糖。蔗糖的结构式为

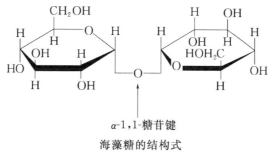

α,β-1,2-糖苷键

蔗糖的结构式

在所有的光合植物中都含有蔗糖。在甘蔗块茎（约 26%）和甜菜块根（约 20%）中含量最高，甜味仅次于果糖。蔗糖是右旋糖，其水溶液的比旋光度为 $+66.5°$，将蔗糖水解后得到等量的葡萄糖和果糖的混合物，由于 D-葡萄糖的比旋光度为 $+52.7°$，而 D-果糖的比旋光度为 $-92.0°$，故而水解混合物的旋光性为左旋。常将蔗糖的水解产物叫作转化糖。转化糖中含有果糖，比蔗糖甜。蜂蜜的主要组分就是转化糖。

蔗糖是植物光合作用的重要产物，是植物体内糖类储藏、积累和运输的主要形式。

（2）海藻糖

海藻糖是一种新型的、重要的非还原性二糖，它是由两个 D-葡萄糖以 α-1,1-糖苷键连成的。

海藻糖在自然界中分布较广，存在于藻类、细菌真菌、酵母、地衣及某些昆虫体内。它不但具有惰性、无毒、低甜味的特性，而且具有保湿性、耐冻性、干燥性等特点。特别是具有非常奇特的生物功能，即能在干态下保护细胞膜、蛋白质等物质的生物活性，使其免遭破坏。在食品工业中可作为防腐保鲜剂，在医药领域主要作为试剂和诊断药的稳定剂。海藻糖的结构式为

α-1,1-糖苷键

海藻糖的结构式

13.4　多糖

多糖是一类天然高分子化合物,是由数百乃至数千个相同或不同的单糖分子以糖苷键相连形成的高聚体。按其水解情况可分为两大类:一类为水解产物是一种单糖的,称为均一多糖,如淀粉、糖原和纤维素等;另一类为水解产物多于一种单糖的,称为杂多糖,如半纤维素、果胶质和粘多糖等。多糖按其生物功能也大致可分为两类:一类作为储藏物质,如植物体储藏的养分——淀粉,动物体储藏的养分——糖原;另一类为构成植物的结构物质,如纤维素、半纤维素和果胶质等。在自然界,构成多糖的可以是己糖、戊糖、醛糖和酮糖等单糖,也可以是单糖的衍生物,如糖醛酸和氨基糖等。

虽然多糖是由单糖构成的,但多糖的性质和单糖、低聚糖有很大的差别。多糖一般为晶形固体,多数不溶于水,有的能在水中形成胶体溶液。多数没有甜味,无变旋现象,不显示还原性。

13.4.1　淀粉

淀粉是植物储存的营养物质之一,多存在于植物的种子、块茎和块根中,如稻米、小麦中均含有大量的淀粉。用 β-淀粉酶水解淀粉可以得到麦芽糖,在酸的作用下,能够完全水解成葡萄糖。所以可以将淀粉看作是麦芽糖的高聚体,可用 $(C_6H_{10}O_5)_n$ 表示。

（1）淀粉的结构

淀粉一般由两种成分组成:一种是直链淀粉,另一种是支链淀粉。这两种物质在结构与性质上有一定区别,它们在淀粉中占的比例随植物的品种而异。例如,稻米淀粉中,直链淀粉约占 17%,支链淀粉约占 83%;小麦淀粉中,直链淀粉约占 24%,支链淀粉约占 76%;糯米淀粉几乎全部都是支链淀粉;而绿豆中的淀粉几乎全部是直链淀粉。

直链淀粉在淀粉中的含量约为 10%~30%,相对分子质量比支链淀粉小,是由 200 个~980 个 α-葡萄糖脱水,以 α-1,4-糖苷键结合而成的链状化合物,可被 β-淀粉酶水解为麦芽糖,平均相对分子质量约为 32 000~160 000。直链淀粉分子结构为

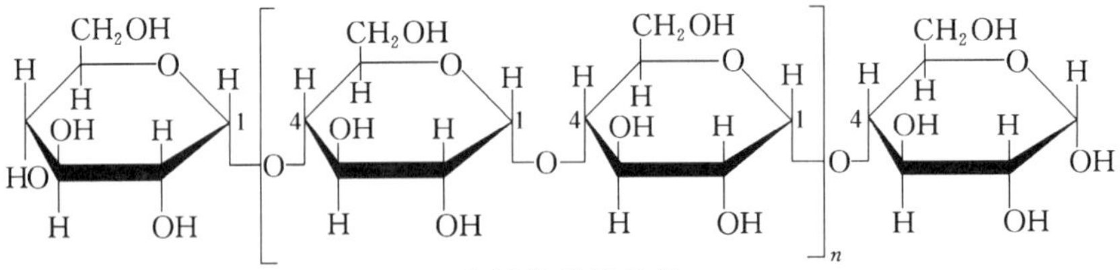

直链淀粉的结构

支链淀粉在淀粉中的含量约为 70%~90%,相对分子质量为 $1.0×10^5$~$1.0×10^6$,是由 600 个~6 000 个 α-葡萄糖脱水,以糖苷键连接而成。链上的葡萄糖残基之间,以 α-1,4-糖苷键相连;在分支点上则以 α-1,6-糖苷键相连,形成一个树枝状的大分子。支链淀粉的结构如下:

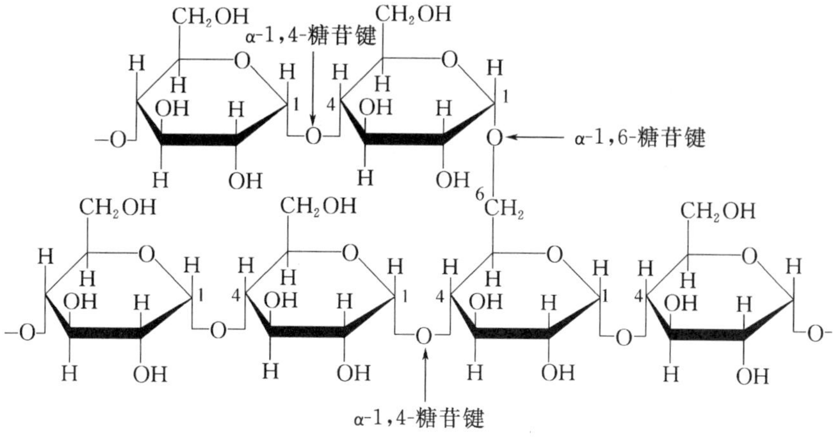

支链淀粉的结构

（2）淀粉的物理性质和化学性质

淀粉为白色无定形粉末，无甜味，没有还原性。不同来源的淀粉其形状和分子大小均不相同，直链淀粉和支链淀粉的性质亦有所差异。直链淀粉不溶于冷水而易溶解在热水中，遇碘显深蓝色。支链淀粉在热水中吸水糊化，生成极黏稠的溶液，遇碘产生紫红色。

淀粉和碘的颜色反应很灵敏，常用于检验淀粉的存在。在分析化学中，可溶性淀粉用作碘量法分析的指示剂。直链淀粉遇碘呈蓝色，是因为直链淀粉并不是完全的直线型分子，而是呈逐渐弯曲的形式，并借分子内氢键卷曲成螺旋状。碘与淀粉之间并不是形成了化学键，而是碘分子钻入螺旋当中的空隙，碘分子与淀粉之间借助于范德华力连接在一起，形成一种深蓝色的配位化合物。

淀粉可以在酸的存在下水解，也可以在生物体内酶的存在下水解。淀粉的水解是大分子逐步分解为小分子的过程，这个过程的中间产物总称为糊精。在水解过程中，糊精分子逐渐变小，根据它们与碘反应产生颜色的不同分为蓝糊精、红糊精和无色糊精。无色糊精继续水解则生成麦芽糖，最后生成葡萄糖。淀粉在淀粉酶催化下水解生成麦芽糖，麦芽糖在麦芽糖酶的催化下最终水解生成葡萄糖。其水解过程如下：

$$\underbrace{淀粉\longrightarrow 蓝糊精\longrightarrow 红糊精\longrightarrow 无色糊精}_{淀粉酶催化}\underbrace{\longrightarrow 麦芽糖\longrightarrow 葡萄糖}_{麦芽糖酶催化}$$

淀粉在酸的存在下水解，最后生成许多个分子的葡萄糖。工业上常用淀粉制成葡萄糖和酒精等。淀粉在糖化酶的作用下，转化为葡萄糖，再在酒化酶的作用下，转变为酒精。反应可简略表示如下：

$$淀粉\xrightarrow{糖化酶}葡萄糖\xrightarrow{酒化酶}乙醇$$

13.4.2　纤维素

纤维素是构成植物细胞壁的主要成分，它在自然界中分布很广。在植物中，纤维素是和木质素（一种含有羟基、甲氧基以及芳环结构的复杂物质）、半纤维素（多聚戊糖和多聚己糖的混合物，相对分子质量比纤维素小）、油脂、无机盐等同时存在的。木材约含纤维素50%，亚麻含纤维素 80%,棉花约含 90% 以上。造纸工业就是以制取纯纤维素为主要任务,通常是在加热的条件下,用碱性溶液或亚硫酸铵溶液处理植物体,使其中的木质素等杂质溶解,而纤维素受碱的破坏作用较小(苷键对碱稳定),从而提取出纯粹的纤维素。

纤维素是白色纤维状固体,它的纯品无色、无味、无臭,不溶于水和常用的有机溶剂,但吸水膨胀。它像直链淀粉一样,是没有分支的链状分子化合物。

纤维素的分子式为 $(C_6H_{10}O_5)_n$,分子中的聚合度 n 与淀粉的不同。纤维素的相对分子质量比淀粉大得多,其葡萄糖单元约为 6 000~8 000。纤维素是葡萄糖通过 β-1,4-糖苷键连接起来的天然高分子化合物。其结构式如下:

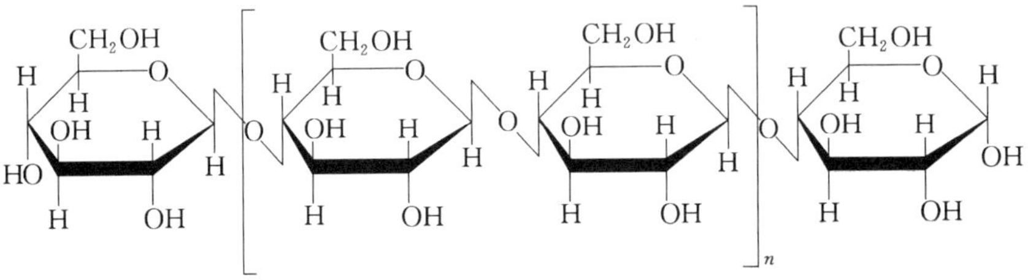

纤维素的结构式

纤维素比淀粉难水解,反应一般需要在浓酸中或在稀酸加压下进行。在水解过程中可以得到纤维四糖、纤维三糖和纤维二糖等,但水解的最终产物也是 β-葡萄糖。

13.4.3 糖原

糖原是无色固体,溶于水呈乳色,遇碘呈棕至紫色,无还原性,在稀酸或淀粉酶的催化下水解生成麦芽糖、异麦芽糖和葡萄糖。

糖原是动物体内糖的一种储存形式,所以又称动物淀粉。和支链淀粉一样,糖原也是由 α-1,4-糖苷键和 α-1,6-糖苷键连接而成的多支链结构,但糖原具有较小的相对分子质量和更多的分支,每个分支的平均长度相当于 12 个~18 个葡萄糖结构单位。糖原在动物组织内分布很广,肝脏、肌肉中储量较大。

本章小结及学习要求

多羟基醛或多羟基酮以及水解后能生成多羟基醛和多羟基酮的有机化合物称为碳水化合物,常简称糖。碳水化合物可分为单糖、低聚糖、多糖。单糖可以发生氧化、还原、成脲、成苷、显色等反应,不能水解。低聚糖中最重要的是二糖,蔗糖可水解为葡萄糖和果糖,麦芽糖可氧化、成脲、水解为两分子葡萄糖。多糖中主要是淀粉和纤维素,淀粉可水解为葡萄糖,可与碘-碘化钾溶液发生显色反应,纤维素可水解为葡萄糖。

学习本章时,应达到以下要求:掌握葡萄糖的环状结构,掌握还原性糖与非还原性糖的区别,理解糖的变旋光现象和化学性质,掌握糖的鉴别和应用,了解多糖的结构、性质和应用。

【阅读材料】

海藻糖在生物工程中的应用

脱水保存数十年的花粉、种子、真菌的孢子和许多微生物能在复水化数分钟后就恢复活性,这种奇特的现象称为"无水生活"。探索其中奥秘，发现它们都能积累大量的海藻糖(trehalose)。海藻糖是一种非还原性二糖，由两个葡萄糖分子通过糖苷键连接而成，化学性质非常稳定，无毒无害，不会焦糖化。

海藻糖分布十分广泛，在细菌、酵母、真菌、昆虫和哺乳动物等体内都有发现，在生物体内它既作为储存碳源，又是应激代谢的重要产物。海藻糖能帮助酵母细胞抗御营养缺乏、高温、低温、脱水及高渗透压等逆境。

人们对海藻糖这一天然的生命保护者产生了浓厚的兴趣，除了研究它在生物体内的代谢途径和生理功能外，更重视它的产品开发和应用。

1. 生物反应中的激活剂与稳定剂

温度是影响酶反应效率的主要因素之一，高温能提高酶的催化活力，但易使酶失活。耐热酶的发现为分子生物学带来巨大的进步，如 PCR 和连接酶链式反应的产生，目前局限于从一些耐热菌中分离得到耐热酶，而且酶催化反应类型也受到限制。研究发现海藻糖在高温下能保持酶的正常活性，甚至起热激活作用，还能用于提高干燥保存的酶的活性。在反应体系中加入海藻糖，使热敏感的酶在高温下稳定性和活性增加，可当作耐热酶使用，海藻糖的这一作用在生物药学和工业生产领域具有广泛的应用价值。

未加海藻糖的限制性内切酶 Noc I 在温度由 45 ℃升到 50 ℃时失活，加了海藻糖时酶不但不失活而且活力继续升高，说明海藻糖能抑制高温下酶的失活；37 ℃时海藻糖能够激活 DNase I，加了海藻糖，温度升到 50 ℃时酶活力显著升高；猪的胰脂肪酶在无水海藻糖介质中可以耐受 100 ℃高温，有水时则会失活。有实验表明海藻糖通过影响蛋白质水合作用来稳定和激活蛋白质，它可以降低溶液中蛋白质的水化作用，干燥时则能取代水或作为玻璃样稳定剂。海藻糖能阻止酶发生不可逆的热凝聚-热变性，与分子伴侣的功能相类似，实验中将一些分子伴侣与海藻糖共同使用，能进一步扩大对酶具有热稳定和热激活作用的温度范围。另外海藻糖并不是对检测的所有酶都有热稳定和热激活的作用，说明只有一部分蛋白质具有海藻糖识别和作用的位点。

2. 生物制剂的保存

温度、湿度和化学变性剂引起酶的失活是生物研究中迫切需要解决的问题之一。为保持液体酶的活力，国外大多采用在浓缩酶液中加入金属离子、多元醇、多糖类化合物等方法。近年来，一种建立在海藻糖基础上的天然保藏剂为酶的热稳定性保护提供了新的方法。采用海藻糖作为酶的稳定介质，研究它对乙醇脱氢酶和 SOD 的保护作用，发现酶活力保留的高低与加入海藻糖的浓度密切相关，在酶反复冻融时，海藻糖可以起稳定作用。海藻糖能在 37 ℃或 45 ℃储存条件下有效地保护酶，实验证明加入海藻糖保存的干燥的 EcoR I 酶，37 ℃能在 27 天内保持活性，45 ℃能在 12 天内保持活性。

对许多细胞质酶而言，海藻糖也是最有效的保护剂。海藻糖有效地保护酵母细胞质的两种酶——酵母焦磷酸酶和 6-磷酸-葡萄糖脱氢酶。在体外盐酸胍变性实验中，它不仅能维护酶结构的稳定，而且帮助避免盐酸胍引起的酶失活，其他糖类保护剂则只能保护这两种酶结构免受盐酸胍的影响，不能有效保护酶活性。海藻糖还能使嗜热脂肪芽孢杆菌的焦磷酸酶和酵母嵌合在膜上的 H^+-ATPase 免于盐酸胍变性，其保护效率随检测的蛋白质种类不同而变化。

生物样品常采用冷冻干燥保存，但保存过程中样品容易受到损伤，如敏感蛋白失活、脂质体失效等，主要是由膜脂质生理状态和敏感蛋白结构改变引起的。为了减少冷冻干燥保存对生物样品的不利影响，可以加入一些保护剂，其中海藻糖的功效最为显著。

3. 医药工业中的应用

海藻糖无毒无害，可以用于许多医药产品如疫苗、抗血清、细胞等的保存，甚至是保存外科手术所需的器官、血液、皮肤等。目前，人类的红细胞主要保存在 4 ℃柠檬酸—磷酸溶液中，货架寿命(shelf life)只有 21 天～35 天，通常用甘油作细胞保护剂。甘油能在水形成冰时限制电解质浓度升高，抑制冰晶生成速率,这样红细胞就可保存10年以上,但是需低温,而且输血前必须彻底除去甘油,操作复杂。海藻糖在冷冻与干燥时能保护人工和天然的膜免受破坏,有许多报道提出在储存液中加入海藻糖,就能在4℃条件下保存哺乳动物细胞。检测在不同冷冻速率条件下海藻糖对鼠细胞和牛精子细胞保存的影响,在最快的冷冻速度下,加了海藻糖的高渗透压培养基能够显著避免快速冷冻造成的破坏,同时能提高液氮储存细胞的复苏率。

4. 海藻糖基因工程

海藻糖基因工程包括两个方面:一是利用海藻糖基因构建具有抗逆性的转基因植物;二是利用工程微生物和酶工程改进海藻糖生产,提高产量,降低成本。

土壤盐渍化是影响农业生产和生态环境的一个重要因素,全世界的盐土约占陆地面积的1/3,迫切需要开发利用广阔的盐碱地和干旱地,其中最重要的手段就是开展植物抗渗透胁迫基因工程。海藻糖是微生物渗透胁迫应激反应的重要产物,近年来海藻糖代谢途径的研究已取得了很多成果,在多种微生物中相继克隆了代谢途径上各种酶的基因,如酵母中海藻糖合成酶基因 *tps*1,*tps*2 和 *tsll* 及两种海藻糖酶的基因 *nthl* 和 *athl*,大肠杆菌海藻糖合成酶基因 *ots* A,*ots* B 及海藻糖酶基因 *tre* B/C 等,它们都具有一些热激元件、渗透压反应元件,为构建转基因植物提供了有力的工具。已报道将大肠杆菌的 *ots* A 和 *ots* B 转化烟草和马铃薯,期望这些植物能积累海藻糖而获得抗渗透胁迫的特性。

虽然海藻糖资源广泛,但提取的成本较高,利用基因工程技术生产海藻糖具有很大优势。已从嗜热嗜酸古细菌 *S. acidocaldarius* ATCC 33909 中克隆了耐热酶 MTHase 和 MTSase 的基因,它们在高温下能利用麦芽糖或直链淀粉生产海藻糖,与其他酶系相比,产量和反应效率更高,目前在工业菌中利用这两种酶进行大规模生产已在规划之中。

习　题

13-1 名词解释。

(1) 单糖、低聚糖、多糖　　　　　　　　(2) 变旋现象

(3) 还原糖、非还原糖　　　　　　　　　(4) 苷、苷键、苷羟基

13-2 选择题(每题只有一个答案是正确的)。

(1) 下列物质属于还原糖的是(　　　)。

　　A. 葡萄糖　　　　　B. 蔗糖　　　　　C. 纤维素　　　　　D. 淀粉

(2) 淀粉彻底水解的产物是(　　　)。

　　A. 葡萄糖　　　　　　　　　　　　　B. 葡萄糖和果糖

　　C. 二氧化碳和水　　　　　　　　　　D. 麦芽糖和葡萄糖

(3) 下列糖中既能发生银镜反应,又能发生水解反应的是(　　　)。

　　A. 果糖　　　　　B. 麦芽糖　　　　　C. 蔗糖　　　　　D. 葡萄糖

(4) 下列化合物中无变旋现象的是(　　　)。

　　A. 葡萄糖　　　　　B. 麦芽糖　　　　　C. 纤维素　　　　　D. 乳糖

(5) 莫立许(Molisch)试验可用来证明(　　　)。

　　A. 阳性确证物质中含有糖　　　　　　B. 阴性确证物质中含有糖

　　C. 阴性证实是非还原糖　　　　　　　D. 阳性证实是还原糖

13-3 填空题。

(1) 与斐林试剂能反应的是_____(填"还原糖"或"非还原糖"),与碘能显深蓝色的是_____(填"直链淀粉"或"支链淀粉"),能被溴水氧化的是_____(填"醛糖"或"酮糖")。

(2) 淀粉、纤维素都是以很多葡萄糖为结构单位,它们分别通过_____和_____苷键结合；糖原的支链结构单位是 D-葡萄糖,它们通过_____苷键结合,糖原的分支链与分支链之间的连接点是以_____苷键结合的。

13-4 何谓变旋现象? 试以葡萄糖为例加以说明。

13-5 分别写出葡萄糖和果糖的链状结构式和环状结构式。

13-6 果糖是酮糖,为什么可像醛糖一样和斐林试剂、托伦试剂反应,可是又不和溴水反应?

13-7 用化学方法区别下列各组化合物。

(1) 葡萄糖和蔗糖　　(2) 麦芽糖和蔗糖　　(3) 蔗糖和淀粉　　(4) 淀粉和纤维素

13-8 用简单的化学方法鉴别果糖、直链淀粉、支链淀粉及纤维素。

13-9 写出所有五碳-2-酮糖的投影式,并指出哪些是 D-戊酮糖,哪些是 L-戊酮糖。

13-10 葡萄糖和下列试剂反应得到什么产物?

(1) $NaBH_4$　　(2) NH_2OH　　(3) Br/H_2O　　(4) HNO_3　　(5) 托伦试剂

13-11 写出下列反应的主要产物。

(1)

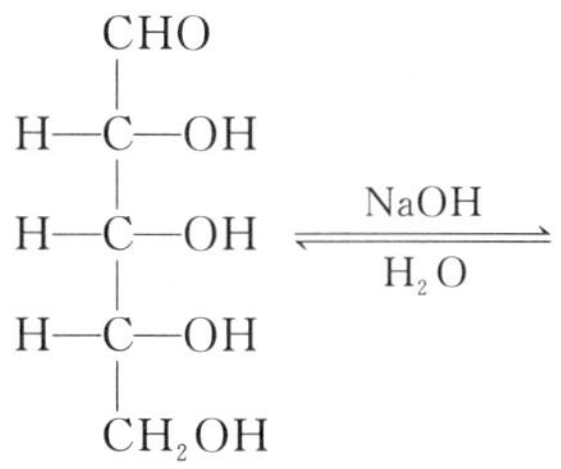

$$
\begin{array}{c}
CHO \\
H-C-OH \\
H-C-OH \\
H-C-OH \\
CH_2OH
\end{array}
\quad \underset{H_2O}{\overset{NaOH}{\rightleftharpoons}}
$$

(2)

$$
\begin{array}{c}
\qquad OH \\
H-C \\
H-C-OH \\
H-C-OH \\
H-C-O \\
CH_2OH
\end{array}
\quad \overset{[Ag(NH_3)_2]^+}{\longrightarrow}
$$

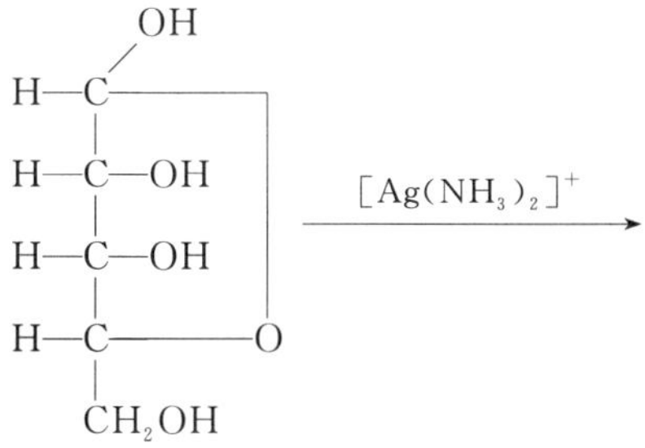

第14章　氨基酸、蛋白质和核酸

分子中含有氨基的羧酸叫作氨基酸。多个氨基酸缩水聚合而成的链状高分子化合物叫作蛋白质。氨基酸和蛋白质是生物体的重要组成部分,它们在生物体的生命活动中起着关键性的作用。生物的生长、发育、繁殖、遗传变异等生命基本现象,都与蛋白质和氨基酸之间的相互作用有关。总之,生物的生命现象,以至各种生理活动的进行,都是和各种蛋白质的分子组成,特别是它们的特定分子结构密切相关的。而一定结构的氨基酸,又决定着生物体内各种特异性蛋白质的合成,从而决定着生物体的种属特性。因此,对氨基酸和蛋白质的了解,是学习生物科学的基础。

14.1　氨基酸和多肽

14.1.1　氨基酸的分类及命名

氨基酸是一种双官能团化合物,和醇酸一样,也是根据—NH_2 和—COOH 在分子中的相对位置不同而分为 α-氨基酸,β-氨基酸,γ-氨基酸等,其中以 α-氨基酸最为重要。其通式如下:

$$\underset{\underset{NH_2}{|}}{R-CH-COOH} \qquad\qquad \underset{\underset{NH_2}{|}}{R-CH-CH_2-COOH}$$

α-氨基酸　　　　　　　　　　β-氨基酸

$$\underset{\underset{NH_2}{|}}{R-CH-CH_2-CH_2-COOH} \qquad \underset{\underset{NH_2}{|}}{CH_2-(CH_2)_n-COOH}$$

γ-氨基酸　　　　　　　　　　ω-氨基酸

任何一种蛋白质在酸、碱或酶的催化下,都可部分或全部水解成许多不同的氨基酸,常见的氨基酸有二十多种。这二十多种氨基酸都是 α-氨基酸。所以 α-氨基酸是构成蛋白质的基本单位。

α-氨基酸可按烃基不同分为脂肪族、芳香族和杂环族氨基酸,还可根据分子中羧基和氨基的数目不同分为中性氨基酸(一氨基一羧基氨基酸)、酸性氨基酸(一氨基两羧基氨基酸)和碱性氨基酸(两氨基一羧基氨基酸)。

氨基酸的命名,常根据其来源和性质采用俗名命名。例如,两个碳原子的氨基酸因具有甜味而称为甘氨酸。在系统命名法中,则将—NH_2 作为羧酸的取代基来命名。

在实际应用中,为使用方便,常用三个英文字母表示一种氨基酸,也常用一套单个字母的符号,以便在蛋白质中表示氨基酸的排列顺序。常见氨基酸的分类、命名与结构见表 14-1。

表 14-1　常见氨基酸的分类、命名与结构

分类	俗名	缩写符号	系统命名	结构式
中性氨基酸	甘氨酸	Gly	氨基乙酸	$CH_2(NH_2)COOH$
	丙氨酸	Ala	2-氨基丙酸	$CH_3CH(NH_2)COOH$
	丝氨酸	Ser	2-氨基-3-羟基丙酸	$CH_2(OH)CH(NH_2)COOH$
	半胱氨酸	Cys	2-氨基-3-巯基丙酸	$CH_2(SH)CH(NH_2)COOH$
	胱氨酸	Cys-Cys	双-3-硫代-2-氨基丙酸	$S{-}CH_2CH(NH_2)COOH$ $\mid$ $S{-}CH_2CH(NH_2)COOH$
	苏氨酸	Thr	2-氨基-3-羟基丁酸	$CH_3CH(OH)CH(NH_2)COOH$
	缬氨酸	Val	3-甲基-2-氨基丁酸	$(CH_3)_2CHCH(NH_2)COOH$
	蛋氨酸	Met	2-氨基-4-甲硫基丁酸	$CH_3SCH_2CH_2CH(NH_2)COOH$
	亮氨酸	Leu	4-甲基-2-氨基戊酸	$(CH_3)_2CHCH_2CH(NH_2)COOH$
	异亮氨酸	Ile	3-甲基-2-氨基戊酸	$CH_3CH_2CH(CH_3)CH(NH_2)COOH$
	苯丙氨酸	Phe	3-苯基-2-氨基丙酸	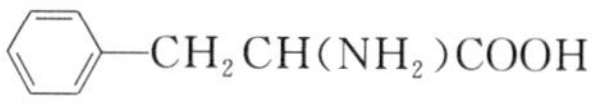
	酪氨酸	Tyr	2-氨基-3-(对羟苯基)丙酸	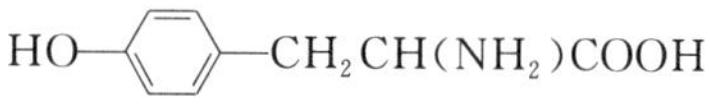
	脯氨酸	Pro	吡咯烷-2-甲酸	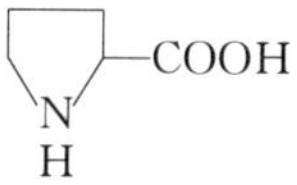
	羟脯氨酸	Hyp	4-羟基吡咯烷-2-甲酸	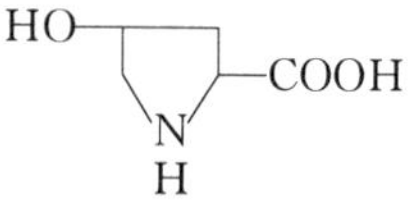
	色氨酸	Trp	2-氨基-3-(β-吲哚)丙酸	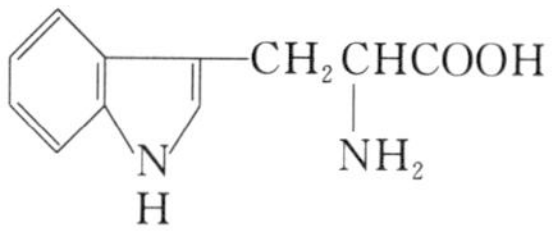
酸性氨基酸	天冬氨酸	Asp	2-氨基丁二酸	$HOOCCH_2CH(NH_2)COOH$
	谷氨酸	Glu	2-氨基戊二酸	$HOOCCH_2CH_2CH(NH_2)COOH$
碱性氨基酸	精氨酸	Arg	2-氨基-5-胍基戊酸	
	赖氨酸	Lys	2,6-二氨基己酸	
	组氨酸	His	2-氨基-3-(5-咪唑)丙酸	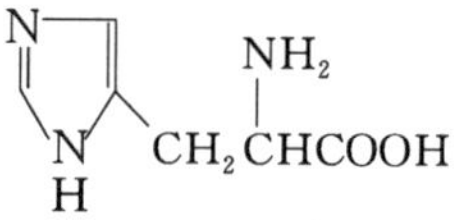

　　在哺乳动物体内不能合成而必须从食物中摄取的氨基酸,称为必需氨基酸,如赖氨酸、色氨酸等。必需氨基酸的含量是衡量蛋白质食品营养价值的重要指标。

14.1.2　氨基酸的构型

常见的组成蛋白质的各种氨基酸,除甘氨酸外,都有手性碳原子,它是 α-氨基酸的不对称中心。所以,每种氨基酸都有 D 构型和 L 构型两种立体异构体。

$$
\begin{array}{c}
\text{COOH} \\
\text{H} \underline{\qquad} \text{NH}_2 \\
\text{R} \\
\text{D-氨基酸}
\end{array}
\qquad
\begin{array}{c}
\text{COOH} \\
\text{H}_2\text{N} \underline{\qquad} \text{H} \\
\text{R} \\
\text{L-氨基酸}
\end{array}
$$

氨基酸的构型是以 α-氨基在空间的排布来区分的,费歇尔投影式中,—NH_2 在右边的称为 D 构型,—NH_2 在左边的称为 L 构型。由蛋白质水解得到的氨基酸都是 L-氨基酸。

以上两式中,R 可以是 CH_3—,$(CH_3)_2CH$—,$HOCH_2$—,$HSCH_2$—等,如 L-苏氨酸的构型如下:

$$
\begin{array}{c}
\text{COOH} \\
\text{H}_2\text{N} \underline{\qquad} \text{H} \\
\text{H} \underline{\qquad} \text{OH} \\
\text{CH}_3 \\
\text{L-苏氨酸}
\end{array}
$$

14.1.3　氨基酸的物理性质和化学性质

氨基酸是无色晶体,易溶于水而难溶于非极性有机溶剂,加热至熔点(一般在 200 ℃ 以上)则分解。这些性质与一般的有机物是有较大区别的。

氨基酸具有氨基和羧基的典型反应。例如,氨基可以烃基化、酰基化,可与亚硝酸作用;羧基可以生成酯、酰氯和酰胺等。此外,由于分子中同时具有氨基与羧基,因此还具有氨基酸所特有的性质。

(1) 两性与等电点

氨基酸分子中既有碱性的氨基,又有酸性的羧基,因此,氨基酸是两性物质,它与强酸、强碱都能成盐。实际上氨基酸本身就能形成内盐,结构式如下:

$$
\begin{array}{c}
\overset{+}{\text{NH}_3} \quad \text{O} \\
\text{R} \text{—} \text{CH} \text{—} \overset{\Vert}{\text{C}} \text{—} \text{O}^- \\
\end{array}
$$

氨基酸内盐(两性离子)

氨基酸的高熔点(实际为分解点)、难溶于非极性有机溶剂等性质说明氨基酸在结晶状态时是以两性离子的形式存在的。

由于氨基酸是两性离子,当氨基酸溶于水时,其羧酸部分电离出质子而带负电荷,氨基部分则接受质子而带正电荷。但是羧基的离解能力与氨基接受质子的能力并不相等。因此,氨基酸水溶液不一定呈中性。当羧基电离出质子的能力大于氨基结合质子的能力时,溶液偏酸性,氨基酸本身带正电荷;反之,则溶液偏碱性,氨基酸本身带负电荷。所以在水溶液中实际上是—COO^- 作为碱,从 H_2O 中夺取 H^+ 形成阳离子(如下列平衡中的 I),而—NH_3^+ 作为酸给出 H^+ 形成阴离子(如下列平衡中的 II)。氨基酸在水溶液中形成如下的平衡体系:

$$R-\underset{\underset{NH_2}{|}}{CH}-COOH$$

$$R-\underset{\underset{NH_3^+}{|}}{CH}-COOH \underset{H^+}{\overset{OH^-}{\rightleftharpoons}} R-\underset{\underset{NH_3^+}{|}}{CH}-COO^- \underset{H^+}{\overset{OH^-}{\rightleftharpoons}} R-\underset{\underset{NH_2}{|}}{CH}-COO^-$$

阳离子（Ⅰ）	两性离子（偶极离子）	阴离子（Ⅱ）
pH＜pI	pH＝pI	pH＞pI

在上述平衡体系中,加碱平衡向右移动,即在碱性溶液中,氨基酸主要以阴离子形式存在,在电场中向阳极迁移;加酸平衡向左移动,即在酸性溶液中,氨基酸主要以阳离子形式存在,在电场中向阴极迁移。在调节溶液的 pH 时,可使体系中的氨基酸以正、负电荷相等的两性离子状态存在,在电场中不向任何电极迁移,此时溶液的 pH 就是该氨基酸的等电点,以 pI 表示。在等电点时,氨基酸本身处于电中性状态,此时,溶解度最小,容易析出沉淀。

由于各种氨基酸结构不同,因而等电点不同。通过调节等电点可以在含有多种氨基酸的混合溶液中逐个分离出每一种氨基酸。在调节酸性氨基酸的等电点时,为了抑制羧基电离必须加酸;在调节碱性氨基酸的等电点时,为了抑制氨基的电离必须加碱;对于中性氨基酸,由于羧基的电离度略大于氨基,其水溶液呈弱酸性,所以也必须加适量酸进行调节。一般中性氨基酸的等电点在 5～6.3 之间,酸性氨基酸的等电点在 2.8～3.2 之间,碱性氨基酸的等电点在 7.6～10.8 之间。各种 α-氨基酸的等电点列于表 14-2。

表 14-2　常见 α-氨基酸的等电点

氨基酸	等电点(20℃)	氨基酸	等电点(20℃)	氨基酸	等电点(20℃)
甘氨酸	5.97	蛋氨酸	5.74	色氨酸	5.89
丙氨酸	6.02	亮氨酸	5.98	天冬氨酸	2.77
丝氨酸	5.68	异亮氨酸	6.02	谷氨酸	3.22
半胱氨酸	5.02	苯丙氨酸	5.48	精氨酸	10.76
胱氨酸	4.60(30℃)	酪氨酸	5.66	赖氨酸	9.74
苏氨酸	6.53	脯氨酸	6.30	组氨酸	7.59
缬氨酸	5.96	羟脯氨酸	5.83		

（2）与亚硝酸反应

氨基酸与亚硝酸作用,生成羟基酸,同时放出氮气,反应式如下:

$$R-\underset{\underset{NH_2}{|}}{CH}-COOH + HNO_2 \longrightarrow R-\underset{\underset{OH}{|}}{CH}-COOH + N_2\uparrow + H_2O$$

反应是定量完成的,测定放出氮气的量,便可计算分子中氨基氮的含量。这个反应叫作范斯莱克(Van Slyke)氨基测定法,可用于除脯氨酸以外所有氨基酸的定量测定。

（3）配位反应

氨基酸中的羧基可以与金属成盐,同时氨基的氮原子上又有未共用电子对,可以与某些金属离子形成配位键,因此氨基酸能与某些金属离子形成稳定的络合物。如与 Cu^{2+} 能形成蓝色络合物结晶,可用此方法来分离或鉴定氨基酸。

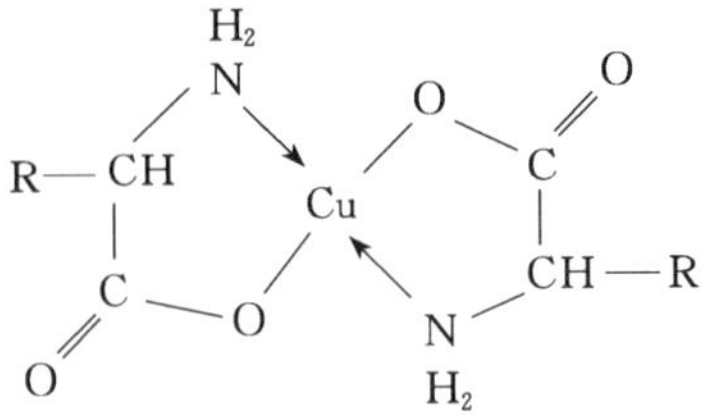

氨基酸与 Cu^{2+} 形成的络合物

（4）与茚三酮反应

氨基酸与茚三酮水溶液一起加热,能生成蓝紫色物质。这是鉴别氨基酸常用的方法(脯氨酸、羟脯氨酸呈黄色)。

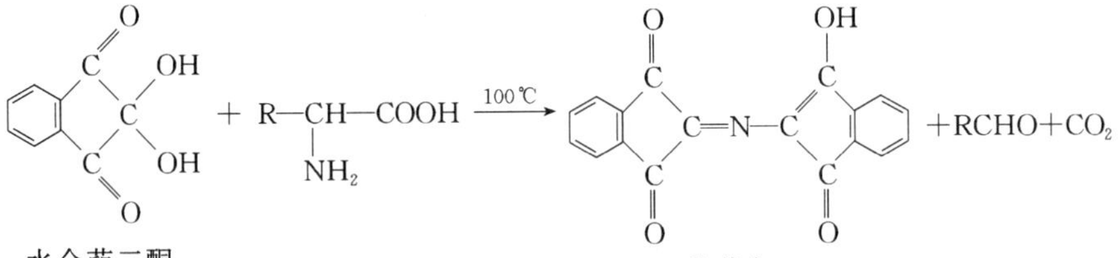

水合茚三酮　　　　　　　　　　蓝紫色

（5）成肽反应

多个 α-氨基酸中的氨基与羧基发生分子间脱水,生成的以酰胺键($-\overset{O}{\underset{}{C}}-\overset{H}{\underset{}{N}}-$)相连而成的一类化合物叫作肽,酰胺键又称肽键。

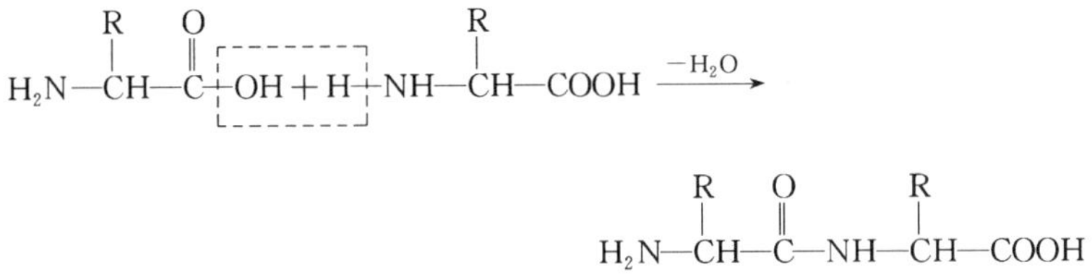

二肽

14.1.4　多肽

由两个氨基酸缩合而成的肽称为二肽,由三个氨基酸缩合而成的肽称为三肽,以此类推,多个氨基酸缩合而成的肽称为多肽。

氨基酸缩合成肽时,不仅和组成肽的氨基酸的种类和数目有关,而且和肽链上各种氨基酸的排列顺序有关,所以肽的同分异构体很多。并且随组成氨基酸数目的增加,其同分异构体迅速增多。

在多肽中,由于氨基酸已经不是完整的氨基酸,故称氨基酸残基。其中一端具有游离氨基称 N 端,另一端有游离羧基称 C 端。书写时,从 N 端开始到 C 端结束,命名时以 C 端氨基酸为母体系称为"某氨酸",从 N 端开始,依次把其他氨基酸的酰基名称"某氨酰"写在母体氨基酸前面,并用短线分开。例如,

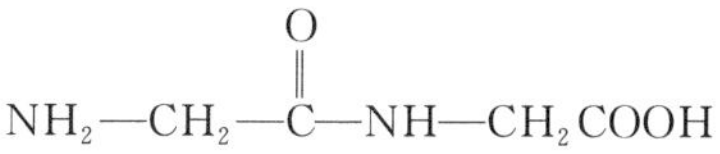

$$\overset{\displaystyle O}{NH_2-CH_2-\overset{\parallel}{C}-NH-CH_2COOH}$$

甘氨酰-甘氨酸

（甘·甘或 Gly·Gly）

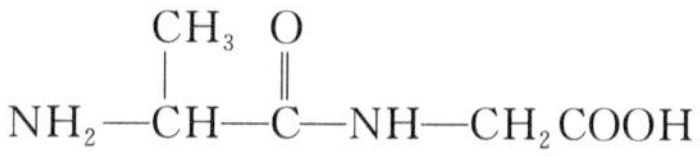

$$\overset{\displaystyle CH_3\quad O}{NH_2-\overset{|}{CH}-\overset{\parallel}{C}-NH-CH_2COOH}$$

丙氨酰-甘氨酸

（丙·甘或 Ala·Gly）

14.2 蛋白质

蛋白质是存在于一切细胞中的高分子化合物之一，是生物体内一切组织的基础物质。它们在生物体中承担着各种各样的生理作用和机械功能。例如，肌肉、毛发、蚕丝、指甲、角、激素、酶、血清、血红蛋白等都是由不同的蛋白质构成的，它们供给机体营养，执行保护机能，负责机械运动，控制代谢过程，输送氧气，防御病菌的侵袭，传递遗传信息，等等。细胞内除水外，其余 80% 的物质是蛋白质。

14.2.1 蛋白质的组成和分类

蛋白质主要是由 C，H，O，N，S 等元素组成，有些还含有 P，Fe，I 等元素。天然蛋白质在无机酸或碱中水解为 α-氨基酸的混合物。由此可以看出，蛋白质是由多个 α-氨基酸分子间失水形成酰胺键而组成的链状高分子化合物，相对分子质量很大，从 1 万至几百万。蛋白质的组成可以用下面部分结构式来表示：

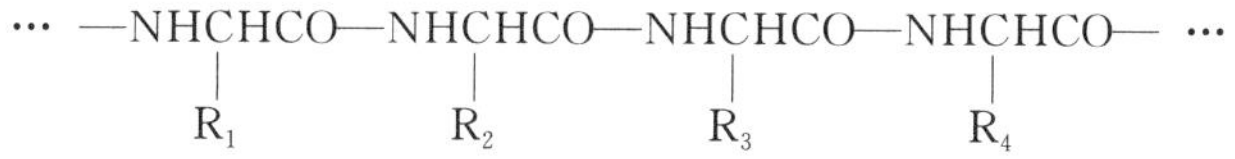

$$\cdots\ -\underset{R_1}{NHCHCO}-\underset{R_2}{NHCHCO}-\underset{R_3}{NHCHCO}-\underset{R_4}{NHCHCO}-\ \cdots$$

其中 R_1，R_2，R_3，R_4 等可以相同或不相同。

蛋白质根据其形状、组成和生理作用，有三种分类方法：

（1）根据蛋白质的形状分为纤维状蛋白质和球状蛋白质。例如，丝蛋白、角蛋白等纤维状的叫作纤维蛋白；蛋清蛋白、酪蛋白、各种酶等球状的叫作球蛋白。

（2）根据蛋白质的化学组成的不同，可以分为单纯蛋白质和结合蛋白质。单纯蛋白质是由多肽组成，其水解最终产物都是 α-氨基酸。结合蛋白质则是水解后，除生成 α-氨基酸外，还生成非蛋白质（如糖、脂肪、色素、含磷化合物、含铁化合物等）。如由蛋白质和脂类结合的叫脂蛋白，与糖类结合的叫糖蛋白，与血红素结合的叫血红蛋白。

（3）根据蛋白质的生理作用不同来分类。例如，肌肉、皮肤、毛发等叫作结构蛋白，起催化作用的叫酶，起调节作用的叫激素，起免疫作用的叫抗体，等等。

14.2.2 蛋白质的结构

蛋白质的结构非常复杂。经过许多科学家长期的努力，一般认为到目前为止，运用各种物理和化学方法，可将蛋白质的结构分为一级结构、二级结构、三级结构和四级结构。

（1）一级结构

蛋白质的一级结构是指各种氨基酸按一定顺序相互结合所形成的多肽链（主链），这是蛋白质最基本、最稳定的结构。例如，胰岛素含有两条多肽链，共有 51 个氨基酸。一条肽链由 21 个氨基酸组成，称为 A 链；另一条肽链由 30 个氨基酸组成，称为 B 链。A 链和 B 链通过两个二硫键互相连接。

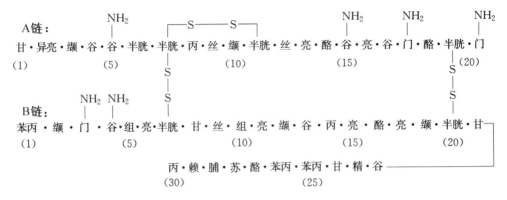

牛胰岛素的一级结构

（2）二级结构

多肽链在空间不是任意排布的。某些基团之间的氢键作用使肽链具有一定的构象，这便是蛋白质的二级结构。蛋白质的二级结构主要有以下两种形式：

① α-螺旋

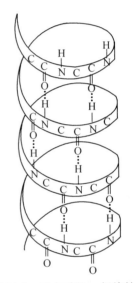

α-螺旋多肽链结构如图 14-1 所示。多肽链中有很多的—NH 和—C≡O 基团通过氢键相互联结，以保持肽链形成稳定的 α-螺旋结构。每一圈平均有3.6个氨基酸，相邻两圈的间距为 0.540 nm。虽然 α-螺旋是蛋白质分子中最普遍存在的一种结构，但是各种蛋白质分子中 α-螺旋所占的比例不同，例如，在肌红蛋白质分子中 α-螺旋占 70%，而在牛奶的乳球蛋白质分子中则没有α-螺旋结构。

② β-折叠

图 14-1　蛋白质的 α-螺旋结构

β-折叠多肽链结构如图 14-2 所示。肽链伸展在折叠形的平面上，相邻的肽链又通过氢键相互联结。肽链的排列可以采取平行或反平行的方式。

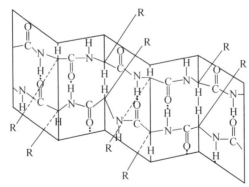

图 14-2　多肽链 β-折叠形构象

（3）三级结构

蛋白质的三级结构是多肽链在二级结构的基础上进一步扭曲和折叠。在扭折时，倾向于把亲水的极性基团露于表面，而疏水的非极性基团包在中间。球状蛋白质往往比纤维状蛋白质盘卷折叠的程度更大。肌红蛋白的结构如图 14-3 所示。

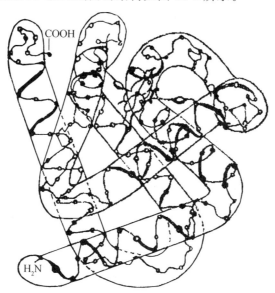

图 14-3　肌红蛋白的结构

蛋白质的三级结构较为稳定，其结构中含有盐键（电性相反的基团之间的离子性相互作用）、氢键、二硫键、疏水基相互作用，偶极与偶极之间的范德华力。

（4）四级结构

两个或两个以上具有三级结构的肽链缔合在一起，就是蛋白质的四级结构。血红蛋白是蛋白质四级结构的典型例子，它是由四条肽链缔合而成。

1965 年，我国科学家首先人工合成了具有生理活性的结晶牛胰岛素。其后，他们又完成了胰岛素空间结构的研究工作。人工合成胰岛素的成功，标志着人类在认识生命、揭示生命奥秘的历程中迈出了关键性的一步，引起了世界科学界的极大震动。

14.2.3　蛋白质的性质

蛋白质是高分子化合物。多数蛋白质可溶于水或其他极性溶剂，不易溶于有机溶剂。蛋白质的水溶液具有胶体的性质，不能透过半透膜，能够发生电泳现象。

（1）两性与等电点

蛋白质是由许多氨基酸组成的，虽然一条肽链仅有一个游离的羧基端和一个游离的氨基端，然而构成蛋白质的氨基酸尚有许多在侧链上的可以离解的基团，情况比较复杂。尽管如此，蛋白质在酸性溶液中带正电荷，在碱性溶液中则带负电荷。调节溶液的 pH 至一定数值时，蛋白质的净电荷为零，在电场中不移动，此时溶液的 pH 就是该蛋白质的等电点。

蛋白质的两性电离可以用下式表示

$$P \begin{array}{c} NH_2 \\ COOH \end{array}$$

$$\begin{array}{ccc} P\begin{array}{c}NH_2\\COO^-\end{array} & \underset{OH^-}{\overset{H^+}{\rightleftharpoons}} & P\begin{array}{c}\overset{+}{N}H_3\\COO^-\end{array} & \underset{OH^-}{\overset{H^+}{\rightleftharpoons}} & P\begin{array}{c}\overset{+}{N}H_3\\COOH\end{array} \end{array}$$

阴离子　　　　　　　　　　　　　　　　　　阳离子
pH>pI　　　　　　　　　pH＝pI　　　　　　　pH<pI

上式中,P 表示蛋白质大分子,pI 是该蛋白质的等电点,在等电点时极易析出蛋白质沉淀。在制备蛋白质时,常利用此性质使它从溶液中分离出来。

不同的蛋白质有不同的等电点,表 14-3 列出了几种常见蛋白质的等电点。

表 14-3　几种常见蛋白质的等电点

蛋 白 质	等电点(20 ℃)	蛋 白 质	等电点(20 ℃)
丝纤维蛋白	2.0～2.4	乳球蛋白	4.5～5.5
酪蛋白	4.6	胰岛素	5.3～5.35
白明胶	4.8～4.85	血清球蛋白	5.4～5.5
血清蛋白	4.88	血红蛋白	6.79～6.83
卵清蛋白	4.84～4.90	鱼精蛋白	12～12.4

蛋白质的两性离子性质使其成为生物体内的重要缓冲剂。人体的正常 pH 主要是靠血液中的蛋白质(如血浆蛋白)来调节的。在等电点时,蛋白质分子的导电性、溶解度、黏度、渗透压等都最小。

(2)溶解性与盐析

蛋白质分子颗粒在水溶液中是非常稳定的,这主要有两方面的原因:一是水化层的作用。蛋白质多肽链含有很多极性基团,如—NH₂,—COOH,—OH,—CONH—等。这些极性基团与水分子之间的吸引力,使蛋白质分子颗粒的表面被一层很厚的水分子层所包围,这个水分子层称为水化膜。水化膜的存在,避免了蛋白质分子颗粒之间的接触,从而使其在溶液中稳定存在。二是蛋白质所带的电荷。由于蛋白质分子上某些基团的离子化,蛋白质分子表面带有电荷。蛋白质的带电,增加了水化层的厚度,使其在溶液中稳定存在。

除去这两种因素,蛋白质就会发生沉淀。在生产上,使蛋白质沉淀最常用的方法是在蛋白质溶液中加入大量溶解度很大的中性盐类,如硫酸铵等。因为硫酸铵是强电解质,它强烈的水化作用能剥去蛋白质分子表面的水化层,使蛋白质沉淀下来。这种用电解质盐类使蛋白质沉淀的反应叫作盐析。蛋白质的盐析是一种可逆沉淀的过程,在一定条件下蛋白质可重新溶解,并恢复原来的生理活性。盐析作用有以下三个特征:

① 蛋白质的构象基本不变;

② 保持蛋白质的原有生理活性;

③ 盐析是可逆沉淀,当加入大量水稀释时,沉淀会溶解。

淀粉酶等酶制剂的提取常用盐析法。酒精及丙酮等有机溶剂能破坏蛋白质的水化膜,所以在等电点时,加入这些溶剂可使蛋白质沉淀。例如,乳品厂在检验牛奶是否酸腐时,常用 $60\%\sim70\%$ 的酒精溶液作为脱水剂。牛奶中酪蛋白的等电点是 4.7,如果牛奶酸腐了,酸度升高即可达到酪蛋白的等电点,此时加入脱水剂去掉水化膜就破坏了蛋白质的稳定因素而导致蛋白质凝聚沉淀下来,这样来判断牛奶是否已酸腐变质。

（3）蛋白质的变性

蛋白质经物理或化学方法处理以后,蛋白质分子中肽链间的二硫键和氢键受到破坏,肽链展开,改变了原来的空间立体构型,这种现象叫作蛋白质的变性。蛋白质变性的结果一般有：①蛋白质肽键更易被蛋白质水解酶水解;②溶解度降低;③酶活性降低或消失;④不再结晶;⑤黏度增加;⑥旋光度增加。这些性质与蛋白质变成非叠形,变得更不对称而暴露更多疏水基有关(见图 14-4)。

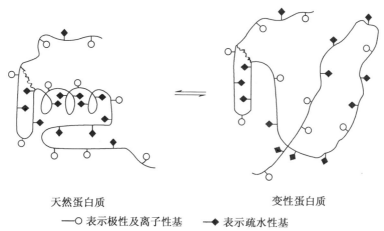

天然蛋白质　　　　　　　　　　变性蛋白质

—○表示极性及离子性基　　◆表示疏水性基

图 14-4　天然蛋白质和变性蛋白质

使蛋白质变性的物理因素有很多,加热是最重要的一种,蛋白质的变性速率与温度有很大关系。一般化学反应温度每上升 10 ℃,其反应速率就会翻倍,而变性反应的速率则增加到 600 倍。这也告诉我们低温下操作可减少和抑制蛋白质的变性。其他物理方法如高压、紫外线照射、超声波或 X 光照射等都可使蛋白质变性。

化学方法变性是指由强酸、强碱、金属盐、乙醇、丙酮等导致的蛋白质变性。

蛋白质变性往往是不可逆的。蛋白质变性后,不一定产生沉淀,用盐析法沉淀出来的蛋白质并没有变性。但多数情况蛋白质发生变性后,有沉淀现象。

在蛋白质加工中,常常利用到蛋白质的变性。例如,制造干酪就是用凝乳酶使酪蛋白凝固;豆腐制造也是利用钙、镁离子形成的盐使大豆蛋白凝固下来的。

制备生物制剂时则需要蛋白质不变性,即利用温和的沉淀法得到的蛋白质仍能保持其一定的生理活性。

（4）水解反应

蛋白质在水中受到酸、碱等催化剂的影响,导致一级结构都遭到破坏,容易发生水解反应。此时可以产生一系列中间产物,直到最终生成氨基酸。

$$蛋白质 \longrightarrow 多肽 \longrightarrow 二肽 \longrightarrow \alpha\text{-}氨基酸$$

（5）颜色反应

蛋白质可以和多种试剂发生颜色反应,常利用这些颜色反应来对蛋白质做定性和定量分析。蛋白质遇到硝酸,在芳香氨基酸的侧链芳香环上发生硝化反应,产生黄色,这被称为黄色反应。做实验时皮肤不慎溅上硝酸会留下黄色的痕迹,就是黄色反应的结果。常见蛋白质的颜色反应列于表14-4。

表 14-4 蛋白质的重要颜色反应

反应名称	试 剂	颜 色	反应基团	有反应的蛋白质
双缩脲反应	稀碱,稀硫酸铜溶液	粉红～蓝紫	两个以上肽键	各种蛋白质
茚三酮反应	水合茚三酮	蓝紫	游离氨基	各种蛋白质
黄色反应	浓硝酸、加热、稀 NaOH	黄～橙黄	苯 基	含苯基的蛋白质
米伦反应	米伦试剂	白～砖红	酚 基	含酚基的蛋白质
乙醛酸反应	乙醛酸试剂、浓硫酸	紫	吲哚基	含吲哚基的蛋白质

14.3 核酸

核酸是一种非常重要的生物高分子。1868 年,米歇尔(F. Miescher)从细胞核中分离出一种含磷的酸性物质,由于这种物质首先是从细胞核中分离得到的,且有酸性,故称为核酸。在细胞内,大部分核酸是与蛋白质结合以核蛋白的形式存在,也有少量是以游离态或与氨基酸结合形式存在。核酸起着储存、复制与转录遗传信息,控制蛋白质合成的功能,是与生命密切相关的一类基本物质。

14.3.1 核酸的组成

正如蛋白质是由氨基酸结合而成的一样,核酸是由许多核苷酸聚合而成的。因此,核酸又称多聚核苷酸。但核酸中核苷酸单体的数目远远多于蛋白质中氨基酸单体的数目。一些 DNA 分子的长度可以用电子显微镜直接测量,大肠杆菌染色体 DNA 由 40 多万个碱基对组成,相对分子质量为 2.6×10^9,长度达 1.4 mm。

若将核酸逐步水解可得到多种产物,首先得到核苷酸;将核苷酸水解,产物是磷酸和核苷;最后水解核苷,得到戊糖(核糖或脱氧核糖)和一个嘧啶或嘌呤类的有机碱(称为碱基)。即

$$核酸 \xrightarrow{水解} 核苷酸 \xrightarrow{水解} \begin{cases} 磷酸 \\ 核苷 \xrightarrow{水解} \begin{cases} 戊糖(核糖或脱氧核糖) \\ 有机碱(嘧啶或嘌呤类) \end{cases} \end{cases}$$

根据戊糖的不同,将核酸分为核糖核酸(RNA)和脱氧核糖核酸(DNA)。核酸中的糖若

为核糖,则为 RNA；若为脱氧核糖,则为 DNA。在其他方面两者也有差别,RNA 含尿嘧啶,而 DNA 含胸腺嘧啶,另外三种碱基是两者都有。核糖或脱氧核糖与碱基生成的糖苷分别称为核苷和脱氧核苷,所有碱基均以 β-苷键结合在糖的第一位碳原子上。

核苷的戊糖羟基被磷酸酯化就形成核苷酸。因此,核苷酸是核苷的磷酸酯。核苷酸可分为核糖核苷酸和脱氧核糖核苷酸。例如,

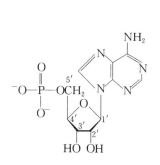
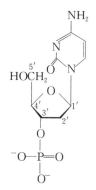

5′-腺嘌呤核苷酸　　　　　　3′-胞嘧啶脱氧核苷酸
或腺苷-5′-磷酸　　　　　　　或脱氧胞苷-3′-磷酸

核糖核苷的糖环中在 2,3,5 位各有一个羟基,因此可生成三种核糖苷酸,而脱氧核糖核苷因糖环上只有两个羟基则只能生成两种脱氧核糖核苷酸。

核苷酸为二元酸,还可以与另一个核苷酸成酯,多个核苷酸彼此借 3′,5′-磷酯键连接起来,生成多聚核苷酸的生物大分子,即核酸。

来自 RNA 和 DNA 的核苷酸单体的名称列于表 14-5。

表 14-5　RNA 和 DNA 的核苷酸单体

RNA	DNA
腺嘌呤核苷酸（AMP）	腺嘌呤脱氧核苷酸（d-AMP）
鸟嘌呤核苷酸（GMP）	鸟嘌呤脱氧核苷酸（d-GMP）
胞嘧啶核苷酸（CMP）	胞嘧啶脱氧核苷酸（d-CMP）
尿嘧啶核苷酸（UMP）	胸腺嘧啶脱氧核苷酸（d-TMP）

14.3.2　核酸的结构

核酸也有一级结构、二级结构和三级结构。一级结构是指组成核酸的核苷酸种类及其连接顺序,它决定了核酸的基本性质。

在对各种生物的 DNA 碱基组成进行定量测定后发现,所有 DNA 中腺嘌呤与胸腺嘧啶的物质的量几乎相等,即 A≈T；鸟嘌呤与胞嘧啶的物质的量几乎相等,即 G≈C。因此,嘌呤的总数等于嘧啶的总数,即 A+G=T+C。这表明在 DNA 中 A 与 T,G 与 C 是成对出现的。根据 X-射线晶体衍射分析,分子模型的推论以及各碱基的性质,1953 年"DNA 双螺旋之父"沃森（J Watson）和克里克（F Crick）提出了双螺旋结构模型

（见图 14-5），即 DNA 的二级结构。该模型中，DNA 是由两条反向平行的脱氧核糖核酸链（一条是 $3' \rightarrow 5'$ 方向，一条是 $5' \rightarrow 3'$ 方向）彼此盘绕成右手螺旋。两条链由碱基对之间的氢键连接，A 与 T 相互配对，G 与 C 相互配对，两条链互补。当一条链的碱基顺序已知时，即可推知另一条互补链的碱基顺序。

在双螺旋中，配对的碱基层叠于螺旋内侧，其平面与中心轴垂直。脱氧核糖和磷酸在外侧。螺旋的平均直径为 2.0 nm，顺轴方向每隔 0.34 nm 有一个核苷酸，每 10 个核苷酸组成一圈螺旋，每圈的距离为 3.4 nm。

在二级结构的基础上，DNA 还可以形成三级结构：双链环形、开链环形以及扭曲麻花等。目前已可以将相对分子质量不太大的 DNA 以天然状态分离出来，例如某些病毒 DNA、噬菌体 DNA、细菌质体 DNA、叶绿体 DNA 以及线粒体 DNA 等。

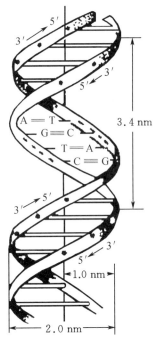

图 14-5　DNA 的双螺旋结构的部分模型图

14.3.3　核酸的生物学功能

核酸的生物学功能是多种多样的，但最重要的是在生物遗传和蛋白质生物合成中的作用，因而与生命科学有密切的关系。核酸的生物功能主要有两个方面：一是分子的自我复制；二是 DNA 分子通过 RNA 控制生物体内蛋白质的合成。那么，核酸的这两个功能是如何与核酸的结构联系起来的呢？

DNA 是生物遗传的主要物质基础，是生物遗传信息的储存库。每种生物的形态结构和生理特征通过 DNA 传给子代。DNA 分子所储存的遗传信息是根据其分子的四种碱基（代表四种核苷酸的 A，C，G，T）以特定顺序排成"三个一组"的遗传密码为代表的。

DNA 还是合成信使核糖核酸 mRNA 的模板，将所储存的遗传信息传给 mRNA。当生物体需要合成某一种蛋白质时，DNA 首先把它以密码形式储存的有关这种蛋白质的遗传信息（核苷酸排列顺序遗传密码）转录给 mRNA，随后转运核糖核酸（tRNA）接受 mRNA 传来的信息（遗传密码），并把信息转译成相应的氨基酸带到核糖体上，按照 mRNA 从 DNA 得来的密码顺序将氨基酸接成多肽，完成蛋白质的合成。在这一过程中，氨基酸是原料，mRNA 是模板，tRNA 是运载工具，核糖体是合成蛋白质的场所。

本章小结及学习要求

α-氨基酸是组成蛋白质的基本单位。常见的 20 多种 α-氨基酸除甘氨酸没有手性碳原子外，其他的均为 L 构型。α-氨基酸既有氨基的性质，又有羧基的性质，从而表现出两性。α-氨基酸在等电点时呈电中性，溶解度最小,容易析出。

α-氨基酸相互缩合得到肽。多肽链中氨基酸的排列顺序就是蛋白质的一级结构,它决定着蛋白质的整个空间结构。蛋白质的肽链进一步卷曲、折叠形成二级结构、三级结构和四级结构。这些不同等级的结构决定了蛋白质分子的物理、化学性质和生理功能。蛋白质是两性化合物,其溶液为亲水胶体,当空间结构在物理或化学因素影响下发生改变时,蛋白质即发生变性。蛋白质在酸、碱或蛋白酶的作用下能水解成胨、多肽等一系列中间产物,其最终产物是α-氨基酸。核酸是存在于细胞中的一种酸性物质,包括两种,即 RNA 和 DNA。核酸水解的最终产物是氨基酸。

学习本章时,应达到以下要求:掌握氨基酸的两性和等电点、与水合茚三酮的显色反应、缩合反应,掌握蛋白质的两性和等电点、胶体性质、盐析、变性和显色反应以及这些反应的实际应用,了解蛋白质、核酸的结构特点。

【阅读材料】

生 物 酶

生物酶是一种有生物活性的蛋白质,是生物体内许多复杂化学反应的催化剂。人类从发明酿酒、造醋、制酱和面粉发酵时起,就对生物催化作用有了初步的了解,但当时并不知道起催化作用的物质就是生物酶。进入 19 世纪后期,人们开始对酶有了认识,并了解到酶来自生物细胞。到了 20 世纪,人们已经发现了多种酶,并对其性质进行了深入的研究。例如,1926 年第一次成功地从刀豆中提取了脲酶的结晶,并证明这种结晶具有蛋白质的化学性质,它能催化尿素分解为 NH_3 和 CO_2。此后,又相继分离出许多酶的结晶,如胃蛋白酶、胰蛋白酶等。现在,人们鉴定出的酶已达 2 000 种以上。

经实验证明,酶的成分与蛋白质一样,也是由氨基酸组成的。它们是一类由生物细胞产生的,以蛋白质为主要成分、具有催化活性的生物催化剂。这种生物催化剂具有以下特点。

1. 对环境变化敏感

生物酶具有蛋白质的一般特性,当受到高温、强酸、强碱、重金属离子、配位体或紫外线照射等因素的影响时,非常容易失去催化活性。

2. 催化反应条件温和

酶的催化反应都是在比较温和的条件下进行的。例如,人体中的各种酶促反应,一般是在体温(约37 ℃)和血液的 pH(约为 7.0)条件下进行的。

3. 催化对象具有专一性

酶的催化作用具有高度的专一性。例如,脲酶只能催化尿素水解,而对尿素衍生物和其他物质的水解不具有催化作用,也不能使尿素发生其他反应;麦芽糖酶只能催化麦芽糖水解成葡萄糖;蔗糖酶只能催化蔗糖水解成葡萄糖和果糖等等。

4. 催化效率高

用生物酶催化剂,可降低反应活化能,提高反应效率。

根据化学组成不同,生物酶可以分为两类:一类是单纯酶,另一类是结合酶。单纯酶的分子组成是蛋白质,脲酶、蛋白酶、淀粉酶、脂肪酶、核糖核酸酶等都属于单纯酶。结合酶的分子组成除蛋白质外,还含有一些辅助因子,这些辅助因子通常是由金属离子形成的配合物,如含有 Mg^{2+} 的叶绿素和含有 Fe^{3+} 的血红素等。

人类对于生物酶的研究已经形成了一个独立的科学体系——生物酶工程。它是以酶学和 DNA 重组技术为主的现代分子生物学技术相结合的产物。它的研究内容包括三个方面:一是利用 DNA 重组技术大量地产生酶;二是对酶基因进行修饰,产生遗传修饰酶;三是设计新的酶基因,合成催化效率更高的酶。生物酶的深入研究和发展极大地推进了生命科学的研究进程。

习　题

14-1 名词解释。

氨基酸　肽　蛋白质的一级结构　氨基酸的等电点

14-2 某氨基酸溶于 pH＝7 的纯水中,所得氨基酸的水溶液 pH＝6。问:此氨基酸的等电点是大于 6,等于 6,还是小于 6?

14-3 氨基酸既具有酸性又具有碱性,但等电点都不等于 7。即使一氨基一羧基的氨基酸其等电点也不等于 7,这是为什么?

14-4 下面的化合物是二肽、三肽还是四肽?指出其中的肽键、N 端及 C 端氨基酸,此肽可被认为是酸性的、碱性的还是中性的?

$$(CH_3)_2CHCH_2\underset{\underset{NH_2}{|}}{C}HCONH\underset{\underset{CH_2CH_2SCH_3}{|}}{C}HCONHCH_2COOH$$

14-5 DNA 和 RNA 在结构上主要有什么差别?

14-6 写出下列肽的完整结构。

(1) H—Gly—Phe—Met—OH

(2) Gly◄——Ser

　　↓　　↗

　Phe

14-7 在 pH 值大于或小于等电点的水溶液中,氨基酸较易溶解还是较难溶解?为什么?

14-8 将丙氨酸溶在水中,要使它达到等电点应加酸还是加碱(丙氨酸的等电点为 6.02)?

14-9 写出甘氨酸与下列试剂反应的主要产物。

(1) KOH 水溶液　　　　　　　　　(2) HCl 水溶液

(3) C_2H_5OH＋HCl　　　　　　　　(4) CH_3COCl

(5) C_6H_5COCl＋NaOH　　　　　　(6) $NaNO_2$＋HCl(低温)

(7) 与 $Ba(OH)_2$ 反应后加热

14-10 用简单化学方法鉴别下列各组化合物。

(1) $CH_3\underset{\underset{NH_2}{|}}{C}HCOOH$, $NH_2CH_2CH_2COOH$ 与 ⟨⟩—NH_2

(2) 苏氨酸与丝氨酸

(3) 乳酸与丙氨酸

14-11 写出下列反应的主要产物。

(1) $CH_3\underset{\underset{NH_2}{|}}{C}HCOOC_2H_5$ ＋H_2O $\xrightarrow[\triangle]{HCl}$

(2) $CH_3\underset{\underset{NH_2}{|}}{C}HCOOC_2H_5$ ＋$(CH_3CO)_2O$ ⟶

(3) $CH_3\underset{\underset{NH_2}{|}}{C}HCONH_2$ ＋HNO_2(过量) ⟶

（4） $CH_3CHCONHCHCONHCH_2COOH + H_2O \xrightarrow{H^+}$
       | |
      NH_2 $CH_2CH(CH_3)_2$

（5） $CH_3CHCOOH + CH_3CH_2COCl \longrightarrow$
      |
    NH_2

（6） $CH_3CHCH_2CHCOOH + CH_3OH（过量）\xrightarrow{HCl}$
      | |
    CH_3 NH_2

（7） $CH_3CH_2CH_2CH_2CHCOOH + CH_3CH_2I（过量）\longrightarrow$
               |
           NH_2

（8） $CH_3CHCOOH \xrightarrow{\triangle}$
      |
    NH_2

（9） 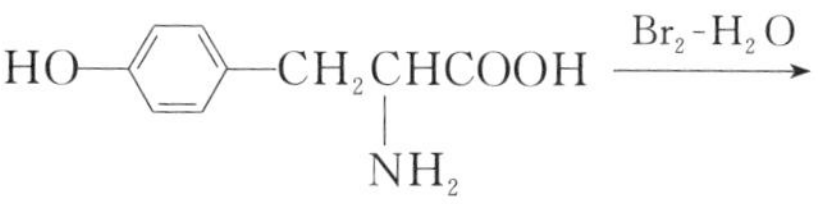 $HO-\!\!\!\bigcirc\!\!\!-CH_2CHCOOH \xrightarrow{Br_2-H_2O}$
                 |
               NH_2

（10） 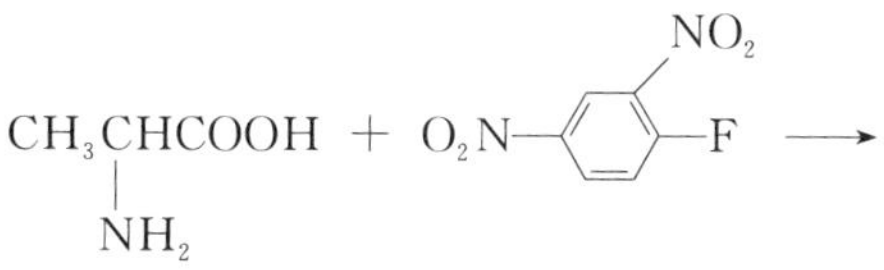 $CH_3CHCOOH + O_2N-\!\!\!\bigcirc\!\!\!-F \longrightarrow$
      | NO_2
    NH_2

（11） $NH_2CH_2CH_2CH_2CH_2COOH \xrightarrow{\triangle}$

（12） $CH_2COOH + SOCl_2 \longrightarrow$
    |
  NH_3Cl

14-12 某化合物分子式为 $C_3H_7O_2N$，有旋光性，能分别与 NaOH 或 HCl 成盐，并能与醇成酯，与 HNO_2 作用时放出氮气，写出此化合物的结构式。

14-13 某九肽经部分水解，得到下列一些三肽：丝-脯-苯丙，甘-苯丙-丝，脯-苯丙-精，精-脯-脯，脯-甘-苯丙，脯-脯-甘及苯丙-丝-脯。以简写方式排列出此九肽中氨基酸的顺序。

第15章 有机化合物波谱分析

生命运动的基础是生物体内的物质分子尤其是有机化合物分子的运动,揭示生命运动的规律就必须认识有机化合物分子及其运动。有机化合物分子结构的测定是研究有机化合物的重要组成部分。一直以来,研究有机化合物的结构主要是依靠化学方法。随着科学技术的高速发展,物理方法得到了很大的发展。例如,红外光谱、紫外光谱、核磁共振谱等物理方法,仅需微量样品就可以很快获得可靠的分析数据,所以目前在有机分析工作中应用较为普遍。

自从生物学进入分子水平以来,这些方法也被引入生物学研究中。红外光谱可用于研究配位体的结合、氢键的相互作用,在特定环境下可探测分子的构象;紫外光谱可用于测定样品的浓度,跟踪配位体结合和跟踪生物分子的构象变化;核磁共振谱可用于研究 pH 值对分子生物学过程的影响以及特定残基的 pK_a,也可用于监测配位体结合的动力学过程,还可应用于测定大分子结构。

本章简单介绍红外光谱、紫外光谱、核磁共振谱的相关原理、基本知识和简单应用。

15.1 吸收光谱的基本概念

电磁波(又称电磁辐射)具有波粒二象性,它包括从波长极短的宇宙射线到波长较长的无线电波的极为宽广的范围,可利用频率 ν、波长 λ 和能量 E 等参数来描述。

$$\nu = \frac{c}{\lambda} \tag{15-1}$$

$$E = h\nu = \frac{hc}{\lambda} \tag{15-2}$$

两式中,c 为电磁波在真空中的传播速率,$h = 6.63 \times 10^{-34} \, \text{J} \cdot \text{s}$ 为普朗克常量。电磁波的波长越短,频率越高,所具有的能量就越大。

红外光的波长一般采用微米(μm)作单位,而波长稍短的可见光和紫外光一般采用纳米(nm)作单位。由于频率的数值一般很大,为了方便常采用波数 σ 来表示,即每厘米光程上光波的个数,单位为 cm^{-1}。

$$\sigma = \frac{1}{\lambda} = \frac{\nu}{c} \tag{15-3}$$

电磁波根据波长和频率,大致可分为不同的区域,如图 15-1 所示。

分子和组成分子的原子、质子、电子都在不停地运动,在一定的运动状态下具有一定的能量。这个能量包括电子运动、原子间的振动、分子转动等能量。当电磁波照射物质时,物质可以吸收一部分辐射能。吸收的辐射能可以激发分子中的电子(主要是价电子)和质子跃迁到较高的能级或者增加分子中原子的振动和转动能量。当辐射能恰好等于分子运动的较

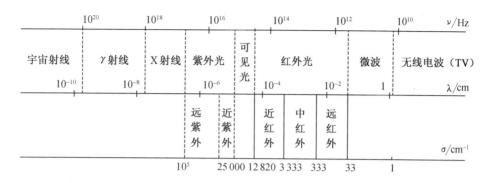

图 15-1 波谱区域

高能级和较低能级之差($E_{辐}=E_{高}-E_{低}$)时才会发生吸收,产生相应的光谱。所以分子吸收辐射能也是量子化的。由于光子的能量也是量子化的,所以对某一分子来说,它只能吸收某些特定频率的辐射。如果把某一有机化合物对不同频率的光的吸收情况用仪器记录下来,就可得到该化合物的吸收光谱。例如,红外光谱(Infrared Spectroscopy,简写为 IR)、紫外光谱(Ultraviolet Spectroscopy,简写为 UV)、核磁共振谱(Nuclear Magnetic Resonance,简写为 NMR)等等。吸收光谱与分子结构密切相关,可以认为是有机化合物对光的吸收的性质。它就如同一种物理性质,也可以作为鉴定有机化合物的重要依据。

15.2 红外光谱

15.2.1 IR 的基本原理

室温下,分子在不停地振动,原子间的距离也在不断地发生变化。分子随着原子间距离的增大,能量升高,分子可从较低的振动能级跃迁到较高的振动能级。这种分子能级的跃迁所需要的能量正好可以由红外光来提供,在跃迁的同时产生一个吸收峰,可由红外光谱仪记录下来,形成红外光谱谱图。

原子间距离的改变方式一般有两种类型,即键的伸缩振动和键的弯曲振动。一个简单的双原子分子只有一种振动方式,即键的伸缩振动。在多原子分子中,有多种振动方式。图 15-2 显示了三原子体系的几种振动模式。

伸缩振动　　　　　　　　面内弯曲　　　　　　　　面外弯曲

○、●表示原子,—表示键,→表示振动方向,⊗表示该原子从纸面向里运动,
⊙表示该原子从纸面向外运动

图 15-2 三原子体系的几种振动模式

需要指出的是,在红外光谱中检测出来的振动,一定伴随着偶极矩的变化。对于一些对称的双原子分子,如 H_2,N_2,Cl_2 等,由于键的伸缩振动没有引起偶极矩的改变,所以没有红外吸收,在红外光谱中就没有吸收峰。

键的伸缩或弯曲振动所需要的能量是 10^3 kJ·mol^{-1}～10^5 kJ·mol^{-1},这恰好是波谱区域中红外光区域可以提供的能量,不同的化学键振动所需的能量一般是不同的。因此,红外光谱主要用于区分键的类型,或者更为准确地说是区分官能团的类型。相同的官能团一般具有相同的红外吸收特征频率。

在实际应用中,红外光常根据波数分为近红外(12 820 cm^{-1}～3 333 cm^{-1})、中红外(3 333 cm^{-1}～333 cm^{-1})、远红外(333 cm^{-1}～33 cm^{-1})。一般红外光谱主要是指中红外范围,即 σ=4 000 cm^{-1}～400 cm^{-1} 频区。此频区按振动形式与吸收的关系又分为 4 000 cm^{-1}～1 250 cm^{-1} 和 1 250 cm^{-1}～400 cm^{-1} 频区,前者主要是伸缩振动的吸收,许多官能团在此频区有其特征吸收;后者既有伸缩振动吸收,又有弯曲振动吸收,即使是结构相近的两个化合物在此频区也会有很明显的不同,就像每个人都有自己的特征指纹一样。因此一般把后者称为指纹区,它对判断两个样品是否是同一化合物非常有用。表 15-1 列出了常见官能团的红外吸收特征频率。

表 15-1　常见官能团的红外吸收特征频率

官能团或键型	化合物类型	吸收特征频率 σ/cm^{-1}
C—H C—C	烷	3 100～2 850 1 200～750
=C—H C=C	烯	3 100～3 010 1 680～1 640
≡C—H C≡C	炔	3 350～3 200 2 260～2 100
=C—H C=C	芳烃 芳环	3 100～3 010 1 600～1 450(多重峰)
O—H	醇、酚 酸	3 650～3 600(自由)、3 500～3 200(分子间氢键) 3 400～3 250(分子间缔合)
OC—H	醛(羰基上的C—H)	2 900～2 700(一般为 2 820 和 2 720)
C=O	酮、酸 醛、酯 酰胺 酰氯 酸酐	1 725～1 700 1 750～1 700 1 680～1 630 1 815～1 785 1 850～1 800 和 1 780～1 740
N—H C—N —C≡N	伯胺、仲胺 伯胺、仲胺、叔胺 腈	3 500～3 400 1 690～1 640 2 260～2 240
……	……	……

15.2.2　IR 谱图

红外吸收光谱一般是以波长 λ 和波数 σ 为横坐标表示吸收带的位置,以百分透射率 $T\%$

或吸光度 A 为纵坐标表示光的吸收强度。百分透射率是指通过样品的光强度 I_t 占入射光强度 I_0 的百分数,吸光度 A 为辐射光被吸收的量度。

$$T\% = \frac{I_t}{I_0} \times 100 \tag{15-4}$$

$$A = \lg \frac{I_0}{I_t} \tag{15-5}$$

图 15-3 为正辛烷的红外光谱图。信号在 $3\,000\ \text{cm}^{-1} \sim 2\,850\ \text{cm}^{-1}$,$1\,460\ \text{cm}^{-1}$,$1\,370\ \text{cm}^{-1}$ 处有不同程度的增大(若以 $T\%$ 为纵坐标,则值应相应减小),这样在这三个波长下出现三个不同高度的吸收峰。

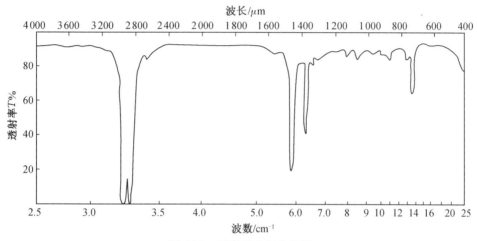

图 15-3　正辛烷的红外光谱

15.2.3　IR 的应用

红外光谱在有机化学中用于测定有机化合物的分子结构,主要用来鉴定官能团的存在。通过对谱图的分析而推断出相应的分子结构,我们称之为识谱(或读谱)。识谱时应注意把描述各官能团的相关峰联系起来,以准确判断官能团的存在。例如,某一化合物的红外光谱图中,在 $2\,820\ \text{cm}^{-1}$,$2\,720\ \text{cm}^{-1}$,$1\,750\ \text{cm}^{-1} \sim 1\,700\ \text{cm}^{-1}$ 三处有明显的吸收峰,说明该化合物中存在醛基。

在生物学中,红外光谱的应用并不十分广泛,主要用于研究配位体的配合、氢键的相互作用以及在特定的环境中探测分子的构象,例如,氢(H)-氘(D)交换是一个容易被红外光谱跟踪的过程,而这在含有活泼氢(可以交换的氢)的蛋白质和核酸的生物体系中特别适用。近年来,由于傅立叶变换红外的引入,人们越来越关注红外光谱的应用。

15.3　紫外光谱

15.3.1　UV 的基本原理

分子的转动和原子间的振动所需吸收的能量较小,由红外光辐射即可提供。而电子能

235

级跃迁需要较高的能量,相应的辐射频率更大,波长更短,一般可以进入可见光和紫外光区。当一个试样连续受到不同波长的紫外光辐射时,有些波长的光被吸收,而有些波长的光吸收很少或没有被吸收,这样就可以在记录仪上得到此样品的紫外吸收光谱(UV)。远紫外光(波长在 200 nm 以下的紫外光)容易受到空气中氧的干扰,因此在有机物结构的测定中,应用的紫外光谱一般是近紫外光谱(波长在 200 nm~400 nm 的紫外光)。一般的紫外光谱仪工作波长范围是 200 nm~800 nm,即包括近紫外和可见光。

15.3.2 UV 与共轭分子

紫外光尤其是近紫外光容易使有机物分子中的 π 电子,特别是共轭体系中的 π 电子激发而跃迁至较高能级的轨道中去。电子的跃迁主要有如图 15-4 所示的几种方式。

顾名思义,n－σ* 跃迁是指分子中的非键电子(一般是孤对电子)吸收紫外光后跃迁到了 σ* 轨道中,π－π*,σ－σ*,n－π* 跃迁也是如此。由图 15-4 可知,n－σ* 和 σ－σ* 跃迁所需的能量一般较高,故吸收波长较短的远紫外光。而远紫外光容易受到空气中氧的干扰,必须在真空中操作,有一定的局限性。所以 π－π* 跃迁,尤其是共轭 π 键的 π－π* 跃迁和 n－π* 跃迁显得更为重要。通过对化合物 π－π* 和 n－π* 跃迁吸收波长的研究,可以了解共轭体系或芳香体系的结构特征。

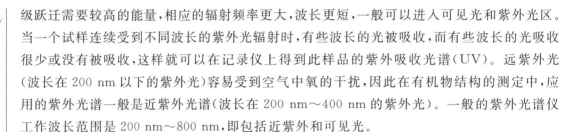

图 15-4　常见的几种电子跃迁

图 15-5 即为 1,3-丁二烯的 π－π* 跃迁。

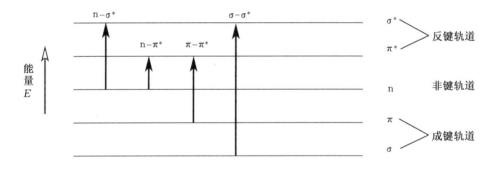

图 15-5　1,3-丁二烯的 π－π* 跃迁

1,3-丁二烯在吸收 $\lambda=217$ nm 的紫外光后发生 π－π* 跃迁,那么就会在紫外光谱图中 $\lambda=217$ nm 处产生相应的吸收峰,如图 15-6 所示。

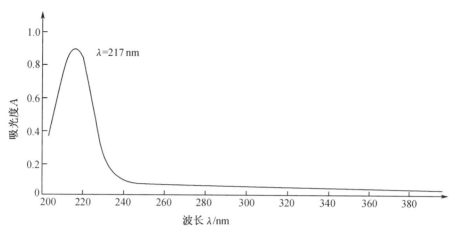

图 15-6 1,3-丁二烯的紫外光谱

15.3.3 UV 谱图

图 15-6 为 1,3-丁二烯的紫外光谱图。由图 15-6 可以看出，紫外光谱图一般以波长 λ 为横坐标，以吸光度 A 或摩尔吸光系数 ε（或 $\lg\varepsilon$）为纵坐标。其中 ε 与 A 的关系可以由下式得出：

$$A = \lg \frac{I_0}{I_t} = \varepsilon l c \tag{15-6}$$

上式即为朗伯-比尔定律的表示式。式中，l 为样品池的长度，单位为 cm；c 为样品溶液的浓度，单位为 $mol \cdot L^{-1}$；ε 为在特定条件下光强度的减弱率，称为摩尔吸光系数，单位为 $L \cdot cm^{-1} \cdot mol^{-1}$，故实测吸光度 A 是无量纲。图中的最大吸收峰（即峰顶位置）对应的波长叫作最大吸收波长（λ_{max}）。报道紫外光谱数据时，一般需要最大吸收波长 λ_{max} 和相应的摩尔吸光系数 ε_{max}。

一般来说，能吸收紫外光的化合物主要有三类，即共轭多烯、芳香体系、共轭醛酮。像 1,3-丁二烯这样的共轭体系中，共轭链越长，$\pi-\pi^*$ 能差越小，跃迁所需要的能量就越小，吸收就向长波方向移动，称为红移。对于大的共轭体系，由于红移的原因，很有可能将其吸收波段移至可见光区，因此含有较大共轭体系的分子通常是有颜色的。

表 15-2 列出了随着共轭体系的增大，最大吸收波长 λ_{max} 和摩尔吸光系数 ε_{max} 出现红移的情况。

表 15-2 一些烯烃的 λ_{max} 和 ε_{max}

$H-(CH=CH)_n-H$				
n	1	2	3	4
λ_{max}/nm	185	217	258	298
$\varepsilon_{max}/(L \cdot cm^{-1} \cdot mol^{-1})$	15 530	21 000	34 000	64 000

测定 UV 时所用的溶剂会影响待测组分的吸收峰位置与强度。一般强极性溶剂会使 $\pi-\pi^*$ 跃迁向长波方向移动（即发生红移），使 $n-\pi^*$ 跃迁向短波方向移动（或称为蓝移），所以应该注明测定时所用的溶剂。用得较多的溶剂是甲醇、乙醇、己烷、环己烷等。

芳香族化合物具有特殊的共轭结构,其紫外吸收主要是 $\pi - \pi^*$ 跃迁而产生的,所以其紫外吸收光谱往往从紫外到可见光部分都呈现具有特征的吸收带,情况较为繁杂,本书不再详述。

15.3.4　UV 的应用

在有机化学中,利用 UV 可以在一定范围内判定分子的结构特征,尤其是对判断分子结构中是否存在共轭体系特别有用。例如,如果紫外光谱在 200 nm～300 nm 有强的吸收带,那么可以判定样品中至少含有两个共轭双键等。只要化合物中具有相同的共轭结构,即使分子的其他部分完全不同,也有可能得到极为相似的紫外吸收谱图。正因为如此,UV 的应用没有 IR,^{1}H NMR 那么普遍,一般作为其他仪器测定分子结构的补充。

在生物学中,UV 经常用于含有芳香族氨基酸或卟啉的蛋白质、DNA 和 RNA 寡核苷酸。这是由于这些化合物中环状结构部分具有紫外吸收的特性。例如,可以用 UV 跟踪双螺旋 DNA 和 RNA 变性过程,但最常用的还是测定样品的浓度,还可以用于监测环境对生物分子性质的影响。

15.4　核磁共振谱

15.4.1　NMR 的基本原理

居于原子中心的原子核在不停地自旋。由于原子核带正电荷,所以原子核的自旋可以产生磁场($\boldsymbol{B}$)。磁场具有方向性,可以用磁矩表示,如图 15-7 所示。实验证明,只有质量数为奇数的原子核自旋时才能产生磁矩,如 ^{1}H,^{13}C,^{15}N 等。在磁场中,质子自旋产生的磁矩可以有两种取向,即与磁场方向相同或相反。如图 15-8 所示。

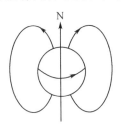

图 15-7　质子自旋产生磁矩

无外加磁场

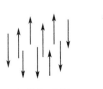

有外加磁场 $\boldsymbol{B}_0$

图 15-8　质子自旋磁矩的取向

这两种不同取向的自旋有不同的能量。与外加磁场 $\boldsymbol{B}_0$ 方向相同的质子能量较低,不相同的能量则较高,其能差与外加磁场 $\boldsymbol{B}_0$ 有关。$\boldsymbol{B}_0$ 越大,则能差越大。如果用电磁波照射磁场中的质子,当电磁波提供的辐射能与此能差恰好相等时,与 $\boldsymbol{B}_0$ 方向相同的质子(即能量低的质子)就可以吸收辐射能跃迁到较高的能级,自旋方向变为与 $\boldsymbol{B}_0$ 相反,这种现象就叫核磁共振。若把这种信号用核磁共振仪记录下来就得到核磁共振谱图。应用最广的是 ^{1}H 核磁共振谱(简称 ^{1}H NMR),也叫质子磁共振谱(简称 PMR)。

目前,核磁共振主要有两种操作方式:一种是把物质放在恒定的磁场中,逐渐改变辐射频率进行测定,简称固定磁场扫频;较普遍使用的另一种方式是固定辐射频率,逐渐改变磁场强度进行测定,简称固定频率扫场。当辐射频率或磁场强度增加到一定值时,辐射能量等于两种不同取向自旋的能差,则发生核磁共振吸收。

15.4.2 化学位移

质子的能差是一定的,所以有机物分子中的所有质子似乎都应该在同一磁场强度下吸收辐射能,这样在核磁共振谱中就应该只有一个吸收峰。但是,在有机物分子中,质子的周围总有电子在运动。在外加磁场的作用下,电子的运动能产生感应磁场 $B_{感}$,其方向正好与外加磁场的方向相反。所以质子感受到的外磁场强度 $B_{有效}$ 就比实际外加磁场 $B_{扫}$ 小,即电子的运动对外加磁场有屏蔽作用,可以下式表示:

$$B_{有效} = B_{扫} - B_{感}(或\ B_{扫} = B_{有效} + B_{感})$$

在某些特定条件下,感应磁场方向与外加磁场的方向可以相同,此时,质子感受到的外磁场强度 $B_{有效}$ 就比实际外加磁场 $B_{扫}$ 大,即质子受到去屏蔽作用,可以下式表示:

$$B_{有效} = B_{扫} + B_{感}(或\ B_{扫} = B_{有效} - B_{感})$$

屏蔽作用和去屏蔽作用都与电子云的密度有关。所以质子周围的电子云密度不同,产生的 $B_{感}$ 就不同,那么使不同质子发生核磁共振所需的 $B_{扫}$ 就不同,就会在核磁共振谱上不同的位置出现共振吸收峰。屏蔽作用使质子的共振吸收向高场(即 $B_{扫}$ 大的方向)移动,去屏蔽作用使质子的共振吸收向低场(即 $B_{扫}$ 小的方向)移动。这种由于屏蔽或去屏蔽作用导致质子的共振吸收向高场或低场的转移就叫化学位移。不同化学环境中的质子所受到的屏蔽或去屏蔽作用不同,所以化学位移就不同。

实际测定中,一般将四甲基硅烷 $Si(CH_3)_4$(简称 TMS)出现共振吸收峰的位置设为标准位置,求出其他核的相对位置,用 $\Delta\nu$ 表示,称为相对化学位移。

$$\Delta\nu = \nu_{样} - \nu_{TMS} \tag{15-7}$$

如前所述,常用的核磁共振仪是固定频率扫场的。各种型号仪器的频率不同,其分辨率就不同。目前有 120 MHz,300 MHz,400 MHz,600 MHz,800 MHz 等频率的核磁共振仪。频率越高,其分辨率越高。由于核外电子产生的 $B_{感}$ 与扫描磁场 $B_{扫}$ 成正比,由屏蔽效应引起的化学位移也与扫描磁场 $B_{扫}$ 成正比,因此同一化合物在不同型号的仪器上的化学位移就不同。为了使使用不同仪器的工作者具有对照谱图的共同标准,通常采用 δ 表示化学位移。

$$\delta = \frac{\nu_{样} - \nu_{TMS}}{\nu_0} \times 10^6 (ppm) \tag{15-8}$$

式中,ν_0 为所用仪器的固定频率,$\nu_{样}$ 为试样的核磁共振频率,ν_{TMS} 为 TMS 的频率,乘以 10^6 以 ppm 表示主要是因为数值如果太小表示起来就不方便。此外,化学位移还受到氢键、不饱和键的各向异性等诸多因素的影响。

图 15-9 为以 δ 表示的 1,2,2-三氯丙烷的核磁共振谱图。

$ClC^aH_2—CCl_2—C^bH_3$ 中,亚甲基上的氢质子 ^aH 与甲基中的氢质子 ^bH 所处的化学环境不同(即它周围的原子或基团不同),是两种不同的氢。图中体现出了这两种氢质子的化学位移分别为 δ_a(6.65 ppm)和 δ_b(3.72 ppm)。这是因为化学位移受诱导效应的影响。与 ^aH 相连的碳原子上有电负性较强的氯元素,所以 ^aH 周围的电子云密度比 ^bH 周围的

有机化学

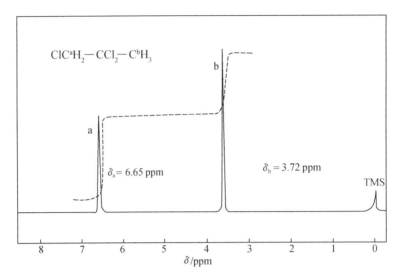

图 15-9　1,2,2-三氯丙烷的核磁共振谱

小，所受的屏蔽作用就小（$B_感$小），所以在较低的 $B_扫$ 时出现共振吸收峰。随着 $B_扫$ 的增大，再出现^bH 的共振吸收峰。

由图 15-9 可知，核磁共振谱图一般以 δ 为横坐标，将 TMS 的吸收峰的化学位移设为"0"，从右向左标至 8 或 10 以表示化学位移的值，由左到右则代表磁场强度增加的方向。纵坐标则表示吸收强度。

15.4.3　自旋耦合-裂分

当用频率较高的核磁共振仪测定乙酸乙酯的 NMR 时，所得的谱图中吸收峰并不全是单峰，而是一组多重峰。如图 15-10 所示，乙酸乙酯中^aH 和^bH 均为多重峰，^cH 为单峰。

这种同一类质子吸收峰增多的现象叫作裂分。在 $C^cH_3COOC^bH_2C^aH_3$ 中氢质子^aH除了受到外加磁场 $B_扫$ 外，还要受到相邻氢质子^bH 自旋产生的磁场 B_{bH} 的影响。同样，氢质子^bH 也同时受到 $B_扫$ 和 B_{aH} 的影响。也就是说，相邻的不同种类型的氢质子在共振吸收时可以相互干扰，这种相互干扰就称为自旋耦合。它导致的结果就是引起吸收峰的裂分，我们将这种裂分称为自旋耦合-裂分。

自旋耦合-裂分一般符合 $n+1$ 规律，即当质子相邻碳原子上有 n 个同类氢质子时，吸收峰便分裂为 $n+1$ 重峰。图 15-10 中氢质子^aH 相邻碳原子上有 2 个氢质子，所以氢质子^aH 就分裂为 $2+1$ 即三重峰。同样，氢质子^bH 分裂为四重峰。而氢质子^cH 由于相邻碳原子上没有氢质子，故不发生裂分，仍为单峰。

多重峰中，各小峰间的距离以赫兹（Hz）为单位，叫作耦合常数，用 J 表示。相互发生耦合的氢，其耦合常数应该是相同的，即各小峰间的距离是相等的。J 越小，被裂分的峰就越容易重合在一起。

在核磁共振谱中，各峰的吸收强度可以由各峰的面积表示，而各峰的面积则可以由电子积分仪直接测量并且自动以连续阶梯方式的积分曲线表示在谱图中（如图 15-9 中的虚线即为积分曲线）。各种质子的积分曲线高度之比等于各个峰面积之比，也等于各种质子

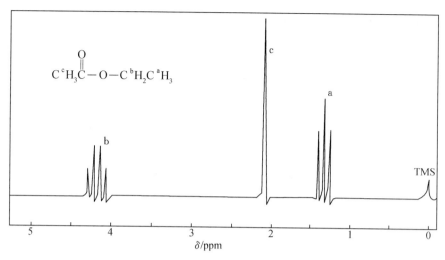

图 15-10　乙酸乙酯的高分辨率[1]H NMR

数目之比。核磁共振谱图使用的图纸是标准坐标纸（即印有标准小格的坐标图纸），只要数出积分曲线所占的格数就可以知道积分曲线的高度比。积分曲线的总高度与化合物中质子总数相对应。如图 15-10 中有三组峰，说明待测组分中有三种氢质子，[a]H，[b]H，[c]H 的积分高度之比为 3∶2∶3，所以三种氢质子的个数之比为 3∶2∶3，质子总数为 8。

综上所述，核磁共振谱可以提炼出三组对推测结构极其有用的信息：

（1）吸收峰强度之比（或积分曲线高度之比）就是各种质子数目之比；

（2）吸收峰的化学位移反映出质子所处的化学环境；

（3）吸收峰的耦合裂分反映出化合物的精细结构。

15.4.4　NMR 的应用

在有机化学中，NMR 谱尤其是氢质子的 NMR，可以作为鉴别和确定有机化合物分子结构的重要依据。由于具有操作方便、分析快速、结构准确等特点，NMR 是目前最为普遍的最好的结构分析方法。

在生物学和医学中，NMR 也有很多应用。可用 NMR 来分析生物分子系统。不过，目前均要求所研究的分子的浓度要高，并尽可能在一定 pH 值和温度范围内稳定。例如，可通过[1]H NMR 来跟踪蛋白质中氨基酸侧链的离子化，跟踪蛋白质和配位体之间的相互作用，测试生物分子的 3D 结构等。在医学上利用核磁共振成像造影来检测脑部组织病变，它不需要使用对人体有害的 X 射线，也不需要摄入可能引起过敏的造影剂，效果比 X 光更好，也优于 CT。

本章小结及学习要求

本章主要介绍了吸收光谱的基本概念和有机化合物结构研究的几种最常用的波谱分析方法——IR，UV，NMR 等。分子和原子的振动引起的 IR 主要被用于区分键的类型，或更准确地说是区分官能团的类型，相同的官能团一般具有相同的红外吸收特征频率；电子尤其是共轭体系中的 π 电子能级跃迁引起的

UV一般作为其他仪器测定分子结构的补充,可以在一定范围内判定分子的结构特征;原子核的自旋引起的NMR,尤其是氢质子的NMR(可以表示为^{1}H NMR),可以作为鉴别和确定有机化合物分子结构的重要依据。

学习本章时,应该达到以下要求:掌握吸收光谱的基本概念;掌握红外、紫外、核磁共振谱的基本原理;了解三种谱图的相关知识和三种谱图的简单应用。

【阅读材料】

物理学家——王天眷

王天眷(1912—1989),宁溪坦头人,中共党员,著名物理学家。1932年于上海交通大学预科毕业,转入电机系。1938年清华大学物理系毕业,留任清华大学无线电学研究所教员,后任重庆大学机电系讲师,航空委员会空军通讯学校教授科长。1947年被选为中华文化教育基金委员会出国研究员,赴美国访问研究。1953年获美国哥伦比亚大学哲学博士,任哥伦比亚大学辐射研究所高级研究员、美国标准研究公司物理学顾问和立脱公司研究所高级物理研究员、法国国家研究中心原子钟委员会物理学顾问。1960年回国,任中国科学院武汉物理研究所研究员,室主任,所长。1981年任中国科学院物理研究所研究员,博士研究生导师。

1954年,王天眷参加一系列微波受激发射放大及振荡的创始实验,产生超低噪声的量子放大器(MASER)、超高频率稳定度和准确度的量子振荡器,导致激光问世,并开辟新学科"量子电子学"。其合作者汤斯(Townes C H)因此获1964年诺贝尔物理学奖。另在各种固体中进行一系列原子核电四极矩共振微弱讯号探测,创制观察仪器——讯号反馈振荡检波电路(被称为"王氏电路")。对核电器四极共振作深入理论分析和高准确频率测量,总结出温度、晶体结构、相变、晶格运动和缺陷等对核在晶格中周围电荷分布、电场模式和电场梯度变化的影响,并提出一些原子存在核电十六极相互作用。他更从锑同位素在三溴化锑晶体的实验中得到证实,为国际物理学界所重视。1985年,王天眷总结国际上30年来关于核电十六极相互作用的理论和实验进展,发表研究论文,指出一些实验困难的所在和解决方法。并在中国科学院物理研究所实验室中,测出在三硫化二锑晶体中锑同位素的核电十六极相互作用的成果,提出了研究方向和前景。1960—1981年,他在中国科学院武汉物理研究所工作时,指导研制成功氢激射器(氢钟)和铷激射器(铷钟),开辟该所波谱研究方向和培养了一批青年科学家。

王天眷历任湖北省暨武汉市物理学会副理事长,中国物理学会波谱委员会主任委员,中国计量测试学会时间频率委员会主任委员,中国电子学会量子电子学和光电子学委员会主任委员,湖北省第五届人民代表大会常务委员,全国政协第五、六、七届委员。在国内外著名物理刊物上发表论文30余篇。"王氏电路"为世界波谱学界所公认。

习　　题

15-1 名词解释。

　(1) IR　　　　　　(2) UV　　　　　　(3) ^{1}H NMR　　　　(4) 指纹区

　(5) $n-\pi^*$跃迁　　(6) 朗伯-比尔定律　　(7) 红移　　　　　(8) 化学位移

　(9) 自旋耦合-裂分　(10) $n+1$规律

15-2 在IR谱图中,能量高的吸收峰应在左边还是右边?

15-3 CH_3COCH_3 中氢质子的化学位移 δ 为 2.1 ppm,那么它在 120 MHz 仪器上与 TMS 的共振吸收差是多少?若在 400 MHz 仪器上又是多少?

15-4 试判断下列化合物中所标注的氢质子在 ^1H NMR 中各为几重峰?

(1) $(C^aH_3)_3CCOC^bH_2C^cH_3$ (2) $C^aH_3C^bH_2C^cH_2OC^dH_3$

15-5 当感应磁场方向与外加磁场的方向相反时,质子受到的是屏蔽作用还是去屏蔽作用?它的信号在高场还是在低场?

15-6 指出以下两个 ^1H NMR 谱图分别与以下所给结构式中的哪个相对应,并简要说明原因。

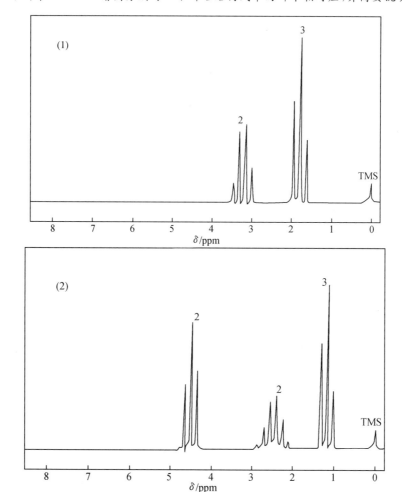

(a) $CH_3CH_2CH_2NO_2$ (b) $(CH_3)_2CHNO_2$

(c) $CH_3CH_2CH_2Br$ (d) CH_3CH_2Br

15-7 下列化合物的 ^1H NMR 谱图中只有一个单峰。试写出它们的结构简式。

(1) C_2H_6O (2) C_4H_6 (3) C_5H_{12} (4) C_8H_{18}

15-8 简述 IR,UV,^1H NMR 三种谱图的应用。

习题参考答案

第1章　绪　论

1-1　(1)　　(i)
(2)　　(ii)
(3)　　(iii)
(4)　　(iv)

1-3　(1) 醇　(2) 酚　(3) 环烷烃　(4) 醛　(5) 醚　(6) 胺

1-5　C_6H_6　　**1-6**　$C_3H_6F_2$

*1-7　(1),(4),(7),(8),(10); (2),(3),(5),(6),(9)

*1-8　(1) sp^2　(2) sp　(3) sp^2　(4) sp^2　(5) sp　(6) sp^2

第2章　烷　烃

2-1　(1) 2,2,4,4-四甲基戊烷　　(2) 2-甲基-3,3-二乙基己烷
(3) 3-甲基-3-乙基庚烷　　(4) 2-甲基-3-乙基戊烷

2-2　(1) $CH_3-\overset{CH_3}{\underset{CH_3}{\overset{|}{\underset{|}{C}}}}-\overset{CH_3}{\underset{CH_3}{\overset{|}{\underset{|}{C}}}}-CH_2-CH_3$　　(2) $CH_3-\overset{CH_3}{\overset{|}{CH}}-CH_2-\overset{CH_3}{\underset{CH_2CH_3}{\overset{|}{\underset{|}{C}}}}-CH_2-CH_2-CH_3$

(3) $CH_3-\overset{CH_3}{\overset{|}{CH}}-\overset{CH_3}{\underset{CH_2CH_3}{\overset{|}{\underset{|}{C}}}}-\overset{CH_3}{\overset{|}{CH}}-CH_3$　　(4) $CH_3-\overset{CH_3}{\overset{|}{CH}}-\overset{}{\underset{CH_2CH_3}{\overset{}{\underset{|}{CH}}}}-CH_2-CH_2-CH_2-CH_3$

2-3　(4)＞(1)＞(2)＞(3)＞(5)

2-4　(1) $CH_3-\overset{CH_3}{\underset{CH_3}{\overset{|}{\underset{|}{C}}}}-\overset{CH_3}{\overset{|}{CH}}-CH_3$

(2) $CH_3-\overset{CH_3}{\underset{CH_3}{\overset{|}{\underset{|}{C}}}}-CHCH_2CH_3$　$CH_3CH_2-\overset{CH_3}{\underset{CH_3}{\overset{|}{\underset{|}{C}}}}-CHCH_3$　$CH_3-\overset{CH_3}{\underset{CH_3}{\overset{|}{\underset{|}{C}}}}-CH_2-CHCH_3$

2-5　(1) $CH_3-\overset{CH_3}{\underset{CH_3}{\overset{|}{\underset{|}{C}}}}-CH_3$　　(2) $CH_3CH_2CH_2CH_2CH_3$　　(3) $CH_3\overset{CH_3}{\overset{|}{CH}}CH_2CH_3$

2-6　(1)

2-7　(3)和(4)；(3)和(5)

2-8　(4)＞(2)＞(3)＞(1)

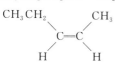
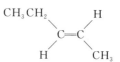

第 3 章 烯烃和炔烃

3-1 (1) 4-甲基-2-戊烯　　(2) 2,2,5-三甲基-3-己炔　　(3) Z-3-甲基-3-己烯

(4) E-2-氯-3-溴-2-戊烯　　(5) 4-己烯-1-炔　　(6) 丁炔银

3-2 $CH_3CH_2CH_2CH{=\!=}CH_2$　　1-戊烯

$$\underset{H}{\overset{CH_3CH_2}{\diagdown}}C{=\!=}C\underset{H}{\overset{CH_3}{\diagup}}$$　　Z-2-戊烯　　　　$$\underset{H}{\overset{CH_3CH_2}{\diagdown}}C{=\!=}C\underset{CH_3}{\overset{H}{\diagup}}$$　　E-2-戊烯

$CH_3CH_2C(CH_3){=\!=}CH_2$　　2-甲基-1-丁烯

$(CH_3)_2CHCH{=\!=}CH_2$　　3-甲基-1-丁烯

$CH_3CH{=\!=}C(CH_3)_2$　　2-甲基-2-丁烯

3-3 (1) $(CH_3)_2CCH_2Br$ (有 Br 取代基)　　(2) $(CH_3)_2CCH_2OH$ (有 OH 取代基)

(3) $(CH_3)_2CHCH_2Br$　　(4) $(CH_3)_2CCH_3$ (有 Br 取代基)

(5) $(CH_3)_2CCH_3$ (有 OSO_3H) $\xrightarrow{H_2O}$ $(CH_3)_2CCH_3$ (有 OH)　　(6) $(CH_3)_2CHCH_3$

3-5 (1) $C_6H_5CH_2CH_2Br$　　(2) Cl_2CHCH_3　　(3) $CH_3CH_2CBr(CH_3)_2$

(4) $CH_3CH(OH)CH_2Cl$　　(5) CH_3COCH_3+HCHO　　(6) $CH_3CH_2COCH_3$

(7) (环己烯基)CHO

3-6 (1) $HC{\equiv}C{-}H \xrightarrow{HI} H_2C{=\!=}CHI \xrightarrow{HI} CH_3CHI_2$

(2) $CH_3C{\equiv}CH \xrightarrow[Pd-BaSO_4,喹啉]{H_2} CH_3CH{=\!=}CH_2 \xrightarrow{HBr} CH_3CHBrCH_3$

3-7 $CH_3\overset{\overset{\displaystyle CH_2}{\|}}{C}CH_2CH_2CH_3$

3-8 $CH_3\overset{\overset{\displaystyle CH_3}{|}}{C}{=\!=}CHCH_2CH_2\overset{\overset{\displaystyle CH_3}{|}}{C}{=\!=}CHCH_2CH_2\overset{\overset{\displaystyle CH_2}{\|}}{C}CH{=\!=}CH_2$

3-9 $(CH_3)_2CHC{\equiv}CCH_3$

3-10 A 为 $CH_3CH_2C{\equiv}CH$　　B 为 $H_2C{=\!=}CH{-}CH{=\!=}CH_2$

第 4 章 环烃

4-1 (1) E-1,3-二甲基环丁烷　　(2) 5-甲基-1,3-环戊二烯

(3) 1-甲基-2-乙基苯(邻甲乙苯)　　(4) 苯甲醇(苄醇)

(5) β-硝基萘(2-硝基萘)　　(6) 6-甲基萘磺酸

(7) 4-甲基-2-苯基-1-戊烯　　(8) 2,4-二硝基苯甲酸

(9) 对甲基丙烯基苯

4-2 (1) (结构式)　　(2) Cl Br (结构式)　　(3) $CH_3CH_2{-}$(苯环)${-}CH_2CH_3$ 带

245

(4) Cl—⟨benzene⟩—CH₂Cl (5) I—⟨benzene⟩—OH (6) HO—⟨benzene⟩—COOH

(7) ⟨naphthalene⟩—SO₃H (8) ⟨naphthalene⟩—NH₂ (9) ⟨anthracene with OH⟩

4-3 (1) $KMnO_4/H^+$，Br_2-H_2O

(2) $[Ag(NH_3)_2]NO_3$，Br_2-H_2O

(3) Br_2-H_2O，Fe

4-4 (1) $CH_3CH_2CH_2CH_3$ $BrCH_2CH_2CHBrCH_3$ $CH_3CH_2CHClCH_3$

(2) ⟨cycloheptanone⟩=O

(3) ⟨o-methyl chlorobenzene CH₃ / Cl⟩ + ⟨p-methyl chlorobenzene CH₃ / Cl⟩   ⟨benzene⟩—CH₂Cl   ⟨benzene⟩—C(=O)—OH

(4) HO_3S—⟨benzene⟩—SO_3H

(5) ⟨o-methyl isopropylbenzene CH₃ / CH(CH₃)₂⟩ + H_3C—⟨benzene⟩—$CH(CH_3)_2$

(6) ⟨1-tetralone⟩=O

(7) ⟨benzene⟩—CH₂—⟨benzene⟩

(8) ⟨cyclohexane⟩—CH₂Br / Br

4-5

(1) ⟨OCH₃ benzene, 2 CH₃, arrows⟩

(2) ⟨CH₃ benzene, Cl, arrows⟩

(3) ⟨COOH benzene, NO₂, arrows⟩

(4) ⟨CH₃ benzene, COOH, arrows⟩

(5) ⟨NHCOCH₃ benzene, CH₃, arrows⟩

(6) ⟨naphthalene, OH, arrows⟩

4-6 ⟨cyclohexane⟩—CH₃

4-7 ⟨1,3,5-tribromobenzene⟩   ⟨1,2,3-tribromobenzene⟩   ⟨1,2,4-tribromobenzene⟩

4-8 A 为 ⟨cyclohexene CH₃/CH₃⟩ 或 ⟨cycloheptene CH₃⟩

*4-9 H_3C —— CH_3 顺-1E,3E-1,3-二甲基环己烷

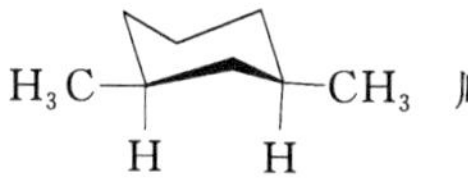

第 5 章 卤 代 烃

5-1 (1) 3-氯丁烯 　　(2) 1-苯基-1-溴丙烷 　　(3) 3-溴丙烯

(4) 3-溴环己烯 　　(5) 环己基氯甲烷 　　(6) 2,4-二溴甲苯

5-2 (1) $F_2C{=}CF_2$ 　(2) 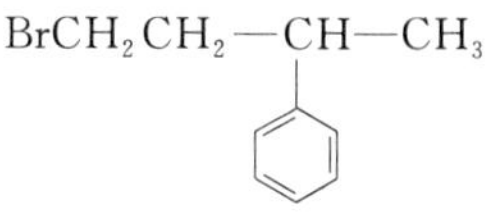 $BrCH_2CH_2{-}CH{-}CH_3$ 　(3)

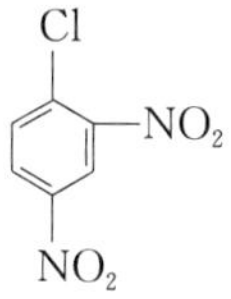

(4) 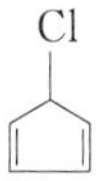 　(5) $CH_3C{\equiv}CCH_2CH(CH_3)CH_2Cl$

5-3 (1) 溴水,硝酸银乙醇溶液 　(2) 同(1) 　(3) 同(1)

5-4 (1)

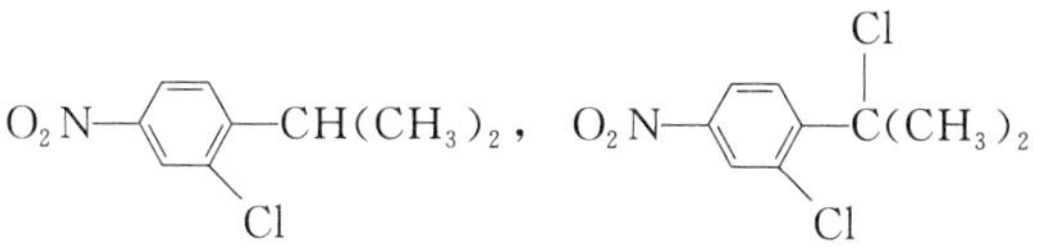

(2)

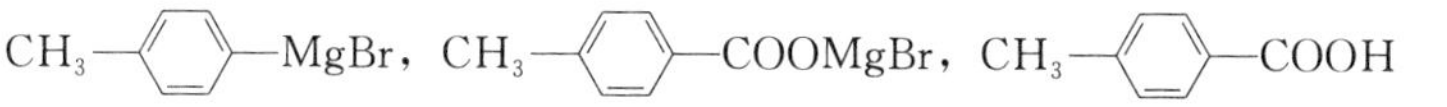

(3)  　(4)

(5) 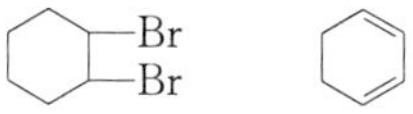 　(6) $CH_3CH_2CH_2OH$

5-5 (1)

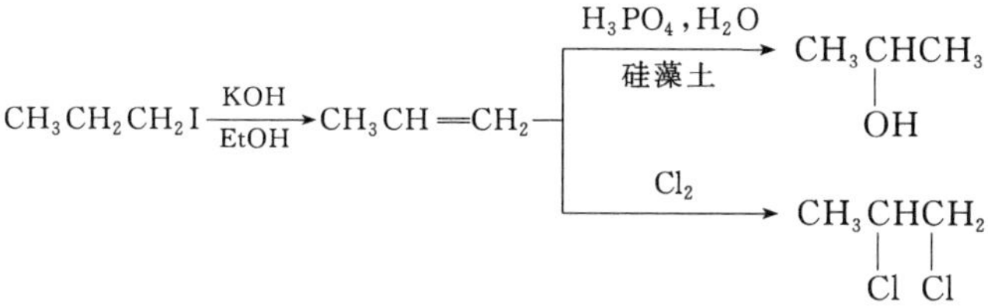

(2)

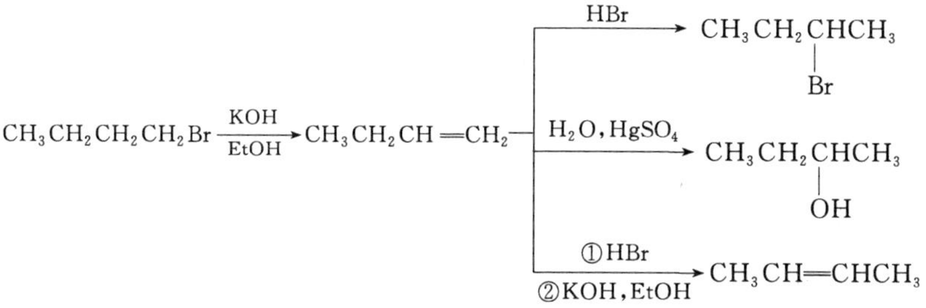

(3)

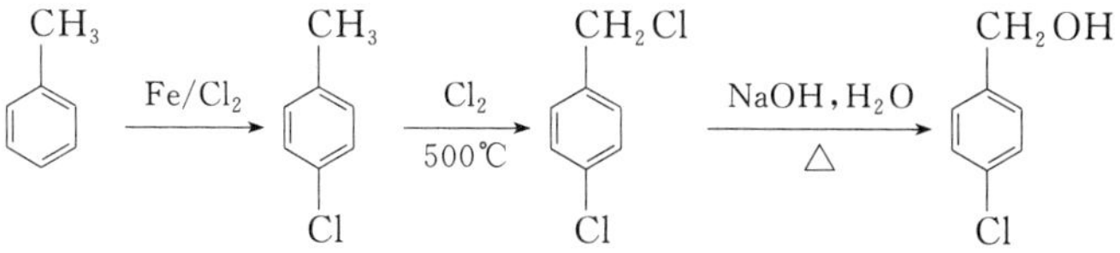

(4)

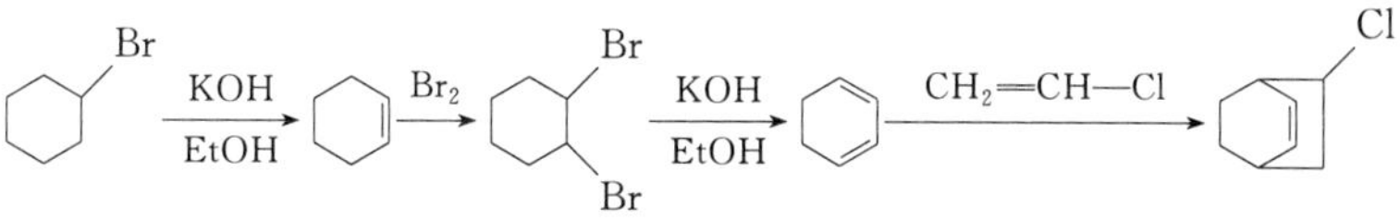

247

5-6　A 为 $CH_3CH_2CH_2CH_2Br$　　　　B 为 $CH_3CH_2CH=CH_2$

　　　　C 为 CH_3CH_2COOH　　　　　　D 为 $CH_3CH_2CHBrCH_3$

5-7　A 为 $(CH_3)_2CHCH_2CHICH_3$　　　　B 为 $(CH_3)_2CHCH=CHCH_3$

5-8　A 为 ⬡　　B 为 ⬡—Br　　C 为 ⬡

第 6 章　醇、酚、醚

6-1　(1) H_3CO—⬡—CH_2OH　　(2) ⬡$\begin{smallmatrix}OH\\OC_2H_5\end{smallmatrix}$　　(3) $\begin{smallmatrix}OCH_3\\NO_2\\NO_2\end{smallmatrix}$

　　(4) 2,4,4-三甲基-2-戊醇　　(5) 1-苯基乙醇　　(6) 邻甲苯酚

　　(7) 2-甲氧基丙烷　　　　　(8) 1,3-丁二醇　　(9) 2-丁烯-1-醇

6-3　(1) 乙二醇＞乙醇＞甲醚＞丙烷　　(2) 苯甲醇＞苯酚＞苯甲醚＞甲苯

6-4　(1) 硫酸＞碳酸＞苯酚＞水　　(2) 苯酚＞对甲苯酚＞苯甲醇

6-5　(1) 加无水 $CaCl_2$,过滤　(2) 加浓 H_2SO_4,分液　(3) 加 Br_2-H_2O,过滤

6-6　(1) $CH_3\underset{\underset{Br}{|}}{\overset{\overset{CH_3}{|}}{C}}-CH_2CH_3$ + $CH_3\overset{\underset{CH_3}{|}}{C}=CHCH_3$　　(2) ⬡—OH +CH_3I

　　(3) $CH_3CH=C(CH_3)_2$　　　　　　　(4) $CH_3CH_2COCH_3$

　　(5) ⬡—CH_2Cl　⬡—CH_2OH　⬡—CH_2OOCCH_3　　(6) ⬡$\begin{smallmatrix}I\\CH_2I\end{smallmatrix}$ +CH_3I

　　(7) ⬡—$CH=CH-\underset{\underset{CH_3}{|}}{C}HCH_3$　　(8) $CH_3CH_2OCH_2CH_2OH$

6-7　(1) $FeCl_3$ 溶液　(2) 卢卡斯试剂　(3) $FeCl_3$ 溶液,冷浓 HCl

6-8　A 为 $CH_3\underset{\underset{CH_3}{|}}{C}HCH_2CH_2OH$　　B 为 $CH_2\underset{\underset{OH}{|}}{C}H\underset{\underset{CH_3}{|}}{C}HCH_3$

6-9　A 为 ⬡—OCH_3　　B 为 ⬡—OH　　C 为 CH_3I

6-10　$CH_3CH_2OH+H^+ \longrightarrow CH_3CH_2\overset{+}{O}H_2$

　　$CH_3CH_2\overset{+}{O}H_2 \longrightarrow CH_3\overset{+}{C}H_2+H_2O$

　　$CH_3\overset{+}{C}H_2+CH_3CH_2OH \longrightarrow CH_3CH_2\underset{\underset{H}{|}}{\overset{+}{O}}C_2H_5$

　　$CH_3CH_2\underset{\underset{H}{|}}{\overset{+}{O}}CH_2CH_3 \longrightarrow CH_3CH_2OCH_2CH_3+H^+$

第 7 章　醛、酮、醌

7-2　(1) 4-甲基戊醛　　　(2) 3-甲基-2-戊烯醛　　(3) 2-甲基-3-戊酮

　　(4) 3-甲苯乙醛　　(5) 5-甲基-1,3-环己二酮　　(6) 苯丙酮

　　(7) $CH_3\underset{\underset{OH}{|}}{C}HCH_2CHO$　　(8) $CH_3\underset{\underset{CH_3}{|}}{C}H-\underset{\underset{O}{\|}}{C}-\underset{\underset{CH_3}{|}}{C}H-\underset{\underset{O}{\|}}{C}CH_2CH_2CH_3$

(9) $CH_3\overset{O}{\underset{\parallel}{C}}\overset{}{\underset{OCH_3}{C}}=CHCH_2CH_3$ (10) $CH_3CH=CHCHO$

7-3 能发生碘仿反应：(1),(4),(6),(9)

能与斐林试剂反应：(2),(3),(7),(10)

能与托伦试剂反应：(2),(3),(5),(7),(10)

7-4 (1) $CH_3CH_2\overset{}{\underset{OH}{CH}}\!-\!CN$ $CH_3CH_2\overset{}{\underset{OH}{CH}}COOH$

(2) $CH_3\overset{OMgBr}{\underset{C_2H_5}{\underset{|}{\overset{|}{C}}}}CH_3$ $CH_3\overset{OH}{\underset{C_2H_5}{\underset{|}{\overset{|}{C}}}}CH_3$

(3) $CH_3CH_2COONa+CHCl_3$

(4)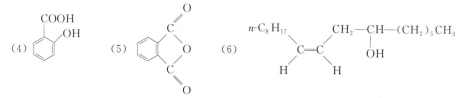

(5) $CH_3\overset{CH_3}{\underset{CH_3}{\underset{|}{\overset{|}{C}}}}COONa \ + \ CH_3\overset{CH_3}{\underset{CH_3}{\underset{|}{\overset{|}{C}}}}CH_2OH$

(6) $CH_3CH_2\overset{}{\underset{OH}{CH}}\!-\!\overset{}{\underset{CH_3}{CH}}CHO$ $CH_3CH_2CH=\overset{}{\underset{CH_3}{C}}\!-\!CHO$

(7) $CH_3CH=CHCH_2OH$

(8) $Ag\downarrow+CO_3^{2-}+NH_4^{+}+H_2O$

7-6 (1) 托伦试剂,羰基试剂,碘仿反应

(2) 托伦试剂,羰基试剂,$FeCl_3$ 溶液

(3) 托伦试剂,碘仿反应

7-7 (4)＞(1)＞(3)＞(2)

7-8 (3)＞(4)＞(6)＞(5)＞(2)＞(1)

7-9

7-10 A 为 $CH_3\overset{}{\underset{OH}{CH}}\!-\!\overset{}{\underset{CH_3}{CH}}CH_3$ B 为 $CH_3\overset{O}{\underset{\parallel}{C}}\!-\!\overset{}{\underset{CH_3}{CH}}CH_3$ C 为 $CH_3CH=\overset{}{\underset{CH_3}{C}}CH_3$

第8章　羧酸及其衍生物

8-1 (1) 2,2,3-三甲基丁酸   (2) 3-丁烯酸   (3) 乙酸酐

(4) 环己烷甲酸   (5) 对甲基苯甲酸甲酯   (6) 苯甲酰氯

8-2 (1) $HOOC\!-\!COOH$ (2) $CH_3COCH_2COOC_2H_5$ (3) $HCOCl$

8-3 (1) $FCH_2COOH > ClCH_2COOH > BrCH_2COOH$

(2) $Cl_3CCOOH > Cl_2CHCOOH > ClCH_2COOH$

(3) 对硝基苯甲酸 > 对氯苯甲酸 > 苯甲酸 > 对甲基苯甲酸 > 对甲氧基苯甲酸

（各结构式为 COOH 取代于苯环，分别为 NO_2、Cl、无、CH_3、OCH_3）

8-4 (1) 甲酸与托伦试剂作用，草酸受热放出 CO_2。

(2) 乙酸与 Na_2CO_3 作用放出 CO_2，乙醛与托伦试剂作用。

(3) 甲酸和甲醛与托伦试剂作用而甲酸与 Na_2CO_3 作用放出 CO_2。

(4) 加托伦试剂，鉴别出环己基甲醛；加 Na_2CO_3，鉴别出环己烷甲酸；加饱和 $NaHSO_3$，鉴别出环己酮；加三氯化铁，鉴别出苯酚；剩余为环己醇。

8-5 (1) 〔苯并五元环内酯结构，含 C=O、O、CH₂〕

(2) 〔六元环二酯结构，含 H_3C、CH_3 取代及 C=O 基团〕

(3) CH_3CCH_3（羰基 O）$+ HCOOH$

(4) 环己基—CH_2Br　　环己基—CH_2CN　　环己基—CH_2COOH　　环己基—CH_2CONH_2

(5) CH_3—〔对位苯环〕—CH_2CH_2C—Cl（羰基 O）　　〔H_3C 取代的稠环酮结构，含 CH_2、CH_2 及 C=O〕

(6) 〔环丁基〕—$COOH + CO_2$

(7) H_2C=〔环己基〕—CH_2OH

(8) 〔苯并五元环酸酐结构，含 C、O、C 及两个 =O〕

8-6 (1) 〔环戊酮〕 $\xrightarrow[\text{(2) } H_2O, H^+]{\text{(1) } C_2H_5MgBr}$ 〔环戊基，含 OH、C_2H_5〕 $\xrightarrow{HBr}$ 〔环戊基，含 Br、C_2H_5〕 $\xrightarrow[\text{干醚}]{Mg}$ $\xrightarrow[\text{②} H_2O, H^+]{\text{①} CO_2}$

〔环戊基，含 COOH、C_2H_5〕

(2) $CH_3CH_2OH \xrightarrow[H_2SO_4]{KMnO_4} CH_3COOH \xrightarrow[P]{Br_2} CH_2BrCOOH \xrightarrow{C_2H_5OH} CH_2BrCOOC_2H_5 \xrightarrow[\text{无水乙醚}]{Mg}$

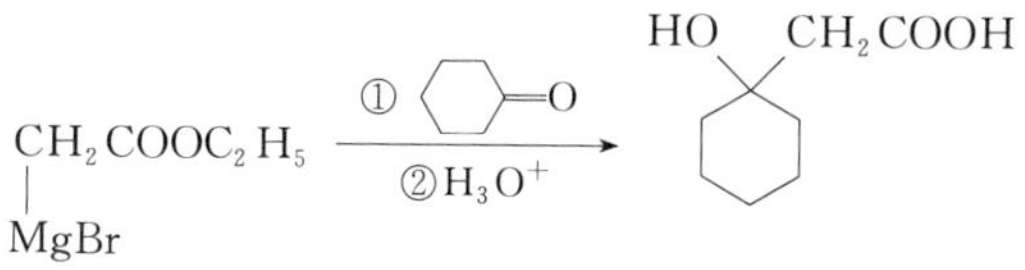

CH₂COOC₂H₅ 的结构式 with MgBr, reaction with ① cyclohexanone ② H₃O⁺ → HO—CH₂COOH substituted cyclohexane

$$CH_2COOC_2H_5 \xrightarrow[\text{②}H_3O^+]{\text{①}} \text{（product）}$$

第9章 含氮、磷的有机化合物

9-1 (1) 甲酸硝基甲酯　　　(2) N,N-二甲基苯甲胺　　　(3) 4-甲基-N-甲基苯胺

(4) 氯化甲基二乙基铵　　　(5) 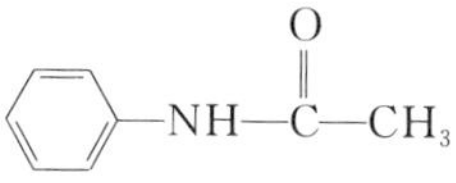 ⟨苯环⟩—NH—C(=O)—CH₃　　　(6) 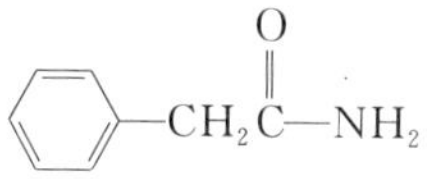 ⟨苯环⟩—CH₂—C(=O)—NH₂

(7) 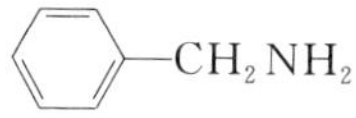 ⟨苯环⟩—CH₂NH₂　　　(8) 对甲基氯化重氮苯　　　(9) 对甲基偶氮苯

(10) 丙烯腈　　　(11) NCCH₂CH₂CH₂CH₂CN　　　(12) HO—P(=O)(CH₃)(OCH₃)

9-2 (1) 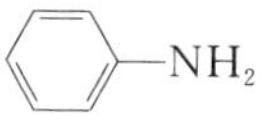 ⟨苯环⟩—NH₂ < CH₃C(=O)NH₂ < NH₃ < NH₂CH₃

(2) (⟨苯环⟩)₃N < ⟨苯环⟩—NHCH₃ < ⟨苯环⟩—NH₂ < NH₂CH₃

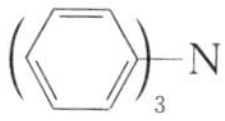

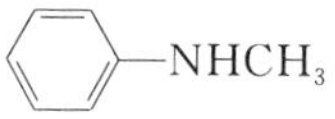

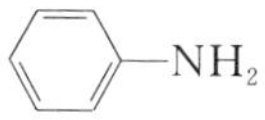

(3) ⟨苯环⟩—NHC(=O)CH₃ < ⟨苯环⟩—NH₂

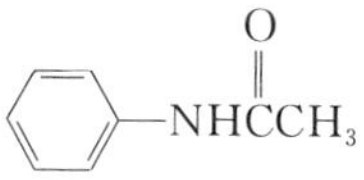

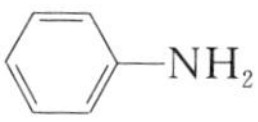

9-3 (1) 乙胺、乙酰胺:取样于两支编好号的试管中,同时分别加入少量亚硝酸钠和稀盐酸溶液,放出气体的是乙胺,另一个则是乙酰胺。

(2) 苯胺、N,N-二甲基苯胺:取样于两支编好号的试管中,同时分别加入少量亚硝酸钠和稀盐酸溶液,放出气体的是苯胺,生成有色晶体的则是 N,N-二甲基苯胺。

9-4 (1) 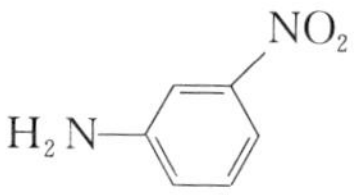 H₂N—⟨苯环-NO₂⟩　　　(2) 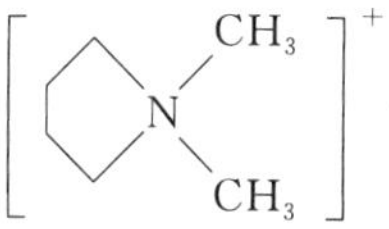 [环N(CH₃)(CH₃)]⁺ I⁻　　　[环N(CH₃)(CH₃)]⁺ OH⁻

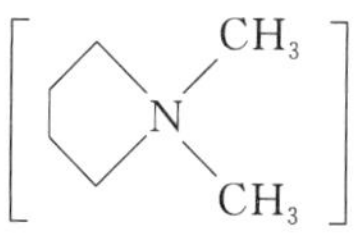

(3) CH₃CH₂NHC(=O)CH₃

(4) (HOOCH₂C)(HOOCH₂C)N—CH₂CH₂—N(CH₂COOH)(CH₂COOH)

(5) CH₃CH₂CH₂NH₂

(6) CH₃CH₂CH₂COOH　　　CH₃CH₂CH₂C(=O)Cl

(7) 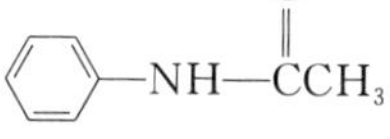 ⟨苯环⟩—NH—C(=O)CH₃

(8) 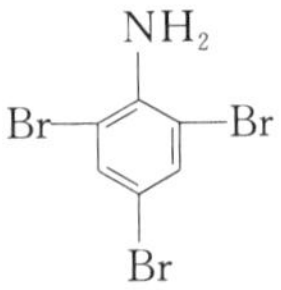 2,4,6-三溴苯胺结构 （白色沉淀）

9-5 (1) 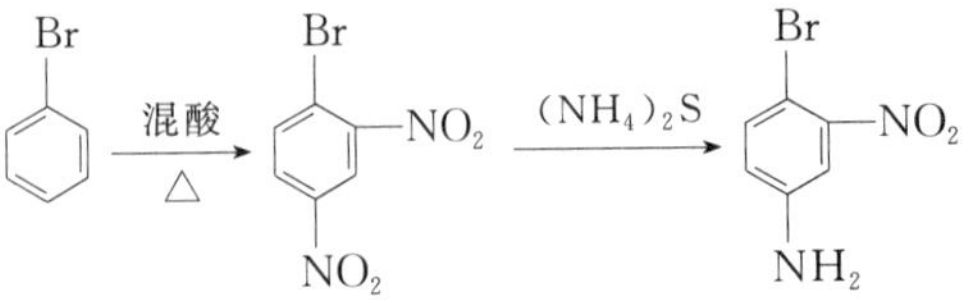 溴苯 →[混酸, △] 2,4-二硝基溴苯 →[(NH₄)₂S] 产物

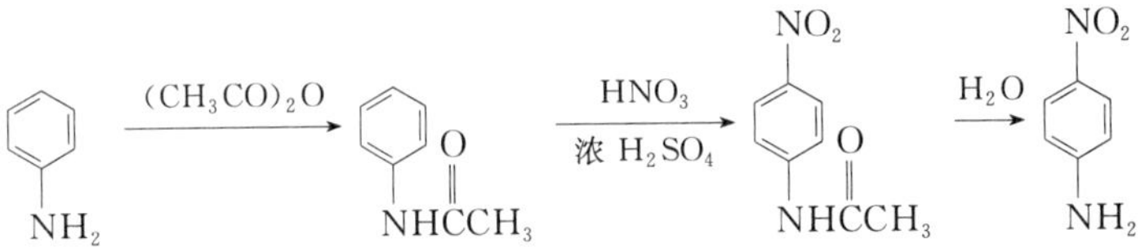

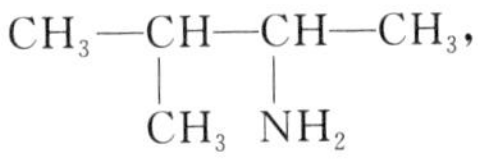

(2) 苯胺 →[$(CH_3CO)_2O$] 乙酰苯胺 →[HNO_3 / 浓 H_2SO_4] 对硝基乙酰苯胺 →[H_2O] 对硝基苯胺

(3) 邻硝基甲苯 →[$(NH_4)_2S$] 邻甲基苯胺 →[$NaNO_2 + HCl$, $-5℃$] 重氮盐 →[$CuBr$]

邻溴甲苯 →[$KMnO_4/H^+$] 邻溴苯甲酸

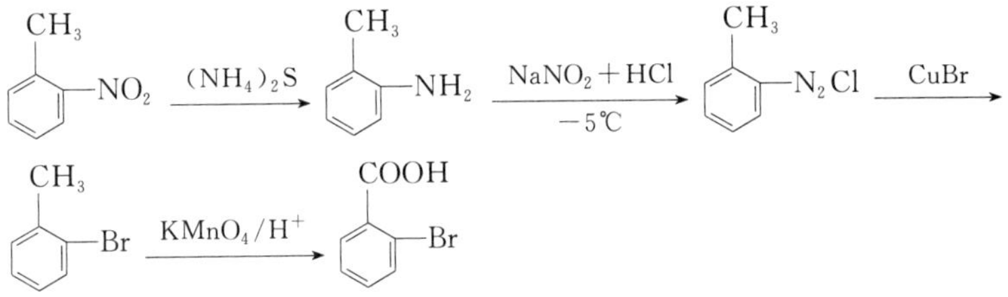

9-6 A 为 CH_3—CH—CH—CH_3，其他略。
（下方 CH_3 和 NH_2 取代基）

第 10 章　杂环化合物与生物碱

10-1 （1）3-甲基噻吩　　（2）四氢呋喃　　（3）α-磺酸吡咯

（4）β-吡啶乙酸　　（5）β-吲哚乙酸　　（6）8-羟基喹啉

（7）α-羟基-α′-甲氧基吡咯　　（8）5-甲基嘧啶　　（9）4-氯噻唑

10-2 (1) 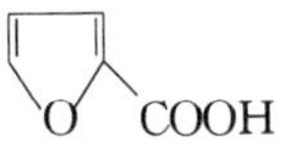 　　(2) 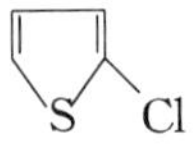 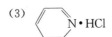　　(3)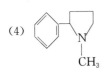

(4) 　　(5)  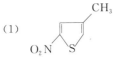　　(6) 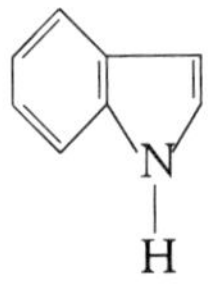 吲哚结构

10-3 （1）将苯反复用浓 H_2SO_4 提取，噻吩即被磺化而溶于浓 H_2SO_4，再分液即可。

（2）先用稀酸处理，分层后再分液即可。

10-4 （1）呋喃的蒸气遇到盐酸浸湿过的松木片时显绿色，可用来检验呋喃的存在。

（2）糠醛在 Ac^- 存在下遇苯胺显红色，可用来检验糠醛的存在。

10-5 (1) 结构（O_2N 取代噻吩，含 CH_3）　　(2) 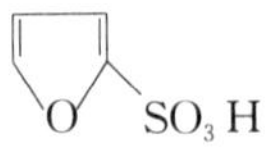 结构（呋喃含 SO_3H）

(3) 结构（噻吩含 $C(=O)CH_3$） 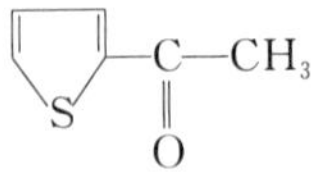　　(4) 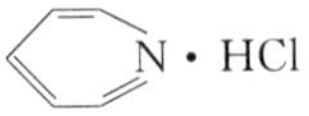 吡啶·HCl 结构

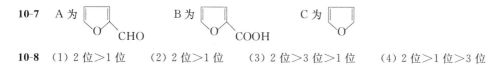

(5) 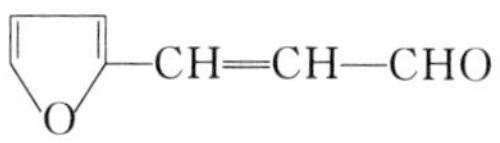 ⬡O—CH=CH—CHO (6)  ⬡O—COONa + ⬡O—CH₂OH

(7) 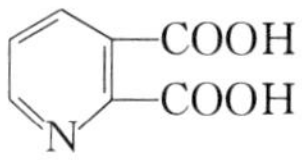 structure (8) 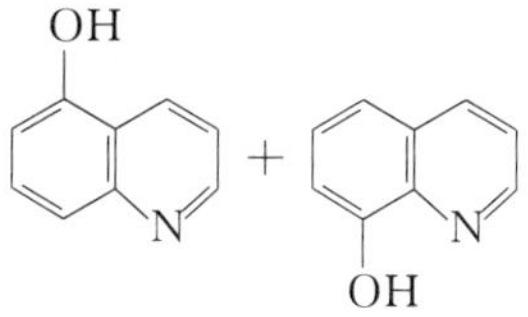 structures

10-6 (1),(2),(4),(5),(6)有芳香性。

10-7 A 为 ⬡O—CHO   B 为 ⬡O—COOH   C 为 ⬡O

10-8 (1) 2 位＞1 位   (2) 2 位＞1 位   (3) 2 位＞3 位＞1 位   (4) 2 位＞1 位＞3 位

第 11 章　对映异构

11-1 (1) $+30°$ (2) $+4.2°$ (3) $+1.05°$

11-2 (1) ×   (2) ×   (3) √

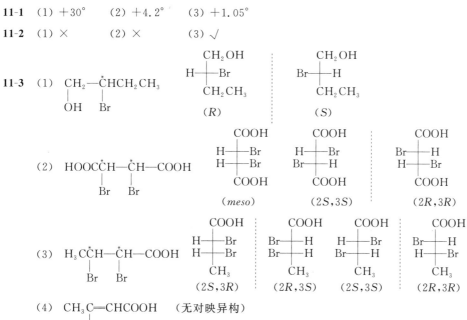

11-3 (1) $CH_2\overset{*}{C}HCH_2CH_3$ (with OH, Br)

CH_2OH / H—Br / CH_2CH_3 (R)　　CH_2OH / Br—H / CH_2CH_3 (S)

(2) $HOOC\overset{*}{C}H—\overset{*}{C}H—COOH$ (with Br, Br)

(meso)　(2S,3S)　(2R,3R)

(3) $H_3C\overset{*}{C}H—\overset{*}{C}H—COOH$ (with Br, Br)

(2S,3R)　(2R,3S)　(2S,3S)　(2R,3R)

(4) CH_3C=CHCOOH（无对映异构）with CH₃

11-5 (1) 3 个　(2) 2 个　(3) 2 个

11-6 (1) 对映异构　(2) 相同　(3) 相同　(4) 对映异构　(5) 顺反异构　(6) 相同

11-7 (1) R-1-氯-1-碘乙烷　　　(2) R-1-苯基乙醇
(3) S-2-氯丙酸　　　　　(4) S-2,3-二甲基己烷

11-8 $C_5H_{10}O_2$

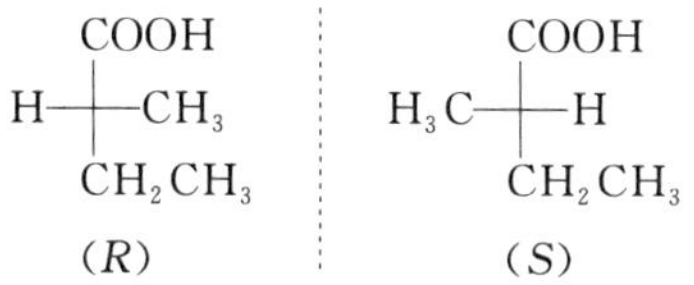

$COOH$ / H—CH₃ / CH_2CH_3 (R)　　$COOH$ / H₃C—H / CH_2CH_3 (S)

11-9 A 为 CH_2=CH$\overset{*}{C}$HCH₂CH₃ with CH₃　　B 为 $CH_3CH_2CHCH_2CH_3$ with CH₃

11-10 A 为 HC≡C—CHCH$_2$CH$_3$ 　　　　B 为 AgC≡C—CHCH$_2$CH$_3$
　　　　　　　　　　|　　　　　　　　　　　　　　　　　　　　|
　　　　　　　　　　CH$_3$　　　　　　　　　　　　　　　　　CH$_3$

C 为 CH$_3$CH$_2$CHCH$_2$CH$_3$
　　　　　　　　　|
　　　　　　　　　CH$_3$

第 12 章　脂　类

12-1 （1）三软脂酸甘油酯：CH$_2$—O—CO—(CH$_2$)$_{14}$—CH$_3$
　　　　　　　　　　　　　　　　|
　　　　　　　　　　　　　　　　CH—O—CO—(CH$_2$)$_{14}$—CH$_3$
　　　　　　　　　　　　　　　　|
　　　　　　　　　　　　　　　　CH$_2$—O—CO—(CH$_2$)$_{14}$—CH$_3$

（2）油酸：　9-十八碳烯酸　　CH$_3$(CH$_2$)$_7$CH=CH(CH$_2$)$_7$COOH

（3）亚油酸：　9,12-十八碳二烯酸
　　　　　　　　CH$_3$(CH$_2$)$_4$CH=CHCH$_2$CH=CH(CH$_2$)$_7$COOH

12-2 植物油的熔点一般较低,这是由于其不饱和脂肪酸含量较高。而含饱和脂肪酸较多的动物脂在室温下往往呈固态或半固态。

12-3 润滑油:C$_{16}$～C$_{18}$的烷烃;润滑机器、防锈。液体石蜡和固体石蜡:C$_{18}$～C$_{24}$和C$_{25}$～C$_{34}$的烷烃;液体石蜡可作缓泻剂,固体石蜡可用来作蜡烛、蜡疗。蜡:蜡是存在于自然界动植物体内的蜡状物质,属于类脂化合物。它的主要成分是16个碳以上的偶数碳原子的羧酸和高级一元醇所形成的酯。可用于制造蜡纸、防水剂、上光剂和软膏的基质,也用于生产蜡烛。凡士林:液体石蜡和固体石蜡的混合物,可作软膏基质和玻璃器皿的密封涂料。

12-4 保存油脂和含油食品时,隔绝空气、低温、避光、防水、防止金属离子和微生物污染,也可以使用抗氧化剂。

12-5 肥皂的主要成分是高级脂肪酸的钠盐;洗衣粉的主要成分是十二烷基磺酸钠或十二烷基苯磺酸钠;洗发精的主要成分是阴离子界面活性剂、两性界面活性剂、非离子界面活性剂。

12-6 酯:羧酸与醇发生脱水反应后的产物。脂:丙三醇与高级脂肪酸发生脱水反应后的产物。

第 13 章　碳水化合物

13-2 （1）A　（2）A　（3）B　（4）C　（5）A

13-3 （1）还原糖、直链淀粉、醛糖　（2）α-1,4　β-1,4　α-1,4　α-1,6

13-4 在水溶液中,葡萄糖以 α-D-(+)-葡萄糖、β-D-(+)-葡萄糖和开链式-(+)-葡萄糖三种形式存在。当一种构型的葡萄糖溶于水后,经开链式可以转变为另一种构型。这种转变是可逆的,最终能达到平衡。由于 α-和 β-葡萄糖的旋光能力不同,所以葡萄糖溶于水后,随着构型的转变,其旋光发生变化,当互变达到动态平衡时,其比旋光度达到一恒定值,这种现象称为变旋现象。

13-5 葡萄糖和果糖的链状结构式为:

```
      CHO              CH₂OH
       |                |
  H—C—OH            C=O
       |                |
 HO—C—H           HO—C—H
       |                |
  H—C—OH            H—C—OH
       |                |
  H—C—OH            H—C—OH
       |                |
     CH₂OH            CH₂OH

     葡萄糖            果糖
```

葡萄糖和果糖的环状结构式为：

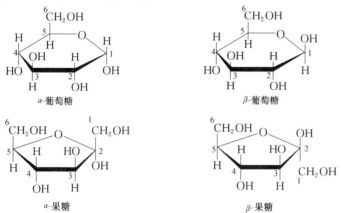

α-葡萄糖　　　　　　　　　　β-葡萄糖

α-果糖　　　　　　　　　　β-果糖

13-7 （1）加入 $Ag(NH_3)_2NO_3$ 溶液并加热,试管壁上有银镜出现的是葡萄糖,无明显变化的是蔗糖。或者用两支试管分别取样后,加入铜的斐林试剂并加热煮沸,试管中有鲜红色沉淀生成的是葡萄糖,无明显变化的是蔗糖。

（2）用两支试管各取少许,分别加入 $Ag(NH_3)_2NO_3$ 溶液并加热,试管壁上有银镜出现的是麦芽糖,无明显变化的是蔗糖。或者分别与斐林试剂共热,生成红色沉淀的是麦芽糖,无明显变化的是蔗糖。

（3）用两支试管各取少许,分别滴加淀粉指示剂 2 滴~3 滴,试管中显蓝色的是淀粉,无明显变化的是蔗糖。

（4）同（3）方法。

13-8 用试管各取少许,各加 I_2 的 KI 溶液,变蓝的是直链淀粉,变紫的是支链淀粉,不变色的是果糖和纤维素;在不变色的两支试管中分别加入斐林试剂并加热,有鲜红色沉淀的是果糖,无明显变化的是纤维素。

13-9 （1）

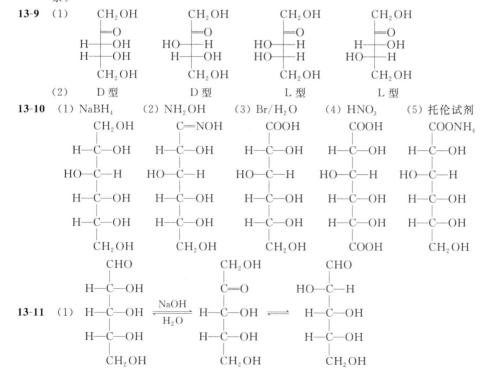

（2）　　D 型　　　　　　D 型　　　　　　L 型　　　　　　L 型

13-10 （1）$NaBH_4$　　（2）NH_2OH　　（3）Br/H_2O　　（4）HNO_3　　（5）托伦试剂

13-11 （1）

(2)

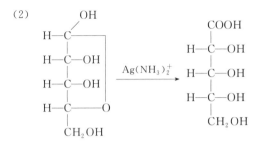

第 14 章　氨基酸、蛋白质和核酸

14-4　三肽；N 端:亮氨酸；C 端:甘氨酸；中性。

14-8　加酸

14-9　(1) $NH_2CH_2COO^- K^+$
(2) $\overset{+}{N}H_3CH_2COOH$
　　　Cl^-

(3) $NH_2CH_2\overset{O}{\overset{||}{C}}-OC_2H_5$
(4) $CH_3\overset{O}{\overset{||}{C}}NH_2CH_2COOH$

(5) $C_6H_5CONHCH_2COO^- Na^+$

(6) $Cl^- \overset{+}{N}_2CH_2COOH$　　$OHCH_2COOH+N_2\uparrow$

(7) NH_2CH_3

14-10　(1)

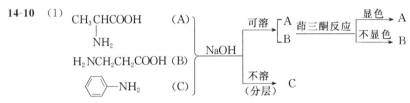

(2)

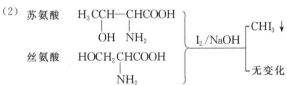

(3)

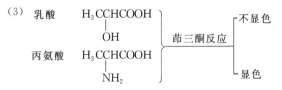

14-11　(1) $CH_3\overset{|}{\underset{\underset{+NH_3Cl^-}{|}}{C}HCOOH}$
(2) $CH_3\underset{\underset{NHCOCH_3}{|}}{C}HCOOC_2H_5$

(3) $CH_3\underset{\underset{OH}{|}}{C}HCOOH$
(4) $CH_3\underset{\underset{+NH_3}{|}}{C}HCOOH + H_3N^+CH_2COOH$

(5) $CH_3\underset{\underset{NHCOCH_2CH_3}{|}}{C}HCOOH$
(6) $(CH_3)_2CHCH_2\underset{\underset{NH_2}{|}}{C}HCOOCH_3$

(7) $CH_3CH_2\underset{\underset{CH_3}{|}}{C}H-\underset{\underset{+N(CH_2CH_3)_3}{|}}{C}HCOOH$

(8)

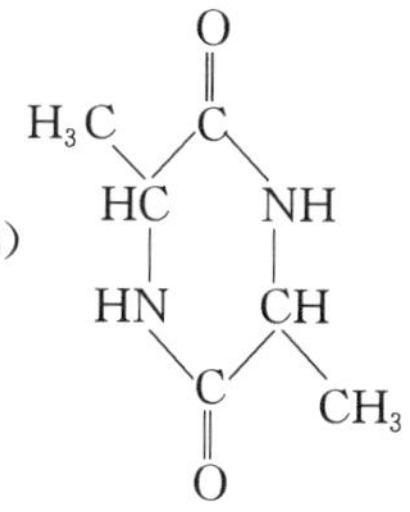

(9) 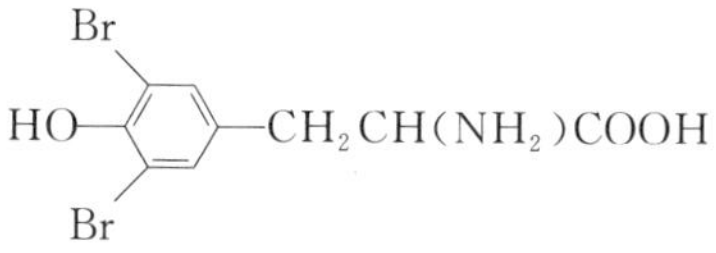 HO —(苯环,含Br,Br)— $CH_2CH(NH_2)COOH$

(10) 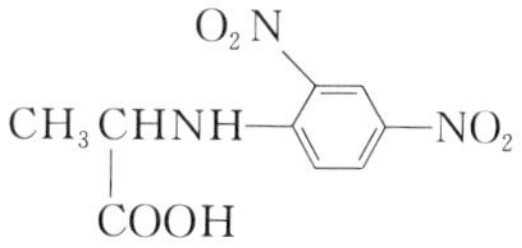 $CH_3CHNHC_6H_3(NO_2)NO_2$ 结构
$CH_3\underset{|}{C}HNH$ —苯环— NO_2，苯环上有 O_2N
$\underset{COOH}{|}$

(11)

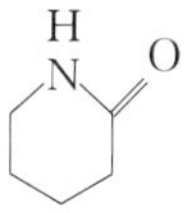

(12) CH_2COCl
$\underset{|}{}$
NH_3Cl

14-12 $\Omega=\dfrac{2n+2+N\ 数-实际\ H\ 数}{2}=\dfrac{3\times2+2+1-7}{2}=1$

属氨基酸,三个碳,有旋光活性,应为丙氨酸 $CH_3\underset{\underset{NH_2}{|}}{C}HCOOH$

14-13 精-脯-脯-甘-苯丙-丝-脯-苯丙-精

第 15 章　有机化合物波谱分析

15-2 左边

15-3 $2.1\times120=252(Hz)$，$2.1\times400=840(Hz)$

15-4 (1) ^{a}H 单峰,^{b}H 四重峰,^{c}H 三重峰　(2) ^{a}H 三重峰,^{b}H 六重峰,^{c}H 三重峰,^{d}H 单峰

15-5 屏蔽作用,高场

15-6 (1) d　(2) a

15-7 (1) 乙醚　(2) 2-丁炔　(3) 2,2-二甲基丙烷　(4) 2,2,3,3-四甲基丁烷

常用词汇中英文对照表

acetal 缩醛

acetylenic hydrogen 炔氢

acid number 酸值

acyl halide 酰卤

alcohol 醇

alcoholysis 醇解

aldehyde 醛

aldose 醛糖

aliphatic cyclic hydrocarbon 脂环烃

alkadiene,diene 二烯烃

alkaloid 生物碱

alkane 烷烃

alkene,olefin 烯烃

alkyl group 烷基

alkyl halide 卤代烷

alkylation 烷基化

alkyne 炔烃

allyl position 烯丙位

allylic rearrangement 烯丙基重排

alternating axis of symmetry 交错对称轴

amide 酰胺

amine 胺

amino acid 氨基酸

ammonolysis 氨解

anhydride 酸酐

annulene 轮烯

anti addition 反式加成

antiager 防老剂

antioxidant 抗氧化剂

aromatic hydrocarbon 芳烃

aromaticity 芳香性

aryl group 芳基

aryl halide 卤代芳烃

arylalcohol 芳醇

azide 叠氮化合物

azo-compound 偶氮化合物

Beckmann rearrangement Beckmann 重排

benzyl position 苄基位

benzyne 苯炔

bicyclic hydrocarbon 二环烃

boiling point determination 沸点测定

bond angle 键角

bond energy 键能

bond length 键长

borane 硼烷

branched chain 支链

bridged hydrocarbon 桥环烃

Cannizzaro reaction Cannizzaro 反应

carbocation 碳正离子

carbohydrate 碳水化合物

carbon skeleton isomer 碳架异构体

carbonyl compound 羰基化合物

carbonyl group 羰基

carboxyl group 羧基

carboxylic acid 羧酸

carboxylic acid derivative 羧酸衍生物

carboxylic acid ester 羧酸酯

carcinogenic hydrocarbon 致癌烃

catalysis 催化作用

catalyst 催化剂

center of symmetry 对称中心

chemical bond 化学键

chiral axis 手性轴

chiral carbon atom 手性碳原子

chiral center 手性中心

chiral molecule 手性分子

chiral plane 手性面

chirality 手性

chlorosulfonation 氯磺化

cis-trans isomerism 顺反异构

Claisen condensation Claisen 缩合

Claisen rearrangement Claisen 重排

Claisen-Schmidt reaction Claisen-Schmidt 反应

Clemmensen reduction Clemmensen 还原

coating 涂料

combustion 燃烧

concerted reaction 协同反应

condensation 缩合

configuration 构型

conformation 构象

conformation of cyclohexane 环己烷的构象

conformational formula 构象式

conjugate acid-base 共轭酸碱

conjugative effect 共轭效应

constitution of molecule 分子构造

constitutional isomer 构造异构体

Cope rearrangement Cope 重排

crown ether 冠醚

Curtius rearrangement Curtius 重排

cyanoethylation reaction 氰乙基化反应

cycloaddition reaction 环加成反应

cycloalkane 环烷烃

cycloalkene 环烯烃

cycloalkyne 环炔烃

decarboxylation 脱羧

dehydration 脱水

delocalization 离域

derivative 衍生物

diastereomer 非对映体

diazonium salt 重氮盐

Diels-Alder reaction Diels-Alder 反应

diene 双烯体

dienophile 亲双烯体

disaccharide 二糖

distillation 蒸馏

electrocyclic reaction 电环化反应

electronegativity 电负性

electronic effect 电子效应

electrophilic reagent 亲电试剂

electrophilic substitution reaction 亲电取代反应

electrophoresis 电泳

elimination reaction 消除反应

enantiomer 对映体

energy of activation 活化能

enol 烯醇

epimer 差向异构体

epoxide 环氧化合物

esterification 酯化

ether 醚

explosive limits 爆炸极限

extraction 萃取

filtration 过滤

fire retardant 阻燃剂

flash point 闪点

free radical 自由基

free radical substitution reaction 自由基取代反应

freon 氟里昂

Friedel-Crafts reaction Friedel-Crafts 反应

frontier molecular orbital 前线轨道

functional group 官能团

functional group isomer 官能团异构体

fused polycyclic aromatic hydrocarbon 稠环芳烃

fused polycyclic hydrocarbon 稠环烃

gas chromatography 气相色谱法

Grignard reagent Grignard 试剂

group 基

haloform reaction 卤仿反应

halogenated acid 卤代酸

halohydrocarbon 卤代烃

hemiacetal 半缩醛

hemiketal 半缩酮

heterocyclic compound 杂环化合物

heterolysis 异裂

high performance liquid chromatography 高效液

相色谱

Hofmann rule Hofmann 规则

halogenation 卤化

homologous series 同系列

homolysis 均裂

hydration 水合

hydrazone 腙

hydrocarbon 烃

hydrolysis 水解

hydroxy acid 羟基酸

hydroxy group 羟基

idene 亚基

idyne 次基

index of unsaturation 不饱和度

inductive effect 诱导效应

inflammation point 燃点

infrared absorption spectra 红外吸收光谱

inhibitor 阻聚剂

International Union of Pure and Applied Chemistry nomenclature IUPAC 命名法

inversion of configuration 构型翻转

iodine number 碘值

ion exchange resin 离子交换树脂

iso- 异

isocyanate 异氰酸酯

isomer 异构体

isomerization 异构化

isonitrile 异腈

ketal 缩酮

keto acid 酮酸

ketone 酮

ketose 酮糖

Knoevenagel reaction Knoevenagel 反应

liquid crystal 液晶

Lossen rearrangement Lossen 重排

Mannich reaction Mannich 反应

Markovnikov rule Markovnikov 规则

mass spectra 质谱

Meerwein-Ponndorf-Verley reduction

Meerwein-Ponndorf-Verley 还原

melting point determination 熔点测定

mercaptan 硫醇

meso compound 内消旋化合物

meta position 间位

Michael addition Michael 加成

molecular orbital theory 分子轨道理论

molecular sieve 分子筛

monosaccharide 单糖

mother compound 母体化合物

neo- 新

nitration 硝化

nitrile 腈

nitroalkane 硝基烷

nitrosation 亚硝化

nomenclature of bridged ring compound 桥环化合物的命名

nomenclature of D-L D-L 命名法

nomenclature of functional group 官能团的命名

nomenclature of spiro-compound 螺环化合物的命名

normal 正

nuclear magnetic resonance spectroscopy 核磁共振谱

nucleic acid 核酸

nucleophilic reagent 亲核试剂

nucleophilic substitution 亲核取代反应

octane number 辛烷值

oligosaccharide 低聚糖

Oppenauer oxidation Oppenauer 氧化

optical rotation 旋光性

organic chemistry 有机化学

organic compound 有机化合物

organic synthesis 有机合成

ortho position 邻位

oxidation number 氧化值

oxidation-reduction reaction（or redox reaction） 氧化还原反应

oxime 肟

paper chromatography　纸上色谱

para position　对位

peptide　肽

peracid　过氧酸

pericyclic reaction　周环反应

Perkin reaction　Perkin 反应

peroxide effect　过氧化物效应

petroleum　石油

phase transfer catalyst　相转移催化剂

phenol　酚

pigment　颜料

pinacol rearrangement　频哪醇重排

plane of symmetry　对称面

plasticizer　增塑剂

plastic　塑料

polycyclic aromatic hydrocarbon　多环芳烃

polymer　聚合物

polysaccharide　多糖

position isomer　位置异构体

primary　伯

principal chain　主链

priority order of functional group　官能团的

　　优先次序

protection of functional group　官能团的保护

protein　蛋白质

quaternary　季

quaternary ammonium base　季铵碱

quaternary ammonium salt　季铵盐

quinone　醌

reaction mechanism　反应机理

rearrangement　重排

recrystallization　重结晶

rectification　分馏

Reformatsky reaction　Reformatsky 反应

refractive index　折光率

regioselectivity　区域选择性

Reimer-Tiemann reaction　Reimer-Tiemann 反应

relative density　相对密度

resin　树脂

resolution of racemic modification　外消旋体的

　　拆分

resonance theory　共振论

retention of configuration　构型保持

R-S tagging method　*R-S* 标记法

Sandmeyer reaction　Sandmeyer 反应

saponification value　皂化值

Saytzeff rule　Saytzeff 规则

Schiff base　希夫碱

secondary　仲

semicarbazone　缩氨脲

sigmatropic reaction　σ 迁移反应

simple aromatic hydrocarbon　单环芳烃

soft-hard acid-base　软硬酸碱

specific rotation　比旋光度

spiro hydrocarbon　螺环烃

stabilizer　稳定剂

starch　淀粉

steam distillation　水蒸气蒸馏

stereoisomer　立体异构体

stereoselectivity　立体选择性

steric effect　空间效应

stereospecificity　立体专一性

sublimation　升华

substituent　取代基

sulfonation　磺化

sulfonic esters　磺酸酯

sulfonic acid　磺酸

sulfonyl halide　磺酰卤

sulfoxide　亚砜

surfactant　表面活性剂

symmetry axis　对称轴

syn addition　顺式加成

systematic nomenclature　系统命名法

tautomer　互变异构体

tertiary　叔

thin layer chromatography　薄层色谱

thioether　硫醚

thiophenol　硫酚

transesterification 酯交换

transition state 过渡态

ultraviolet and visible absorption spectra 紫外与可见吸收光谱

unsaturated hydrocarbon 不饱和烃

vacuum distillation 减压蒸馏

valence isomer 价键异构体

viscosity 黏度

Wagner-Meerwein rearrangement Wagner-Meerwein 重排

Williamson synthesis Williamson 合成

Wolff-Kishner-Huang reduction Wolff-Kishner-黄鸣龙还原

Wurtz reaction Wurtz 反应

Z-E tagging method *Z-E* 标记法

α-diazokatone α-重氮酮

α-hydrogen atom α-氢原子

β-dicarbonyl compound β-二羰基化合物

β-diketone β-二酮

π bond π 键

σ bond σ 键

参
考
文
献

参 考 文 献

1. 徐寿昌. 有机化学[M]. 2 版. 北京:高等教育出版社,1993.

2. 汪小兰. 有机化学[M]. 3 版. 北京:高等教育出版社,1997.

3. 邢其毅,徐瑞秋. 基础有机化学[M]. 2 版. 北京:高等教育出版社,1983.

4. 曾昭琼. 有机化学[M]. 北京:高等教育出版社,1980.

5. 胡宏纹. 有机化学[M]. 2 版. 北京:高等教育出版社,1990.

6. 南京大学化学系有机化学教研室. 有机化学[M]. 北京:人民教育出版社,1979.

7. 西南师范大学,云南师范大学,四川师范学院,等. 有机化学[M]. 重庆:西南师范大学出版社,1989.

8. 高鸿宾,王庆文. 有机化学[M]. 北京:化学工业出版社,1997.

9. 何九龄. 高等有机化学[M]. 北京:化学工业出版社,1987.

10. 袁履冰,高占先,等. 有机化学[M]. 北京:高等教育出版社,1999.

11. 拜尔 H,瓦尔特 W. 有机化学教程[M]. 北京:高等教育出版社,1989.

12. 王庆文,杨玉桓,高鸿宾. 有机化学中的氢键问题[M]. 天津:天津大学出版社,1993.

13. 吴桂荣. 有机化学习题及解答[M]. 北京:化学工业出版社,1995.

14. 樊杰,等. 有机化学习题精选[M]. 北京:北京大学出版社,1995.

15. 曾崇理. 有机化学[M]. 北京:人民卫生出版社,2003.

16. 天津轻工业学院,无锡轻工业学院. 食品生物化学[M]. 北京:中国轻工业出版社,1985.

17. 刘志皋. 食品营养学[M]. 北京:中国轻工业出版社,1991.

18. 彭珊珊,钟瑞敏,李林. 食品添加剂[M]. 北京:中国轻工业出版社,2004.

19. 倪沛洲. 有机化学[M]. 北京:人民卫生出版社,2006.

20. 王积涛. 有机化学[M]. 天津:南开大学出版社,2004.